SHUIDIANCHANG
DIANQI SHEBEI

水电厂电气设备

◉ 闫树斌　主编　◉ 方勇耕　副主编

化学工业出版社
·北京·

内 容 简 介

本书与《水电厂动力设备》上下衔接，相辅相成，并配有《水电厂电气及动力设备习题集》。

本书以介绍中小型水电厂电气设备为主，共 6 个章节，简要介绍了水电厂电气设备的基本知识，包括：发电厂与电力系统、交流电实用技术、变压器基本原理、同步发电机基本原理、三相交流电源连接以及电子实用技术，重点介绍了电气一次设备、生产用电、电气二次回路、水电厂计算机监控、水电厂运行安全管理。文中部分设备同时配有视图和实物照片，便于读者对视图的读图和识图。本书配有电子书，扫描封底二维码即可获得。

本书适合作为本科院校电气类、新能源类专业的教材，也可作为中小型水电厂高低压机组运行工的现场技能培训和上岗培训用书，亦可供水电厂职工作为自学参考书。

图书在版编目（CIP）数据

水电厂电气设备/闫树斌主编；方勇耕副主编. —北京：
化学工业出版社，2022.8
ISBN 978-7-122-41309-3

Ⅰ.①水… Ⅱ.①闫… ②方… Ⅲ.①水力发电站-
电气设备-基本知识 Ⅳ.①TV734.2

中国版本图书馆 CIP 数据核字（2022）第 071961 号

责任编辑：葛瑞祎 文字编辑：宋 旋 陈小滔
责任校对：边 涛 装帧设计：韩 飞

出版发行：化学工业出版社（北京市东城区青年湖南街 13 号 邮政编码 100011）
印　　装：北京印刷集团有限责任公司
787mm×1092mm 1/16 印张 19 字数 470 千字 2023 年 1 月北京第 1 版第 1 次印刷

购书咨询：010-64518888 售后服务：010-64518899
网　　址：http://www.cip.com.cn
凡购买本书，如有缺损质量问题，本社销售中心负责调换。

定　　价：59.00 元

前 言

进入二十一世纪以来，随着全球经济社会的快速发展，石油、煤等非可再生资源日益枯竭，能源紧张成为全球共同关心的话题，所以建设资源节约型、环境友好型社会成为迫切要实现的目标。2020年9月22日，我国在第七十五届联合国大会一般性辩论上提出，中国将提高国家自主贡献力度，采取更加有力的政策和措施，二氧化碳排放力争于2030年前达到峰值，努力争取2060年前实现碳中和。"双碳"目标下，新能源的利用尤为重要，而中小型水电厂作为可再生能源利用的重要阵地，是平衡电网的重要角色，因此对中小型水电厂的运行、安全、经济等方面，提出了新的要求。

本书系统地介绍了水电厂电气设备的基础知识和一些应用实例，共分为6章，第一章简要介绍了水电厂电气设备的基本知识，包括：发电厂与电力系统、交流电实用技术、变压器基本原理、同步发电机基本原理、三相交流电源连接以及电子实用技术；第二章主要介绍电气一次设备，包括：同步发电机、主变压器、高压配电装置、电气一次主接线；第三章主要介绍生产用电，包括：交流厂用电、微机直流厂用电、微机励磁系统、电网电压调整；第四章主要介绍电气二次回路，包括：自动化元件、微机励磁系统二次回路、微机同期装置、微机继电保护、交流厂用电二次回路、机组测温制动屏二次回路；第五章主要介绍水电厂计算机监控，包括：水电厂计算机监控系统结构、球阀PLC控制、机组PLC控制、公用PLC控制、计算机监控机组操作流程；第六章主要介绍水电厂运行安全管理，包括：电气设备运行、操作安全管理，电气设备操作安全用具，水电厂调度、消防、安全管理，水电厂生产安全管理制度。

本书与《水电厂动力设备》上下衔接，相辅相成，并配有《水电厂电气及动力设备习题集》。本书知识概念清晰，语言通俗易懂，理论分析严谨，结构编排由浅入深，在分析问题时注重启发性，以有说服力的工程实例为依托，理论联系实际，有助于读者更好地学习。本书中许多设备照片来自编者长期现场培训拍摄的设备，有些图纸来自于有合作的生产厂家或设计院，书中涉及的设备都是水电厂目前正在使用的典型设备。另外，本书配有电子书，扫描封底的二维码即可获得，方便读者线上线下同步学习。

本书由浙江水利水电学院闫树斌任主编，方勇耕任副主编。具体编写分工如下：第一章由闫树斌和朱传辉共同编写，第二章由闫树斌和崔洋共同编写，第三章由方勇耕和刘倩共同编写，第四章由闫树斌和黄碧漪共同编写，第五章由闫树斌和于明岩共同编写，第六章由方耕勇和张伟共同编写，张晓宇、李挺松参与了部分文字的整理工作。全书由闫树斌和方勇耕统稿。

由于作者时间和水平所限，书中不妥之处在所难免，敬请读者批评指正。

编者

2022年8月

目 录

第一章　电气设备概述 ———————————— 1

第一节　发电厂与电力系统 ———————————— 1

一、水电厂电气设备组成 ———————————— 1

二、电力系统组成 ———————————— 2

第二节　交流电实用技术 ———————————— 3

一、负荷功率因数过低对电力生产的影响 ———————————— 3

二、利用通电线圈磁场的自动化元件 ———————————— 6

第三节　变压器基本原理 ———————————— 10

一、变压器的变流原理 ———————————— 10

二、自耦变压器原理 ———————————— 12

第四节　同步发电机基本原理 ———————————— 12

一、同步发电机的三相交流电动势 ———————————— 12

二、同步发电机内的旋转磁场 ———————————— 13

三、同步发电机带有功负荷的内部电磁原理 ———————————— 16

四、三相交流电动机内的电能与机械能转换 ———————————— 16

五、同步发电机带感性无功负荷的内部电磁
原理 ———————————— 18

六、同步电机的四种工况 ———————————— 19

第五节　三相交流电源连接 ———————————— 20

一、三相星形联结 ———————————— 20

二、三相三角形联结 ———————————— 23

三、电源的三相交流功率计算 ———————————— 24

第六节　电子实用技术 ———————————— 25

一、电力电子变流技术 ———————————— 25

二、三极管及三极管的工作区 ———————————— 33

三、模拟电路 ———————————— 36

四、逻辑电路 ———————————— 37

五、数字电路 ———————————— 37

六、高低电位值 ———————————— 38

第二章　电气一次设备 —————————————— 39

第一节　同步发电机 ———————————— 39
一、发电机转子结构 ———————————— 41
二、发电机定子结构 ———————————— 43
三、发电机的冷却 ————————————— 48
四、碳刷滑环机构 ————————————— 49
五、轴电流 ——————————————— 50
六、发电机的型号 ————————————— 51

第二节　主变压器 ————————————— 52
一、主变压器结构 ————————————— 52
二、主变压器电源侧三相绕组连接方式 ———— 57
三、主变压器负荷侧三相绕组连接方式 ———— 57
四、终端变压器负荷侧三相绕组连接方式 ——— 61

第三节　高压配电装置 ——————————— 65
一、隔离开关 —————————————— 65
二、断路器 ——————————————— 67
三、高压熔断器 ————————————— 76
四、避雷器 ——————————————— 77
五、电压互感器 ————————————— 79
六、电流互感器 ————————————— 82

第四节　电气一次主接线 —————————— 87
一、高压机组电气一次主接线 ———————— 87
二、低压机组电气一次主接线 ———————— 94

第三章　生产用电 —————————————— 96

第一节　交流厂用电 ———————————— 96
一、厂用变压器 ————————————— 96
二、厂用电的备用电源 ——————————— 97
三、交流厂用电电气屏柜 —————————— 98
四、交流厂用电的测量 ——————————— 100
五、交流电力稳压器 ———————————— 101
六、三相异步电动机 ———————————— 102
七、交流厂用电系统 ———————————— 105

第二节　微机直流厂用电 —————————— 108
一、直流装置的系统组成 —————————— 108
二、直流电的测量方法 ——————————— 108
三、微机直流系统 ————————————— 110

第三节　微机励磁系统 ——————————— 120

一、励磁电流的作用 ----------------------------------- 120
二、高压机组微机励磁整流回路 ----------------- 121
三、低压机组发电机励磁系统 ----------------- 129
第四节　电网电压调整 ------------------------------- 135
一、无功负荷对电网电压的影响 ----------------- 135
二、电网的无功功率平衡原则 ----------------- 136
三、电网电压无功管理方法 ----------------- 136

第四章　电气二次回路 ———————————————— 137

第一节　自动化元件 ------------------------------- 137
一、开关元件 ------------------------------- 137
二、信息采集元件 ----------------------------- 141
三、智能仪表 ----------------------------- 154
四、自动化元件应用举例 ----------------- 156
第二节　微机励磁系统二次回路 ----------------- 158
一、双微机励磁调节器 ----------------------- 158
二、双微机励磁调节器的开关量输入回路 ------- 162
三、双微机励磁调节器开关量的输出回路 ------- 165
四、快熔发信器信号回路 ----------------------- 167
五、起励操作回路 ----------------------------- 167
六、灭磁开关操作回路 ----------------------- 168
第三节　微机同期装置 ----------------------------- 169
一、水电厂电气设备的同期点 ----------------- 169
二、同期操作方式 ----------------------------- 170
三、同期信号比较 ----------------------------- 170
四、发电机同期操作 ------------------------- 170
五、线路同期操作 ----------------------------- 177
六、主变低压侧断路器操作 ----------------- 181
第四节　微机继电保护 ----------------------------- 182
一、微机继电保护模块硬件原理 ----------------- 182
二、发电机微机保护 ------------------------- 183
三、主变和线路微机保护 ----------------------- 196
第五节　交流厂用电二次回路 ----------------- 205
一、交流厂用电计量监测回路 ----------------- 205
二、空压机控制回路 ------------------------- 206
三、集水井排水泵控制回路 ----------------- 209
四、调速器油泵控制回路 ----------------------- 210
五、事故照明备用电源自动切换回路 ------------- 212
第六节　机组测温制动屏二次回路 ------------- 213

一、温度控制仪输入/输出回路 ………………………… 213

二、温度巡检仪输入/输出回路 ………………………… 214

三、剪断销信号装置输入/输出回路 …………………… 214

四、电气式转速信号装置输入/输出回路 ……………… 216

五、风闸制动操作回路 ………………………………… 217

六、机组技术供水自动投入/退出回路 ………………… 217

第五章 水电厂计算机监控 ————————————— 219

第一节 水电厂计算机监控系统结构 ………………… 219

一、计算机监控模块 …………………………………… 219

二、计算机监测功能 …………………………………… 220

三、计算机控制功能 …………………………………… 222

四、水电厂计算机监控系统结构 ……………………… 224

五、水电厂计算机监控系统的通信 …………………… 227

第二节 球阀 PLC 控制 ………………………………… 229

一、开关量输入模块输入回路 ………………………… 229

二、旁通阀电动机电气回路 …………………………… 231

三、球阀电动机电气回路 ……………………………… 232

四、开关量输出模块输出回路 ………………………… 234

第三节 机组 PLC 控制 ………………………………… 236

一、开关量输入模块输入回路 ………………………… 237

二、模拟量输入模块输入回路 ………………………… 242

三、开关量输出模块输出回路 ………………………… 243

四、机组事故停机和紧急停机动作的开关量 ………… 246

五、中央处理器 CPU 模块 …………………………… 247

六、全用开关量联系的下位机 ………………………… 248

第四节 公用 PLC 控制 ………………………………… 248

一、开关量输入模块输入回路 ………………………… 248

二、模拟量输入模块输入回路 ………………………… 256

三、开关量输出模块输出回路 ………………………… 257

四、中央处理器 CPU 模块 …………………………… 259

五、中央音响信号系统 ………………………………… 259

第五节 计算机监控机组操作流程 …………………… 261

一、水轮发电机组操作步骤 …………………………… 261

二、机组正常开机计算机操作流程 …………………… 263

三、机组正常停机计算机操作流程 …………………… 264

四、机组事故停机计算机操作流程 …………………… 264

五、机组紧急停机计算机操作流程 …………………… 265

六、计算机监控运行注意事项 ………………………… 266

第六章　水电厂运行安全管理 —————————— 267

第一节　电气设备运行安全管理 ————————— 267
一、发电机设备安全管理 ———————— 267
二、变压器设备安全管理 ———————— 268
三、电气二次设备安全管理 ——————— 269
四、生产用电安全管理 ————————— 269

第二节　电气设备操作安全管理 ————————— 270
一、电气设备上安全工作的组织措施 ———— 270
二、电气设备上安全工作的技术措施 ———— 273
三、倒闸操作的安全管理 ———————— 275
四、其它高压配电装置的安全要求 ————— 277
五、防止电气误操作的措施 ——————— 277
六、低压机组安全管理 ————————— 279

第三节　电气设备操作安全用具 ————————— 280
一、安全照明灯具 ——————————— 281
二、防毒面具 ————————————— 281
三、护目眼镜 ————————————— 281
四、绝缘杆 —————————————— 281
五、绝缘夹钳 ————————————— 282
六、绝缘手套 ————————————— 282
七、绝缘靴（鞋） ——————————— 283
八、绝缘垫 —————————————— 283
九、绝缘台 —————————————— 283
十、验电笔 —————————————— 284

第四节　水电厂调度安全管理 —————————— 285
一、电网调度术语 ——————————— 285
二、水电厂调度安全 —————————— 287

第五节　水电厂消防安全管理 —————————— 288
一、厂房消防安全管理 ————————— 288
二、发电机消防安全管理 ———————— 289
三、油系统消防安全管理 ———————— 289
四、变压器消防安全管理 ———————— 289

第六节　水电厂生产安全管理制度 ———————— 289
一、工作票制度 ———————————— 290
二、操作票制度 ———————————— 290
三、交接班制度 ———————————— 290
四、巡回检查制度 ——————————— 290
五、设备定期试验与轮换制度 —————— 290

附录 ———————————————————————— 291

    附表Ⅰ　发电厂（变电所）第一种工作票 ············· 291

    附表Ⅱ　发电厂（变电所）第二种工作票 ············· 292

    附表Ⅲ　发电厂（变电所）倒闸操作票 ············· 293

参考文献 ———————————————————————— 294

第一章

电气设备概述

水电站的大坝和引水建筑物将具有足够压力和流量的水流引到水电厂厂房，水电厂是将水能转换成电能的能量转换工厂，能量转换过程所需要的机电设备分电气设备和动力设备两大部分。

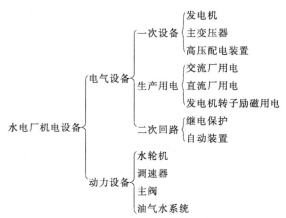

本书介绍水电厂机电设备中的电气设备。水轮机将水能转换成旋转机械能，再由发电机转换成电能。水轮机和发电机组成水轮发电机组，称水电厂的主机或机组，水轮发电机组是水电厂的核心设备。

水电厂是生产电能的工厂，在电能生产、分配和输送过程中涉及许多电工学原理和电子技术的理论，本章从应用技术的角度，介绍直流电、交流电的基本概念，介绍发电机、变压器的基本原理，简述电力电子整流技术及模拟电子电路、数字电子电路的基本概念，为电气设备知识的学习提供完整的知识平台。

第一节　发电厂与电力系统

一、水电厂电气设备组成

水电厂电气设备的任务是进行电能的生产、输送、分配以及对机电设备的保护、控制，主要由发电机、主变压器、高压配电装置、厂用电系统以及继电保护和二次控制回路组成，是水电厂的重要设备。水电厂电气设备分电气一次设备、生产用电和电气二次回路三大部分。

1. 电气一次设备

凡是直接进行电能生产、输送、升压、分配的设备，称为电气一次设备。电气一次设备按所担任的任务不同分为发电机、主变压器和高压配电装置三部分。高压配电装置又由断路器、隔离开关、电压互感器、电流互感器、熔断器和避雷器组成。

2. 生产用电

凡是为发电厂生产电能所需要的电源称生产用电。水电厂生产用电包括交流厂用电、直流厂用电和发电机转子励磁用电三大块。

3. 电气二次回路

凡是对电气一次设备、动力设备和生产用电系统进行监测、显示、保护、控制和同期的设备称电气二次设备。二次设备元件的功能往往需要用一定的回路连接这些元件来实现，因此二次设备又称二次回路。现代水电厂将电气二次回路中许多继电器和逻辑功能用可编程控制器（PLC）或微机来实现，使得二次回路大大简化。水电厂电气二次回路由继电保护和自动装置组成。

二、电力系统组成

图 1-1 为电力系统示意图。电力系统由发电机、电网和负荷组成，发电机将非电能转换成电能，负荷将电能转换成非电能，发电厂发出的电能必须通过电网输送才能到达负荷处。电网的实体或电网的支点是变电所，电网除了变电所就是四通八达的高压输电线路的架空线。变电所作为输电、变电、配电的枢纽，在收集发电机生产电能的同时向用户供电。变电

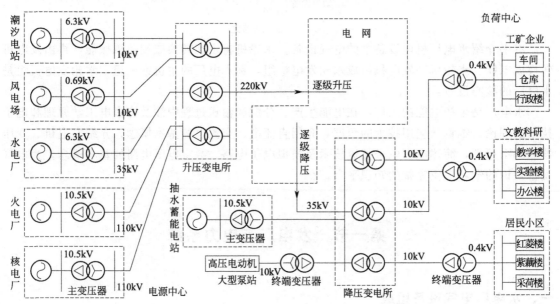

图 1-1　电力系统示意图

所对电能进行升压或降压、汇集或分配。电力系统是通过电网连接所有水电厂、火电厂、核电厂、风力发电场等电源点，将各电源点的电能收集到电源中心的升压变电所，为了便于长距离输送还需要进行进一步逐级升压，在电能输送接近城市负荷中心时，由降压变电所再逐级分配降压，最终通过电网将电能送入所有的工矿企业、文教科研及居民小区等负荷点。电力系统是集发电、输电、变压、配电、供电的一体化系统，其中从发电厂到升压变电所或从升压变电所到升压变电所之间电力线路称输电线路，从降压变电所到降压变电所或从降压变电所到负荷之间的电力线路称配电线路。

单独向一个或一片用电设备负荷供电的降压变压器称为终端变压器。从发电机到终端变压器之间全都是用电力线路连接的电力变压器通常称为主变压器，主变压器不是升压变压器就是降压变压器，主变压器不直接向用电设备负荷供电，主变压器的负荷是终端变压器或下一级主变压器。电源发电机输出电能经发电厂出口主变压器升压送至电源中心的升压变电所，再经输电线路上的升压变电所逐级升压到更高的电压等级，到负荷中心附近由配电线路上的降压变电所逐级降压，最后由终端变压器降压后向工业和民用负荷提供电能。

抽水蓄能电站在电网负荷低谷时作为负荷用电运行，在电网负荷高峰时作为电源发电运行，对电网能起到削峰填谷的作用，从而改善发电厂和电网运行的经济效益。

每一个电网都有一个电力中心调度所，电力中心调度所的任务是通过通信对电力系统的发电厂和变电所下达调度指令，对发电、输电、配电、供电进行协调，保证发电和用电的供需平衡，确保电网的经济、稳定和安全运行。我国按行政区域划分为若干个地区大电网，例如浙江位于我国的华东大电网中。华东大电网有一个位于上海的华东电网电力中心调度所（称网调），负责对华东三省一市的整个华东大电网进行调度和协调。华东电网下面的浙江省电网有一个位于杭州的浙江省电力中心调度所（称省调），负责对浙江电网进行调度和协调。浙江省电网下面的地（市）、县电网又有地（市）电力中心调度所（称地调或区调）和县电力中心调度所（称县调），负责对地（市）、县电网进行调度和协调。

第二节 交流电实用技术

一、负荷功率因数过低对电力生产的影响

负荷的功率因数角 φ 越大，功率因数 $\cos\varphi$ 越小，工程中称功率因数过低。负荷的功率因数 $\cos\varphi$ 过低，对发电机和电网都是不利的。

1. 功率因数过低对发电机的影响

发电厂发电机的铭牌容量是发电机厂家规定发电机允许发出的最大视在功率，一般不允许轻易超出。发电机长时间过负荷运行会造成线圈温度过高，绝缘老化，影响发电机寿命。

由功率三角形可知，在发电机视在功率 S 一定的情况下，如果发电机带的无功功率 Q 太多，势必要减小有功功率的输出，否则会造成发电机定子过电流。因此负荷功率因数过低会使得发电机需要带的无功功率越多，造成发电机有功出力不足，直接影响发电厂的经济效益。

2. 功率因数过低对电网的影响

在负荷与电源之间的架空输电线中流动的感性电流 $\dot{I}$，可以分解成两个电流分量，见图 1-2。感性负荷电流 $\dot{I}$ 在电压同方向的分量 $\dot{I}_有$ 才是真正用来做功的，称电流 $\dot{I}$ 的有功分量。而感性负荷电流 $\dot{I}$ 在电压垂直方向的分量 $\dot{I}_无$ 不做功，称电流 $\dot{I}$ 的无功分量。有功分量与无功分量关系如下：

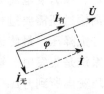

图 1-2 电流的分解

$$\dot{I}=\sqrt{\dot{I}_有^{\,2}+\dot{I}_无^{\,2}}$$

电网的网损与流过导线的电流平方成正比，不做功的无功电流分量 $I_无$ 在电源与负荷之间每一个周期来回流动两次将造成电网的网损增加，同时无功电流分量 $I_无$ 造成线路压降增大。因此负荷功率因数过低造成电网的网损增加，供电部门的经济效益下降；造成线路压降增大，受电端用户的电压下降。

3. 提高电网功率因数的措施

（1）调相运行　水电厂在枯水期将空闲的机组启动起来并入电网，再关闭导叶切断水流，成为电网提供电能的同步电机运行，此时再增大励磁电流，电机空转消耗少量的有功功率，发出大量的无功功率，同步电机的这种运行方式称调相运行，调相运行发出的无功功率为

$$Q=\sqrt{S^2-(-P)^2}$$

大型变电所有专门的调相机，当电网线路电压过低时，将同步电机启动空转作为调相机运行，专门用来发无功功率，当然同步电机空转需要消耗少量的有功功率。

（2）无功补偿电容器　下面以图 1-3 单相 RL 感性负荷并联无功补偿电容器为例，分析感性负荷 RL 并联无功补偿电容器 C 前后的功率因素变化。没有并联无功补偿电容器 C 时，电源提供给负荷的电流为 $\dot{I}=\dot{I}_{RL}$，电流 $\dot{I}_{RL}$ 滞后电压 $\dot{U}$ 相位 φ_{RL} 较大，功率因数 $\cos\varphi_{RL}$ 较低。在感性负荷 RL 边上并联无功补偿电容器 C 后，电源提供的电流相量为

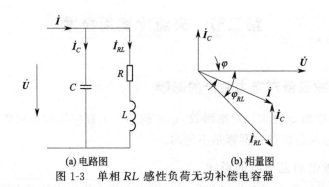

(a) 电路图　　　　　　　(b) 相量图
图 1-3 单相 RL 感性负荷无功补偿电容器

$$\dot{I}=\dot{I}_{RL}+\dot{I}_C$$

并联无功补偿电容器 C 增加一个支路后，电源提供的电流有效值 I 不增反减，受电端电压回升。这是因为感性负荷中的电感 L 需要电源充电的时候正好是电容 C 需要向电源放电的时候，感性负荷中的电感 L 需要放电的时候正好是电容 C 需要向电源充电的时候，从而减小了电源需要提供的总电流 $\dot{I}$。同时并联无功补偿后的整个电路功率因数角从 φ_{RL} 减小到 φ，功率因数从 $\cos\varphi_{RL}$ 提高到 $\cos\varphi$。

所有的变电所和企事业单位必须在三相交流电供电母线上与负荷并联接上三相无功补偿电容器，根据母线电压分批投入或退出无功补偿电容器，由电容器向电力系统或企事业单位内的感性无功负荷提供部分无功功率，这样可以大大减小由发电机通过电网提供的无功功率，使发电机能发出更多的有功功率；同时减小无功电流流过线路和变压器的损耗，减少网损，提高受电端的电压。从电网的角度来看，并联了无功补偿电容器后的三相负荷的功率因数提高了。这种高电压、大电流的电容器又称电力电容器。

电力电容器无功补偿不是补得越高越好，功率因数 $\cos\varphi$ 最高补偿到 0.95，如果电力电容器无功补偿到 $\cos\varphi=1$，将发生 LC 并联谐振，造成所有交流设备过电流，这是绝对不允许的。

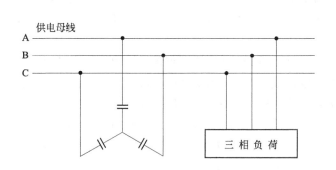

图 1-4　无功补偿电力电容器接线图　　　　图 1-5　油浸式 10kV 高压无功补偿电力电容器

图 1-4 为无功补偿电力电容器接线图，三相无功补偿电容器与负荷是并联关系。企事业单位 10kV 终端变压器的无功补偿电容器可以并联在终端变压器的 10kV 高压侧，也可以并联在终端变压器 380/220V 低压侧。在终端变压器高压侧并联电容进行无功补偿的话，需要的电容量小，但要求电容的耐压值高；在终端变压器低压侧并联电容进行无功补偿的话，需要的电容量大，但要求电容的耐压值低。图 1-5 为油浸式 10kV 高压无功补偿电力电容器，电容器箱内充满了绝缘油。图 1-5(a) 为单相分体式，图 1-5(b) 为三相整体式。图 1-6 为企事业单位接在终端变压器 380/

220V 低压侧母线上的低压无功补偿装置，三相整体式电容器箱 3 内为三只星形联结的电力电容器，屏柜前后共十二只电容器箱。每两箱电容器并联成一组，共有六组电容器，六个交流接触器 2 分别控制六组电容器。当 380/220V 母线的无功负荷过大造成母线电压下降时，自动控制交流接触器先后合闸，无功补偿电容器分批投入，使母线电压回升。当 380/220V 母线的无功负荷减小使得电压上升时，自动控制交流接触器先后跳闸，无功补偿电容器分批退出，使母线电压下降。无功补偿装置工作时，六只空气开关 1 全部合上，当电容电流过大时空气开关中的过电流保护动作跳开空气开关，从而保护电容器不被烧坏。

图 1-6　380/220V 低压侧无功补偿装置
1—空气开关；2—接触器；3—电容器箱

变电所的无功补偿电容器挂接在变电所内的 110kV 或 35kV 或 10kV 母线上。其中 110kV 或 35kV 母线上的无功补偿电容器的工作电压已经相当高了，因此 110kV 或 35kV 油浸式电力电容器体积庞大，造价昂贵，一般布置在像网球场大小的室外露天变电所，并用网球场那样的铁丝网围住防止无关人员误入，而自动控制无功补偿电容器投入或退出的高压断路器布置在室内。

二、利用通电线圈磁场的自动化元件

在自动控制中广泛利用通电铁芯线圈产生的磁场吸力，对被控对象进行监测和操作。直流电流产生直流磁场，交流电流产生交流磁场。两种电流产生的磁场吸力作用是一样的，但是在重要被控对象的监测和操作中，常采用直流电，因为由直流系统提供的直流电安全可靠，在全厂停电条件下，直流系统内的蓄电池仍能保证供电，使监测和操作仍能维持一段时间或将被控设备平稳地停下来，避免事故扩大。常见的通电线圈自动化元件有继电器、接触器、电磁阀、电磁配压阀、电磁比例阀和电磁铁。

① 继电器：用控制回路的电流或电压，控制被控回路的触点闭合或断开。控制回路的电流可以是所要监测的电量，例如监测过电压或欠电压的电压继电器、监测过电流的电流继电器；也可以是其它继电器被控回路送来的信号电流，例如中间继电器、信号继电器。

图 1-7 为继电器结构原理图，控制回路失电时，可动衔铁在弹簧作用下释放 [图 1-7(a)]，被控二次回路的触点 1-2 断开，触点 3-4 闭合；控制回路得电时，磁场吸力大于弹簧力，可动衔铁吸合 [图 1-7(b)]，被控二次回路的触点 1-2 闭合，触点 3-4 断开。触点 1-2 称继电器的常开触点，触点 3-4 称继电器的常闭触点。图 1-8 为继电器操作控制原理框图。

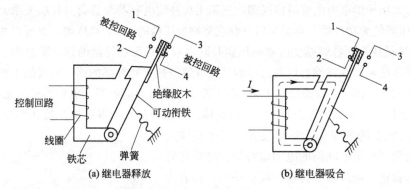

(a) 继电器释放　　　　(b) 继电器吸合

图 1-7　电磁吸力在继电器中的应用

图 1-8　继电器操作控制方框原理框图

② 接触器：用控制回路的电流，控制被控电气设备的投入或退出。常用来切断或投入低压大电流的用电设备（例如功率较大的电机），所以主回路触点置于灭弧罩内，在主回路触点断开时进行灭弧。

图 1-9 为接触器结构原理图，接触器控制回路失电时可动衔铁释放 [图 1-9(a)]，在弹簧作用下右移，主回路触点断开，被控主回路中断，被控电气设备停运。与此同时，辅助触点常闭触点闭合，常开触点断开，通过二次回路送出被控设备停运的信号；接触器控制回路

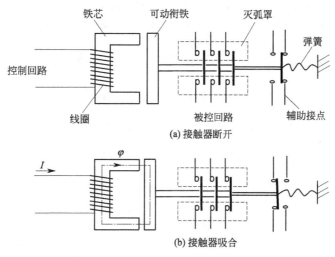

图 1-9　电磁吸力在接触器中的应用

得电时，磁场吸力大于弹簧力，可动衔铁左移吸合 [图 1-9(b)]，主回路触点闭合，被控主回路接通，被控电气设备运行。与此同时，辅助触点常闭触点断开，常开触点闭合，通过二次回路送出被控设备停运的信号。图 1-10 为接触器操作控制原理框图。继电器和接触器都是用控制回路的电信号，通过电磁力接通或断开被控回路，控制回路和被控回路是两个相互独立的电气回路。

图 1-10　接触器操作控制原理框图

③ 电磁阀：用控制回路的脉冲电流，控制被控阀的阀盘位移，常用来启闭阀门。图 1-11 为电磁阀结构原理图，脱钩线圈通脉冲电流时，吸合线圈铁芯脱钩，阀盘靠自重下落，电磁阀关闭 [图 1-11(a)]，气流、水流或油流切断；电磁阀吸合线圈通脉冲电流时，阀盘和阀杆上的斜坡一起上移，脱钩线圈铁芯在斜坡作用下被迫右移，脱钩线圈铁芯后面的弹簧受压，当阀盘上移到全开位置时，脱钩线圈弹簧释放，脱钩线圈铁芯楔形头部插入斜坡下方，钩住阀盘不能下落，电磁阀开启 [图 1-11(b)]，气流、水流或油流流通。

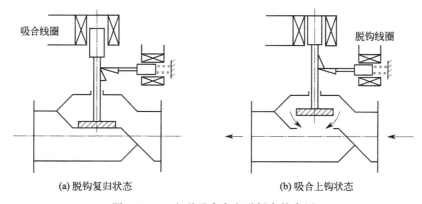

图 1-11　电磁吸力在电磁阀中的应用

电磁阀动作时，也可以带动辅助触点动作，辅助触点可在电磁阀动作时向二次回路提供开关量信号，告知电磁阀的开关状态。图 1-12 为电磁阀操作控制原理框图。

图 1-12 电磁阀操作控制原理框图

④ **垂直型电磁配压阀**：用控制回路的脉冲电流，控制被控阀的活塞在上下两个极限位置中的一个，常用来切换油路或气路，执行开关式操作控制。

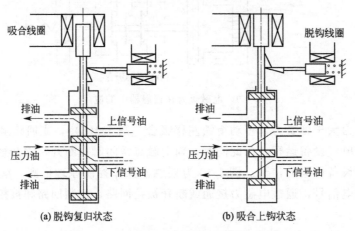

图 1-13 电磁吸力在电磁配压阀中的应用

图 1-13 为双线圈脱钩机构垂直型电磁配压阀结构原理图。脱钩线圈通脉冲电流时，活塞靠自重下落，电磁配压阀在下极限位 [图 1-13(a)]，输出信号油管为上排下压；电磁阀吸合线圈通脉冲电流时，活塞上移，电磁配压阀在上极限位 [图 1-13(b)]，并被脱钩线圈铁芯楔形头部钩住，不能下落，电磁配压阀输出信号油管为上压下排。图 1-14 为电磁配压阀操作控制原理框图。

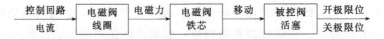

图 1-14 电磁配压阀操作控制原理框图

铁芯垂直移动进行开关式操作控制的双线圈脱钩机构自动化元件，如果没有脱钩线圈照样可以工作。但是铁芯在上部投入位置期间，吸合线圈必须一直通电，浪费电能并使线圈发热。采用了双线圈脱钩机构，控制回路只需给吸合线圈或脱钩线圈提供时间极短的脉冲电流，就可以使自动化元件投入或退出，节省操作电能。因为脱钩比吸合省力得多，所以脱钩线圈的体积和功率比吸合线圈的体积和功率小得多。

⑤ **电磁比例阀**：用控制回路的电流，控制被控阀的活塞在开极限位与中间位之间，或在关极限位与中间位之间，常用来切换油路，执行调节控制。

图 1-15 为活塞在中间位置时的电磁比例阀结构原理图。当电磁比例阀右线圈无电流，左线圈通电流在零至最大之间时，活塞左移在中间位与左极限位之间；当电磁比例阀左线圈无电流，右线圈通电流在零至最大之间时，活塞右移在中间位与右极限位之间。活塞偏移中间位置的大小与输入线圈的电流大小成正比，输出油压信号的强弱与活塞偏移中间位置的大

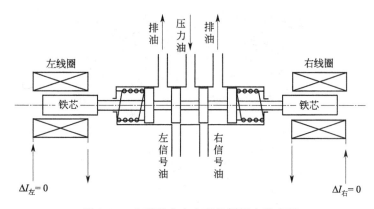

图 1-15　电磁吸力在电磁比例阀中的应用

小成正比，比例阀由此得名。图 1-16 为电磁比例阀调节控制原理框图。

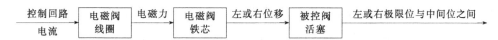

图 1-16　电磁比例阀操作控制原理框图

⑥ 电磁铁：用控制回路的电流产生较大的电磁力，使铁芯发生机械运动，推动机械杠杆机构动作或撞击机械杠杆机构中的关键节点，使机械杠杆机构的状态发生翻转，由于推动或撞击机械杠杆机构需要较大的电磁力，因此控制回路的电流较大。

图 1-17 为传统断路器合闸电磁铁结构图，电磁铁线圈失电时铁芯靠自重释放下落 [图 1-17(a)]；电磁铁得电时，在电磁力的吸力作用下铁芯吸合上移 [图 1-17(b)]，撞击机械机构的关键节点，使机械机构状态迅速翻转，断路器迅速合闸。

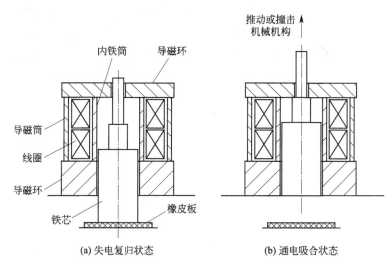

图 1-17　传统断路器合闸电磁铁结构图

低压冲击式水轮机折向器的自动投入装置就是一个与发电机跳闸回路联动的电磁铁。图 1-18 为冲击式水轮机折向器投入电磁铁实物，铁芯前端有一个复归弹簧。当发电机紧急停机断路器跳闸时，电磁铁线圈得电，电磁吸力使铁芯快速右移弹簧受压，铁芯撞击折向器脱钩机构，折向器迅速切入射流将射流偏引下游，防止机组过速。电磁铁线圈失电后，弹簧

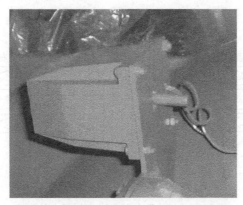

图 1-18　冲击式水轮机折向器投入电磁铁

释放，作用铁芯复归到左边极限位置。电磁铁动作时同样也可以带动辅助常开触点和常闭触点，向二次回路发出开关量信号。图 1-19 为电磁铁操作控制原理框图。

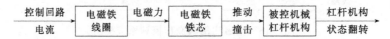

图 1-19　电磁铁操作控制原理框图

　　线圈流过交流电流时产生变化的磁通，变化磁通产生自感电动势，自感电动势永远反抗电流的变化，使得交流电流流过线圈时不但遇到线圈导线电阻的阻力，还遇到自感电动势的阻力。如果一个额定电压为交流 220V 的电磁铁错接在直流 220V 的电源上，电磁铁的线圈中流过的是不变的直流电流，产生不变的磁通，不变的磁通是不会产生自感电动势的，使得电流流动的阻力只有小小的线圈导线电阻的阻力，使得电流过大，有可能烧毁线圈。如果一个额定电压为直流 220V 的电磁铁错接在交流 220V 的电源上，电磁铁的线圈中流过的是交流电流，产生变化的磁通，变化的磁通产生自感电动势，使得电流流动不但遇到线圈导线电阻的阻力，还额外增加了自感电动势的阻力，使得电流大大减小，线圈磁通跟着减小，电磁吸力不够，电磁铁无法正常吸合。因此，工作中遇到安装有线圈的自动化元件时，必须仔细查看工作电压是交流电压还是直流电压。

第三节　变压器基本原理

　　变压器是在电力生产中变压、变流或电量采集常用的电力设备。变压器利用磁作为介质，将电能或电量从一只线圈传递到另一只线圈。水电厂利用变压器原理工作的设备有主变压器、励磁变压器、厂用电变压器、电压互感器、电流互感器和交流稳压器六种。

一、变压器的变流原理

　　当变压器的副边线圈接上负载时，副边线圈向外输出电流 i_2，i_2 是平衡磁通 ϕ_0 在副边线圈产生的感应电流，感应电流 i_2 又在铁芯中产生磁通 ϕ_2。根据楞次定律可知，感应电流 i_2 产生的磁通 ϕ_2 永远反抗原来磁通 ϕ_0 的变化，见图 1-20。反抗磁通 ϕ_1 与平衡磁通 ϕ_0 方

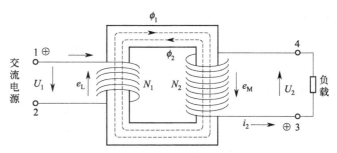

图 1-20 负载运行变压器原理图

向相反，使得铁芯中的合成磁通减小，原来的电磁平衡遭到破坏，原边线圈的自感电动势 e_L 反抗电源电流通过的能力减小，使得电源输入给原边线圈的电流从 i_0 增大到 i_1，原边线圈的磁通从 ϕ_0 增大到 ϕ_1，当 ϕ_1 增大到 $\phi_1 - \phi_2 = \phi_0$ 时，重新达到原来的平衡磁通 ϕ_0。经过这么一个电磁重新平衡的过程，通过磁场将原边线圈的电能传递到副边线圈，而原副边两个线圈在电气回路上是完全独立分开的两个回路，这就是看不到、摸不着的磁场的奇妙之处。

变压器的空载励磁电流 i_0 很小，如果空载励磁电流忽略不计，则从能量守恒的角度可以认为，输入变压器的电能应等于输出变压器的电能，即

$$U_1 I_1 = U_2 I_2$$

式中 I_1——原边电流有效值；

I_2——副边电流有效值。

$$\frac{I_1}{I_2} = \frac{U_2}{U_1} = \frac{N_2}{N_1} = \frac{1}{k} \tag{1-1}$$

$$I_2 = k I_1$$

变压器的原副边的电流比与匝数比成反比。

当 $N_2 > N_1$ 时，$k < 1$，$I_2 < I_1$，副边线圈电流小于原边线圈电流，成为升压变压器，例如，发电厂的主变压器。

当 $N_2 = N_1$ 时，$k = 1$，$I_2 = I_1$，成为隔离变压器，例如同期装置电压信号采集时用的隔离变压器。

当 $N_2 < N_1$ 时，$k > 1$，$I_2 > I_1$，副边线圈电流大于原边线圈电流，成为降压变压器，例如，发电厂的厂用变压器、励磁变压器和居民小区的降压变压器。

副边线圈匝数比原边越多，副边输出电压越高电流越小，例如发电厂主变压器等所有的升压变压器。副边线圈匝数比原边越少，副边输出电压越低电流越大，例如居民小区等所有的降压变压器。发电厂的厂用变压器、励磁变压器和居民小区的变压器都是单独带一片负荷的，这些变压器的原边线圈电流大小是由副边线圈负载电流的大小决定的，负载耗电越大，变压器副边线圈电流越大，原边线圈电流跟着变大。负载电流过大严重时，变压器过载烧毁；负载断开不用电时，变压器副边线圈电流为零，原边线圈为很小的空载励磁电流。发电厂的主变压器在电网中与其它发电厂的主变压器是并列带负荷的，这些变压器的副边线圈电流大小由原边线圈电流大小决定，原边线圈电流大小由发电机输出功率决定的，发电机输出功率越大，主变压器原边电流越大，副边上网电流越大；发电机跳闸停机输出功率为零时，主变压器原边电流为零，副边上网电流为零。

二、自耦变压器原理

自耦变压器的原副边共用一只线圈，副边线圈是原边线圈的一部分，而且副边线圈的匝数 N_2 可以方便地进行调节，从而方便地调节副边电压 U_2。

自耦变压器用在要求副边输出交流电压 U_2 能无级调节的场合，图 1-21 为铁芯直柱式自耦变压器原理图，原、副边为同一只线圈，线圈绕组用厚铜带绕制而成，线圈匝与匝之间绝缘，线圈匝的外柱面裸露，动触头紧紧压在线圈的外柱面上，在带负载条件下，上下移动动触头，可以方便地改变副边线圈的匝数 N_2，使副边电压 U_2 无级调节。副边电压 U_2 可以低于原边电压 U_1（降压），也可以高于原边电压 U_1（升压）。图 1-22 为铁芯圆环式自耦变压器外形图，原理与铁芯直柱式相同，只不过铁芯是圆环形。

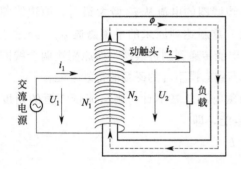

图 1-21 铁芯直柱式自耦变压器原理图

图 1-22 铁芯圆环式自耦变压器外形图

第四节 同步发电机基本原理

水电厂同步发电机利用电磁感应原理将水轮机的机械能转换成电能，同步发电机工作时还必须另外建立励磁系统，负责向发电机转子线圈提供励磁电流。

一、同步发电机的三相交流电动势

设有三只独立的矩形线圈，每只线圈有两个端子四条边，每只线圈相对的两条边分别镶入定子铁芯内壁相隔 180° 的两个线槽内，三只线圈平面相互之间的夹角为 120°，见图 1-23 中 Ax、By、Cz。这三只线圈就是最简单的发电机三相定子绕组。当发电机转子在水轮机带动下以 ω 的角速度旋转时，每一相定子绕组在相隔 180° 的两个定子线槽内的两条边相对转子旋转磁场的线速度为 v，线槽内切割转子磁场磁力线的导体有效切割边的长度为 L，每一个定子线槽内有效切割边承受切割的磁感应强度 **B** 按正弦规律变化，而且每相绕组的一条有效切割边承受转子磁场 N 极切割时，另一条有效切割边正好承受转子磁场 S 极切割，因此每一个线圈的两条有效切割边中产生的两个感应电动势为串联叠加关系。则发电机 A 相定子绕组中两个串联后的感应电动势为

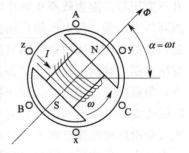

图 1-23 三相正弦交流电动势

$$e_A = 2BLv = 2Lv(B_m \sin\alpha) = E_m \sin\omega t$$

式中，$E_m = 2LvB_m$ 为正弦交流电动势最大值。在定子铁芯线槽内夹角为 120°的三相定子绕组被同一个转子磁场切割，因此三相电动势最大值相等，相位差为 120°。

$$e_B = E_m \sin(\omega t - 120°)$$

$$e_C = E_m \sin(\omega t - 240°) = E_m \sin(\omega t + 120°)$$

当忽略线圈导体电阻对电压的影响时，发电机机端输出三相交流电压与三相交流电动势大小相等方向相反，见图 1-24。

$$\begin{cases} u_A = U_m \sin\omega t \\ u_B = U_m \sin(\omega t - 120°) \\ u_C = U_m \sin(\omega t + 120°) \end{cases} \tag{1-2}$$

式中　U_m——电压最大值。

对 2 对磁极的同步发电机，通过修整转子铁芯磁极表面，改变转子铁芯磁极表面与定子铁芯内壁之间的气隙，总能使磁感应强度 **B** 在定子铁芯内壁 180°范围内的分布满足正弦规律，再对定子三相绕组按一定方法布置，能输出三相正弦交流电。对有 n 对磁极的同步发电机，通过修整转子铁芯磁极表面，改变转子铁芯磁极表面与定子铁芯内壁之间的气隙，总能使磁感应强度 **B** 在定子铁芯内壁 360°/n 范围内的分布满足正弦规律，再对定子三相绕组按一定方法布置，能输出三相正弦交流电。

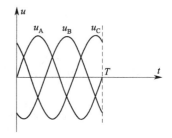

图 1-24　发电机输出三相交流电压

1 对转子磁极的同步发电机转子转 1 转，在每一相定子绕组里产生 1 个正弦波。我国规定正弦交流电的正弦波必须每秒 50 个，每分钟 3000 个。因此磁极对数 $P = 1$ 的同步发电机，转子的转速必须为 $n = 3000r/min$；磁极对数 $P = 2$ 的同步发电机，转子的转速必须为 $n = 1500r/min$；磁极对数 $P = 3$ 的同步发电机，转子的转速必须为 $n = 1000r/min$；等等。为保证发电机输出 50Hz 的正弦交流电，在我国的同步发电机必须满足转速 n 与磁极对数 P 的乘积等于 3000，这种转速称同步转速。

二、同步发电机内的旋转磁场

1. 单相定子线圈产生的定子磁场

定子单相绕组流过如图 1-25 所示正弦交流电流，根据右手螺旋定则，定子绕组在输入交流电流正半周 $T/2$ 时段，产生的定子磁通 Φ 方向向上，磁通从零到最大再回到零；在交流输入交流电流负半周 $T/2$ 时段，产生的定子磁通 Φ 方向向下，磁通从零到最大再回到零，得到的定子磁场是一个周期内先后两个相反方向的脉动磁场，但定子磁场没有旋转。

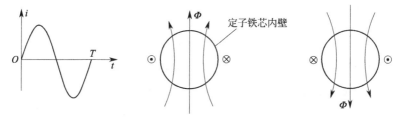

图 1-25　单相定子线圈产生的定子磁场

2. 三相定子绕组产生的定子旋转磁场

三相定子绕组 A-x、B-y、C-z 均布在定子铁芯内壁相隔 120°的线槽内（图 1-26），三相定子绕组分别通入三相正弦交流电流 i_a、i_b、i_c。时间为 t_1 时，C 相电流 $i_c = 0$，则 C 相绕组的定子磁场 $\Phi_C = 0$，A 相电流 $i_a = +$，根据右手螺旋定则可得 A 相绕组的定子磁场 Φ_A 方向为水平向右，B 相电流 $i_b = -$，根据右手螺旋定则可得 B 相绕组的定子磁场 Φ_B 方向为向右下方 60°，则三相定子绕组的合成磁场 $\Phi_合$ 方向为向右下方 30°。时间为 t_2 时，B 相电流 $i_b = 0$，则 B 相绕组的定子磁场 $\Phi_B = 0$，A 相电流仍为 $i_a = +$，A 相绕组的定子磁场 Φ_A 方向仍为水平向右，C 相电流 $i_c = -$，根据右手螺旋定则可得 C 相绕组的定子磁场 Φ_C 方向为向右上方 60°，则三相定子绕组的合成磁场 $\Phi_合$ 方向为向右上方 30°。

三相定子绕组的合成磁场 $\Phi_合$ 方向逆钟向转了 60°。时间为 t_3、t_4…以此类推。

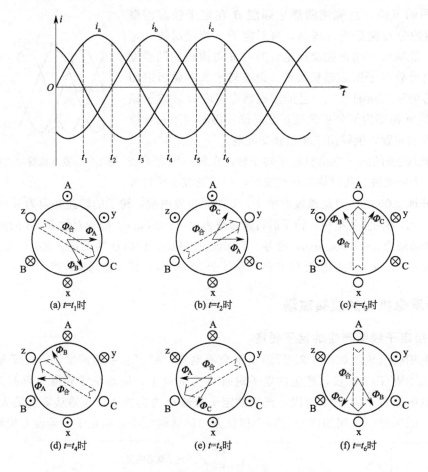

图 1-26 三相定子绕组产生的定子磁场

由此可见，尽管每一个定子线圈产生的定子磁场 Φ_A、Φ_B、Φ_C 仍旧是一个周期内先后两个相反方向的脉动磁场。但是三相脉动磁场在定子铁芯内壁上产生的合成磁场 $\Phi_合$ 在空间上是旋转的。合成磁场 $\Phi_合$ 大小取决于三相定子电流的大小，合成磁场 $\Phi_合$ 的旋转方向（逆时针或顺时针）取决于三相交流电流的相序（即是 A、B、C、A、B、C…相序，还是 A、

C、B、A、C、B…相序)。三相交流电机有三相同步发电机、三相同步电动机、三相异步发电机和三相异步电动机四种形式，所有的三相交流电机的定子结构和原理完全一样，无论是三相绕组向外输出电流还是电源向三相绕组输入电流，只要有三相定子电流在流动，定子铁芯内壁都会出现看不到、摸不着的定子旋转磁场。只不过三相同步发电机和三相异步发电机是向电网输出三相交流电流，三相同步电动机和三相异步电动机是电网输入三相交流电流。

家用电风扇用的是单相交流电的单相交流电动机，单相交流电动机的定子铁芯内布置了两相相互垂直的定子绕组，交流电源直接接其中一相定子绕组 A-x，交流电源经电容器 C 移相 90°后接另一相定子绕组 B-y，移相电容器把单相交流电变成了相位差 90°的两相交流电，见图 1-27。

两相线圈通电后在定子铁芯内壁产生的合成磁场同样会旋转，从而异步拖动转子旋转。如果家用单相交流电动机中的移相电容损坏时，合上电源后电动机是不会转动的，但是用手轻轻地顺时针拨动风叶，人为提供顺时针的启动力矩，转子就会顺时针转动，转子照样能工作。用手轻轻地逆时针拨动转子，人为提供逆时针的启动力矩，转子就会逆时针转动，转子照样能工作。以上情况说明单相绕组的单相电动机的定子对转子只有旋转力矩，没有启动力矩。

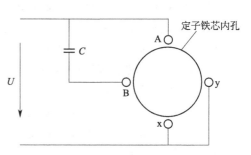

图 1-27 单相交流异步电动机绕组接线图

同步发电机的转子是人工制造出来的"工艺品"，采用在转子铁芯上绕制转子励磁线圈，再通入直流励磁电流得到转子磁场。

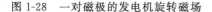

图 1-28 一对磁极的发电机旋转磁场

图 1-29 四对磁极的发电机旋转磁场

对于同步水轮发电机，转子在水轮机水动力矩 M_t 的带动下以角速度 ω 恒速旋转，产生看得到、摸得着的转子旋转磁场。定子绕组在转子旋转磁场作用下切割磁力线，产生感应电动势向负载送出三相交流电流，三相负载电流反过来又在定子铁芯内壁产生看不到、摸不着定子旋转磁场，见图 1-28、图 1-29。同步发电机定子旋转磁场与转子旋转磁场磁极对数相同、旋转方向相同、旋转转速相同，"同步"由此得名。

三、同步发电机带有功负荷的内部电磁原理

1. 发电机的运行状态

当机组为额定转速，转子励磁不投入时，发电机机端没有电压，定子绕组中没电流，发电机内部既没有转子旋转磁场也没有定子旋转磁场，称机组空转。这时的水动力矩 M_t 用来克服机组转动系统的机械摩擦阻力矩 M_n。当机组为额定转速，转子励磁投入，但断路器没有合闸或合闸后没有带上负荷时，发电机机端有电压，定子绕组中没电流，发电机内部有转子旋转磁场没有定子旋转磁场，称机组空载。与机组空转一样，这时的水动力矩 M_t 用来克服机组转动系统的机械摩擦阻力矩 M_n。当机组为额定转速，转子励磁投入，断路器合闸并带上负荷时，发电机机端有电压，定子绕组中有电流，发电机内部既有转子旋转磁场又有定子旋转磁场，称机组负载。磁场与磁场相互之间必定有作用力，两个旋转磁场相互的作用力不是动力矩就是阻力矩。同步发电机的定子旋转磁场是转子旋转磁场切割定子线圈导体后，在定子线圈导体中产生了感应电动势，感应电动势向外输出电流时产生的，也就是说，没有转子旋转磁场就没有定子旋转磁场。因此，定子旋转磁场滞后转子旋转磁场一个角度，并且定子旋转磁场对转子作用电磁阻力矩 M_g，见图 1-30。这时的水动力矩

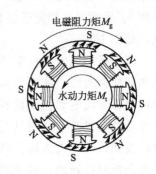

图 1-30　旋转磁场相互作用

M_t 不但要克服机组转动系统的机械摩擦阻力矩 M_n，还要克服电磁阻力矩 M_g。水动力矩 M_t 的大小正比于水流量，电磁阻力矩 M_g 的大小正比于负载电流。

2. 发电机带有功负荷的内部电磁原理

发电机发出有功功率的过程，其实就是将机械能转换成电能的过程，能量转换有两种方式：第一种能量转换方式是能量自发地从一种能量形式转换成另一种能量形式。例如，垂直自由下落的物体，位能越来越小，动能越来越大，物体的大部分位能转换成动能。第二种能量转换方式是以做功的方式消耗一种能量，将消耗的能量大部分转换成另一种能量。例如，搬运工早上吃了早饭，获得食物的化学能，上班做功，将一楼的砖块搬运到五楼，到了中午肚子饿了，采用做功的方式消耗了化学能，将大部分化学能转换成五楼砖块的位能。

发电机就是采用做功的方式，将旋转机械能转换成上网电能。设机组单机带三相纯电阻负荷（有功负荷），已知纯电阻负载的电压与电流同相位，即电压最大值和电流最大值出现在同一时刻。当发电机从空载额定转速转为带有功负载时，定子有功电流从零开始增大，定子旋转磁场的电磁阻力矩 M_g 也从零开始增大，作用转子转速下降，为维持额定转速不变，水轮机导叶或喷嘴必须进一步增大开度，使水动力矩 M_t 进一步增大，带动转子磁场克服新出现的定子旋转磁场电磁阻力矩做功，消耗机械能，从而带上了有功负荷，将机械能转换成电能。由此可见，有功负荷增大时，如果水轮机导叶或喷嘴开度不开大，水动力矩 M_t 不增大，发电机转速（频率）将下降。

四、三相交流电动机内的电能与机械能转换

1. 三相同步电动机

三相同步电动机的结构与三相同步发电机结构完全一样，统称为同步电机。同步电机是

可逆的，当电网向同步电机定子线圈提供定子电流时，同步电机就成为同步电动机。定子旋转磁场作为电磁动力矩拖着转子磁场旋转，为保持同步电动机转速不变，电磁动力矩必须克服转子的机械阻力矩做功，从而消耗电能，将电能转换成机械能。机械阻力矩的大小正比于同步电动机所带的机械设备负荷，电磁动力矩的大小正比于定子电流。

同步电动机启动时，转子励磁不投入，转子转速为零，必须采用异步电动机的方法启动，使转子转速从零开始上升，当转子转速接近定子旋转磁场的转速时，再投入转子励磁，强行拉入同步，再带上机械设备负荷。

2. 三相异步电动机

因为三相异步电动机的转子结构与同步电动机不一样，所以三相异步电动机的工作原理与同步电动机也不一样。工农业生产中使用最多的是笼型异步电动机，笼型异步电动机的转子由硅钢片、鼠笼和转轴组成，见图 1-31。开有缺口线槽的硅钢片相互之间绝缘，在转轴上用许多 0.35mm 厚的硅钢片叠压成转子的圆柱体铁芯，再用熔化的铝水在硅钢片圆柱体表面的缺口线槽内及两端浇注成鼠笼，车床加工圆柱表面后就成为笼型异步电动机的转子。鼠笼由阻尼条和短路环组成，相隔 180° 的两根阻尼条构成一匝转子线圈，两侧短路环将所有阻尼条的两端分别短路。可以把定子线圈理解成变压器的原边线圈，转子阻尼条线圈理解成可以转动的变压器副边线圈，所以有的书中将异步电动机称为"副边线圈旋转的旋转变压器"。异步电动机的优点是结构简单，造价便宜，启停方便，因此使用最广泛。

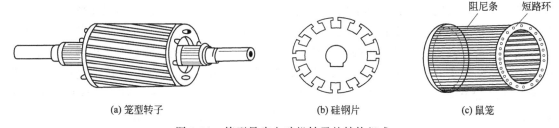

(a) 笼型转子　　　　　　　(b) 硅钢片　　　　　　　(c) 鼠笼

图 1-31　笼型异步电动机转子的结构组成

图 1-32 为异步电动机的转动原理。三相异步电动机正常工作时，电源输入三相定子绕组中的三相定子电流在定子铁芯内壁形成同步转速为 n_1 的定子旋转磁场，转子转速 n_2 始终低于定子旋转磁场转速 n_1，转差 $\Delta n = n_1 - n_2$，使得阻尼条与定子旋转磁场之间产生相对运动，转子阻尼条被定子旋转磁场切割，在转子阻尼条中产生感应电动势，转子上相隔 180° 的两根阻尼条中的两个感应电动势经短路环形成串联关系，并经短路环形成转子阻尼条中的短路电流。如图示瞬间，根据右手发电机定理可知，长直导体切割磁力线，转子上半部分阻尼条中的短路电流为流出纸面，下半部分阻尼条中的短路电流为流进纸面。

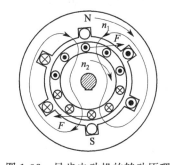

图 1-32　异步电动机的转动原理

由于通电导体在磁场内会受到电磁力作用，根据左手电动机定理，上面阻尼条中的短路电流在定子旋转磁场中受到向右电磁力 F 作用，下面阻尼条中的短路电流在定子旋转磁场中受到向左电磁力 F 作用，两个电磁力形成的电磁转动力矩克服转子上的机械阻力矩，使转子以转速 n_2 旋转。定子旋转磁场拖动转子旋转做功，消耗有功功率，将电能转换成旋转机械能。

在定子三相绕组接通三相交流电源瞬间，定子旋转磁场转速瞬间为同步转速 n_1，但是转子转速 n_2 为零，此时定子旋转磁场转速与转子转速的转差 Δn 最大，转子阻尼条被定子旋转磁场切割最厉害，转子阻尼条中的短路电流也最大，电磁转动力矩也最大。随着转子转速 n_2 的上升，转子与定子旋转磁场的转差 Δn 减小，转子与定子旋转磁场之间的相对运动减小，定子旋转磁场对转子阻尼条切割减弱，转子短路电流减小，电磁转动力矩也减小。假如转子转速 n_2 上升到与定子旋转磁场的转速 n_1 一样，则定子旋转磁场与阻尼条相对运动为零，转差 $\Delta n = 0$，定子旋转磁场转子阻尼条没有切割，阻尼条中短路电流为零，转子电磁转动力矩为零。由此可见，为了获得转子的电磁转动力矩，转子的转速 n_2 必须低于定子旋转磁场的转速 n_1，保持一定的转差 Δn，"异步"由此得名。由于异步电动机靠定子旋转磁场切割转子阻尼条感应产生短路电流获得转子的电磁转动力矩，所以异步电动机又称"感应电动机"。

生产实际中用得最多的三相异步电动机的定子旋转磁场转速为同步转速 $n_1 = 1500 \text{r/min}$，转子拖动额定机械负荷的条件下，转子的异步转速为 $n_2 = 1450 \text{r/min}$，额定负荷时的额定转差 $\Delta n = 50 \text{r/min}$。另一种三相异步电动机的定子旋转磁场转速为同步转速 $n_1 = 1000 \text{r/min}$，转子拖动额定机械负荷条件下，转子的异步转速为 $n_2 = 960 \text{r/min}$，额定负荷时的额定转差 $\Delta n = 40 \text{r/min}$。由于 1450r/min 的异步电动机比 960r/min 的异步电动机定子磁极对数少，耗铜、耗铁量少，因此同样的功率，前者比后者价格稍低。

异步电动机的定子旋转磁场的同步转速是恒定不变的，但是在拖动不同功率的机械负荷时转子转速是变化的，那么转差也是变化的。如果异步电动机转子拖动的机械负荷小于电动机的额定负荷，需要的转动力矩较小，转子转速会高于额定转速，转差会小于额定转差，阻尼条中的短路较小（相当于变压器副边线圈电流较小），短路电流产生的转子磁场较小，转子磁场反抗定子磁场的能力较小，定子线圈电流较小（相当于变压器原边线圈电流较小）。如果异步电动机转子拖动的机械负荷大于电动机的额定负荷，需要的转动力矩较大，转子转速会低于额定转速，转差会大于额定转差，阻尼条中的短路较大（相当于变压器副边线圈电流较大），短路电流产生的转子磁场较大，转子磁场反抗定子磁场的能力较大，定子线圈电流较大（相当于变压器原边线圈电流较大）。转子拖动的机械负荷过大最严重的后果是电动机定子电流过大，电动机定子线圈过电流发热烧毁。

异步电动机启动瞬间，转子转速为零，此时的转差最大，启动电流也最大，启动电流是额定电流的 6~7 倍，对线路电压冲击较大，这是异步电动机最大的缺点。为了建立定子旋转磁场，电源必须提供较大的无功功率，使得三相异步电动机的功率因数 $\cos\varphi$ 比较低（约 0.6~0.7）。如果异步电动机实际带的负荷比额定负荷小得多时，例如 4kW 的异步电动机实际带了 2kW 负荷，电源需要提供的有功功率减小，但建立定子旋转磁场的无功功率几乎没减少，使得异步电动机的功率因数更低，所以，建议异步电动机不要"大马拉小车"。

五、同步发电机带感性无功负荷的内部电磁原理

设发电机带纯电感负荷，已知纯电感负荷的电流相位滞后电压相位 90°，属于感性无功负荷，由图 1-33(a) 波形图可知，电压最大值时电流为零；电流最大值时电压为零。为使问题分析简单，设发电机定子绕组只有一相（A 相），带单相纯电感负荷。当转子磁极以 ω 的

转速逆时针旋转到磁通 $\Phi_\text{转}$ 正对定子绕组导体 A-x 切割时，定子绕组导体切割磁感应强度 B 最大，发电机机端电压 u_A 最大，但根据纯电感负荷特性此时负荷无功电流为零，因此定子无功电流 i 为零 [图 1-33（b）]；当转子磁极以 ω 的转速逆时针转过 90°时，定子绕组导体 A-x 位于转子磁场中间，定子绕组导体切割磁感应强度 B 为零，发电机机端电压 u_A 为零，但根据纯电感负荷特性此时负荷无功电流为最大，因此定子无功电流 i 最大 [图 1-33（c）]。由于此时的定子电流产生的定子磁通 $\Phi_\text{定}$ 与转子磁通 $\Phi_\text{转}$ 方向相反，感性无功电流产生的定子无功磁通对转子磁通具有去磁作用。当发电机从空载额定电压带上感性无功负载时，定子感性无功电流从零开始增大，定子感性无功电流产生的定子无功磁通也从零开始增大，定子无功磁通对转子磁通的去磁作用造成发电机机端电压下降。为维持机端电压不变，转子励磁电流 I 必须在原来基础上跟着增大，使转子磁通 $\Phi_\text{转}$ 在原来基础上跟着增大，保持机端电压不变，从而带上了无功负荷。由此可见，无功负荷增大时，如果转子励磁电流不增大，转子磁通不增大，发电机机端电压将下降。

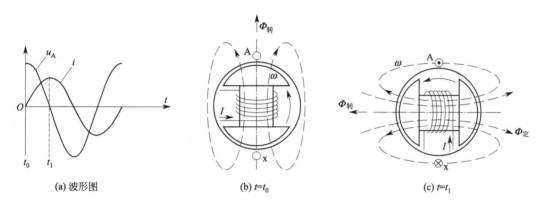

图 1-33　同步发电机带纯电感无功负荷的内部电磁原理图

六、同步电机的四种工况

1. 发电工况

（1）发电运行　发出有功功率，发出无功功率。操作如下：打开导叶或喷针，转速达到额定转速的 95％投入励磁，同期并网后，再打开导叶或喷针，带上有功功率；同时增大励磁电流，带上无功功率。

（2）进相运行　发出有功功率，吸收无功功率（欠励）。操作如下：打开导叶或喷针，转速达到额定转速的 95％投入励磁，同期并网后，再打开导叶或喷针，带上有功功率；同时减小励磁电流，吸收无功功率。对发电机制造有特殊要求。

2. 电动工况

（1）电动运行　消耗有功功率，吸收无功功率。操作如下：打开导叶或喷针，转速达到额定转速的 95％投入励磁，同期并网后，再关闭导叶或喷针，消耗有功功率，吸收无功功率。

（2）调相运行　消耗有功功率，发出无功功率（过励）。操作如下：打开导叶或喷针，转速达到额定转速的 95％投入励磁，同期并网，再关闭导叶或喷针，消耗少量的有功功率；再增大励磁电流（1.3～1.4 倍的额定励磁电流），发出大量的无功功率。

第五节　三相交流电源连接

大规模工业性的电能生产都是由三相同步发电机提供的，同步发电机能同时提供三个有效值相同、相位差 120°的正弦交流电动势，称三相对称正弦交流电源。对用电负荷来讲，三相对称正弦交流电源可能是发电机，也可能是变压器。如果按每一相交流电源单独输出的话，每一相交流电源需要两根输电线，则三相交流电源需要六根输电线，这显然对输电线路带来极大的不便和线路投资的增加。

利用正弦交流量的特殊变化规律，对三相正弦交流电源进行一定方式的连接，可以减少三相交流电源输出线的数量，简化输电线路，节省线路投资。三相对称正弦交流电源的连接方法有星形（Y）联结和三角形（△）联结两大类，其中星形（Y）联结又有三相三线制和三相四线制两种方式。

一、三相星形联结

1. 星形三相三线制

将三相对称正弦交流电源的三个末端连接在一起，三个首端引出三根火线向外供电，图 1-34 为星形（Y）联结三相三线制的三相对称正弦交流电源连接方法。A、B、C 三端的输出线习惯称火线，火线与火线之间的电压称线电压，电源线电压与电源相电压关系的瞬时值表达式为

$$u_{AB} = u_A - u_B$$
$$u_{BC} = u_B - u_C \tag{1-3}$$
$$u_{CA} = u_C - u_A$$

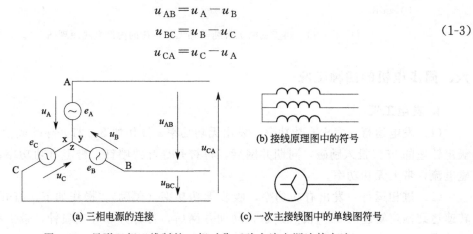

(b) 接线原理图中的符号

(a) 三相电源的连接　　　　(c) 一次主接线图中的单线图符号

图 1-34　星形三相三线制的三相对称正弦交流电源连接方法

线电压与相电压关系的相量表达式为

$$\dot{U}_{AB} = \dot{U}_A - \dot{U}_B = \dot{U}_A + (-\dot{U}_B)$$
$$\dot{U}_{BC} = \dot{U}_B - \dot{U}_C = \dot{U}_B + (-\dot{U}_C) \tag{1-4}$$
$$\dot{U}_{CA} = \dot{U}_C - \dot{U}_A = \dot{U}_C + (-\dot{U}_A)$$

根据线电压与相电压关系的相量表达式，可以画出图 1-35 星形三相三线制联结相电压和线电压相量图。

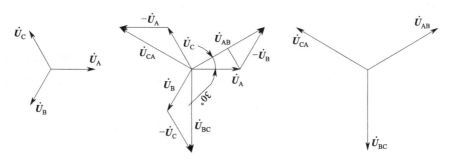

图 1-35 星形三相三线制联结相电压和线电压相量图

已知将相量转 180°就是这个相量的负相量,在相量图中平行移动相量,不改变相量的大小和方向。因此将图中$\dot{U}_B$ 转 180°得到相量$-\dot{U}_B$,再将$-\dot{U}_B$ 平移到与相量$\dot{U}_A$ 头尾连接,得到线电压相量$\dot{U}_{AB}$。将图中$\dot{U}_C$ 转 180°得到相量$-\dot{U}_C$,再将$-\dot{U}_C$ 平移到与相量$\dot{U}_B$ 头尾连接,得到线电压相量$\dot{U}_{BC}$。将图中$\dot{U}_A$ 转 180°得到相量$-\dot{U}_A$,再将$-\dot{U}_A$ 平移到与相量$\dot{U}_C$ 头尾连接,得到线电压相量$\dot{U}_{CA}$。

由此可见,三相线电压也是有效值相同、相位差 120°的三相对称正弦交流电源,线电压有效值与相电压有效值的关系为:

$$U_{线}=2(U_{相}\cos30°)=2\left(U_{相}\times\frac{\sqrt{3}}{2}\right)=\sqrt{3}U_{相} \tag{1-5}$$

三相星形联结的电源线电压是相电压的$\sqrt{3}$倍,例如,"Y"联结的发电机机端电压为 6300V,发电机内每一相电动势的相电压为

$$U_{相}=6300/\sqrt{3}=3637(V)$$

当三相对称电源带上三相对称负荷时,三相 $Z_A=Z_B=Z_C$ 电流也对称,即三相电流有效 $I_A=I_B=I_C$,相位差 120°,见图 1-36,由图或三角函数表可知,任何时刻三相电流之和等于零,即

$$i_A+i_B+i_C=0 \tag{1-6}$$

例如:A 相电源流向负荷去的电流为最大值时,正好是 B 相和 C 相二分之一电流最大值从负荷流回电源,因此,A 相需要流回电源的电流正好可以借道 B 相和 C 相回路;B 相电源流向负荷去的电流为最大值时,正好是 C 相和 A 相二分之一电流最大值从负荷流回电源,因此,B 相需要流回电源的电流正好可以借道 C 相和 A 相回路;C 相电源流向负荷去的电流为最大值时,正好是 A 相和 B 相二分之一电流最大值从负荷流回电源,因此,C 相需要流回电源的电流正

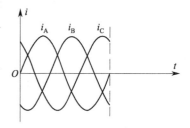

图 1-36 三相对称正弦交流电流

好可以借道 A 相和 B 相回路。因此适用对三相异步电动机、三相工业电炉等三相对称负荷供电。三相三线制供电只能输出三相对称正弦交流线电压,无法送出相电压。

当星形三相三线制带上三相不对称负荷时,三相电源的电流也出现不对称,这对发电机和负荷都是很不利的,过大的不对称电流将引起发电机振动和某一相线圈过热,同时会造成有的相电压上升,有的相电压下降。因此,运行规程规定发电机任两相不对称电流之差不得

大于额定电流的 20%，此时任一相电流不得大于额定值。

2. 星形三相四线制

将三相对称正弦交流电源的三个末端连接在一起，三个首端引出三根火线向外供电的同时，从三相电源的中心点引出一根零线，见图 1-37，火线与火线之间为 380V 的线电压，火线与零线之间的相电压为线电压的 $1/\sqrt{3}$，即 220V。星形三相四线制既能输出三相对称相电压，又能输出三相对称线电压，因此星形三相四线制既能向三相对称负荷供电，又能向三相不对称负荷供电。

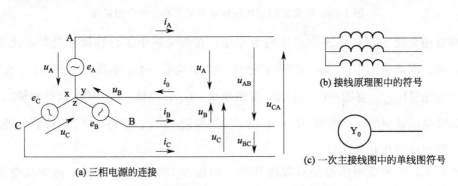

图 1-37　星形三相四线制的三相对称正弦交流电源连接方法

（1）零线的作用　当三相负荷不对称时，三相阻抗 $Z_A \neq Z_B \neq Z_C$，造成三相电流也不对称。

$$i_0 = i_A + i_B + i_C \neq 0 \tag{1-7}$$

零线的作用是给三相不对称负荷电流流回电源提供公共通道，并且给单相民用负荷提供 220V 的相电压。

（2）零线中断的后果　民用单相负荷都是接在三相四线制电源上的其中一相的火线与零线之间，尽管供电部门尽量将民用负荷均匀地分配在三相四线制的每一相电源上，但是，由于民用负荷用电时间和负荷的不确定性，接在三相对称电源上的民用负荷对三相电源来讲肯定是不对称的，必须采用三相四线制供电。

三相不对称负荷供电的零线上不得安装熔断丝和开关，在任何情况下不得中断，否则将对负荷造成极大的危害。例如，三相不对称负荷阻抗 $Z_A \neq Z_B \neq Z_C$，发生最不利的状况为中线中断，又遇到两相负荷（例如 A、B 相）在用电，一相负荷（例如 C 相）没用电，见图 1-38。这时 A、B 相负荷成为串联关系，跨接在线电压 U_{AB} 之间，用分压公式可得 A 相负荷所承受的电压（相量表示）为

$$\dot{U}_A = \dot{U}_{AB} \frac{Z_A}{Z_A + Z_B} \tag{1-8}$$

如果 $Z_A \gg Z_B$，则 A 相负荷实际承受的电压 $U_A \gg U_B$。由此可见，当零线中断后，有的相负荷过电压，造成家用电器击穿冒烟烧毁甚至危及人身安全；有的相负

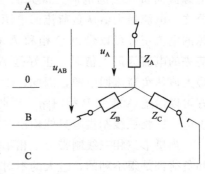

图 1-38　零线中断时最不利的状况

荷欠电压，造成家用电器不能正常工作。正是有了零线，无论三相负荷如何不对称，始终将每一相负荷的电压强行钳制在电源相电压上。

二、三相三角形联结

将三相对称交流电源头尾相接成三角形状，从三角形的三个角引出三根火线向外供电，成为三相三角形联结，见图 1-39。因为只有星形联结才有可能引出零线，三角形联结不可能引出零线，所以三角形联结没有三相四线制，因此三相电源三角形联结方式只能向三相对称负荷供电。

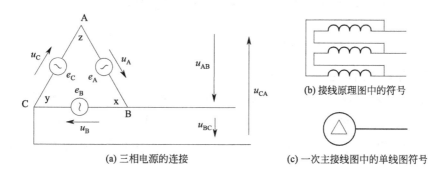

(a) 三相电源的连接　　　　(b) 接线原理图中的符号　(c) 一次主接线图中的单线图符号

图 1-39　三角形三相三线制的三相对称正弦交流电源连接方法

电源线电压就等于该相电源的相电压，线电压与相电压关系的瞬时值表达式为

$$\begin{cases} u_{AB}=u_A \\ u_{BC}=u_B \\ u_{CA}=u_C \end{cases} \tag{1-9}$$

对于正弦波非常标准的三相对称电动势，尽管三角形联结使得三个电动势头尾串联，但是因为是三相对称交流电动势，理论上讲，任何时刻三相电动势之和等于零，所以三个电动势内没有环流的短路电流，即

$$e_A+e_B+e_C=0 \tag{1-10}$$

如图 1-40 所示，A 相电动势为正的最大值时，B 相和 C 相正好是负的二分之一最大值，因此三个电动势之和为零；B 相电动势为正的最大值时，C 相和 A 相正好是负的二分之一最大值，因此三个电动势之和为零；C 相电动势为正的最大值时，A 相和 B 相正好是负的二分之一最大值，因此三个电动势之和为零。所以三相标准正弦波形的三相对称交流电源，三角形联结的电源回路中不会出现短路电流。实际发电机的三相电动势是很不标准的正弦波，三角形联结的电源回路中会出现谐波电流，对此也有相应的措施，在第三章中会详细介绍。

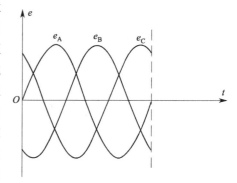

图 1-40　三相对称正弦交流电动势

三、电源的三相交流功率计算

1. 三相负荷不对称的三相功率计算

假如电源带的是三相不对称负荷，三相功率计算只得将 A、B、C 三个单相相功率一一相加。

$$P = P_A + P_B + P_C$$
$$= U_{相A} I_{相A} \cos\phi_{相A} + U_{相B} I_{相B} \cos\phi_{相B} + U_{相C} I_{相C} \cos\phi_{相C} (kW)$$
$$Q = Q_A + Q_B + Q_C$$
$$= Q_{相A} I_{相A} \sin\phi_{相A} + Q_{相B} I_{相B} \sin\phi_{相B} + Q_{相C} I_{相C} \sin\phi_{相C} (kVar)$$
$$S = S_A + S_B + S_C$$
$$= U_{相A} I_{相A} + U_{相B} I_{相B} + U_{相C} I_{相C} (kV \cdot A)$$

2. 三相对称负荷时的三相功率计算

对负荷来讲，发电机和变压器负荷侧都是一样的三相交流电源，发电机或直接向负载供电的变压器都是"Y"联结（其优点后面介绍），前面已知"Y"联结电源的相电压有效值 $U_{相}$ 等于线电压有效值 $U_{线}$ 的 $1/\sqrt{3}$，相电流有效值 $I_{相}$ 就是线电流有效值 $I_{线}$，所以

三相有功功率：

$$P = 3P_{相} = 3U_{相} I_{相} \cos\varphi_{相} = 3 \frac{U_{线}}{\sqrt{3}} I_{线} \cos\varphi = \sqrt{3} U_{线} I_{线} \cos\varphi (kW) \tag{1-11}$$

三相无功功率：

$$Q = 3Q_{相} = 3U_{相} I_{相} \sin\varphi = 3 \frac{U_{线}}{\sqrt{3}} I_{线} \sin\varphi = \sqrt{3} U_{线} I_{线} \sin\varphi (kVar) \tag{1-12}$$

三相视在功率：

$$S = 3S_{相} = 3U_{相} I_{相} = 3 \frac{U_{线}}{\sqrt{3}} I_{线} = \sqrt{3} U_{线} I_{线} (kV \cdot A) \tag{1-13}$$

我国生产的大部分常规发电机额定功率因数都是 $\cos\varphi = 0.8$，对应的功率三角形的对边、邻边、斜边的比值为 $3:4:5$。因此大部分的发电机的额定有功功率 P 与额定无功功率 Q 的比值为

$$\frac{有功功率}{无功功率} = \frac{P}{Q} = \frac{邻边}{对边} = \frac{4}{3}$$

记住这三个功率之间的比值关系非常重要，当知道了发电机的额定有功功率 P，马上就可知道发电机的额定无功功率 Q 和额定视在功率 S。

例如，一台功率因数 $\cos\varphi = 0.8$ 额定出力（有功功率）为 5000kW 的发电机，把 5000 分成四等份，每份 1250。那么发电机的额定无功功率为 $3 \times 1250 = 3750$ kVar，视在功率为 $5 \times 1250 = 6250$ kV·A。如果发现发电机的实际无功功率大于 3750kVar 较多时，必须适当减小有功功率输出，否则，发电机定子过电流（$S = \sqrt{3} UI$）。

一台功率因数 $\cos\varphi = 0.8$ 额定出力为 2000kW 的发电机，额定无功功率为 1500kVar，额定视在功率为 2500kV·A；一台额定出力为 3000kW 的发电机，额定无功功率为 2250kVar，额定视在功率为 3750kV·A。

第六节 电子实用技术

一、电力电子变流技术

由于发电厂生产过程的需要，利用半导体电子元件将交流电转换成直流电的技术称电力电子变流技术。

1. 二极管整流技术

众所周知，电阻性元件外加正向电压或反向电压，流过电阻性元件的电流是一样的。但是理想二极管外加正向电压时完全导通，见图 1-41(a)，即理想二极管正向导通时没有压降，实际二极管外加正向电压时有 0.5～0.7V 的正向压降；理想二极管外加反向电压时完全截止，见图 1-41(b)，即理想二极管反向截止时没有电流，实际二极管外加反向电压时有几百微安的反向漏电流。因此，可以认为二极管是一种单向导通的半导体元件，在整流回路定性分析中常将二极管当作为理想二极管。

图 1-42 为二极管的结构和符号图，在半导体材料上制成一个具有单向导通特性的 PN 结，然后引出两根电极，分别为阳极和阴极。面接触的二极管［图 1-42(b)］过流能力比点接触的二极管［图 1-42(a)］过流能力大，因此，面接触二极管常用作发电厂直流系统的整流元件。

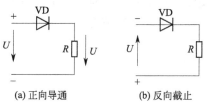

(a) 正向导通　　(b) 反向截止

图 1-41　二极管单向导通

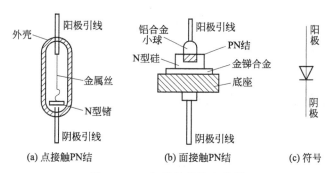

(a) 点接触PN结　　(b) 面接触PN结　　(c) 符号

图 1-42　二极管的结构和符号

（1）单相二极管半波整流　图 1-43 为单相二极管半波整流波形图，当输入交流电压为正半周时，二极管 VD 正向导通，电流自上而下流过负载 R，当输入交流电压为负半周时，二极管 VD 反向截止，没有电流流过负载 R。输出直流电压平均值

$$U = 0.45\widetilde{U} \tag{1-14}$$

式中　$\widetilde{U}$——输入交流电相电压的有效值。

负载平均电流

$$I = \frac{U}{R} = 0.45\frac{\widetilde{U}}{R} \tag{1-15}$$

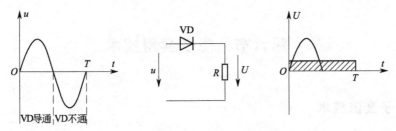

图 1-43　单相二极管半波整流波形图

输出直流电压一个周期只有一个波头，因此输出电压脉动最大，需要滤波后才能使用。

（2）单相桥式二极管全波整流　图 1-44 为单相桥式二极管全波整流波形图，当输入交流电压为正半周时，整个电路中二极管 VD_1 阳极和 VD_3 阴极电位最高，所以 VD_1 肯定正向导通，VD_3 肯定反向截止；整个电路中二极管 VD_4 阴极和 VD_2 阳极电位最低，所以 VD_4 肯定正向导通，VD_2 肯定反向截止，电流经 VD_1、VD_4 自上而下流过负载 R。当输入交流电压为负半周时，整个电路中二极管 VD_2 阳极和 VD_4 阴极电位最高，所以 VD_2 肯定正向导通，VD_4 肯定反向截止；整个电路中二极管 VD_3 阴极和 VD_1 阳极电位最低，所以 VD_3 肯定正向导通，VD_1 肯定反向截止，电流经 VD_2、VD_3 自上而下流过负载 R。

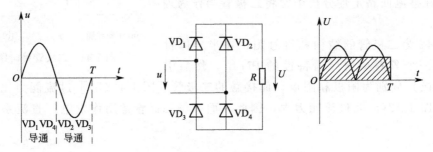

图 1-44　单相桥式二极管全波整流

输出直流电压平均值

$$U = 0.9 \widetilde{U} \qquad (1\text{-}16)$$

式中　$\widetilde{U}$——输入交流电相电压的有效值。

负载平均电流

$$I = \frac{U}{R} = 0.9 \frac{\widetilde{U}}{T} \qquad (1\text{-}17)$$

输出直流电压电压一个周期有两个波头，因此输出电压脉动很大，需要滤波后才能使用。

（3）三相桥式二极管全波整流

① 电路图。整流回路见图 1-45，由六只二极管组成三相桥式二极管全波整流回路。

② 整流原理。图 1-46 为三相桥式二极管全波整流波形分析图，六只二极管承受三相相电压。一个周期 T 的电气角度为 $360°（2\pi）$，我们把一个周期内分六个时段，每个时段 $60°（\pi/3）$ 内，根

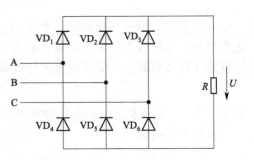

图 1-45　三相桥式二极管全波整流

据单相桥式二极管全波整流分析可知，在一个整流电路中只有阳极承受最高电压的二极管和阴极承受最低电压的二极管导通，此时其它四只二极管截止。

$t_1 \sim t_2$ 时段，A 相电位最高，B 相电位最低，因此二极管 VD_1、VD_5 正向导通，其它四只二极管反向截止，电流从 A 相火线经 VD_1、VD_5 自上而下流过负载 R，到达 B 相火线，因此整流电路输出为线电压 U_{AB}。$t_2 \sim t_3$ 时段，A 相电位最高，C 相电位最低，因此二极管 VD_1、VD_6 正向导通，其它四只二极管反向截止，电流从 A 相火线经 VD_1、VD_6 自上而下流过负载 R，到达 C 相火线，因此整流电路输出为线电压 U_{AC}。

$t_3 \sim t_4$ 时段，B 相电位最高，C 相电位最低，因此二极管 VD_2、VD_6 正向导通，其它四只二极管反向截止，电流从 B 相火线经 VD_2、VD_6 自上而下流过负载 R，到达 C 相火线，因此整流电路输出为线电压 U_{BC}。$t_4 \sim t_5$ 时段，B 相电位最高，A 相电位最低，因此二极管 VD_2、VD_4 正向导通，其它四只二极管反向截止，电流从 B 相火线经 VD_2、VD_4 自上而下流过负载 R，到达 A 相火线，因此整流电路输出为线电压 U_{BA}。$t_5 \sim t_6$ 时段，C 相电位最高，A 相电位最低，因此二极管 VD_3、VD_4 正向导通，其它四只二极管反向截止，电流从 C 相

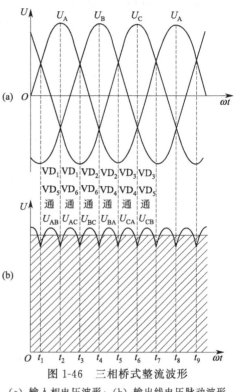

图 1-46 三相桥式整流波形
(a) 输入相电压波形；(b) 输出线电压脉动波形

火线经 VD_3、VD_4 自上而下流过负载 R，到达 A 相火线，因此整流电路输出为线电压 U_{CA}。

$t_6 \sim t_7$ 时段，C 相电位最高，B 相电位最低，因此二极管 VD_3、VD_5 正向导通，其它四只二极管反向截止，电流从 C 相火线经 VD_3、VD_5 自上而下流过负载 R，到达 B 相火线，因此整流电路输出为线电压 U_{CB}。

每个周期每只二极管分别先后与另外两只二极管串联导通六分之一周期，即 $\pi/3$ 或 $60°$，则每只二极管每个周期导通 $2\pi/3$ 或 $120°$。因此整流输出直流电压波形如图 1-46 中 $t_1 \sim t_7$ 所示，尽管三相二极管全波整流后在一个周期 T 时间内输出直流电压有六个波头的脉动电压，直流电压波动比单相二极管半波整流平缓得多，但是还是需要滤波后才能使用。输出直流电压平均值

$$U = 1.35\widehat{U} \tag{1-18}$$

式中 $\widehat{U}$——输入交流电线电压的有效值。

负载电流

$$I = \frac{U}{R} = 1.35\frac{\widehat{U}}{R} \tag{1-19}$$

（4）滤波回路 由于二极管整流输出的单方向脉动电压大小变化起伏比较大，一个性能良好的直流电源，输出电压不允许有这样的脉动。因此，滤波电路的作用是将单方向的脉动电滤波成比较平直的直流电。图 1-47 所示 L-C 滤波回路是一种最简单的滤波回路，自身工作不需要提供电源，所以称无源滤波回路，电感线圈 L 具有反抗电流变化的功能，电容器

C 具有反抗电压变化的功能，两者作用使得输出直流电压比较平直。由于需采用容量较大的电容器和电感线圈，因此体积较大。现在已经有专门的高性能集成电路滤波器，自身工作需要提供电源，所以称有源滤波器，由于采用了运算放大器，只需很小的电容量，就能使输出直流电压相当平直。由于不再需要电感线圈，所以体积较小，价格便宜。

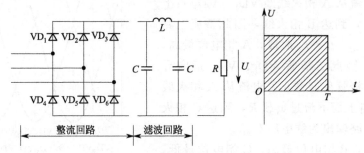

图 1-47　最简单的 L-C 滤波回路

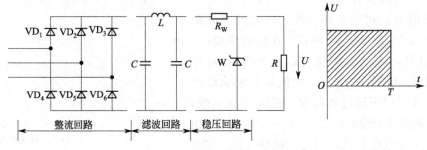

图 1-48　最简单的稳压回路

（5）稳压回路　虽然性能良好滤波回路能使输出直流电压相当平直，但是当交流电源电压发生上下波动时，将引起整流输出的直流电压跟着上下波动。另外，当直流负载阻值较小时，整流回路输出电流增大，输出直流电流在整流回路内部内阻上的压降增大，造成整流输出直流电压下降；当直流负载阻值较大时，整流回路输出电流减小，输出直流电流在整流回路内部内阻上的压降减小，造成整流输出直流电压上升。一个性能良好的直流电源，无论交流电源上下波动还是直流负载阻值大小变化，输出电压都不允许上下波动。因此，必须采用稳压回路来减小输出直流电压的上下波动。

图 1-48 所示是一种最简单的稳压回路，自身工作不需要提供电源，所以称无源稳压回路，稳压管 W 是一只工作在反向击穿状态下的二极管，一般的二极管反向击穿后立即烧毁，由于结构上的原因，稳压管反向击穿后不会烧毁。稳压管工作时有一个开门电压，稳压管两端的电压一旦高于开门电压则稳压管导通，稳压管导通后流过稳压管的电流变化很大时，稳压管两端电压几乎不变，则负载 R 两端的电压也几乎不变，从而起到稳压作用。现在已经有专门的高性能集成电路稳压器，自身工作需要提供电源，所以称有源稳压器，由于采用了运算放大器，可以把稳压管的稳压效果放大几十倍甚至几百倍。因此稳压效果很好，体积较小，价格便宜。

2. 晶闸管整流技术

图 1-49 为晶闸管 KZ 的结构和符号。在半导体材料上制成三个具有单向导通特性的 PN

结，然后引出三根电极，分别为阳极 A、阴极 C 和比二极管多一个的控制极 G。螺栓式的晶闸管［图 1-49(a)］过流能力比板式的晶闸管［图 1-49(b)］过流能力大，因此，螺栓式晶闸管常用在发电机励磁的整流电路中，并装有散热片散热，增大过流能力［图 1-49(c)］。

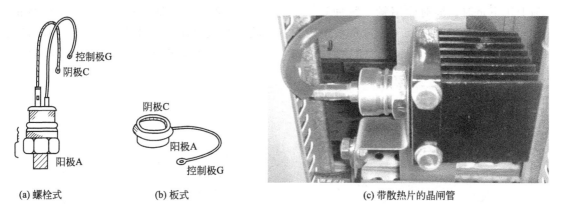

(a) 螺栓式　　　　　(b) 板式　　　　　(c) 带散热片的晶闸管

图 1-49　晶闸管的结构和实物

晶闸管也具有二极管单向导通的特性，但是晶闸管正向导通比二极管多一个条件：晶闸管外加正向电压同时控制极必须施加触发脉冲电压 U_g 才能正向导通。也就是说，控制极无触发脉冲作用时（图 1-50），晶闸管无论外加正向电压［图 1-50(b)］还是外加反向电压［图 1-50(c)］，晶闸管都截止不通。

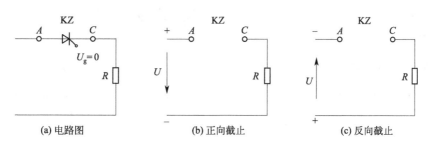

(a) 电路图　　　　　(b) 正向截止　　　　　(c) 反向截止

图 1-50　晶闸管控制极无触发脉冲

图 1-51 为控制极与阴极之间没有触发脉冲 U_g 时的整流输出电压波形图，当输入交流电压为正半周时，由于没有触发脉冲，晶闸管截止，整流输出电压 $U=0$；当输入交流电压为负半周时，就是有触发脉冲，晶闸管也截止，输出电压 $U=0$。

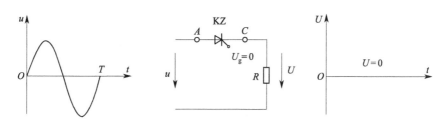

图 1-51　无触发脉冲时的整流输出

（1）单相半波晶闸管整流　图 1-52 为单相半波晶闸管整流输出电压波形图。输入交流电压为正半周时，控制极什么时候来触发脉冲，晶闸管就什么时候导通，一旦导通，哪怕控制脉冲消失，晶闸管继续导通，直到正半周电压下降到零后自然关闭，电流自上而下流过负

载 R。输入交流电压为负半周时，无论是否有触发脉冲，晶闸管都是截止的，没有电流流过负载 R。

（2）单相桥式晶闸管全波整流　图 1-53 为单相桥式晶闸管全波整流。当输入交流电压 u 为上正下负时，同时作用触发脉冲 U_g 后，2KZ、3KZ 正向导通，1KZ、4KZ 反向截止，电流经 2KZ、3KZ 自上而下流过负载电阻 R；当输入交流电压 u 为上负下正时，同时作用触发脉冲 U_g 后，1KZ、4KZ 正向导通，2KZ、3KZ 反向截止，电流经 1KZ、4KZ 自上而下流过负载电阻 R。

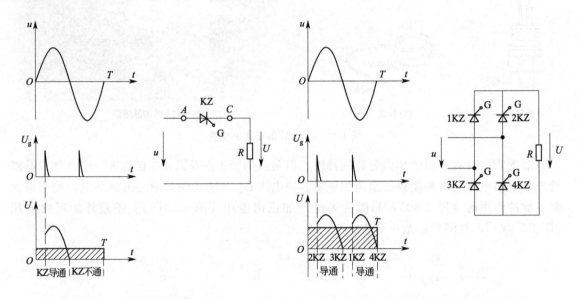

图 1-52　单相半波晶闸管整流　　　　图 1-53　单相桥式晶闸管全波整流

（3）单相桥式晶闸管整流的控制角　图 1-54 为单相桥式晶闸管全波整流控制角与输出电压的关系，晶闸管控制极输入触发脉冲 U_g 来得越早，控制角 α 越小，导通角 β 越大，输

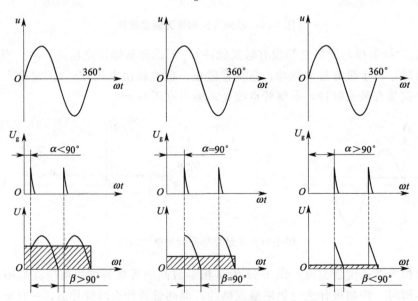

图 1-54　单相桥式晶闸管全波整流控制角与输出电压关系

出直流电压平均值 U 越大；触发脉冲 U_g 来得越迟，控制角 α 越大，导通角 β 越小，输出直流电压平均值 U 越小。所以改变控制角 α 可以方便地改变晶闸管整流电路输出的电压。

控制角 $\alpha=0°$ 时，输出直流电压平均值 $U=0.9\tilde{U}$，与单相桥式二极管全波整流完全一样；控制角 $\alpha=180°$ 时，输出直流电压平均值 $U=0$；控制角 $0<\alpha<180°$ 时，输出直流电压平均值 $0<U<0.9\tilde{U}$。

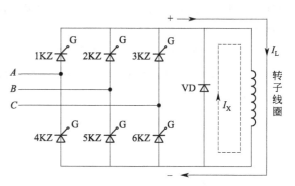

图 1-55 三相桥式晶闸管全波整流

（4）三相桥式晶闸管全波整流 图 1-55 为三相桥式晶闸管全波整流，输入三相交流电后，晶闸管的导通顺序为：1KZ、5KZ 正向导通时，其余四只反向截止；1KZ、6KZ 正向导通时，其余四只反向截止；2KZ、6KZ 正向导通时，其余四只反向截止；2KZ、4KZ 正向导通时，其余四只反向截止；3KZ、4KZ 正向导通时，其余四只反向截止；3KZ、5KZ 正向导通时，其余四只反向截止。

控制角 $\alpha=0°$ 时，输出电压波形与三相桥式二极管整流完全一样，见图 1-56，一个周期有六个完整的线电压波头，整流输出波形连续。输出直流电压平均值为线电压有效值的 1.35 倍，（$U=1.35\tilde{U}$），每一只晶闸管的导通角 $\beta=120°$。

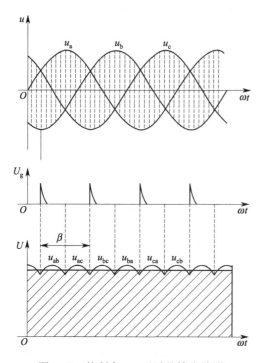

图 1-56 控制角 $\alpha=0°$ 时的输出波形

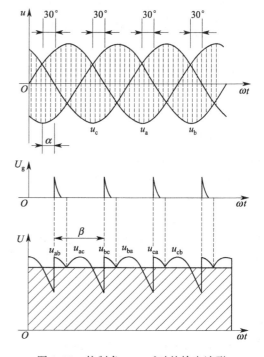

图 1-57 控制角 $\alpha=30°$ 时的输出波形

图 1-57 是控制角 $\alpha=30°$ 时整流输出波形，一个周期输出六个线电压波头，整流输出波形连续，但 u_{ab}、u_{bc}、u_{ca} 三个波头出现缺损，输出直流电压平均值减小，每一只晶闸管的导通角 $\beta=120°$。

图 1-58 是控制角 $\alpha=60°$ 时整流输出波形，一个周期输出三个线电压波头，整流输出波形连续，但 u_{ac}、u_{ba}、u_{cb} 三个波头出现缺损，输出直流电压平均值减小，每一只晶闸管的导通角 $\beta=120°$。

图 1-59 是控制角 $\alpha=120°$ 时整流输出波形，一个周期输出三个线电压波头，整流输出波形断续，u_{ac}、u_{ba}、u_{cb} 三个波头大部分缺损，输出直流电压平均值减小，每一只晶闸管的导通角 $\beta=60°$。

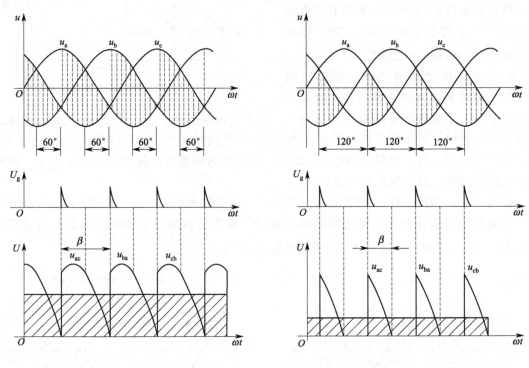

图 1-58　控制角 $\alpha=60°$ 时的输出波形　　　　图 1-59　控制角 $\alpha=120°$ 时的输出波形

控制角 $\alpha=180°$ 时，每一只晶闸管的导通角 $\beta=0°$，晶闸管触发脉冲迟迟不来，晶闸管始终处于关断状态，输出直流电压平均值为零。

由上述分析可知，控制角 $\alpha \leqslant 60°$ 时，每只可控硅的导通角 $\beta=120°$，输出脉动电压波形连续。控制角 $\alpha>60°$ 时，每只可控硅的导通角 $\beta=180°-\alpha$，输出脉动电压波形断续。

发电机励磁调节器的输出电压要求在额定励磁电压的 20%～160% 范围内大幅度可调，其 160% 额定励磁电压是为了在电网接地、机端电压突然下降时保证强励的需要。由于晶闸管整流的输出电压具有大范围调节功能，因此被广泛应用在发电机的励磁装置中。

（5）续流二极管 VD 的作用　控制角 $0 \leqslant \alpha \leqslant 60°$ 范围内时，晶闸管的关断靠阳极与阴极电压由正向电压转为反向电压时自然关断。当控制角 $60<\alpha<180°$ 时，输出电压波形出现断续，在断续期间可控管自然关断的条件不再存在，而晶闸管的负荷是一只电感量很大的转子铁芯线圈，进入断续时，按理转子线圈中的电流也应降为零，但转子线圈产生的自感电动势反抗电流减小，自感电动势输出的电流 I_X 维持本应关断的两只晶闸管继续导通，如果这种状况持续到下面两只晶闸管被触发导通时，后果是两相火线发生相间短路，这是绝对不允许的。

采用了续流二极管，使得断续期间自感电动势反抗电流减小时输出的电流 I_X 经续流二极管流通，保证本应关断的两只晶闸管及时可靠关断，避免发生相间短路。

3. 晶闸管逆变技术

晶闸管工作在整流区时，可以把交流电整流成直流电。晶闸管工作在逆变区时，反过来可以把直流电逆变成正负交变的交流电。图 1-60 为单相桥式晶闸管整流与逆变示意图。晶闸管的控制角小于 180°时，晶闸管工作在整流区，能将交流电源的正弦交流电整流成脉动直流电［图 1-60(a)］；可控硅的控制角大于 180°时，晶闸管工作在逆变区，能反过来将直流电逆变成矩形波交流电［图 1-60(b)］。现代发电机正常停机时是利用晶闸管的逆变特性进行转子线圈灭磁的，将停机减励磁过程中转子线圈自感电动势产生的直流电转逆变成矩形波交流电。现代直流系统中有时采用晶闸管的逆变技术，当交流厂用电消失时，由逆变器将蓄电池的直流电逆变成交流电，向重要的交流用户提供交流电。

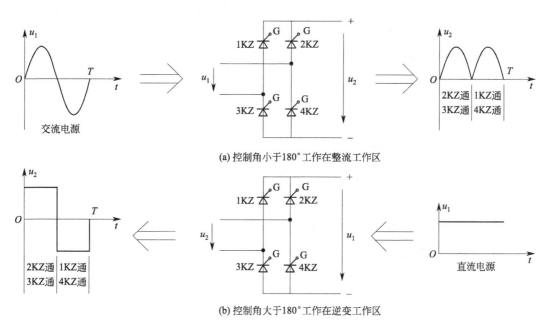

图 1-60 单相桥式可控硅整流与逆变示意图

4. 晶闸管整流与二极管整流比较

晶闸管整流和二极管整流输出的都是直流电，二极管整流输出的直流电要求不得有脉动成分，因此必须设滤波回路；由于发电机转子线圈是一个电感量很大的电感线圈，相当于是一个效果很好的滤波器，因此晶闸管整流不设滤波回路。

晶闸管整流和二极管整流输出的都是直流电，二极管整流输出的直流电要求不得上下波动，因此必须设稳压回路；晶闸管整流要求输出电压能上下大幅度调整，因此不得设置稳压回路。

二、三极管及三极管的工作区

在半导体材料上制成两个具有单向导通特性的 PN 结，然后引出三根电极，分别为基极 B、集电极 C 和发射极 E。图 1-61 为常见的几种三极管外形图。图 1-62 为在电路图中的三极管符号。

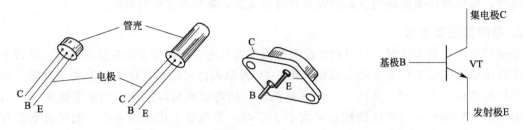

图 1-61　常见的几种三极管外形图　　　　图 1-62　表示三极管的符号

三极管在电路中有三种工作状况：放大区、饱和区和截止区。三极管本身只有电流放大功能，在模拟电路中采取一定的电路形式，工作在放大区的三极管可以实现电压放大、功率放大等功能。在逻辑电路中采取一定的电路形式，工作在饱和区和截止区的三极管可以实现逻辑功能。

1. 工作在放大区的三极管电路

三极管工作在放大区的必备条件：基极与发射极之间的电压 $U_{BE}=0.5\sim0.7V$，集电极与发射极之间的电压 $U_{CE}\geqslant0.3V$。三极管工作在放大区时，I_C 与集电极电源电压 E_C、电阻 R_C 之间不服从欧姆定律，也就是说，E_C、R_C 大小发生变化时，集电极电流 I_C 始终不变，此时的集电极电流 I_C 仅受基极电流 I_B 控制，并且有

$$I_C=\beta I_B$$

式中　β——三极管的电流放大倍数。

集电极与发射极之间的电压（管压降）为

$$U_{CE}=E_C-I_CR_C=E_C-(\beta I_B)R_C$$

图 1-63 为工作在放大区的三极管电路。

2. 工作在饱和区的三极管电路

三极管工作在饱和区的必备条件：基极与发射极之间的电压 $U_{BE}>0.7V$，集电极与发射极之间的电压 $U_{CE}<0.3V$。由于基极与发射极之间的电压 $U_{BE}>0.7V$，造成基极电流 I_B 很大，集电极电流 $I_C=\beta I_B$ 也很大，使得集电极与发射极之间的电压 $U_{CE}=E_C-(\beta I_B)R<0.3V$。三极管进入饱和区。三极管进入饱和区后，$I_C$ 不再受 I_B 控制，而是 E_C 越大，I_C 越大；R_C 越大，I_C 越小，I_C 与集电极电源电压 E_C、电阻 R_C 之间服从欧姆定律。集电极输出低电位：

$$U_{CE}=E_C-I_CR_C<0.3V\approx0V$$

图 1-64 为工作在饱和区的三极管等效电路，集电极与发射极之间相当于短路，所以集电极 C 输出低电位 $U_{CE}=0$。

3. 工作在截止区的三极管电路

三极管工作在截止区的必备条件：基极与发射极之间的电压 $U_{BE}\leqslant0V$。此时基极电流 $I_B=0$，集电极电流 $I_C=0$，集电极与发射极之间的电压 $U_{CE}=E_C$。图 1-65 为工作在截止区的三极管等效电路，集电极与发射极之间相当于开路，所以集电极 C 输出高电位 $U_{CE}=E_C$。

4. 开关电路

开关电路中的三极管，不是工作在饱和状态就是工作在截止状态。三极管饱和时集电极 C 输出低电位，相当于三极管 C、E 两极之间的电子开关闭合；三极管截止时集电极 C 输出高电位，相当于三极管 C、E 两极之间的电子开关断开。所以开关电路又称为逻辑电路。

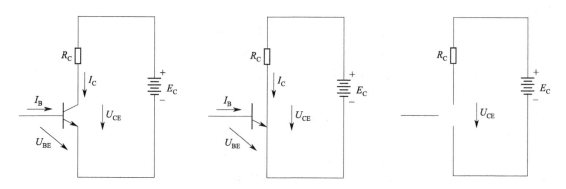

图 1-63　三极管电流放大电路　　图 1-64　三极管饱和等效电路　　图 1-65　三极管截止等效电路

5. 三极管电流放大功能的应用

图 1-66 为光敏路灯自动控制器。继电器控制回路线圈启动电流为 10mA。在白天时，光敏电阻 R_g 在光照下阻值较小，由于 R_g 远远小于 R_b，使得三极管基极 B 的电位很低，三极管截止，集电极电流为零，即

$$U_B < 0.5V, I_B = 0, I_C \approx 0$$

继电器控制回路电流约为零，铁芯电磁力小于弹簧力，可动衔铁在弹簧力作用下作用被控回路的触点 1、2 断开，路灯不亮，见图 1-66(a)。到了晚上，光照消失，光敏电阻的阻值增大，使得三极管基极 B 的电位升高，三极管基极电流 I_B 增大，集电极电流 I_C 增大，当 $I_C = \beta I_B \geqslant 10\text{mA}$，继电器铁芯电磁力大于弹簧力，可动衔铁在弹簧力作用下作用被控回路的触点 1、2 闭合，路灯点亮，见图 1-66(b)。

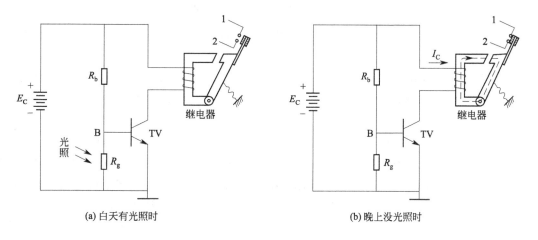

(a) 白天有光照时　　　　　　　　　　　(b) 晚上没光照时

图 1-66　光敏路灯自动控制器

三、模拟电路

自然界遇到的许多物理量都是连续变化的，例如，一天的气温、水位的高低等，这些都称非电模拟量，这些物理量可以用各种各样的传感器转换成电压或电流信号，称电模拟量。另外，电气设备中的电压、电流、电能、功率等也属于电模拟量。

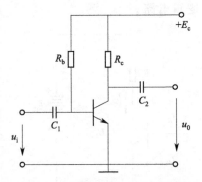

图 1-67 最简单的电压放大电路

模拟电路能放大连续变化的模拟信号，在模拟电路中的三极管工作在放大区。图 1-67 为最简单的电压放大电路，能将输入微弱的电压信号模拟放大几十甚至上百倍。

图 1-68 为电压模拟放大波形分析图。没有输入信号时的电路状态称静态，静态时的电压、电流都是随时间不变的直流电压、电流。

基极与发射极之间的静态电压：$U_{BEQ} = 0.5 \sim 0.7\text{V}$；基极静态电流：$I_{BQ} = (E_c - U_{BEQ})/R_b$；集电极静态电流：$I_{CQ} = \beta I_{BQ}$；集电极与发射极之间的静态电压：$U_{CEQ} = E_c - I_{CQ} R_c$。

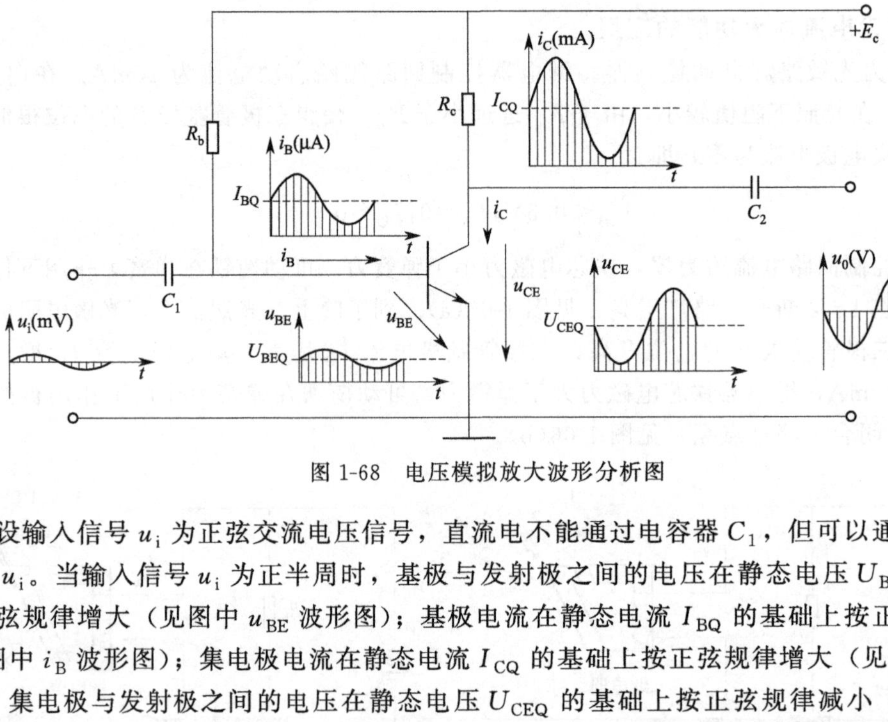

图 1-68 电压模拟放大波形分析图

设输入信号 u_i 为正弦交流电压信号，直流电不能通过电容器 C_1，但可以通过交流输入信号 u_i。当输入信号 u_i 为正半周时，基极与发射极之间的电压在静态电压 U_{BEQ} 的基础上按正弦规律增大（见图中 u_{BE} 波形图）；基极电流在静态电流 I_{BQ} 的基础上按正弦规律增大（见图中 i_B 波形图）；集电极电流在静态电流 I_{CQ} 的基础上按正弦规律增大（见图中 i_C 波形图）；集电极与发射极之间的电压在静态电压 U_{CEQ} 的基础上按正弦规律减小（见图中 u_{CE} 波形图，输出信号变化方向与输入信号变化方向相反）。当输入信号 u_i 为负半周时，基极与发射极之间的电压在静态电压 U_{BEQ} 的基础上按正弦规律减小（见图中 u_{BE} 波形图）；基极电流在静态电流 I_{BQ} 的基础上按正弦规律减小（见图中 i_B 波形图）；集电极电流在静态电流 I_{CQ} 的基础上按正弦规律减小（见图中 i_C 波形图）；集电极与发射极之间的电压在静态电压 U_{CEQ} 的基础上按正弦规律增大（见图中 u_{CE} 波形图，输出信号变化方向与输入信号变化方向相反）。

直流电不能通过输出电容器 C_2，只能通过 u_{CE} 的变化部分，所以在输出端得到相位相反、幅度放大以后的正弦交流电压信号 u_0，输入信号 u_i 被模拟放大了几十到上百倍，但输出信号 u_0 与输入信号 u_i 相位相差 180°。

四、逻辑电路

在逻辑电路中，电路的输入、输出只有"高电位""低电位"两种状态。在人与人的交流中为了交流方便，人们习惯用符号"1"表示"高电位"，用符号"0"表示"低电位"。这里的"1"和"0"是表示截然不同的两种意思或截然不同的两种状态，而不是平时用的数字"0"和数字"1"，因此，称其为逻辑"1"和逻辑"0"。换句话说，如果大家重新约定的话，完全可以用其它逻辑符号"6"和"9"或"3"和"7"来表示"高电位"和"低电位"。不过逻辑符号"1"和"0"的使用为后面推出的数字电路做好了技术上的准备。

例如计算机采集信号时（计算机输入），电动机在工作状态用"1"表示的话，则电动机在停机状态用"0"表示；风闸在投入位置用"1"表示的话，则风闸在退出位置用"0"表示；轴瓦温度高于 60° 用"1"表示的话，则轴瓦温度低于 60° 用"0"表示；断路器在合闸位置用"1"表示的话，则断路器在断开位置用"0"表示。

例如计算机发出操作控制信号时（计算机输出），命令电动机启动时输出"1"的话，则命令电动机停机时输出"0"；命令风闸投入时输出"1"的话，则命令风闸退出输出"0"；轴瓦温度过高用"1"表示需要报警的话，则轴瓦温度正常用"0"表示不需要报警；命令断路器合闸时输出"1"的话，则命令断路器断开时输出"0"。

水电厂大多数控制都是按一定程序流程的逻辑控制，例如，自动开机时，开机前必须是风闸在退出位置，导叶或喷嘴在全关位置，技术供水已投入，才允许开机。发电机继电保护低压过流动作时，必须满足机端电压低于某定值，定子电流大于某定值等，才动作跳闸。处理逻辑量的电子电路称逻辑电子电路，简称逻辑电路。构成逻辑电路最基本的单元电路是门电路，门电路是一种输出与输入具有一定逻辑关系的基本逻辑电路，基本门电路有与门电路、或门电路和非门电路三种。

五、数字电路

首先应该明确，自然界存在的物理量是没有数字符号的，数字是人们用一串规定的符号来表示自然界物理量大小的一种方法，数字是人们对自然界物理量进行计数或运算时编的码。因为人类有十个手指头，所以人类采用 0~9 十个数码的十进制计数法。数字计数或运算说到底是一种逻辑判断，例如，十进制中数数到 8 时，再往下数一个就是 9。数数到 9 时，再往下数一个就是逢 9 进"1"。

用逻辑电路来进行计数或运算时，由于逻辑电路只有"高电位"和"低电位"两种截然不同的电逻辑状态，人们将"高电位"表示数字"1"，将"低电位"表示数字"0"，这样就成为二进制计数法，这种专门用来处理数字量的逻辑电路称数字电路，因此，数字电路是逻辑电路在数字处理领域的一种具体应用。

再次强调，当人们在用二进制数字"1"和数字"0"进行人与人之间交流时，电路实现的还是"高电位"和"低电位"。例如人与人之间在交流一个八位二进制数字"11010011"，其实数字电路是用八个逻辑电路输出端的电位"高高低高低低高高"表示。

以下是数字电路的四位二进制数与人类十进制数的关系：四位二进制 0000 代表十进制 0；四位二进制 0001 代表十进制 1；四位二进制 0010 代表十进制 2；四位二进制 0011 代表十进制 3；四位二进制 0100 代表十进制 4；四位二进制 0101 代表十进制 5；四位二进制 0110 代表十进制 6；四位二进制 0111 代表十进制 7；四位二进制 1000 代表十进制 8；四位二进制 1001 代表十进制 9；四位二进制 1010 代表十进制 10；四位二进制 1011 代表十进制 11；四位二进制 1100 代表十进制 12；四位二进制 1101 代表十进制 13；四位二进制 1110 代表十进制 14；四位二进制 1111 代表十进制 15。

六、高低电位值

无论逻辑电路还是数字电路，都遇到一个问题："高电位"多少高合适？"低电位"多少低合适？高电位与低电位相差太多，一是没必要，二是会造成电路制作成本上升；高电位与低电位相差太少，容易造成逻辑判断错误，数据处理混乱。实际电路中，高于 3V 就认为是"高电位"，低于 0.3V 就认为是"低电位"。

第二章

电气一次设备

从发电机到电网之间所有直接进行电能生产、输送、升压、分配的设备，称为电气一次设备。高压机组的水电厂发电机的输出电压等级为 6.3kV 或 10.5kV，由主变压器升压为 35kV 或 110kV。低压机组的水电厂发电机的输出电压等级为 0.4kV，升压后为 10kV。因此电气一次设备属于高压设备，运行中对人身安全的影响较大，设备自身的造价高，瞬间过电压、过电流都有可能损坏设备，实际运行中采取了多种措施进行监视和保护。

第一节　同步发电机

水电厂的水轮机将水能转换成机械能，再由发电机将机械能转换成电能，水电厂发电机采用的是同步发电机，主要由转子、定子、风叶、测温装置、冷却装置等组成。图 2-1 为立式水轮发电机剖视图，发电机转子 6 的轴承由上机架 3 中的上导径向推力轴承 2 和下机架 8 中的下导径向轴承 9 构成。水轮机主轴与发电机主轴 10 刚性连接，水轮机带动发电机转子转动。发电机转子和定子 4 封闭在混凝土的发电机机坑内，转子上、下风叶 5 强迫机坑内的空气在规定的流道内循环流动，用空气冷却器冷却空气，再用空气冷却发电机转子和定子。在机组停机过程中，当转速下降到额定转速 30％左右时，投入四个风闸 7 对由下向上转子轮辐进行制动刹车，防止发生轴瓦烧毁事故。

安装或检修时，将转子装入定子内称转子串心，图 2-2 为立式水轮发电机的转子吊装串心。由于转子外径与定子内径之间的气隙很小，要求转子串心时，转子与定子不能碰撞刮擦，所以吊装的技术难度较大。发电机主轴 1 上装配一个大轮辐，轮辐外柱面上均布铁芯和线圈构成的转子磁极 3，钢板制成的定子外壳 6 柱面上开四个窗口，窗口上安装用水作为冷却剂的空气冷却器。当转子旋转时，上风叶 2 强迫空气向下流动，下风叶 4 强迫空气向上流动，冷空气不得不从定子铁芯 7 的风沟 8 中由内向外离心辐射状流过并冷却定子线圈 5 和定子铁芯，冷空气变成了热空气，从定子铁芯离心辐射状出来的热空气径向离心流过空气冷却器冷却后又成为冷空气，再由上、下风叶带动，进入下一次循环冷却。圆桶状轴令 11 与挡油桶 10 配合，巧妙解决了立式轴承的漏油问题。发电机主轴联轴法兰盘 9 与水轮机主轴联轴法兰盘用螺栓刚性连接。

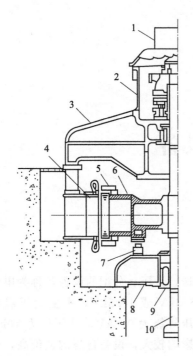

图 2-1　立式水轮发电机剖视图

1—碳刷滑环；2—上导径向推力轴承；3—上机架；

4—定子；5—风叶；6—转子；7—风闸；

8—下机架；9—下导径向轴承；10—发电机主轴

图 2-2　立式发电机转子吊装

1—发电机主轴；2—上风叶；3—转子磁极；4—下风叶；

5—定子线圈；6—定子外壳；7—定子铁芯；8—风沟；

9—联轴法兰盘；10—挡油桶；11—轴令

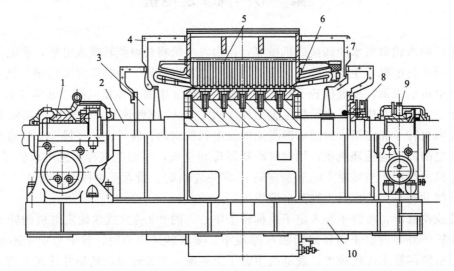

图 2-3　卧式水轮发电机剖视图

1—前导轴承；2—发电机主轴；3—风叶；4—前端盖；5—定子；6—转子；

7—后端盖；8—碳刷滑环；9—后导轴承；10—基座机架

图 2-3 为卧式水轮发电机剖视图，发电机转子 6 由前导轴承 1 以及后导轴承 9 支撑，安放在基座机架 10 上。水轮机主轴通过发电机主轴 2 带动发电机转子转动，发电机转子、定子 5 封闭在前后端盖 4、7 和发电机机坑内，在发电机机坑底部安装有空气冷却器，转子左、右风叶 3 强迫空气在前后端盖和机坑内规定的流道内循环流动，并流经空气冷却器，用流经

空气冷却器冷却铜管内的水冷却流经铜管外的空气，再用空气冷却发电机定子铁芯和线圈。输送励磁电流经碳刷滑环机构 8 位于后导轴承内侧与转子之间，转子励磁电流通过碳刷滑环机构后用电缆沿着主轴表面到达转子线圈，因此这一端主轴不必开轴心孔。

图 2-4 为中小型卧式水轮发电机外形图，整个发电机安放在基座机架 6 上。卧式机组停机过程中，当转速下降到额定转速 30％左右时，用位于飞轮底部的两个风闸水平方向对飞轮 1 进行制动刹车。由于碳刷滑环机构 5 位于后导轴承 4 的外侧，在碳刷滑环机构与转子线圈之间装有后导轴承，造成输送转子励磁电流的电缆无法从碳刷滑环机构引出沿着主轴表面到达转子线圈。所以这一端的发电机主轴必须开轴心孔，励磁电流的电缆可以经过轴心孔，避开后导轴承到达转子线圈。

图 2-4　卧式水轮发电机外形图
1—飞轮；2—前导轴承；3—发电机；4—后导轴承；5—碳刷滑环机构

图 2-5 为立式明槽引水室低压机组的发电机，发电机 1 采用无刷励磁，不再需要碳刷滑环机构。水轮机径向推力轴承 6 上部的飞轮 5 为飞轮式法兰盘结构，与发电机采用弹性联轴器 4 弹性连接。转动调速手轮 3，经蜗杆机构 2 可以调节厂房楼板下面泡在明槽引水室水中的导水机构，调节进入水轮机的水流量，从而调节转速或出力。这种机组停机刹车有两种方法：一种是与高压立式机组一样，用 2～4 个风闸沿飞轮轴线方向由下向上顶飞轮外缘轮辐，进行制动刹车；另一种是两个水平放置的抱闸，沿飞轮半径方向对飞轮外圆柱面进行刹车。

图 2-5　立式低压机组的发电机
1—发电机；2—蜗杆机构；3—调速手轮；
4—弹性联轴器；5—飞轮；6—径向推力轴承

一、发电机转子结构

发电机转子由主轴、轮辐、转子铁芯、转子线圈和风叶等组成。一个转子铁芯套上一个转子线圈就构成一个转子磁极。图 2-6 为有 6 对 12 个磁极的立式水轮发电机 [图 2-6（a）]，12 个磁极线圈流过同一个励磁电流。相邻两个线圈的绕向必须相反，即左边这个磁极线圈是顺时针绕制，那么右边这个磁极线圈必须逆时针绕制，保证 12 个磁极是 N、S、N、S···分布，在水轮机带动下发电机转子跟着旋转，从而产生转子旋转磁场。立式发电机的碳刷滑环机构位于发电机主轴的最上面，在碳刷滑环机构与转子线圈之间装有上导轴承，造成输送转子励磁电流的励磁引线无法沿着主轴表面向上到达碳刷滑环机构。所以立式发电机主轴的上半部分必须开轴心孔，励磁引线可以经过轴心孔［图 2-6(b)］避开上导轴承到达主轴顶部的碳刷滑环机构。

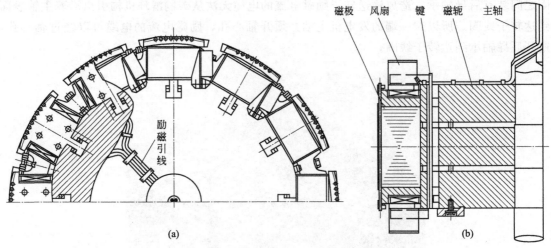

图 2-6　立式水轮发电机转子

　　图 2-7 为立式水轮发电机转子上励磁引线进出主轴轴向孔，由于该发电机的励磁电流较大，造成励磁引线较粗，不便于励磁引线转弯抹角的布置固定，因此正励磁引线 3 采用两根便于转弯抹角布置固定的较细的电缆，负极励磁引线 1 也采用两根便于转弯抹角布置固定的较细的电缆。

　　图 2-8 为有 5 对磁极（10 个磁极）的卧式水轮发电机转子。每个转子磁极 3 表面布置了五根铜条（阻尼条 4），所有阻尼条两端分别用两个铜环连接，这两个铜环称短路环。发电机转速稳定运行时，转子旋转磁场与定子旋转磁场没有相对运动，没有出现阻尼条切割磁力线的现象，阻尼条和短路环相当于不存在。当发电机受负荷冲击发生振荡或发电机短路及三相不平衡引发振荡时，转子旋转磁场与定子旋转磁场出现来回振荡相对运动，出现阻尼条切割磁力线的现象，阻尼条会产生异步电动机的电动机效应，使振荡收敛，有利于机组稳定。转速越低越容易振荡，阻尼条和短路环也使得转子结构复杂，因此，转速较高的发电机不设阻尼条和短路环。

图 2-7　励磁引线进出轴向孔

1—负励磁引线；2—主轴；3—正励磁引线

图 2-8　卧式水轮发电机转子

1—主轴；2—短路环；3—磁极；4—阻尼条

二、发电机定子结构

发电机定子主要由定子铁芯、定子线圈、风沟、测温片、空气冷却器和定子外壳组成。

1. 定子铁芯

图 2-9 为发电机定子铁芯。定子铁芯由相互用绝缘漆绝缘的 0.35mm 厚的薄形硅钢片 2 叠压而成，这样可以大大减小涡流损失。硅钢片每叠压一定厚度就用条钢架空，在平行硅钢片方向形成环状风沟 3，供冷空气径向离心式流过风沟，冷却定子铁芯和线圈，该定子铁芯有 10 条通风沟，安装于箱体 4 上。在垂直硅钢片平面方向用硅钢片形成了许多线槽 1，图中为 108 个线槽，能布置三相 108 个定子线圈。因为需要布置三相线圈，所有三相交流电机定子铁芯的线槽都是 3 的整数倍。

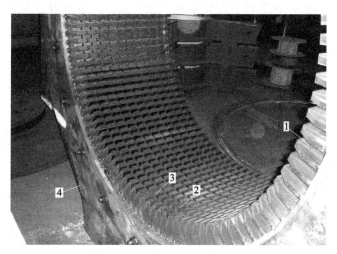

图 2-9　发电机定子铁芯
1—线槽；2—硅钢片；3—风沟；4—箱体

2. 定子线圈

定子线圈又称定子绕组。图 2-10 为 A 相定子线圈，三根细导线相当于一根粗导线，采用三根细导线便于线圈制作中的弯曲成型，三根细导线一起绕了两圈称两匝，n 圈称 n 匝，下面以图中两匝为例。匝与匝之间用绝缘材料绝缘，两匝整体再用绝缘材料包扎并定型成一个定子线圈。每个定子线圈有露出外面一头一尾两的端子 A、x（B 相定子线圈为 B、y，C 相定子线圈为 C、z）。每个定子线圈用涂了黑色的上有效切割边 1、下有效切割边 2 表示定子线圈在转子旋转磁场中切割转子磁力线的有效长度 L，那么每个定子线圈有两匝四个有效长度 L，切割转子旋转磁场的磁力线产生四个串联感应电动势。显然定子线圈在转子旋转磁场中切割转子磁力线的有效切割边长度 L 越长，每根有效切割边产生的感应电动势 $e = BL\nu$ 越大（ν 为转子旋转磁极的线速度），每个线圈输出的电压越高。

3. 定子三相端电压

图 2-11 为三相定子线圈布置示意图，转子一对磁极定子 18 线槽，每相有 6 个定子线圈，三相共 18 个定子线圈。每个定子线圈两条有效切割边，18 个定子线圈有 36 条有效切割边。每个线槽内上下安放两个不同定子线圈的有效切割边，18 个线槽正好可以安放 36 个有效切割边。A 相第 1 个线圈上有效切割边 A_1 安放在线槽 1 的顶部，下有效切割边 x_1 安

图 2-10　A 相定子线圈
1—上有效切割边；2—下有效切割边

放在相隔 180°线槽 10 的底部，这样才能保证上有效切割边 A_1 承受转子旋转磁场 N 极切割时，正好下有效切割边 x_1 承受转子旋转磁场 S 极切割，只有这样才能保证定子线圈两条有效切割边内四个感应电动势是串联叠加的。同样道理，A 相第 2 个线圈上有效切割边 A_2 安放在线槽 2 的顶部，下有效切割边 x_2 安放在相隔 180°线槽 11 的底部；A 相第 3、4、5、6个线圈以此类推。B 相第 1 个线圈上有效切割边 B_1 安放在线槽 7 的顶部，下有效切割边 y_1 安放在相隔 180°线槽 16 的底部；B 相第 2 个线圈上有效切割边 B_2 安放在线槽 8 的顶部，下有效切割边 y_2 安放在相隔 180°线槽 17 的底部；B 相第 3、4、5、6 个线圈以此类推。C 相第 1 个线圈上有效切割边 C_1 安放在线槽 13 的顶部，下有效切割边 z_1 安放在相隔 180°线槽 4 的底部；B 相第 2 个线圈上有效切割边 C_2 安放在线槽 14 的顶部，下有效切割边 z_2 安放在相隔 180°线槽 5 的底部；C 相第 3、4、5、6 个线圈以此类推。将定子线圈 A_1-x_1、A_2-x_2、A_3-x_3、A_4-x_4、A_5-x_5、A_6-x_6 六只线圈头尾端子串联起来成为 A 相绕组，将定子线圈 B_1-y_1、B_2-y_2、B_3-y_3、B_4-y_4、B_5-y_5、B_6-y_6 六只线圈头尾端子串联起来成为 B 相绕组，将定子线圈 C_1-z_1、C_2-z_2、C_3-z_3、C_4-z_4、C_5-z_5、C_6-z_6 六只线圈头尾端子串联起来成为 C 相绕组。三相定子绕组有六个端子 A、x、B、y、C、z，对于转子一对磁极的发电机，三相定子绕组每一相的第一只线圈的有效切割边 A_1 布置在第 1 槽、有效切割边 B_1 布置在第 7 槽、有效切割边 C_1 布置在第 13 槽，互相相隔的机械角度为 120°，转子磁极 N 在切割 A 相绕组有效切割边 A_1 后，必须转过 120°后才切割 B 相绕组有效切割边 B_1，再转过 120°后才切割 C 相绕组有效切割边 C_1，只有这样才能保证三相交流电动势的相位差（电气角度）等于 120°，电气角度等于机械角度。对于转子磁极多余一对的发电机，电气角度不等于机械角度，三相定子线圈布置分析比较复杂，在此不作介绍。

图 2-12 为定子线圈连接完工的发电机定子，一共有 42 个定子线圈，那么每一相有 14个定子线圈，将每一相的 14 个定子线圈如图那样串联起来，就成为三相定子绕组六个端子 A-x、B-y、C-z。对于图 2-12 中 108 线槽的定子，每一相有 36 个定子线圈，每一个定子线圈有 4 个串联感应电动势，那么每一相有 $36 \times 4 = 144$ 个串联感应电动势，每一相串联感应电动势的电压就是发电机三相相电压。把三相定子绕组的三个端子 x、y、z（图 2-13）连接在一起成为发电机三相绕组的中性点，这种三相绕组的连接方式称"Y"联结，三相绕组另外三个端子 A、B、C 就是发电机出口三相线电压，也是常说的发电机机端电压。定子为 108 线槽端电压为 6300V 的"Y"联结发电机，其相电压是线电压 6300V 的 $1/\sqrt{3}$，即相电压为 3637V，那么每个串联感应电动势至少产生 $e = 3637/144 = 25.3V$。在正常运行时，发电机转子额定转速（转子磁极旋转线速度 v）是恒定不允许变化的，发电机制造完毕，定子线圈的有效切割边长度 L 也是不变的。因此在同样转子额定转速（转子磁极旋转线速度 v）

下，转子线圈磁场产生的磁感应强度 **B** 越大，定子线圈内的感应电动势 $e = BLv$ 越大，发电机输出三相电压越高。转子线圈磁场产生的磁感应强度 **B** 越小，定子线圈内的感应电动势 $e = BLv$ 越小，发电机输出三相电压越低。并网前采用调整发电机转子线圈励磁电流的方法，来改变定子线圈切割转子旋转磁场磁力线的磁感应强度 **B**，来改变感应电动势 $e = BLv$ 的大小，从而调整发电机的机端电压。

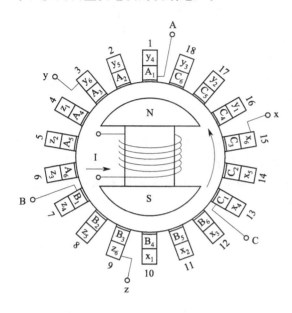

图 2-11　三相定子线圈布置示意图

图 2-12　发电机定子

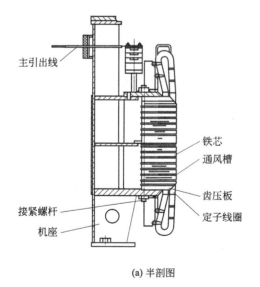

(a) 半剖图

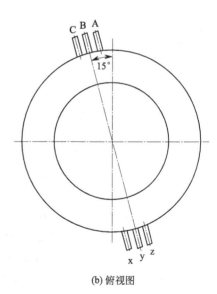

(b) 俯视图

图 2-13　立式发电机定子

4. 定子输出电压波形的谐波分量

任何非正弦波都可以用无穷个频率不断增加、幅度不断变小的标准正弦波叠加而成，其中与方波同频率的标准正弦波 e_1 称基波，其它是无穷个幅度不断减小、频率不断升高的标准正弦波三次波、五次波、七次波、九次波……，统称为谐波，这就是非正弦波的谐波理论。

以图 2-14 角频率为 ω 的非正弦波方波电动势 e 为例，则根据谐波理论，方波可以由基波 $e_1 = E_{1m}\sin\omega t$，三次波 $e_3 = E_{3m}\sin 3\omega t$，五次波 $e_5 = E_{5m}\sin 5\omega t$，等无穷个标准正弦波叠加而成。也许有人会怀疑无穷个标准正弦波怎么可能叠加成方波呢？试看图中，仅仅将基波 e_1 和三次谐波 e_3 叠加成合成波 $e_1 + e_3$ 的波形已经开始逼近像方波的波形了，如果继续叠加五次波、七次波、九次波……，合成波肯定就会越来越接近方波。除了基波和三次谐波以外的五次波、七次波、九次波……，称为高次谐波。

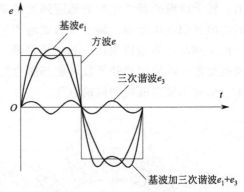

图 2-14　非正弦波的基波和谐波

　　由于发电机转子磁场的磁感应强度 **B** 在定子铁芯内壁按正弦规律分布是靠人为修正转子磁极与定子内壁的气隙来实现的，磁感应强度 **B** 在定子铁芯内壁分布是很不标准的正弦规律，因此由转子旋转磁场 **B** 感应出来的发电机三相电动势也是很不标准的三相正弦波，含有相当多的谐波。根据非正弦波的谐波理论，发电机定子三相绕组内的三相电动势由

三相基波 $\begin{cases} e_{1A} = E_{1m}\sin\omega t \\ e_{1B} = E_{1m}\sin(\omega t - 120°)，三相交流电相位差 120°；三相三次谐波 \\ e_{1C} = E_{1m}\sin(\omega t - 240°) \end{cases}$

$\begin{cases} e_{3A} = E_{3m}\sin 3\omega t \\ e_{3B} = E_{3m}\sin(3\omega t - 360°)，三相交流电相位差 3 \times 120° = 360°；三相五次谐波 \\ e_{3C} = E_{3m}\sin(3\omega t - 720°) \end{cases}$

$\begin{cases} e_{5A} = E_{5m}\sin 5\omega t \\ e_{5B} = E_{5m}\sin(5\omega t - 600°)，三相交流电相位差 5 \times 120° = 600° 组成，其中三相基波的电压 \\ e_{5C} = E_{5m}\sin(5\omega t - 1200°) \end{cases}$

就是发电机输出的三相正弦交流电压，高次谐波的五次波、七次波、九次波……的幅度下降很快，频率上升很快，相位差增加很快，由于三次谐波的幅度还比较大，因此三次谐波对发电机的危害比较大。

　　(1) 三相定子绕组"△"联结的缺点　相位差为 360° 就是同相位。三相三次谐波电动势相位差为 360°，说明发电机三相定子绕组中频率为 150Hz 的三相三次谐波交流电动势 e_{3A}、e_{3B}、e_{3C} 每时每刻同相位。如果将发电机三相定子绕组接成"△"，对三个三次谐波电动势 e_{3A}、e_{3B}、e_{3C} 来讲，每时每刻都是头尾串联连接（图 2-15），相当于三个电动势 e_{3A}、e_{3B}、e_{3C} 每时每刻短路，三次谐波电动势在三相绕组中会产生较大的三次谐波交流短路电流，每秒交变 150 次，使定子线圈和铁芯发热，但不会烧毁。

　　(2) 三相定子绕组"Y"联结的优点　如果将发电机三相定子绕组接成"Y"，对三个三次谐波电动势 e_{3A}、e_{3B}、e_{3C} 来讲，每时每刻都是尾尾连接、头头并列输出（图 2-16），三相绕组三个输出端的三次谐波交流电压每时每刻都同极性、等电位，每秒交变 150 次。所以发电机机端有三次谐波电压，但等电位使得无法输出三次谐波电流，因此为了限制三相三次谐波的输出，所有的发电机三相绕组必须是"Y"联结。虽然发电机机端无法输出三相三次谐波，但是能输出三相基波和三相高次谐波。

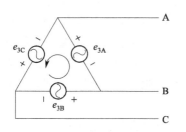
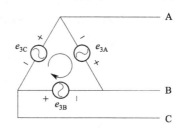

(a) 逆时针三次谐波短路电流　　　　　　　(b) 顺时针三次谐波短路电流

图 2-15　发电机三相"△"联结时的三次谐波电动势

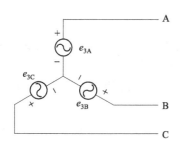
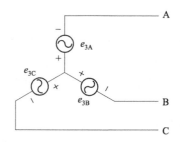

(a) 三相三次谐波电动势输出同时正电位　　　(b) 三相三次谐波电动势输出同时负电位

图 2-16　发电机三相"Y"联结时的三次谐波电动势

5. 定子线圈和铁芯温度测量

当三相定子绕组输出电流时，线圈导线会发热，定子铁芯在交变磁场中，铁芯也会发热，三相定子绕组的线圈温度过高的话，会造成线圈绝缘下降，严重时会发生绝缘击穿事故，因此除了采取空气冷却器对运行中的定子线圈和铁芯冷却以外，还必须对定子线圈和铁芯进行实时监测。工业铂电阻是理想的温度敏感元件，在60℃时，阻值 $R=123.24\Omega$；70℃时，阻值 $R=127.07\Omega$；80℃时，阻值 $R=130.89\Omega$；90℃时，阻值 $R=134.70\Omega$，利用铂电阻的电阻值与温度的变化关系，可以用来测量发电机定子铁芯和线圈的温度。图 2-17 为定子铂电阻测温片布置图，已知每一个线槽内有两个不同线圈的有效切割边。中小型发电机有六个铂电阻测温片，在相隔120°的三个线槽内，每个线槽内的上有效切割边3与下有效切割边5之间各放置一个铂电阻测温片4［图 2-17(a)］，测量定子线圈温度。在另外三个相隔

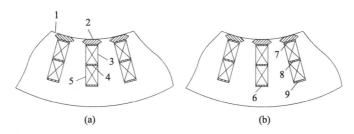

图 2-17　定子铂电阻测温片布置图

1—铁芯内壁；2—胶木槽楔；3—上有效切割边；4—线圈测温片；

5—下有效切割边；6—铁芯测温片；7，8，9—半导体布板

120°的定子线槽内，每个线槽内的下有效切割边与定子铁芯之间各放置一个铂电阻测温片 6 [图 2-17（b）]，测量定子铁芯温度。六个铂电阻测温片的六对测温引出线从定子机壳外柱面的小窗口引出，分别接入六个直流回路，当发电机定子铁芯和线圈温度变化时，铂电阻将温度信号转换成铂电阻的阻值变化信号，直流放大回路再将铂电阻的阻值变化信号转换成电流变化信号。铂电阻和对应的直流放大回路构成温度传感器。大型发电机因为铁芯槽数较多，测温片可能是九个或十二个。

在上有效切割边与下有效切割边之间，下有效切割边与铁芯之间，上有效切割边与胶木槽楔 2 之间全用半导体布板 7、8、9 绝缘。每个线槽安放两个不同线圈的有效切割边后，用木榔头将长胶木槽楔强行打入线槽口子上的燕尾槽内，用以固定定子线圈。

三、发电机的冷却

发电机在运行过程中，由于定子线圈导体的电阻发热（铜损）和在交变磁场中的铁芯发热（铁损）都将威胁定子线圈绝缘安全，如果不及时将热量排走，会加速绝缘老化，严重时造成相间击穿短路或匝间击穿短路。中小型发电机的空气冷却有不循环空气冷却和循环空气冷却两种。

当发电机容量较小时，发热量也较小，可采用不循环空气冷却。图 2-18 为发电机不循环空气冷却示意图，发电机转子上的风叶强迫厂房室内空气进入发电机定子风沟，流经风沟的冷空气冷却定子线圈、铁芯后，热空气从专用通道排出厂房外。不循环空气冷却简单方便，不需要空气冷却器，但发电机温度受夏季、冬季厂房环境温度影响较大，冷却效果不好。

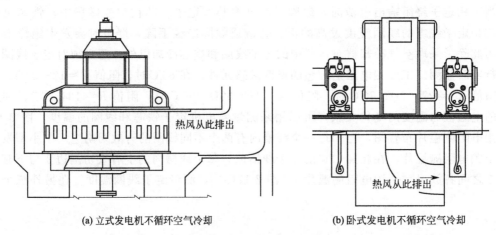

（a）立式发电机不循环空气冷却　　　　（b）卧式发电机不循环空气冷却

图 2-18　发电机不循环冷却示意图

装机容量较大的发电机必须采用全封闭的循环空气冷却，用空气冷却器冷却空气，空气冷却发电机定子铁芯和线圈。循环空气冷却的立式发电机，在定子钢板围成的机壳上开有 4～6 个窗口，在每一个窗口上安装一个空气冷却器。转子转动时，上面的风叶强迫冷风向下流动，下面的风叶强迫冷风向上流动，冷风不得不由内向外离心辐射状流过径向风沟，冷却定子线圈和铁芯，从定子线圈和铁芯径向流出的热风穿过发电机机壳窗口上 4～6 空气冷却器（参见《水电厂动力设备》中相应图），径向进入空气冷却器的是热风，径向流出空气冷却器的是冷风，冷风在风叶作用下进入再次循环冷却发电机。循环空气冷却的卧式发电机采用两只空气冷却器时，两只较小的空气冷却器垂直放置在发电机机底部机坑内的两侧循环空气流动的必经之路上，从发电机定子铁芯出来的热风在发电机机底部机坑内向两侧水平方向分别流过两侧的空气冷却器，经空气冷却器冷却后的冷风在风叶作用下再次循环冷却发电机；卧式发电机采用一只较大的空气冷却器时，空气冷却器水平放置在发电机机底部机坑内的中间循环空气流动的必经之路上，从发电机定子铁芯出来的热风在发电机机底部机坑内在中间由上而下垂直方向流过空气冷却器（参见《水电厂动力设备》中相应图），经空气冷却器冷却后的冷风在风叶作用下再次循环冷却发电机。

四、碳刷滑环机构

碳刷滑环的作用是将励磁电流送入正在不断旋转的发电机转子中，图 2-19 为碳刷滑环机构原理图。与主轴一起旋转的滑环套 9 经平键 5 与发电机主轴 8 为轴孔配合键连接，滑环套外柱面上四只耳片经四颗螺栓 7 固定了一起旋转的正、负两只滑环 4，由于旋转部件之间采用了胶木套和胶木垫，保证了两只滑环之间绝缘并一起与滑环套绝缘。与滑环一起旋转的发电机转子线圈的两根励磁引线分别与正、负两个滑环连接。用金属导电板制成的两片圆弧形的刷架 1 用螺栓 2 固定在机架上，由于固定部件之间采用了胶木套和胶木垫，保证了两片刷架之间绝缘并一起与机架绝缘。每片刷架上安装了 5～8 个碳刷 6，静止的碳刷在弹簧作用下始终紧紧压在旋转的滑环外柱面上，如同移动的电车两根"小辫子"上的两个碳刷在弹簧作用下始终向上压

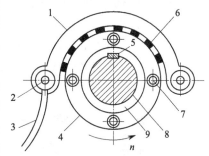

图 2-19 碳刷滑环机构原理图
1—刷架；2，7—螺栓；3—励磁电缆；4—滑环；
5—平键；6—碳刷；8—主轴；9—滑环套

在沿途静止的架空线上。来自励磁屏的正、负两根励磁电缆 3 分别与正、负两片刷架连接，从而将励磁电流经刷架、碳刷、滑环、励磁引线经轴心孔送往旋转的发电机转子线圈。

图 2-20 滑环组装图

1—正接线柱；2—负接线柱；3—螺栓；4—滑环套；
5—胶木垫；6—正滑环；7—负滑环；8—耳片；9—胶木套管

图 2-21 滑环装配图

图 2-20 为滑环组装图，有四只耳片 8 的滑环套 4 与发电机主轴轴孔配合键连接，四颗

螺栓 3 将正滑环 6、负滑环 7 一起固定在耳片上，与滑环套成为一个整体，由于滑环与螺栓、滑环与耳片之间全部采用胶木套管 9、胶木垫片 5 进行绝缘，所以两个滑环之间绝缘，两个滑环又同时与滑环套绝缘。正接线柱 1 经绝缘套管固定在正滑环上并与正滑环导通，负接线柱 2 经绝缘套管固定在负滑环上并与负滑环导通。图 2-21 为滑环在主轴顶部装配图，从发电机主轴轴心孔盖板穿出来的两根正励磁引线电缆与两根正接线柱连接后与正滑环导通。从发电机主轴轴心孔盖板穿出来的两根负励磁引线电缆与两根负接线柱连接后与负滑环导通。静止不动的正、负两排碳刷分别压在两个旋转滑环上，就将来自励磁屏的励磁电流经刷架、碳刷、滑环、励磁引线送入轴心孔并到达正在旋转的发电机转子线圈。

图 2-22 为立式发电机的碳刷滑环机构，滑环套 1 与发电机主轴轴孔配合键连接，来自励磁屏的励磁正励磁电缆与正刷架连接，数个静止的正碳刷 3 用弹簧紧紧压在旋转的正滑环 2 上。来自励磁屏的励磁电流负励磁电缆与负刷架 5 连接，数个静止的负碳刷 6 用弹簧紧紧压在旋转的负滑环 4 上。由于碳刷滑环机构位于发电机主轴的最上面，在碳刷滑环机构与下面的转子之间装有上导轴承，造成输送转子励磁引线无法从滑环引出沿着主轴表面向下到达转子线圈。所以来自转子线圈的励磁引线只能从主轴轴心孔顶部穿出，从上向下分别与正、负滑环连接，从而避开了上导轴承。

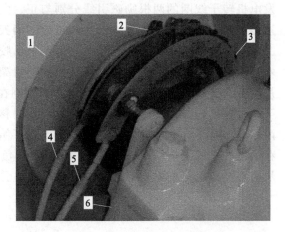

图 2-22　立式发电机碳刷滑环机构
1—滑环套；2—正滑环；3—正碳刷；
4—负滑环；5—刷架；6—负碳刷

图 2-23　卧式发电机碳刷滑环机构
1—发电机；2—正刷架；3—负刷架；
4—正电缆；5—负电缆；6—后导轴承

图 2-23 为卧式发电机的碳刷滑环机构，固定在后导轴承 6 上的正、负刷架 2、3 与后导轴承绝缘，正、负刷架之间绝缘。正励磁电缆 4 与正刷架连接，负励磁电缆 5 与负刷架连接。导电钢板制成的刷架上均布数个碳刷，来自励磁屏的励磁电流经励磁电缆、刷架、碳刷、滑环、励磁引线送入正在旋转的发电机转子线圈。由于碳刷滑环机构位于后导轴承与发电机 1 之间，从滑环引出的励磁引线可以沿着主轴表面向左到达发电机转子线圈，所以这一端主轴不必开轴心孔。电触点水压表用来监视后导轴承的进水压力

五、轴电流

发电机转子旋转磁场不但能在固定不动的定子线圈中产生感应电动势，还会在附近定子外壳，上机架和下机架等所有的固定不动的金属部件产生感应电动势。由于发电机主轴相对

发电机转子旋转磁场的相对运动为零，没有切割转子旋转磁场的磁力线，所以发电机主轴没有感应电动势，因此，除定子线圈以外的固定不动的金属部件中的感应电动势会借道发电机主轴形成电流回路。

设立式发电机某瞬间转子旋转磁场在固定不动的金属部件中的感应电动势为上正下负，如图 2-24 所示，由于发电机固定部件与转动部件接触部位只有的上导径向瓦 2、推力瓦 3 和下导径向瓦 6 三个部位，因此，感应电流在这三个部位经没有感应电动势的发电机主轴 5 形成回路，所以这种感应电流称轴电流。轴电流的流通一方面消耗能量，使金属部件发热；另一方面由于轴瓦间隙处接触电阻大，发热比较大，会加速润滑油的老化，使油温上升。

要消除除定子线圈以外的固定不动金属部件中的感应电动势是不可能的，只有设法切断轴电流的回路。对于立式发电机，要求上、下导径向瓦的瓦衬与瓦托之间用胶木板绝缘，径向瓦上下与机架用胶木板绝缘，安放在推力瓦上的推力头与镜板之间用胶木板（参见《水电厂动力设备》书中相应图）绝缘，保证不能形成轴电流的回路。对于卧式发电机，要求发电机两侧的轴承座与基座机架之间用垫胶木板绝缘，保证不能形成轴电流回路。

图 2-25 为立式发电机上、下导径向分块瓦的胶木绝缘装置，倒吊螺栓 5 将瓦衬 1 与条块瓦托 4 连为一体，由于瓦衬与条块瓦托之间用胶木板 6 绝缘，连接螺栓与条块瓦托之间用胶木垫片 3 绝缘，径向瓦的上下用胶木块 2 与机架绝缘，因此径向瓦与机架不能形成轴电流的回路。

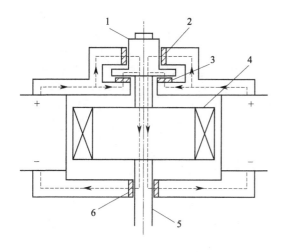

图 2-24　立式发电机轴电流的流动回路
1—推力头；2—上导径向瓦；3—推力瓦；
4—转子；5—发电机主轴；6—下导径向瓦

图 2-25　立式径向分块瓦绝缘胶木绝缘装置
1—瓦衬；2—胶木块；3—胶木垫片；4—条块瓦托；
5—倒吊螺栓；6—胶木板

停机检修时，应该用 500V 兆欧表测量立式发电机的推力瓦、径向瓦分别与机架之间的绝缘电阻或测量卧式发电机前后轴承座分别与基座机架之间的绝缘电阻，要求绝缘电阻值不小于 0.3MΩ。

六、发电机的型号

中小型发电机的型号有 TSN、TSWN、TS、TSW、SF、SWF 六种，"T"表示"同步"，"S"表示"水"，"N"表示"农用"，有"W"表示"卧式"，没有"W"表示"立式"，"F"表示"发电机"。例如：TSWN85/31-8 表示同步农用的卧式水轮发电机，定子铁芯外径 85cm，定子铁芯长度 31cm，8 对磁极。SFW160-6/590 表示卧式水轮发电机，功率为 160kW，6 对磁极，定子铁芯外径为 590mm。SF16000-8/2600 表示立式水轮发电机，功率为 16000kW，8 对磁极，定子铁芯外径为 2600mm。

第二节　主变压器

电网的网损与电流平方成正比，为了减少电能输送的网损，所有的发电厂都将发电机输出的低压大电流电能通过主变压器转换成高压小电流电能。由于主变压器在电网中与其它发电厂的主变压器为并列运行关系，与其它发电厂的主变压器共同向电网负荷供电，本电厂多发电或少发电丝毫不会影响电网的运行，因此与厂用变压器、励磁变压器相反，发电厂主变压器副边高压侧负荷电流的大小完全由原边低压电源侧电流决定。

低压机组的主变压器低压侧电压为 0.4kV，高压侧电压为 10kV。高压机组的主变压器低压侧电压为 6.3kV 或 10.5kV，高压侧电压为 35kV 或 110kV。

一、主变压器结构

图 2-26 为主变压器结构图，主变压器主要由铁芯 17、绕组 15、油枕 6、呼吸器 8、防爆管 5、温度信号器 16、散热器 9、瓦斯信号器 4、净油器 18 和分接开关 2 十大部分组成。

① 铁芯：用 0.35mm 厚的硅钢片叠压成三柱铁芯，硅钢片之间用绝缘漆绝缘可以大大减小涡流损耗，减小铁芯损耗。

② 绕组：所有变压器都规定每一相的低压线圈套在靠近铁芯柱的外面，高压线圈套在低压线圈外面。高、低压裸铜线圈与铁芯之间的位置全部用胶木固定后一起浸泡在绝缘油里，绝缘油可以提高高低压线圈之间的绝缘强度，减小绝缘间距，缩小变压器体积，并且绝缘性能稳定，不受空气湿度的影响。绝缘油还可以带走线圈和铁芯的热量。

③ 油枕：见图 2-27 中 1，油枕内下半部分是油，上半部分是空气，油枕经瓦斯信号器 6 与油箱 8 连接，油枕的作用是保证油箱中永远充满油，使得油面与空气接触的面积减小，减少了空气中水分进入绝缘油，减缓了油被氧化的速度。

④ 呼吸器：见图 2-27 中 4，当油箱中油温下降时，油的体积缩小，油枕内油位下降，外界的大气经呼吸器吸入。当油箱中油温上升

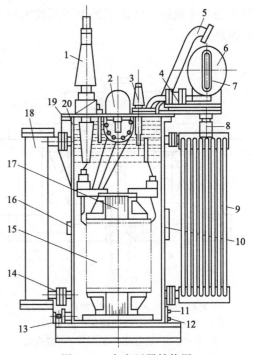

图 2-26　主变压器结构图

1—高压接线柱；2—分接开关；3—低压接线柱；
4—瓦斯信号器；5—防爆管；6—油枕；7—油位计；
8—呼吸器；9—散热器；10—铭牌；11—接地螺栓；
12—取油样阀门；13—放油阀门；14—阀门；
15—绕组；16—温度信号器；17—铁芯；
18—净油器；19—油箱；20—绝缘油

时，油的体积膨胀，油枕内油位上升，油枕内的空气经呼吸器呼出。呼吸器是对吸入油枕的大气进行过滤、干燥，减少空气中的水分和杂质进入绝缘油。

图 2-28 为呼吸器结构图，呼吸器内装有变色硅胶，硅胶具有较强的吸潮作用，当绝缘油热胀冷缩造成空气进出油枕时，都必须经过呼吸器与硅胶接触，由硅胶对进入油枕的空气过滤、干燥。端盖 9 中必须保持有一定量的绝缘油，当蒸发减少时，应及时添加油。当硅胶吸收水分达到饱和时就失去吸水作用，颜色也从蓝色慢慢变成淡红色，这时应更换硅胶。将更换下来的硅胶放在干燥器皿中加热蒸发去掉水分，硅胶又能重新使用。

⑤ 防爆管：见图 2-27 中 2，防爆管又称喷油管，管口用划有刀痕 2～3mm 厚的玻璃封住。当变压器内部发生绝缘击穿或短路等严重事故时，事故点油温急剧升高并分解产生大量的可燃气体，导致油枕和防爆管上部压力剧增，当压力大于 0.5 个大气压时，防爆管管口的玻璃爆破，气体和油从防爆管喷出，降低油箱内的压力，防止油箱爆炸或变形。

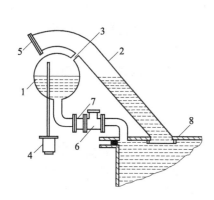

图 2-27 油枕与防爆管

1—油枕；2—防爆管；3—连通管；4—呼吸器；
5—薄玻璃；6—瓦斯信号器；7—蝶形阀；8—油箱

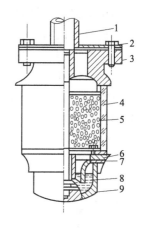

图 2-28 呼吸器结构图

1—连接管；2—螺栓；3—外壳；4—玻璃罩；
5—硅胶；6—座子；7—胶垫；8—沉积油；9—端盖

⑥ 温度信号器：见图 2-26 中 16，用来监视主变压器油箱的上层油温，当变压器上层油温到达 85℃时作用报警。图 2-29 为常见的主变压器温度信号器，黑长针指示绝缘油的实际温度，红短针是运行人员人为设定的报警温度，运行中当黑长针与红短针重合时，表示上层实际油温达到报警温度，表内触点闭合，发出报警信号。

⑦ 散热器：见图 2-26 中 9，中小型水电厂的主变压器普遍采用外循环自然空气冷却。散热器由许多并列的扁宽油管从油箱外部连接油箱的顶部和底部，扁宽油管增大了与空气的接触面积，可增加散热效果。当油箱内的油温升高时，热油自动上升，散热器中被空气冷却后的冷油自动从底部流回油箱，油箱顶部的热油自动流出油箱进入散热器，进行外部循环空气冷却。

图 2-29 温度信号器

⑧ 瓦斯信号器：见图 2-27 中 6，当变压器内局部绝缘下降或短路时，发热产生可燃气体，称"瓦斯"，在油枕与油箱之间的连接管上安装瓦斯信号器，作为监视可燃气体的保护装置。

图 2-30 为瓦斯信号器外形图，图 2-31 为瓦斯信号器结构图，开口杯 5 和重锤 6 安装在

同一根杠杆的两侧，杠杆的中间是一个铰支座，开口杯的重量减去油对开口杯的浮力，产生对杠杆的逆时针方向的力矩，重锤的重量产生对杠杆的顺时针方向的力矩。变压器正常运行时，逆时针方向的力矩小于顺时针方向的力矩，杠杆顺时针转动到极限位置，固定在开口杯上的轻瓦斯永久磁钢4位于轻瓦斯干簧管15的上方，轻瓦斯干簧管内触点可靠断开。挡板10在弹簧9的拉力下处于垂直位置，固定在挡板上的重瓦斯永久磁钢11远离重瓦斯干簧管13，重瓦斯干簧管内触点可靠断开。当变压器内部发生绝缘轻微下降等故障时，故障点发热并分解产生轻微的可燃气体，气体慢慢聚集在瓦斯信号器罩1的下部，迫使信号器内的油面慢慢下降，油对开口杯的浮力逐渐减小，逆时针方向的力矩逐渐增大，当逆时针方向的力矩大于顺时针方向的力矩时，杠杆立即逆时针转动到极限位置，轻瓦斯永久磁钢逆时针转动，靠近轻瓦斯干簧管，在磁力作用下轻瓦斯干簧管内触点闭合，发出轻瓦斯信号作用报警。当变压器内部发生绝缘严重下降等事故时，事故点发热并分解产生大量的可燃气体，气流经瓦斯信号器到达油枕上部。大量的气流冲击挡板，挡板克服弹簧拉力顺时针摆动，重瓦斯永久磁钢顺时针摆动靠近重瓦斯干簧管，在磁力作用下重瓦斯干簧管内触点闭合，发出重瓦斯信号作用跳闸，将主变压器高、低两侧的断路器同时跳开。两个重瓦斯干簧管串联后送出信号，可以减少重瓦斯信号误动作的机会。调整重锤偏移杠杆铰支座的距离，可以改变轻瓦斯报警信号动作时的气体容积。转动调节螺杆14，可以改变弹簧拉紧力，从而改变重瓦斯跳闸信号动作时的气流速度。

图 2-30 瓦斯信号器外形图

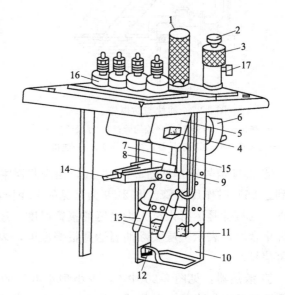

图 2-31 瓦斯信号器结构图

1—罩；2—顶针；3—气塞；4—轻瓦斯永久磁钢；5—开口杯；
6—重锤；7—探针；8—开口销；9—弹簧；10—挡板；
11—重瓦斯永久磁钢；12—螺杆；13—重瓦斯干簧管；
14—调节螺杆；15—轻瓦斯干簧管；16—套管；17—排气口

⑨ 净油器：见图 2-26 中 18，桶状净油器中充填几十公斤颗粒用 2.8～7mm 的硅胶作为吸附剂，净油器通过上、下部的细油管从油箱外部连接油箱的顶部和底部，当主变压器油箱内的油温升高时，热油上升，净油器中油从底部流回油箱，油箱顶部的热油流出油箱进入净油器，部分绝缘油在净油器中经过硅胶，油中的水分、游离酸等杂质被硅胶吸附，起到净化

油、恢复油的绝缘性能的作用。当硅胶的含水量超过自重的 30％时，应更换新的硅胶。用过的硅胶经加热脱水后可以重复使用，但每次再生后的硅胶的吸附效果略有下降。

⑩ 分接开关：分接开关有有载调整分接开关和无载调整分接开关两种，有载调整分接开关应用在尽量不要停运的变电所主变压器上，但是带电调整的有载调整分接开关结构复杂，操作不便。发电厂的主变压器停运对电网不会产生很大影响，因此发电厂主变压器采用的是无载调整分接开关，无载调整分接开关必须在主变压器停电条件下人工手动进行调整。

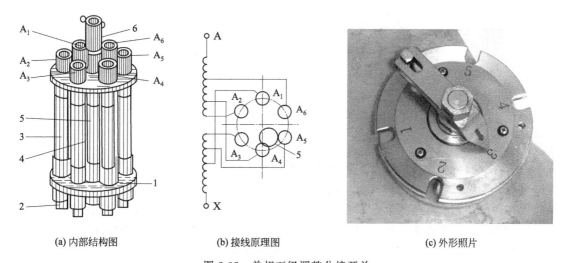

图 2-32　单相五级调整分接开关
1—绝缘底座；2—绕组抽头；3—空心管载流柱；4—曲柄轴；5—动触环；6—绝缘操纵杆

高压机组主变压器的分接开关为单相分体式，A、B、C 三相每相一个。以高压侧额定电压为基准，有五级可调：+5％、+2.5％、0％、−2.5％、−5％，图 2-32 为高压机组主变压器的 A 相分接开关，固定在上下两块绝缘底座 1 之间的 $A_1 \sim A_6$ 六根空心管载流柱 3 相互之间绝缘，变压器高压侧 A 相线圈 A-X 六个抽头 2 分别与六根空心管载流柱连接，手动转动绝缘操纵杆 6，使动触环 5 分别短接相邻两根空心管载流柱，从而可方便地调整 A 相高压侧的线圈匝数，调整时每相分接开关的级数应一样，否则三相电压会不一致。

低压机组主变压器的分接开关为三相整体式，有三级可调：+5％、0％、−5％，图 2-33 为低压机组主变压器的三相整体式三级调整的分接开关。

分接开关如因变压器工作需要而经常在一个位置上工作时，为消除开关触头部分的氧化膜及油污等物，保持接触良好，不论变压器是否需要改变电压比，每年都要往返转动分接开关，使每个动静触头至少分合 10 次。转动分接开关后用电桥或万用表测量三相接触电阻平衡后方可投入运行。

把高压侧线圈匝数减少（或增加）与把低压侧线圈匝数增加（或减少）的结果是完全一样的，因此分接开关可以装在低压侧，也可以装在高压侧，但规定分接开关都装在变压器高压侧，这是因为高压侧电流较小，导线细，可减小分接开关体积，对开关接点容量要求较低，开关的接触电阻产生的热量较小，有利于降低变压器油温。

由于不同地区负荷的功率因数不同，线路电压有时会长期运行在比额定电压偏高或偏低的情况。如果与发电机并网的电力线路电压长期偏高，势必使得发电机机端电压也偏高，发电机本来应该带无功功率的励磁电流现在用来建立机端电压了，这就会造成发电机无功功率

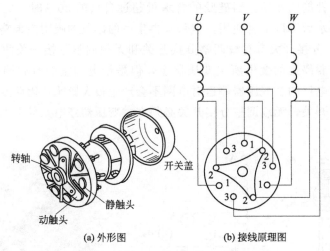

图 2-33　三相整体调整分接开关

带不上去，这时应该调整分接开关把高压侧的线圈匝数调少一些。如果与发电机并网的电力线路电压长期偏低，势必使得发电机机端电压也偏低，发电机本来应该建立机端电压的励磁电流现在用来带无功功率了，这就会造成发电机无功功率减不下来，这时应该调整分接开关把高压侧的线圈匝数调多一些。因此分接开关的作用是现场根据电力线路实际情况方便调整线圈匝数，在线路电压长期偏高或偏低时，保证发电机所带无功功率正常。

⑪ 压力释放阀：在用变压器油作为冷却介质或采用有载分接开关的变压器中，用压力释放阀作为防止油箱因压力过高而变形或爆裂的保护装置，见图 2-34。

图 2-34　压力释放阀

图 2-35　YX 一级水电厂主变压器

当变压器或有载调整分接开关内部发生事故时，一部分变压器油被汽化，使变压器油箱内部压力迅速增加，如果不采取可靠的保护措施，油箱可能变形或爆裂。压力释放阀在油箱压力达到动作压力时，在 2ms 内开启，及时排油释放油箱内的压力，开启后的压力释放阀在油箱压力下降到动作压力 53%~55% 时可靠关闭。如果油箱内压力再次上升，压力释放阀再次动作，直到油箱内压力下降到允许值。由于压力释放阀在油箱内压力下降过程中能可靠关闭，油箱外的空气和水不会进入油箱内，变压器油不会因此受到污染。压力释放阀动作时可以送出表示开启的机械信号，有的还可以经微动开关送出开关量信号。图 2-35 为丽水

YX一级水电厂的主变压器，低压侧6.3kV，高压侧35kV。

二、主变压器电源侧三相绕组连接方式

1. 谐波对电力系统的危害

（1）电力线路中谐波的产生 尽管所有高压机组发电厂主变压器高压侧送上电网的是比较标准正弦波的50Hz三相正弦交流波，但是电力系统的线路在输送电能的路途上，大量工业高频电力设备和民用通信设备产生的电磁波会对电力线路感应产生谐波，大量工业电力电子变流装置和民用电子产品整流装置也会向电网反射谐波，这种现象严重时称为"谐波污染"。

（2）电力线路的分布电容和分布电感 母线、电缆和架空线等电力线路是导体，大地也是能导电的导体，在两者之间是绝缘介质（例如电缆外层的绝缘纸等）和自然界的大气（也是绝缘介质）。电容器的定义是用绝缘介质隔开的两个导体就是电容器，因此母线、电缆和架空线等电力线路与大地之间具有电容效应，这种电容效应称为对地分布电容。

变化的交流电流流过母线、电缆和架空线等电力线路时，在周围会产生变化的磁场，变化磁场又会在过母线、电缆和架空线中产生自感电动势，这种自感效应称为母线、电缆和架空线的电感效应。

（3）对电力线路的危害 母线、电缆和架空线对地的分布电容C和电感效应L随线路长度的变化而变化，在输送电能的路途上会产生频率为ω的丰富的谐波，完全有可能出现某一个频率为ω_0的谐波使得电力线路满足谐振条件$\omega_0 L = 1/\omega_0 C$，这时电力线路就发生谐振，电力线路谐振可能使电力线路上的电气设备过电压击穿。因此电力系统在任何情况下不得发生谐振。

（4）对负荷的危害 在谐波污染比较严重的线路上运行的负荷，如果三相异步电动机是"△"联结的话，三次谐波和高次谐波会在该电动机三相绕组中短路，当然电动机不会被烧毁，但是该电动机线圈和铁芯的温度比正常的高。

2. 发电厂主变压器电源侧三相绕组连接方式

为了减轻发电机输出的五次波、七次波、九次波等高次谐波送入电网危害电力系统和负荷，所有的发电厂都将主变压器低压电源侧的三相绕组全部接成"△"，由于极大部分三相高次谐波不像三相三次谐波那样三相每时每刻刻同相位，在发电厂主变压器低压侧"△"联结的三相绕组中大部分高次谐波只能被削弱，不能完全被消除。因此，最后在主变压器高压侧送上电网的是含有少量谐波的比较标准的50Hz三相正弦交流电压。

3. 变电所主变压器电源侧三相绕组连接方式

升压变电所主变压器低压侧为电源侧，高压侧为负荷侧。降压变电所主变压器高压侧为电源侧，低压侧为负荷侧。为了减轻或消除电力线路沿途谐波的危害，所有变电所主变压器电源侧三相绕组全部接成"△"，可以在输送电能的沿途处处设防、层层把关，沿途将三次谐波短路，高次谐波削弱。

三、主变压器负荷侧三相绕组连接方式

所有发电厂和变电所的主变压器负荷侧三相绕组全部采用"Y"联结，这是因为"Y"联结的供电系统运行方式灵活，可以中性点接地运行也可以中性点不接地运行，两者各有优缺点。

1. 中性点不接地系统

中性点不接地和经消弧线圈接地都属于中性点不接地系统。中性点不接地系统发生单相接地故障有两种情况，第一种是单相导体直接接地故障，第二种是由绝缘下降或污物漏电引起的单相导体非直接接地故障。

（1）单相导体直接接地故障　图 2-36 为单相导体直接接地故障原理图，主变压器的电源侧为"△"联结，负荷侧为"Y"联结，可以用符号"△/Y"表示。正常运行时由于三相架空线有对地分布电容，所以只有少量的相间容性泄漏电流［图 2-36(a)］。发生单相导体直接接地故障时，接地相 C 相对地分布电容被短接后消失，由于接地相 C 相对中性点不构成短路电流的回路，接地相 C 相只有通过非接地相 A、B 相对地电容很小的容性泄漏电流［图 2-36(b)］，所以中性点不接地系统又称小电流接地系统。主变压器中性点不接地系统的优点是发生单相导体直接接地或非直接接地故障时，因为不构成短路电流的回路，可以继续运行不超过 2h 的时间，在这 2h 的时间内应尽快设法排除故障，这就使得供电可靠性高。缺点是正常运行时每一相对地为相电压，发生单相导体直接接地故障时，接地相对地电压下降为零电压，非接地相对地电压从相电压上升为线电压。由于发生单相接地故障时，线路和设备还得继续运行，所有设备和线路的绝缘要求必须按照线电压的绝缘要求，对绝缘要求提高了 $\sqrt{3}$ 倍，设备和线路绝缘按线电压要求，设备和线路投资增加。

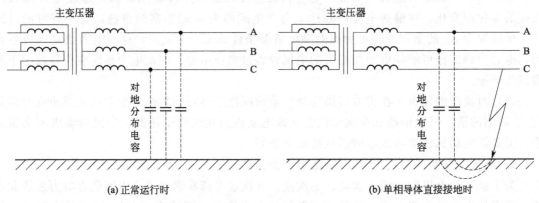

图 2-36　单相导体直接接地故障原理图

（2）单相导体非直接接地故障　当"Y"联结中性点不接地的发电机或主变压器，当母线、电缆和架空线等电力线路比较长时，对地分布电容会比较大，如果发生单相导体非直接接地故障，较大的非接地相对地分布电容电流会在非直接接地点出现电弧，由此转为单相导体电弧性接地。时断时续的电弧会引发线路电压振荡，容易造成线路和设备过电压，危及线路和设备的绝缘安全。因此在对地分布电容泄漏电流超过 5A 的场合，必须将发电机或主变压器三相"Y"绕组的中性点经消弧线圈接地，在发生单相导体非直接接地故障时能迅速熄灭电弧，防止线路和设备过电压。

图 2-37 为中性点经消弧线圈接地原理图。消弧线圈是一种带铁芯的电感线圈，接于发电机［图 2-37(a)］或变压器［图 2-37(b)］的中性点与接地金属之间，正常运行时，对三相电源来讲，消弧线圈与三相对地分布电容为串联关系，总阻抗 Z 比较大，因此经对地分布电容流过消弧线圈的对地泄漏电流很小。当发生单相导体电弧性接地时，例如图 2-38 中 C 相接地，根据电工学叠加原理，分析接地相 C 相电源对接地点的作用时，不起作用的 A、

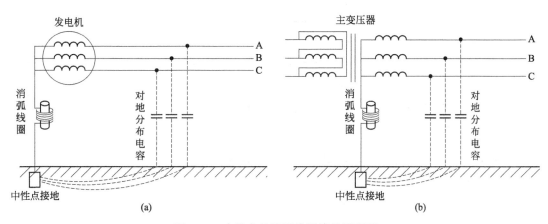

图 2-37 中性点经消弧线圈接地原理图

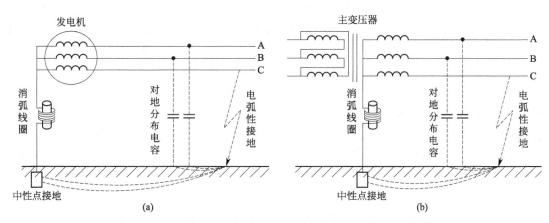

图 2-38 中性点经消弧线圈接地的单相电弧性接地故障原理图

B 两相电源可以将其短路，由此得到图 2-39（a）。由图 2-39（a）可知，对接地相 C 相来讲，非接地相 A、B 两相对地分布电容一端与消弧线圈头头相连，另一端经与消弧线圈尾尾相连。因此对接地相电源来讲，非接地相对地分布电容与消弧线圈为 LC 并联关系［图 2-39（b）］。由电工学可知，LC 发生并联谐振时，总阻抗 Z 等于无穷大，当然电力线路是绝对不允许发生并联谐振的，但是只要消弧线圈的电感量参数选择适当，完全可以使并联 LC 不发生谐振但阻抗 Z 比较大，使故障点的电弧性接地电流比较小，不足以维持电弧的燃烧，这样就可以自行迅速消除电弧，而不致于引起线路和设备过电压，"消弧线圈"的名称由此而得。

2. 中性点接地系统

（1）自动重合闸技术 电力线路 80%～90% 的故障是瞬时性故障，这些瞬时性故障多数由雷电产生电力线路绝缘子表面闪络、线路对树枝放电、大风引起的线路碰线、鸟和树枝等异物在导线上以及绝缘子表面污染等原因引起。这些故障被继电保护动作断路器单相或三相跳闸后，故障点去游离，电弧熄灭，绝缘强度立即恢复，故障自行消失。此时如果把电力线路的断路器单相或三相重新合闸，就能立即恢复供电，这就是自动重合闸技术。

由电力系统实际运行经验可知，电力线路采用自动重合闸技术的成功概率是相当高的，这对提高供电可靠性、系统并列运行的稳定性是相当有利的，因此，自动重合闸技术在变电

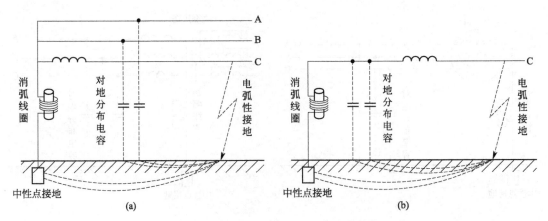

图 2-39   消弧线圈与对地分布电容的关系

所中被广泛应用。由于水电厂装机容量相对系统较小，输出线路跳闸对系统运行影响不大，所以水电厂很少采用自动重合闸技术。因为自动重合闸只需零点几秒，也就是零点几秒的短暂停电，因此成功的自动重合闸对大部分负荷几乎没有影响，对照明负荷的影响就是雷雨季节大家都曾经遇到过的电灯眨眼睛似地灭一下的感觉。

当然，电力线路也有少数由线路倒杆、断线、绝缘子击穿或损坏等原因引起的永久性故障，在线路断路器断开后，这些故障仍然存在，此时如果把电力线路的断路器自动重新合闸，线路还是要被继电保护而再次动作跳开断路器。因此自动重合闸只允许重合一次。自动重合闸的再次合闸、跳闸，永久性故障点的再次短路，其电流对系统的冲击和对断路器损伤也是不小的。这是自动重合闸的不利之处。电力线路的自动重合闸有单相自动重合闸、三相自动重合闸和综合自动重合闸三种，线路发生单相接地时，可以采取单相自动重合闸。

（2）主变压器中性点接地   主变压器中性点接地或经小电阻接地都属于中性点接地系统。图 2-40 为中性点接地系统原理图，中性点接地或经小电阻接地发生单相接地事故时，接地点和中性点之间的短路电流很大 [图 2-40（b）]，所以中性点接地系统又称大电流接地系统。正常运行时，每一相对地为相电压，发生单相导体直接接地时，接地相对地电压降为零电压，非接地相对地电压仍为相电压。因此，主变压器中性点接地系统对设备和线路的绝缘要求只需按相电压考虑，设备和线路的投资减少。缺点是供电可靠性降低，无论出现单相导体直接接地还是非直接接地，接地相短路电流都很大，必须迅速切除接地相或三相。在110kV 及以上的系统中，线路和设备在绝缘方面的投资比重大大增加，采用中性点接地虽然降低了供电可靠性，但是对降低线路和设备绝缘水平要求，其经济效益还是非常明显的，所以适用在 110kV 及以上的主变压器中。好在 110kV 及以上的电压等级越高，架空线离地面越高，越不容易发生单相接地事故。正常运行时长期有经对地电容、接地金属形成回路的容性泄漏电流 [图 2-40（a）]。

在 110kV 及以上的主变压器中将中性点接地，而采用其它措施来提高供电可靠性。例如，线路三相断路器装设具有自动重合闸功能的分相操作机构，当发生瞬时性单相接地时，保护动作时跳开故障相线路的断路器，没有故障的两相不跳闸。单相跳闸后必须立即单相自动重合闸，否则会发生线路缺相运行，长时间缺相运行会造成三相电动机过电流烧毁。如果单相自动重合闸不成功的话，说明是永久性单相接地，应立即转为三相事故跳闸。

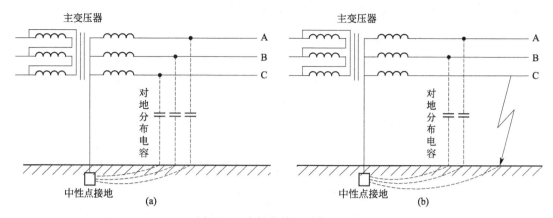

图 2-40　中性点接地系统原理图

四、终端变压器负荷侧三相绕组连接方式

终端变压器负荷侧直接面对用电设备的负荷，设备与人身近距离密切接触，设备的绝缘破坏或绝缘下降造成的漏电以及人员的误操作或人体误触带电导体，都会对人身造成触电伤害，为了保证终端变压器低压侧用电设备和人身的安全，必须采取必要的安全保护措施。

1. 三相四线制的保护接零

（1）设备的保护接零　在有民用 220V 单相负荷的终端变压器负荷侧，三相绕组必须采用有零线的 380/220V 三相四线制中性点接地的"Y_0"联结方式，所有设备外壳必须接零。主变压器中性点接地是为了节省投资，而终端变压器中性点接地是为了保护接零。

图 2-41 为三相四线制供电系统的保护接零。三相火线对地分布电容的容性泄漏电流经大地、接地金属形成回路，对人体没有威胁。所有三相电气设备（例如三相电动机）和单相电气设备（例如家庭洗衣机）的外壳接零线。所有电灯等民用单相负荷的开关接在火线上，保证开关断开后灯头挂在零线上，安全没有电压。如果错误地把开关接在零线上，开关断开后灯头挂在火线上，电灯虽然没电流但有电压，在不用电期间，灯头始终带电，不安全。

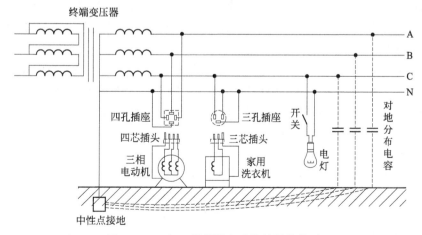

图 2-41　三相四线制供电系统的保护接零

（2）保护接零的保护原理　万一有一相火线与用电设备外壳之间的绝缘损坏，如图 2-42

中 C 相火线与用电设备外壳绝缘破损，其保护接零原理如下：

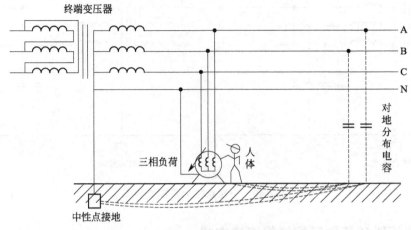

图 2-42 电气设备的保护接零原理图

① 首先 C 相电源的头尾两端被用电设备的接零线短路，强大的短路电流会使 C 相电源的保护装置动作，迅速切断电源。

② 即使 C 相电源保护没有或不动作，由于人体、用电设备外壳和设备的接零线三者等电位，C 相火线对人体没有危害。同时由于 C 相对地电容消失，A、B 两相的对地容性泄漏电流有一部分经人体形成回路，但由于人体电阻（800Ω 以上）远远大于中性点接地电阻（4Ω），只有极小部分容性电流流过人体，不会危及生命安全。

（3）零线的电位 大地是导电的，人体接触到零线时与零线等电位，没有电流流过人体，没有触电危险，这就是常说的"零线没有电"，其实这种说法是不正确的，对负荷来讲，零线与火线的地位是完全一样的。不同的是，当正弦交流电为正半周时，火线电压比大地高 220V（以单相负荷为例），如果此时人体接触到火线，则电流从火线自上而下流过人体进入大地，发生人体触电事故；当正弦交流电为负半周时，火线电压比大地低 220V，如果此时人体接触到火线，则电流从大地自下而上流过人体到火线，发生人体触电事故。所以应该说零线也是有电的，只不过由于零线接地，使得大地与零线始终等电位。就像停在高压架空线上的小鸟，由于小鸟始终与该架空线等电位，所以小鸟没有触电危险，但不能说小鸟所停在的高压架空线没电。

用测电笔测电源的火线时，火线与大地之间经电笔灯泡、电笔限流电阻和人体电阻构成电流流通的回路，电笔灯亮。由于限流电阻很大，所以流过人体的电流很小（小于 5mA），人体没有不舒适的感觉。因此用电笔测电时必须手摸电笔尾部的金属体，使火线经人体与大地构成回路，否则会得到错误的结论。用测电笔测零线时，零线与大地等电位，电笔中没有电流流过，所以电笔灯不亮。

如果设备接通电源后不工作，再用电笔分别测量设备的零线、火线时，电笔灯两次测量都亮，说明插座的零线断线或开关接在零线上了。用电笔分别测量设备的零线、火线时，如果电笔灯两次都不亮，说明要么电源中断，要么电笔失灵。

（4）三线四线制供电系统的缺点 如果如同图 2-43 中的零线发生断线，中断点前面的所有设备照样工作，中断点后面所有的三相电动机照样工作，只是电动机外壳失去了保护接零。中断点后面所有民用设备包括洗衣机全部停止工作，但是在洗衣机的插头没有拔下来之前，洗衣机的外壳通过插头→插座→零线→插座→插头→电动机绕组→插头→插座与 C 相火线接通，洗衣机虽然没有电流，但是有电压，洗衣机外壳带电，危及人身安全。虽然零线不许也不会中断，但是为了绝对安全可靠，出现了三相五线制供电系统。

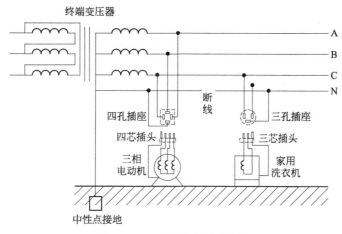

图 2-43　三相四线制零线断线

（5）三相五线制供电系统中设备的保护接零　图 2-44 为三相五线制供电系统的保护接零。每一户民用电用户都有专门从电源中性点引来的两根零线，一根是作为电源的工作零线 N，另一根是供设备保护接零的保护零线 PE，也就是平时讲的民用供电系统中的"地线"。保护零线 PE 沿路应重复接地，使得保护零线万一中断，中断点前后的设备外壳仍是接地的。家用三芯插头就是给家用电器提供保护接地用的，不能随便将三芯插头改成两芯插头。三线四线制供电系统可以用，三线五线制供电系统更完美，现在被广泛应用在民用电供电系统中。如果洗衣机、脱排油烟机等家用电器外壳用手触摸感觉微微麻电，但洗衣机仍能正常使用，说明电源火线绝缘下降，最简单的方法处理是将家用电器的两芯插头拔出插座，转180°再插入插座，或将三芯插头火线和零线更换一下，使绝缘下降的火线变成零线。

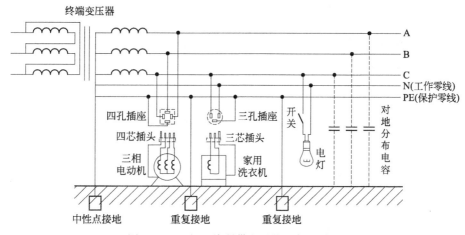

图 2-44　三相五线制供电系统的保护接零

2. 三相三线制的保护接地

在没有民用单相负荷的终端变压器负荷侧，三相绕组可以采用没有零线的三相三线制

"Y" 联结方式，中性点可以不接地，但设备必须保护接地。例如火电、石油、化工等大型企业的 6kV 或 10kV 高压三相异步电动机供电系统，电源的中性点不需要接地，成为 "Y" 三相三线制供电系统，这时必须将用电设备的外壳必须接地，这样可以有效防止触电事故的发生。

万一有一相火线与设备外壳之间的绝缘损坏，如图 2-45 中 C 相与设备外壳绝缘破损，C 相对地电容消失，A、B 两相的对地容性电流有一部分经人体形成回路，但由于人体电阻（800Ω 以上）远远大于设备自己的接地电阻（4Ω），只有极小部分容性电流流过人体，不会危及生命。如果设备没有接地，则所有容性电流全部流过人体，危及人身安全。

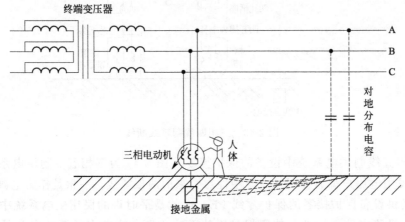

图 2-45　设备的保护接地原理图

3. 保护接零接地的错误接法

在终端变压器低压侧中性点接地的三相四线制的供电系统中，不能将有的电气设备接零，有的电气设备接地，如图 2-46 所示。将电动机 1 接零，电动机 2 接自己的地。如果电动机 2 的 C 相绝缘破损与机壳碰壳，则电动机 2 外壳的对地电压为

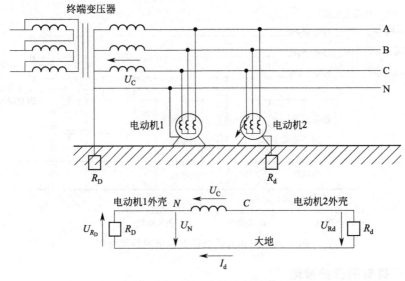

图 2-46　不正确的设备保护

$$U_{R_d}=\frac{U_C}{R_d+R_0}\times R_d=\frac{R_d}{R_d+R_0}U_C$$

如果三相交流电的电压 $U_C=220V$，接地电阻 $R_d=R_0=4\Omega$，则电动机 2 外壳的对地电压为 $U_{R_d}=\frac{4}{4+4}\times220=\frac{1}{2}\times220=110$（V），非常危险。而且所有接零线 N 的电气设备外壳对地电压为 $U_N=-U_{R_0}=-(U_C-U_{R_d})=-(220-110)=-110$（V），同样也是非常危险的。造成危险的根本原因是自己的接地电阻 R_d 与电源中性点的接地电阻 R_0 为串联关系，漏电相 C 相电源电压 U_C 分别在两只接地电阻上各降 50%。

第三节　高压配电装置

水电厂位于发电机出口到电网之间的所有直接对电能输送、分配、切换、隔离和测量的设备统称为高压配电装置，高压配电装置工作电压等级在 6.3kV 及以上，对高压配电装置进行运行方式的切换称为倒闸操作，由于设备众多、操作频繁，比较容易发生安全隐患。

一、隔离开关

隔离开关的作用是在检修或维护时，将带电运行的设备与停电检修设备或备用设备进行隔离，有一个明显的、可见的及有足够安全间距的断开点，保证检修设备和检修人员的安全。隔离开关有户内式和户外式两种，户内式隔离开关为投掷式，例如位于励磁变压器的高压侧的隔离开关就是户内投掷式。户外隔离开关为转动式，位于户外升压站的隔离开关都是转动式。

隔离开关在任何情况下不得合、断负荷电流。也就是每次断隔离开关时，必须先断开断路器，再断开隔离开关。每次合断路器时，必须先合上隔离开关，再合断路器。为了防止误操作，在大多数场合，隔离开关与断路器有机械闭锁装置，保证在断路器没有断开之前，隔离开关无法断开；隔离开关没有合上之前，断路器无法合闸。

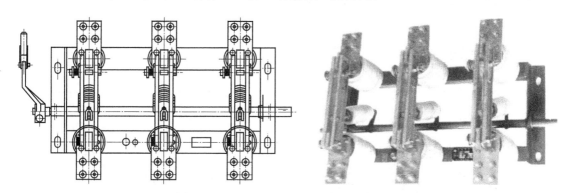

图 2-47　GN19-10/1000 型户内式隔离开关

1. 户内式隔离开关

图 2-47 为 GN19-10/1000 型户内式隔离开关，图 2-48 为处于断开位置的户内式隔离开关，操作机构带动转轴 6 转动，转轴带动拐臂 8，通过拉杆瓷瓶 5 操作闸刀 4 转动，闸刀切

入静触头 3，隔离开关闭合，闸刀离开静触头，隔离开关断开。由于合闸后闸刀带电，所以由拉杆瓷瓶将闸刀和拐臂之间进行绝缘隔离。

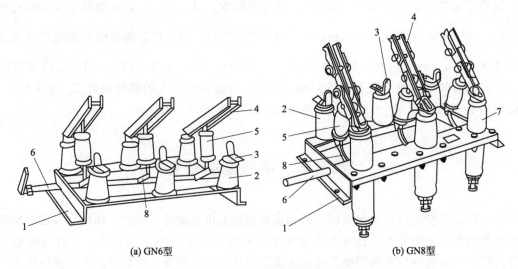

(a) GN6型   (b) GN8型

图 2-48　户内式隔离开关断开位置

1—底座；2—绝缘子；3—静触头；4—闸刀；5—拉杆瓷瓶；6—转轴；7—套管绝缘子；8—拐臂

2. 户外式隔离开关

户外式隔离开关采用两柱转动的方式进行闭合和断开操作。图 2-49 为带接地闸刀的户外两柱转动式隔离开关，操作机构使转轴 9 转动，可以使刀杆 4、6 同时绕两柱各自的转轴 2 转动，例如，刀杆 4 绕轴线顺时针转的同时刀杆 6 绕轴线逆时针转，隔离开关断开；刀杆 4 绕轴线逆时针转的同时刀杆 6 绕轴线顺时针转，隔离开关闭合。接地闸刀 8 与隔离开关有机械联动装置，在隔离开关断开的过程中，接地闸刀由下向上转动，当隔离开关到达断开极限位置时，接地下闸刀正好插入接地刀座 7 内，将刀杆 6 接地；在隔离开关闭合的过程中，接地闸刀由上向下转动，接地闸刀退出接地刀座，当隔离开关正好闭合时，接地闸刀倾斜向下。因此对带接地闸刀的隔离开关有"主刀断地刀合，地刀断主刀合"顺口溜。

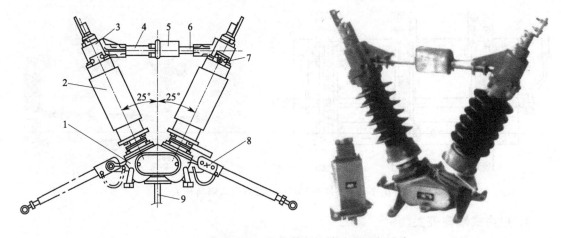

图 2-49　带接地闸刀的户外两柱转动式隔离开关

1—底座；2—支柱瓷瓶；3—刀杆座；4，6—刀杆；5—保护罩；7—接地刀座；8—接地闸刀；9—转轴

图 2-50 为断开状态的户外两柱转动式隔离开关。隔离开关刀头 1 绕转轴线逆时针转的同时隔离开关刀座 2 绕轴线顺时针转，隔离开关闭合。在隔离开关闭合的过程中，接地闸刀 5 由上向下转动，接地闸刀退出接地刀座 4，当隔离开关正好闭合时，接地闸刀倾斜向下。

图 2-50　断开状态的户外隔离开关

1—隔离开关刀头；2—隔离开关刀座；
3—保护罩；4—接地刀座；5—接地闸刀

二、断路器

断路器的作用是正常运行时作为能自动断合的一般开关，事故状态时可以用来切断或接通负荷电流，当发生短路时还可以自动切断强大的短路电流。现代水电厂广泛采用真空断路器和六氟化硫断路器。一般真空断路器安装在主变低压侧的高压开关室内，六氟化硫断路器安装在主变高压侧或室外升压站。少数场合中真空断路器用在主变高压侧 35kV 的断路器中，例如，浙江嵊州 NS 水库电厂、江山 XK 水电厂户外 35kV 断路器采用的是真空断路器。断路器按是否可以移动分为手车式和固定式，按使用场地分户内式和户外式。户内采用手车式，户外采用固定式。

1. 真空断路器

真空断路器绝缘强度高，使得操作机构行程短，操作功小，设备体积小、重量轻。真空断路器是一种新型断路器，广泛应用于现代水电厂中。真空断路器主要用在发电机出口断路器和主变压器低压侧断路器中，安装在户内高压开关室的高压开关柜内。

图 2-51 为 6.3kV 高压开关柜，图中真空断路器 2 处在高压开关柜 1 外的手车 4 上，手车处在转运车 5 的托盘上，因为在屏柜门外维护检修断路器比较方便，所以称断路器在"检修位"。

图 2-52 为手车式真空断路器在高压开关柜内的位置示意图，手车 3 下面四个滚轮 15 安放在高压开关柜内平台 14 的柜内轨道上，真空断路器 2 下面四个断路器滚轮 12 安放在手车上。断路器在手车上最内侧时 [图 2-52(a)]，称断路器在"工作位"，因为这个时候断路器合闸的话，被控一次回路就上下接通工作；断路器在手车上最外侧时 [图 2-52(b)]，称断路器在"隔离/试验位"，因为在这个位置，被控一次回路有一个明显的断开隔点，起到隔离开关的作用，所以手车式断路器的前面或者后面不需要串联隔离开关。在柜内时断路器在手车上只有两个位置：要么在工作位，要么在隔离/试验位。断路器在隔离/试验位时，因为断路器不带电，可以做人为的合闸、分闸的试验。

手车式断路器在工作位时，断路器上的外动触头 9 与屏柜壁面上的外静触头 7 处于紧紧咬合的接通状态。这时真空包内的内动触头不能随便合闸，必须满足同期条件后才能合闸，否则会发生非同期并网的事故；也不能随便分闸，必须将负荷卸到零后才能分闸，否则会发生甩负荷事故。断路器必须在内动触头分闸后才能从工作位转移到隔离/试验位，否则可能发生外动触头带负荷分闸事故。断路器必须在内动触头分闸后才能从隔离/试验位转移到工作位，否则可能发生外动触头带负荷合闸事故。在技术上可采取如下措施：工作位机械闭锁 4 只有在断路器分闸后才会自动解除，保证断路器从工作位转移到隔离/试验位时，不会发

图 2-51　6.3kV 高压开关柜

1—高压开关柜；2—手车式真空断路器；3—屏柜门；4—手车；5—转运车

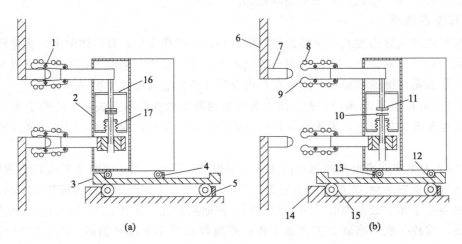

(a)　　　　　　　　　　　　　　　　　(b)

图 2-52　手车式真空断路器在开关柜内的位置示意图

1—抱箍；2—真空断路器；3—手车；4—工作位锁定；5—手车锁定；6—铝排；
7—外静触头；8—绷紧弹簧；9—外动触头；10—内动触头；11—内静触头；12—断路器滚轮；
13—隔离/试验位锁定；14—柜内平台；15—手车滚轮；16—真空包；17—波纹管

生外动触头带负荷分闸的事故发生；隔离/试验位机械闭锁 13 只有在断路器分闸状态下才会自动解除，保证断路器从隔离/试验位转移到工作位时，不会发生外动触头带负荷合闸的事故。

（1）6.3kV 手车式真空断路器　图 2-53 为杭州 HY 电器股份公司生产的 VSI-12 型 6.3kV 手车式真空断路器。图中手车式断路器处在工作位，手车式断路器只要在工作位，不管断路器是否合闸，都认为断路器已经带电，为了确保人身安全，机械闭锁将屏柜门锁住。手车式断路器只有在隔离/试验位时，屏柜门的机械闭锁才会自动解除，屏柜门才允许打开。因此，一般无法看到断路器在图示的工作位，该图片是在断路器现场安装调试时拍摄的。

真空断路器 2 底部经四个滚轮 5 安放在手车 3 上，手车底部经四个滚轮安放在高压开关柜柜内平台的柜内轨道上。手车式断路器在工作位时，断路器外壳是通过专门的铜排接地。在工作位和从工作位转移到隔离/试验位的过程中，ABB 公司和华电公司生产的手车式断路器是通过专门的铜排经柜体接地，其它手车式断路器采用断路器滚轮经柜体接地。在屏柜门关闭并且断路器分闸的条件下，在屏柜门外转动螺杆 4 可以将断路器从手车上的工作位转移到隔离/试验位或从隔离/试验位转移到工作位。

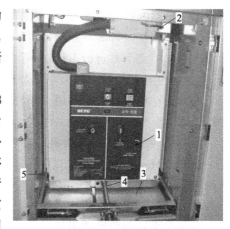

图 2-53 屏柜内工作位的
6.3kV 手车式真空断路器
1—航空插头；2—真空断路器；3—手车；
4—螺杆；5—断路器滚轮

图 2-54 为 ABB 公司生产的 VD4 型 6.3kV 手车式真空断路器，手车式断路器与外界联系的所有电源电缆和信号电缆全通过航空插头 7 与高压开关柜内的航空插座连接，只有手车在隔离/试验位置时，才能插上或拔出航空插头。因此在关闭屏柜门之前，应检查航空插头是否已插入航空插座内。在将真空断路器手车从隔离/试验位拉出屏柜前，必须先将航空插头从屏柜内的航空插座上拔下来放在真空断路器上部的插头盒里。手车 2 经手车滚轮 1 安放在柜内平台的手车轨道上，断路器经断路器滚轮 10 安放在手车上的断路器轨道上。运行人员在屏柜门关闭及断路器分闸的状态下，在门外

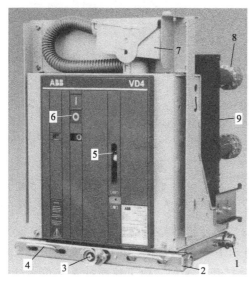

(a) 正面

(b) 背面

图 2-54 VD4 型 6.3kV 手车式真空断路器
1—手车滚轮；2—手车；3—螺杆；4—手环；5—手柄插孔；6—位置指示牌；7—航空插头；
8—外动触头；9—真空包；10—断路器滚轮

用转动手柄顺时针转动螺杆 3，将断路器在断路器轨道上从隔离试验位移动到工作位；在门外用转动手柄逆时针转动螺杆，将断路器在断路器轨道上从工作位移动到隔离/试验位。而手车进出屏柜完全靠运行人员双手拉或推手车上的两个手环 4。断路器每一相有一个真空包 9，真空包内上面是内静触头，下面是内动触头。断路器跳闸时，内动触头下移，每一相的上下两个外动触头 8 之间不通。断路器合闸时，内动触头上移，每一相的上下两个外动触头之间连通。

图 2-55 为手车移出开关柜后的开关柜内部。内壁面上有三相上下六个外静触头盒，每一个盒中心有一根水平固定的导电杆称为外静触头 2，柜内平台 3 两侧各有一根供手车进出屏柜的柜内轨道 5。柜门正面下方两侧各有一个定位孔 6，正中有一个锁扣孔 7，为转运车上的托盘跟屏柜提供定位固定时用。因为手车式断路器的前面或后面不再需要串联隔离开关，因此手车式断路器移出屏柜后，不是上面三个外静触头带电，就是下面三个外静触头带电，这对维护检修人员来说有触电危险，所以 6.3kV 或 10.5kV 手车式真空断路器从高压屏柜内转移到屏柜外的转运车上时，柜内护板会自上而下自动落下，将外静触头封闭起来，保证维护人员不能触及屏柜壁面上带电的外静触头。所以实际中移出手车式断路器后是无法看到屏柜内壁上的六个外静触头的，该图片是用旁边闲置的断路器手动储能杆 4 顶住护板操作机构拍摄的。如果将该手动储能杆插入图 2-54 的手柄插孔 5 内上下摇动，就可以手动对操作弹簧进行储能。

图 2-55　手车移出柜外的开关柜内部
1—航空插座；2—外静触头；3—柜内平台；4—手动储能杆；
5—柜内轨道；6—定位孔；7—锁扣孔

图 2-56　转运车和托盘
1—锁扣柄；2—托盘；3—柜外轨道；4—转动手柄；
5—锁扣；6—定位销；7—调整螺母；8—转运车

图 2-56 为手车式断路器的转运车和托盘，当需要将断路器移出开关柜时，必须先将断路器跳闸，然后在屏柜门外面用转动手柄 4 转动手车上的螺杆，将断路器从手车上内侧的"工作位"移动到外侧的"隔离/试验位"，然后打开屏柜门，取下航空插头，再将转运车 8 紧靠高压开关柜，转动四只调整螺母 7，使托盘 2 上的定位销 6 对准屏柜上的定位孔，摆动锁扣柄 1 使锁扣 5 钩住屏柜上的锁扣孔，从而将转运车固定在屏柜边上，这时托盘上的柜外轨道 3 与屏柜内的柜内轨道正好对准。再将人体靠在转运车上，用双手拉住屏柜内手车上的两个手环，将手车及手车上的断路器拉出到托盘上。最后扳动锁扣柄，将转运车与开关柜脱

扣，将转运车推到远离高压开关柜的位置。将手车式真空断路器从转运车推进到高压开关柜内的操作与拉出时相反。特别需要注意的是在将手车拉出或推入柜内平台的过程中，绝对不能摆动锁扣柄，否则会发生锁扣脱扣，转运车后退离开开关柜，断路器坠落地面的事故。操作时人体靠在转运车上的目的就是防止转运车离开柜体。手车只有两个位置：要么在柜内轨道上，要么在柜外轨道上。

图 2-57 为真空断路器外动触头，用厚铝板制成的 12 片导电爪 1 就像钥匙串一样串在同一个钢筋圈上，四根绷紧弹簧 2 和一根开口抱箍 3 将 12 片导电爪紧紧抱紧，形成一个可张开、闭合的爪形外动触头。当断路器在推入工作位时，外动触头 12 片死死咬紧外静触头。

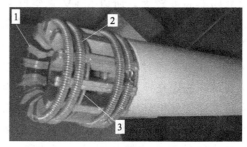

图 2-57　手车式真空断路器外动触头
1—导电爪；2—绷紧弹簧；3—开口抱箍

图 2-58 为手车式真空断路器的航空插座和航空插头。航空插座［图 2-58(a)］固定在柜内平台顶部的壁面上，航空插头［图 2-58(b)］用软管与手车式断路器连接。手车式断路器所有与外界的电源电缆和信号电缆全部经航空插座、插头连通。多孔的航空插头能连接 32 路电源电缆和信号电缆。

(a) 航空插座

(b) 航空插头

图 2-58　真空断路器的航空插座和航空插头

将真空断路器的面板去掉，就能看到图 2-59 的手车式真空断路器弹簧储能操作机构。每次合闸后，储能电机 7 就立即启动，通过传动链条 4 带动大棘轮 5（相当于自行车的大齿盘）转动，将合闸弹簧拉长储能。断路器合闸时，合闸电磁铁线圈得电，合闸电磁铁铁芯向下撞击连杆机构，通过连杆机构传到一级保持掣子（相当于锁扣），一级保持掣子旋转后与凸轮 8 脱开，合闸弹簧瞬间释放弹簧能，凸轮获得合闸弹簧释放的能量后，驱动柱传动四连杆机构动作，四连杆机构将力传递给断路器转轴，断路器转轴再通过绝缘拉杆和变直机构推动三相真空包内的动触头一起上移合闸，凸轮动作完成后，一、二级保持掣子与转轴相互扣接，使操作机构处于合闸保持状态，至此合闸完成。转轴转动的同时向上拉长分闸弹簧将合闸弹簧的部分弹簧能转移到分闸弹簧。所以储能电机只需对合闸弹簧储能，可见分闸弹簧肯定要比合闸弹簧细。断路器分闸时，分闸电磁铁线圈得电，分闸电磁铁铁芯向下撞击连杆机构，通过连杆机构传到二级保持掣子，二级保持掣子旋转后，两保持点解体，解体后在动触头下面的压力弹簧和分闸弹簧的共同作用下，三相真空包内的动触头一起下移分闸，至此分闸完成。将手柄杆插入手柄插孔 2 内，上下摆动手柄就可以手动储能。手动按压合闸电磁铁铁芯可以手动合闸，手动按压分闸电磁铁铁芯可以手动分闸。

（2）35kV 手车式真空断路器　图 2-60 为移出屏柜外面的手车式 35kV 真空断路器，35kV 手车式真空断路器常用在主变高压侧户内高压开关室内，与 6.3kV 和 10.5kV 手车式真空断路器不同之处是：因为 35kV 真空断路器高度较大，所以 35kV 真空断路器进出高压开关柜时，既不需要专门的手车也不需要专门的转运车，整个断路器就是一个手车，在屏柜内时，断路器底部四个滚轮直接安放在固定在地面上的柜内轨道上，当需要将断路器移出高压屏柜外面时，先将断路器分闸，然后在柜门外转动螺杆，将断路器从最内侧的工作位转移到最外侧的隔离/试验位，再打开屏柜门，拔下航空插头，然后将活动的柜外轨道直接放在地面上并与柜内

图 2-59　手车式真空断路器弹簧储能操作机构
1—辅助开关盒；2—手柄插孔；3—锁扣；4—传动链条；
5—大棘轮；6—固定螺钉；7—储能电机；8—凸轮

轨道对准，就可以用双手将断路器拉出高压开关柜。35kV 手车式真空断路器拉出屏柜时，上下两扇护板同时向中间闭合，将外静触头封闭起来，保证维护人员不能触及屏柜壁面上带电的外静触头。

图 2-60　移出屏柜外面的手车式 35kV 真空断路器

图 2-61　6.3kV 固定式真空断路器
1—隔离开关座；2—真空断路器；3—横梁

（3）固定式真空断路器　虽然手车式真空断路器可移到高压开关柜外面，检修维护方便，但是断路器所有的操作电源和信号电缆需要经航空插头、插座连接，每次进行断路器的移出或推进屏柜时，都需要将航空插头从插座中拔出或插入，对有几十头的插头、插座来讲，难免会出现接触不良，故出现故障的概率较高，为此出现了固定式真空断路器。图 2-61 为 XK 水电厂的固定式真空断路器，实际中很少见。真空断路器 2 固定安装在横梁 3

上，不再需要航空插头、插座，提高了设备运行的可靠性，但是在断路器的前面必须装隔离开关座 1。

（4）真空包　图 2-62 为真空断路器的真空包内部结构图。真空断路器的灭弧室为不可拆卸的整体，内动触头和内静触头 8 分别焊在静跑弧面 7 和动跑弧面 9 上，静导电杆 2 焊接在上端盖板 3 上，下端与静跑弧面连接。动导电杆 15 上端与动跑弧面连接，中部焊一波纹管 13，波纹管与下端盖板 14 焊接，动导电杆可以在导向套内上下移动。由上下端盖板、上下过渡环 4、玻璃罩 10 和波纹管 13 形成了一个密闭空间，对该空间抽真空，使气压低于 $10^{-6} \sim 10^{-2}$ Pa（一个大气压力等于 98100Pa）。由瓷柱 5 支撑的金属屏蔽筒 6 套在内动静触头外面，当合闸分闸操作时，动导电杆上下移动，带动内动触头上下移动，使断路器合闸或分闸。导电杆上下移动时波纹管被压缩或拉伸，保证外界空气无法进入真空包内，使真空灭弧室维持高度的真空。在真空中由于极少的气体分子的平均自由行程很大，气体不容易产生游离，所以真空的绝缘强度比大气的绝缘强度要高得多。当断路器分闸时，触头间产生电弧，触头表面在高温下挥发出金属蒸气，由于触头设计为特殊形状，在电流通过时产生磁场，电弧在此磁场力的作用下，沿触头表面切线方向快速运动，在金属圆筒（即屏蔽罩）上凝结了部分金属蒸气，电弧在电流自然过零时就熄灭了，触头间的介质强度又迅速恢复原状。

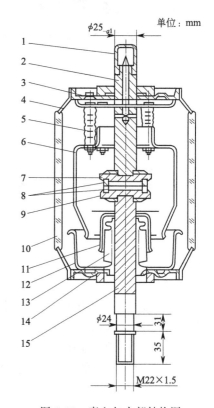

图 2-62　真空包内部结构图
1—外保护帽；2—静导电杆；3—上端盖板；
4—过渡环；5—瓷柱；6—屏蔽筒；
7—静跑弧面；8—内动静触头；9—动跑弧面；
10—玻璃罩；11—保护罩；12—屏蔽罩；
13—波纹管；14—下端盖板；15—动导电杆

2. 六氟化硫断路器

六氟化硫作为一种绝缘气体，常用 SF_6 表示。具有无色、无味、无毒、不可燃的优点，有优异的冷却电弧特性，SF_6 绝缘性能远远高于绝缘油和空气，将断路器的动、静触头处于 SF_6 气体中，动、静触头的开距可以大大减小，这对减小触头间距，缩小体积，提高绝缘可靠性具有明显的效果。六氟化硫断路器汽包的气体在环境温度 20℃ 下额定气压为 0.4MPa，当低于 0.35MPa 时应进行充气。

六氟化硫断路器是一种新型断路器，已被广泛应用在现代水电厂中。六氟化硫断路器在水电厂常用在户外升压站主变压器高压侧 35kV 及以上的断路器中。SF_6 气体在电弧放电时会分解成低氟化合物有毒性，可采用氧化铝和活性炭等吸附剂进行吸附。水电厂的六氟化硫断路器一般都在户外露天升压站固定安装，因此，在固定式六氟化硫断路器的前面或后面必须装设隔离开关。户外露天升压站安装的六氟化硫断路器有厢式和瓷柱式两种形式。

（1）厢式六氟化硫断路器　为了减少风雨侵袭，常将六氟化硫断路器用金属铁皮做的厢体保护起来。图 2-63 为龙泉 JX 二级水电厂 35kV 系统 FOS-40 型户外六氟化硫断路器，六氟化硫汽包和弹簧储能操作机构全部安装在金属封闭式的厢体内。

(a) 厢体外形图　　　　　　　　　(b) 厢体内部图

图 2-63　35kV 户外厢式六氟化硫断路器

图 2-64 为厢式六氟化硫断路器汽包体和操作箱，六氟化硫汽包 2 内充满了高绝缘性能的六氟化硫气体，汽包内上面是固定不动的静触头，下面是可以上下运动的动触头。上接线座 1 与汽包内的静触头连接，下接线座 4 与汽包内的动触头连接，三个汽包安装在同一个金属架 5 上。三相动触头的上下运动由弹簧储能操作箱 3 内的机构操作。采用指针对储能状态和开关位置进行显示。

(a) 正面图　　　　　　　　　　(b) 背面图

图 2-64　厢式六氟化硫断路器汽包体和操作箱

1—上接线桩；2—六氟化硫汽包；3—弹簧储能操作箱；4—下接线桩；5—金属架

（2）瓷柱式六氟化硫断路器　如果将三个六氟化硫汽包分别经绝缘瓷柱安装在金属架

上，就成为瓷柱式六氟化硫断路器，图 2-65 为 LX 水电厂升压站主变高压侧 110kV 瓷柱式六氟化硫断路器，三个六氟化硫汽包的动触头由同一个弹簧储能机构操作。

图 2-66 为六氟化硫汽包内部结构图。环氧树脂绝缘外壳 2 内充满了具有一定压力的六氟化硫气体，当气压低于 0.35MPa 时，可通过充气阀 12 进行充气。上接线座 1 与汽包内的静主触头 3 连接，静主触头内有静弧触头 4。下接线座 10 与汽包内的动触头 8 连接，动触头内有动触头杆 9，外有动主触头 7，动触头杆顶部装有动弧触头 6。断路器合闸时，外部机械操作结构在弹簧力作用下，经绝缘拉杆 11 带动动触头杆向上移动，动触头杆带动动弧触头与静弧触头先闭合，动主触头与静主触头后闭合。断路器分闸时，外部机械操作结构在弹簧力作用下，经绝缘拉杆带动动触头杆向下移动，动触头杆带动动弧触头与静弧触头先分离，动主触头与静主触头后分离。这种分、合方式保证了电弧只出现在灭弧喷口 5 内的动弧触头与静弧触头之间，灭弧喷口形成的六氟化硫气流能迅速吹断电弧。

图 2-65　瓷柱分体式六氟化硫断路器

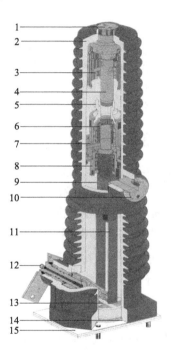

图 2-66　六氟化硫汽包内部结构图
1—上接线座；2—环氧树脂外壳；3—静主触头；
4—静弧触头；5—灭弧喷口；6—动弧触头；
7—动主触头；8—动触头；9—动触头杆；
10—下接线座；11—绝缘拉杆；12—充气阀；
13—吸附器；14—安全阀；15—金属架

（3）六氟化硫断路器操作机构　六氟化硫断路器的操作机构有液压操作机构和弹簧储能操作机构两种。图 2-67 为六氟化硫断路器弹簧操作机构，与真空断路器相似，有一根合闸弹簧 7 和一根分闸弹簧，储能弹簧有垂直布置和水平布置两种形式。每次合闸后，储能电动机立即启动，经减速箱减速后带动小棘轮 2 逆时针缓慢转动，小棘轮通过传动链条 1（与自行车链条完全一样）带动大棘轮逆时针缓慢转动。短链条 5 一端与合闸弹簧头部连接，一端与拉杆 4 连接，拉杆的另一端与大棘轮连接。当大棘轮缓慢逆时针转动时，短链条绕过滑轮

6，将合闸弹簧头部向左移动，慢慢拉长合闸弹簧，将电能转换成合闸弹簧的弹簧能。

图 2-67 六氟化硫断路器弹簧操作机构图
1—传动链条；2—小棘轮；3—大棘轮；4—拉杆；
5—短链条；6—滑轮；7—合闸弹簧

每次合闸操作后，随即在 15s 内重新对合闸弹簧进行储能，在合闸弹簧储能过程机械闭锁保证不执行合闸指令，只有合闸弹簧储能完成后，机械闭锁才解除，允许再次合闸。弹簧操作机构具有电动储能和手动储能两种方式。当操作电源消失后可以手动弹簧储能，并进行手动合闸、分闸。

三、高压熔断器

当通过熔断器的电流大于规定值时，熔断器自动熔断切断电流回路，从而保护电源或设备不因过电流而被烧毁。高压熔断器按使用场合分有户内、户外两种类型；按装置方式分有插座式、固定式、跌落式和手车式四种类型。

1. 户内式高压熔断器

（1）插座式高压熔断器　图 2-68 为 RN1 型户内插座式高压熔断器，用作厂用变压器、励磁变压器高压侧的过载和短路保护。有熔断指示器，熔断器一旦熔断，指示器 9 会自动弹出，指示该熔断器熔断。

图 2-69 为 RN2 型户内插座式高压熔断器，用作 6.3kV 电压互感器的短路保护，额定工作电流为 0.5A。这种熔断器的缺点是没有熔断指示器，熔断器熔断后只能根据电压表的读数来判断。

插座式熔断器两端的管罩插在专用的插座内，熔断器熔断后更换方便。RN1 型户内式高压熔断器保护变压器，工作电流较大，更换时必须拉开隔离开关后才能更换。RN2 型户内式高压熔断器保护电压互感器，工作电流较小，更换时可以带电操作，但更换的操作人员必须手持绝缘钳，戴绝缘手套，穿绝缘靴及站在绝缘垫上。

（2）户内手车式高压熔断器　水电厂的工

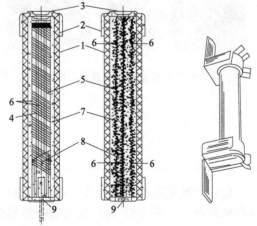

(a)指示器已弹出　(b)指示器未弹出　(c)外形
图 2-68 RN1 型户内插座式高压熔断器
1—瓷管；2—管罩；3—管盖；4—瓷芯；5—熔体；
6—锡球；7—石英砂；8—钢指示熔体；9—指示器

作厂用变压器高压侧电源取自于高压开关柜的 6.3kV（或 10.5kV）母线，工作厂用变压器高压侧常设负荷开关或高压熔断器作为工作厂用变的主保护。采用手车式高压熔断器（图2-70）作为工作厂用变压器的主保护使得维护检修方便，当熔断器熔断需要更换时，只需跳开工作厂用变压器低压侧断路器，然后直接从高压屏柜中将手车式高压熔断器拉出到转运车上即可。

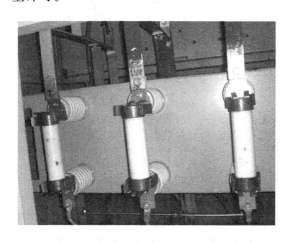

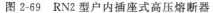

图 2-69　RN2 型户内插座式高压熔断器

图 2-70　户内手车式高压熔断器

2. 35kV 户外固定式高压熔断器

图 2-71 为 RW10-35 型户外固定式高压熔断器，限流 0.5A，可以用作为 35kV 电压互感器的短路保护；限流 2~10A，可以用作为 35kV 线路或主变压器的过载或短路保护。电流水平方向流过装配在瓷套管 2 中的 RN 型熔管 1，当电流大于熔断器熔断电流时，熔断器熔断，切断电流，保护设备。整个瓷套管安装在支柱绝缘子 4 上面。

3. 10kV 户外跌落式高压熔断器

户外跌落式高压熔断器常用作为户外备用厂用变压器的过载和短路保护。在低压机组的水电厂中，发电机发出的 0.4kV 电压经主变压器升压成 10kV，就近上网接入路径厂房的 10kV 农用或民用供电线路（称"T"接），跌落式熔断器作为主变压器过载、短路的主保护。在小区乡镇街道路边水泥杆上常见有 10kV 供电线路的终端变压器，在水泥杆的顶部可见跌落式高压熔断器，作为终端变压器的主保护。

图 2-72 为 RW3 型户外跌落式熔断器，瓷柱绝缘子 11 给熔管 5 下部提供一个销轴支座 O_3，正常运行时，熔管上部的上动触头 2 被鸭嘴罩 3 内的抵舌 $3'$ 钩住，10kV 线路引下线经上接线端 13、熔管和下接线端 10 连通，上下回路通。一旦熔断器熔断，上动触头绕销轴 O_2 逆时针转动，脱离鸭嘴罩内的抵舌，熔管在自重作用下绕销轴 O_3 顺时针转动，断开回路。

四、避雷器

避雷器的作用是当线路或户外电气设备遭到雷击时，将雷击电流引入大地，保护电气设备和运行人员的安全。避雷器按使用场合不同分为户内、户外两种形式。现在用的最广泛的是金属氧化物避雷器，见图 2-73。金属氧化物避雷器具有优越的非线性伏安特性，响应特性好，无续流，通流容量大，残压低，抑制过电压能力强。在正常工作电压下呈现高阻状

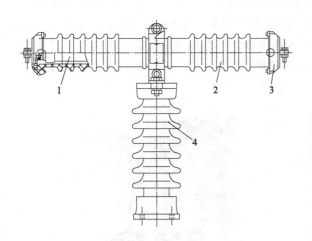

图 2-71　35kV户外固定式高压熔断器

1—熔管；2—瓷套管；3—接线端帽；4—绝缘子

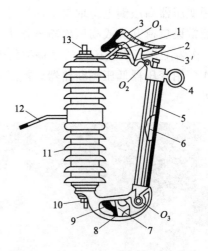

图 2-72　RW3型户外跌落式高压熔断器

1—上静触头；2—上动触头；3—鸭嘴罩；3′—抵舌；4—操作环；5—熔管；6—熔丝；7—下动触头；8—抵架；9—下静触头；10—下接线端；11—瓷柱绝缘子；12—固定板；13—上接线端

态，仅有微安级泄漏电流，在雷击高电压、大电流下呈现低电阻，从而有效限制了雷击过电压，因此雷击后能继续使用。强大的雷电波是绝对不允许进入厂内的，为此从升压站的主变高压侧到高压开关室内的 6.3kV（或 10.5kV）母线，道道布置避雷器，对雷电进行层层拦截。

图 2-73　HY5WS3型金属氧化物避雷器

1—户外式避雷器；2—户内式避雷器

图 2-74　主变压器高压侧的避雷器

1—绝缘子；2—户外式避雷器；3—放电计数器

图 2-74 为装在主变压器高压侧的户外式避雷器，当线路遭到雷击后，由避雷器 2 将雷电波引入大地，将雷电波阻挡在主变压器高压侧以外，避免对主变压器的破坏。放电计数器 3 是用来记录避雷器遭雷击次数的一种计数装置。放电计数器的阀片串联在避雷器底部，计数器和电气回路装在避雷器边上，图 2-75 为放电计数器电气原理图，取样阀片串接在避雷器与"地"之间，当避雷器遭雷击流过放电电流时，在阀片上产生电压，经二极管桥式整流成直流电后向电容器 C 充电，就有一次电容器向计数线圈 L 放电，计数线圈吸动计数机构，带动计数器表面指针走动一格，显示雷击次数。

放电计数器投入运行前和运行 1～2 年后，应进行一次计数动作检测，检测方法如下：准备 500V 的兆欧表一只，耐压 600V、容量 10μF 的电容器一只。拆下放电计数器，将放电计数器的一个端子与电容器的一个端子可靠连接，匀速转动兆欧表手柄向电容器充电，当电容器充电稳定后，用电容器向放电计数器放电，计数器表面指针应走动一格，连续试验 10 次，均应计数准确，否则表明计数器损坏或灵敏度下降，应更换。

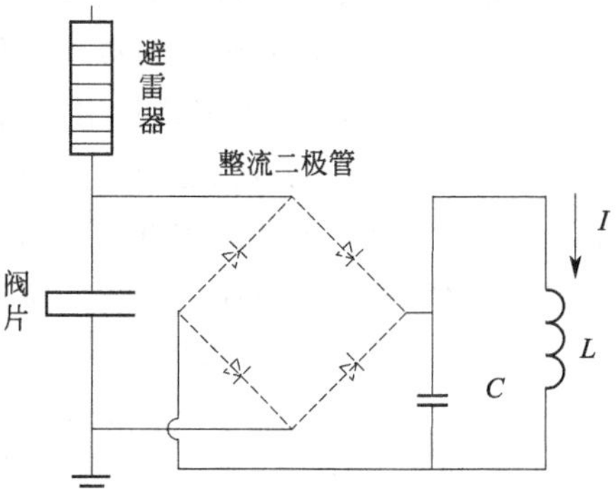

图 2-75　放电计数器电气原理图

五、电压互感器

1. 电压互感器的作用

电压互感器的作用是利用变压器的变压原理，将危险的高电压降低成 0～100V 安全的低电压，供测量、显示、保护、控制和同期用。因为是利用变压器的变压原理，所以电压互感器也称"压变"，只有副边线圈匝数远少于原边线圈匝数才能达到大幅度降低电压的目的。根据副边的低电压和电压互感器原副边线圈匝数比，就可以知道原边的高电压。不管原边电压有多高，副边电压全是 0～100V 的低电压，而且规定副边回路所有表计指示值全部按原边电压值指示。

2. 电压互感器的接线原理

按副边线圈的个数不同，电压互感器有一个原边线圈＋一个副边线圈、一个原边线圈＋多个副边线圈两种形式。为了分析问题方便，下面以单相电压互感器一个原边线圈＋一个副边线圈的接线原理为例进行分析（图 2-76），原边线圈 N_1-X_1 在电气一次回路中，与被测一次回路的负载 Z 是并联关系。副边线圈 N_2-X_2 在电气二次回路中，与二次回路负载电压表 V、电能表 Wh 等是并联关系。因为原边线圈与一次回路负载 Z 并联一起接在电源 e 上，所以原边线圈流过的是电源电流。电能表 Wh 不但需要获取电压信号，而且还需要从电流互感器获取电流信号。运行中的电压互感器绝对不允许短路，无论原边还是副边短路，电源都会

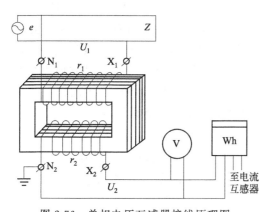

图 2-76　单相电压互感器接线原理图

提供强大的短路电流，造成电源跳闸及负载停电的事故。所以，电压互感器的高压侧或低压侧必须安装熔断器进行短路保护。

电压互感器是变压器在测量领域的应用，但又不同于变压器，因为电压互感器副边线圈接的电压表、电能表和监控模块等负载输入阻抗很大，使得原边线圈的电流很小，原边线圈的接入对被测电压几乎没有影响，从而保证了电压测量的精确度。电压互感器主要目的是获取原边电压信号，因此副边电压由原边电压决定。

3. 电压互感器类型

电压互感器按使用场地不同分户内式、户外式两种；按相数不同分单相分体式、三相整

体式；按绝缘介质不同可分为干式、浇注式和油浸式三种；按是否可以移动分固定式、手车式两种。大部分电压互感器为单相分体固定式，三相整体式只用在 10kV 或 20kV 供电线路上（线路水泥杆上），手车式只用在高压开关室内的高压屏柜中。

（1）户内干式电压互感器　采用普通漆包线的绕制方法，不做特殊的绝缘处理。用于 6kV 及以下空气干燥的户内配电装置中。

（2）户内浇注式电压互感器　采用环氧树脂将原副边线圈浇注密封，使绝缘性能大大提高。应用在 3～35kV 户内配电装置中，普遍应用在 6.3kV 或 10.5kV 的发电机机端电压互

图 2-77　户内浇注式
电压互感器

感器和发电机出口的母线电压互感器中。图 2-77 为 JDZJ-10 型户内浇注式电压互感器，工作电压为 10kV。上部两根羊角形接线柱为原边一次线圈的两个端子 A、x（B 相两个端子为 B、y，C 相两个端子为 C、z）。

图 2-78 为三相电压互感器一次侧接线图，安装在高压开关室发电机开关柜的底部，靠外面的三相三个电压互感器作为发电机机端电压互感器 1TV。三相一次侧原边线圈的三个端子 A、B、C 分别经高压熔断器 1 与发电机出口铝排连接，把三相一次侧原边线圈的三个端子 x、y、z 用铝排 2 连接起来，一次侧三相成为"Y"联结，为了安全必须将中性点铝排和三相铁芯 3 接地，防止高压危及二次低压侧。每一相的副边线圈输出的电压信号经二次侧电缆送至二次回路。靠里面的三相三个电压互感器作为励磁配套的 2TV，与 1TV 布置在一起，显得有点拥挤，大部分励磁配套的电压互感器 2TV 布置在励磁变压器边上的高压侧。

图 2-79 为手车式电压互感器，采用环氧树脂浇注密封，三个浇注式电压互感器 3、三个高压熔断器 2 装在一个手车上，电压互感器经高压熔断器与动触头 1 连接。由于电压互感器是并联在发电机出口母线上的，所以每一相电压互感器只需一个动触头与母线连接。三相的副边线圈输出的电压信号经航空插头、航空插座送至二次回路。因为电压互感器原边线圈获取的电流很小，所以可以带电从"工作位"转移到"隔离位"，也可以从"隔离位"直接转移到"工作位"，手车进出开关柜的其它操作步骤与手车式真空断路器相同。

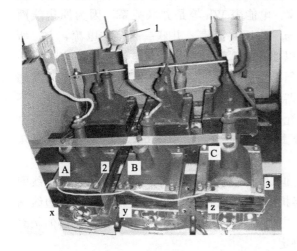

图 2-78　三相电压互感器一次侧接线图
1—熔断器；2—铝排；3—铁芯

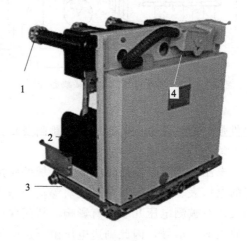

图 2-79　手车式电压互感器
1—动触头；2—熔断器；3—电压互感器；4—航空插头

（3）户外油浸式电压互感器　当工作电压高于 10kV 时，必须采用油浸式电压互感器，图 2-80 为 JDJ2-35 型户外油浸式电压互感器，工作电压为 35kV，作为室外升压站主变压器高压侧的 35kV 母线电压互感器 4TV。原副边线圈和铁芯像主变压器一样全部浸泡在正方形油箱的绝缘油中，露出油箱外面的两根羊角形接线柱为原边线圈的两个端子 A、x。

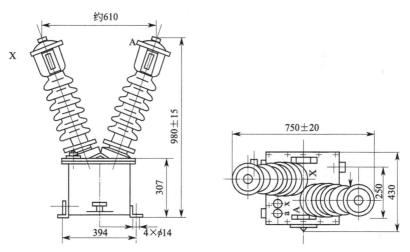

图 2-80　JDJ2-35 型户外油浸式电压互感器

图 2-81 为 JCC2-110 型户外油浸式电压互感器，工作电压为 110kV。作为室外升压站主变压器高压侧的 110kV 母线电压互感器 4TV。原副边线圈和铁芯像主变压器一样全部浸泡在圆柱形油箱的绝缘油中。

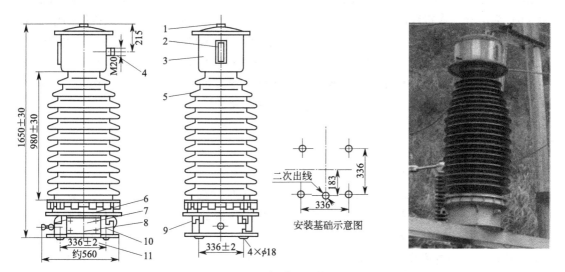

图 2-81　JCC2-110 型户外单相分体油浸式电压互感器

（4）户外三相整体油浸式电压互感器　电压互感器原边线圈电流很小，线圈导线较细，10kV 及以下的电压互感器常做成三相整体式。图 2-82 为 JSJW-10 型户外三相整体式油浸式电压互感器，因为铁芯有五根柱子，又称三相五柱式电压互感器，三相绕组共用一个三相五柱铁芯，三相五柱铁芯和三相原副边线圈全部泡在一个油箱里，应用在户外 10kV 或 20kV 城市和农村的供电线路上。图 2-82(a) 为设备外形图，电压互感器为一个原边线圈＋两个副

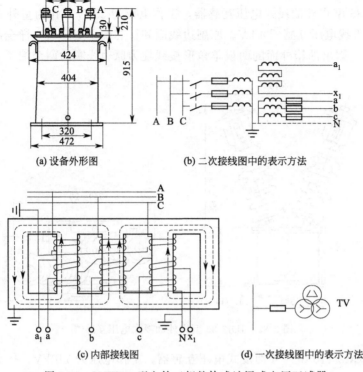

(a) 设备外形图　　　　　　(b) 二次接线图中的表示方法

(c) 内部接线图　　　　　　(d) 一次接线图中的表示方法

图 2-82　JSJW-10 型户外三相整体式油浸式电压互感器

边线圈，原边线圈为"Y"联结，副边线圈一个为"Y"联结，一个为开口三角形联结，图 2-82(b) 为电气二次接线图中电压互感器表示方法，图 2-82(d) 为电气一次接线图中电压互感器表示方法。图 2-82(c) 为电压互感器内部接线图。由图可知，电压互感器原边线圈与负载是一起并联在一次回路中，因此电压互感器在任何情况下都不得短路，否则电源会提供强大的短路电流，必须安装熔断器加以保护。为了防止绝缘损坏时一次侧电压伤及二次侧的设备和人员，必须将一次侧、二次侧中性点接地，铁芯接地。

六、电流互感器

1. 电流压互感器的作用

电流互感器的作用是利用变压器的变流原理，将危险的大电流降低成 0～5A 安全的小电流，供测量、显示、保护和控制用。因为是利用变压器的变流原理，所以电流互感器也称"流变"，只有副边线圈匝数远多于原边线圈匝数才能达到大幅度减小电流的目的，在电气一次主接线回路上的电流往往是成百上千安培，电流互感器原边线圈一般是 1～2 匝。根据副边的小电流和电流互感器原副边线圈匝数比，就可以知道原边的大电流。不管原边电流有多大，副边电流全是 0～5A 的小电流，而且规定副边回路所有表计指示值全部按原边电流值指示。

2. 电流互感器的接线原理

按副边线圈的个数不同，电流互感器有一个原边线圈＋一个副边线圈、一个原边线圈＋多个副边线圈两种形式。为了分析问题方便，下面以单相电流压互感器一个原边线圈＋一个副边线圈的接线原理为例进行分析（图 2-83），原边线圈 L_1-L_1 在电气一次回路中，与被测一次回路的负载 Z 是串联关系。副边线圈 K_1-K_2 在电气二次回路中，与二次回路的负载电流表 A、电能表 Wh 等是串联关系。因为原边线圈与一次回路的负载 Z 串联在一起，所以原边线圈流过的是负载电流。电能表 Wh 不但需要获取电流信号，而且还需要从电压互感器获取电压信号。运行中的电流互感器副边回路绝对不允许开路，一旦副边回路开路，副边电流为零，但由于原边电流完全由负载决定，原边线圈的电流不会因为副边回路的开路而减少。原边线圈很大的负载电流产生的很大磁通在这么多匝数的副边线圈中会产生很高的电压，危及副边回路的设备和人身安全。所以电压互感器的低压侧二次回路不得安装熔断器和开关。高压侧一次回路肯定有开关或熔断器，高压侧一次回路开关断开是负载的正常停运，电流互感器也跟着正常停运。

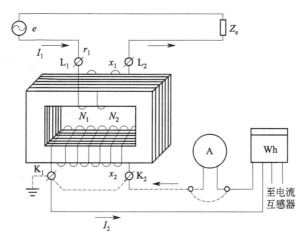

图 2-83　单相电流互感器接线原理图

电流互感器是变压器在测量领域的应用，但又不同于变压器，因为电流互感器副边线圈接的电流表、电能表和监控模块等负载输入阻抗很小，使得原边线圈的电压很小，原边线圈的接入对被测回路几乎没有影响，从而保证电流测量的精度。电流互感器主要目的是获取原边电流信号，因此副边电流由原边电流决定。

3. 电流互感器类型

电流互感器按使用场地不同分户内式、户外式两种。按绝缘介质不同可分为干式、浇注式和油浸式三种。按有无原边一次线圈分有原边一次线圈和无原边一次线圈两种。电流互感器没有三相整体式，全部都是单相分体式。

（1）户内干式电流互感器　采用普通漆包线的绕制方法，不做特殊的绝缘处理。用于 6kV 及以下的空气干燥的屋户内低压配电装置中。例如，厂用电电流的测量、励磁交流侧电流的测量。图 2-84 为无原边线圈的户内干式电流互感器，这种电流互感器自身没有原边一次线圈，只有副边二次线圈，使用时不需要断开被测一次回路的电缆，只需将被测一次回路的单相电缆穿过电流互感器的孔，该电缆就是原边一次线圈，电缆穿过电流互感器孔一次，原边线圈为 1 匝，穿过去再绕一下再穿一次就是原边一次线圈 2 匝。图左上方两个接线柱表明该电流互感器只有一个副边线圈。

（2）户内浇注式电流互感器　采用环氧树脂将原副边线圈浇注密封，使得绝缘性能大大提高。应用在 3～35kV 户内配电装置中。图 2-85 为 LQJ-10 型户内浇注式电流互感器，电流互感器自身带有原边一次线圈，需要将被测一次回路的铝排断开，断开后接入电流互感器，一端接 L_1，另一端接 L_2。最高工作电压为 10kV。安装在 6.3kV 或 10.5kV 高压开关室发电机开关柜底部，作为发电机测量、保护电流互感器 4TA、5TA。安装在高压开关室主变低压侧开关柜底部，作为主变低压侧测量、保护电流互感器 6TA、7TA、8TA。图 2-86 为 LA-10Q 型户内穿墙浇注式电流互感器，也需要将被测一次回路的铝排断开后接入电流互感器。最高工作电压为 10kV。安装在发电机基坑穿墙的发电机中性点上，作为发电机保护电流互感器 1TA、2TA。安装在发电机基坑穿墙的发电机输出端上，作为发电机励磁配套电流互感器 3TA。

图 2-84　户内干式
电流互感器

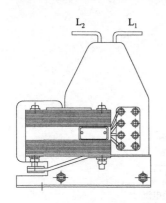
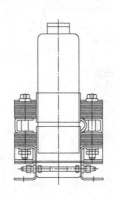

图 2-85　LQJ-10 型户内浇注式电流互感器　　　图 2-86　LA-10Q 型户内穿墙浇注式电流互感器

图 2-87 为无原边线圈的 LMZ-10 型户内浇注式电流互感器，应用在 10kV 及以下的场合。与户内干式电流互感器一样，这种电流互感器自身没有原边一次线圈，只有副边二次线圈，使用时在孔内穿入被测回路的单相电缆或铝排，不需要断开被测回路的电缆或铝排。中左下方四个接线柱表明每一相电流互感器有两个副边线圈。图 2-88 为应用在 35kV 及以下 LCZ-35 型户内浇注式电流互感器，需要将被测一次回路的铝排断开，断开后接入电流互感器。安装在主变高压侧户内 35kV 高压开关室高压开关柜底部，作为测量、保护电流互感器。

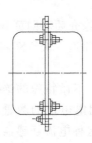
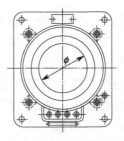

图 2-87　LMZ-10 型户内浇注式电流互感器

（3）户外油浸式电流互感器　当工作电压更高时，采取将原副边线圈全部浸泡在油箱的绝缘油中，称为油浸式电流互感器，应用在 35～110kV 户外输出线路上。图 2-89 为 LCW-35 型户外油浸式电流互感器，需要将被测一次回路的铝排断开，断开后接入电流互感器。图 2-89（a）为内部结构图，图 2-89（b）为绕组示意图，工作电压为 35kV。副边线圈 5 的匝数远远多于原边线圈 3，利用变压器变流原理把原边大电流变换成副边 0～5A 小电流。原副边线圈和铁芯 4 全部泡在由陶瓷制成的油箱 1 内的绝缘油 2 中。安装在主变高压侧户外升压站上网线路上，作为主变高压侧和线路测量、保护电流互感器。图 2-90 是 LCW-35 型户外油浸式电流互感器在升压站的安装图，图中只有 A 相、C 相两相电流互感器，B 相没装电流互感器。

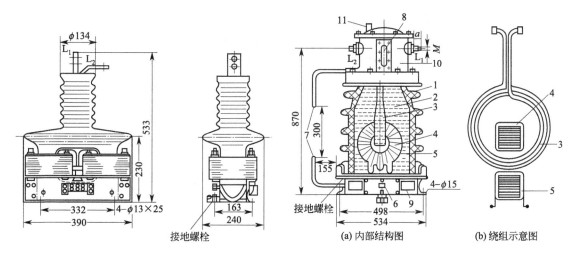

图 2-88　LCZ-35 型户内浇注式电流互感器外形图

图 2-89　LCW-35 型户外油浸式电流互感器
1—瓷箱；2—绝缘油；3—原边线圈；4—铁芯；
5—副边线圈；6—副边线圈接线盒；7—保护电极；
8—油位表；9—底座；10—储油柜；11—安全气道

图 2-90　LCW-35 型户外油浸式电流互感器安装图

图 2-91 为电流互感器结构原理图，当一次电缆或铝排穿过电流互感器［图 2-91（a）］，说这个电流互感器原边线圈是一匝，副边线圈很多匝。当一次电缆或铝排穿过电流互感器后再回过头穿一次［图 2-91（b）］，就说这个电流互感器原边线圈是两匝，副边线圈很多匝。电流互感器有一个原边线圈，副边线圈可以有两个［图 2-91（c）］，也可以有三个、四个等。

图 2-92 为三相电流互感器在电气原理图中的表示方式，图 2-92（a）为在电气一次接线图中的表示方法，粗实线表示一次线圈，圆圈加两小横线表示二次线圈；图 2-92（b）为在电气二次接线图中的表示方法，粗实线表示一次线圈，波浪线表示二次线圈。

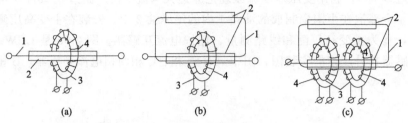

图 2-91 电流互感器结构原理图

1—原边线圈；2—绝缘支架；3—铁芯；4—副边线圈

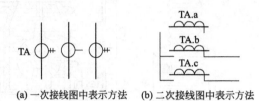

(a) 一次接线图中表示方法　　(b) 二次接线图中表示方法

图 2-92 三相电流互感器接线原理图

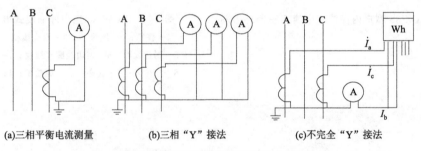

(a)三相平衡电流测量　　(b)三相"Y"接法　　(c)不完全"Y"接法

图 2-93 电流互感器常用接线方式

图 2-93 为电流互感器常用接线方式，图 2-93（a）用在三相平衡的三相三线制供电系统中，只需测量其中的一相电流。图 2-93（b）为电流互感器二次侧"Y"接法，可同时测量三相电流，监视三相电流不对称的情况。图 2-93（c）为电流互感器二次侧不完全"Y"接法，因为对于三相平衡负荷来讲，"Y"接法的三相 $I_a + I_b + I_c = 0$，即 $I_b = -I_a - I_c$，所以虽然只测量了 A 相电流 I_a 和 C 相电流 I_c，但是电流表 A 反映的却是 B 相电流 I_b，这种接法常用在电能测量、功率测量的场合。为了设备和人身安全，电流互感器的铁芯和线圈的中性点应可靠接地。

4. 电流互感器的副边开路电压

尽管电流互感器和电压互感器都是根据变压器原理工作，但是电流互感器与变压器还是有很大的不同：

① 电流互感器的原边线圈流过的是负载电流，而变压器原边线圈流过的是电源提供的电流。

② 电流互感器的副边电流是由原边电流决定的，原边电流是由负荷决定的；而变压器原边电流由副边电流决定，副边电流由负荷决定。

③ 电流互感器副边线圈匝数远远多于原边线圈匝数；而升压变压器副边线圈匝数多于原边线圈匝数，降压变压器副边线圈匝数少于原边线圈匝数。

④ 当电流互感器副边线圈开路时，副边线圈电流为零，但是原边线圈负载电流丝毫没变，较大的负载电流在铁芯中产生较大的磁通，较大的磁通在较多匝数的副边线圈开口处会产生很高的电压，危及设备和人身安全；而变压器副边线圈开路时，副边线圈电流为零，原边线圈电流为很小的空载励磁电流，空载励磁电流在铁芯中产生很小的磁通，称为平衡磁通，平衡磁通在副边线圈开口处只产生正常的副边空载电压。

为防止副边回路开路出现高电压，规定运行中的电流互感器在任何情况下都不得开路。电流互感器副边回路不得安装熔断器和开关。运行中如果需要拆除副边回路的电流表或继电器时，必须先用电线将两个端子短路，才允许拆下电流表或继电器。运行中暂时不用的备用电流互感器，应将副边线圈的端子短路。由于电流互感器副边电流是由原边电流决定的，所以将副边线圈短路时，不会产生短路电流，副边线圈短路时副边线圈流动的是由原副边线圈匝数比决定的0～5A的正常副边电流。正常运行时由于副边回路接的电流表和继电器阻抗很

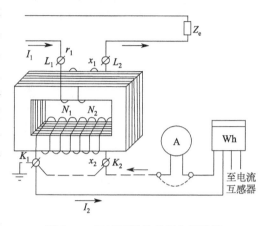

图 2-94　互感器测量单相电能接线

小，近似短路，所以副边电压很低。对一次回路进行电能、有功功率、无功功率和功率因数进行测量时，必须同时采集电压信号和电流信号，图 2-94 为单相表计接线方法，图中 A 可以是电能表、有功功率表、无功功率表和功率因数表，这些表计测量时，既需要提供电压信号，还需要提供电流信号。

第四节　电气一次主接线

水电厂从发电到电能送上网，中间的发电机、主变压器、断路器、隔离开关、避雷器、熔断器、电压互感器和电流互感器等电气一次设备相互之间是一个有机的结合体，共同完成发电、输电、配电、测量、保护等任务。电气一次主接线是表示所有电气一次设备之间的关系，电气一次主接线图是用规定符号和连线表示电气一次设备之间的关系图，是运行操作、维护检修的重要依据。

一、高压机组电气一次主接线

图 2-95 为龙泉 JX 二级水电厂电气一次主接线图，布置电流互感器的部位用三线表示三相导线，其余大部分用单线表示三相导线，这种图称单线图。该水电厂有两台 5000kW 立式混流式水轮发电机组，发电机机端电压为 6.3kV，主变高压侧电压为 35kV。电气一次主接线为 6.3kV 单母线接线方式，由于 2♯ 机的设备配置与 1♯ 机完全一样，因此图中只画出 1♯ 机的电气一次主接线。

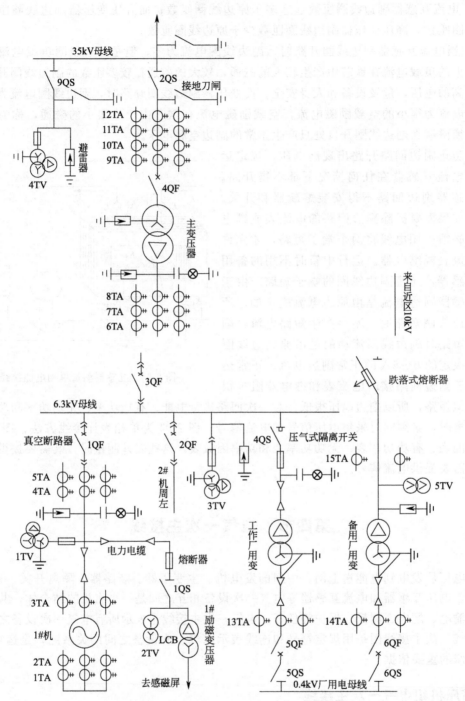

图 2-95　高压机组水电厂电气一次主接线图

1. 发电机一次接线

　　安装在立式发电机机坑内的三相绕组尾端 x、y、z 的三根铝排穿过发电机机坑的壁面到达机坑外面（图 2-96），一是为了在三根铝排上套上电流互感器 1TA、2TA，二是将三根铝排短接，使发电机三相绕组成为"Y"联结，短接点就是发电机中性点。在中性点相隔 90° 或 180° 的方向，三相绕组的首端 A、B、C 三相铝排也穿过发电机机坑的壁面到达机坑外面

（图 2-97），在三根输出铝排上套上电流互感器 3TA，然后发电机输出三相电流通过三根铝排或电缆直达高压开关室的发电机开关柜的底部。

图 2-96　发电机中性点

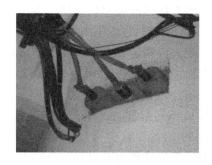

图 2-97　发电机输出三相电流

2. 励磁变压器一次接线

励磁变压器高压侧交流电源取自发电机机端，如果励磁变压器室与高压开关室是不同的两个方向，那么三相绕组首端穿过发电机机坑后，三相铝排或电缆马上分兵两路，一路到高压开关室，一路到励磁变压器室。如果励磁变压器室与高压开关室是同一个方向，那么三相绕组首端穿过发电机机坑后，三相铝排或电缆先到高压开关室发电机开关柜的底部，在开关柜底部分兵两路，一路由下而上进入开关柜，一路到励磁变压器室。只要还没有并上 6.3kV 母线，发电机开关柜和机坑发电机出口就都属于发电机机端。

来自发电机机端的三相铝排或高压电缆经高压熔断器、隔离开关 1QS 送到励磁变压器 LCB 高压侧。励磁变压器将 6.3kV 的交流电降压成 100V 左右的交流电，再用低压电缆送至发电机旁的励磁屏。电压互感器 2TV 大部分场合安装在励磁变压器旁的高压侧。

3. 室外 35kV 高压配电装置

图 2-98 为室外升压站高压配电装置。在升压站末端架空悬挂三根高压电线作为升压站 35kV 母线，升压站 35kV 母线与送往变电所的 35kV 专用输电线路直接连接。主变高压侧经六氟化硫断路器 4QF、隔离开关 2QS 与 35kV 母线连接，全厂发电机的输出电流经主变、35kV 母线和专用输电线路到附近变电所再进入电网。因为所有高压机组发电厂都是通过专用输电线路到附近变电所

图 2-98　室外升压站高压配电装置

再进入电网，所有变电所都接受电网调度指令，所以变电所和电网调度都是高压机组发电厂必须老老实实服从指令的非常重要的上级"领导"。

35kV 母线电压互感器 4TV 安装在升压站 35kV 母线下面，经隔离开关 3QS 与全挂在水泥杆上面的三根 35kV 母线连接，电压互感器 4TV 检修时必须断开 3QS，将接地刀闸接地，保证检修人员安全。隔离开关 2QS、3QS 都是带接地刀闸的隔离开关。电流互感器 9TA、10TA、11TA、12TA 布置在升压站主变高压侧与六氟化硫断路器 4QF 之间。

4. 室内 6.3kV 高压配电装置

主变低压侧与发电机之间的所有高压配电装置全部布置在高压开关室内。图 2-99 为 JX 二级水电厂 6.3kV 高压开关室内的高压开关柜，两机一变的发电厂起码得采用五个高压开关柜，从左到右依次为 1♯发电机开关柜、2♯发电机开关柜、主变低压侧开关柜、母线电压互感器柜、工作厂用电开关柜。每只开关柜有上、中、下三扇柜门。图 2-100 为图 2-99 的高压开关柜接线图，三根作为 6.3kV 母线的三根铝排贯通五只开关柜的上门。由于全部采用了手车式一次电气设备，所以不再需要隔离开关。

图 2-99　6.3kV 高压开关柜

（1）发电机开关柜　1♯发电机开关柜上门内靠后面布置了 6.3kV 母线的三根铝排，靠前面布置了断路器操作二次回路，柜面布置带电显示器，中门内布置了手车式真空断路器 1QF，下门内布置了机端电压互感器 1TV、高压熔断器、避雷器和电流互感器 4TA 与 5TA。因为该电厂高压开关室与励磁变压器室处于同一个方向，因此发电机出口三相铝排或电缆先到高压开关室发电机开关柜的底部，在开关柜底部兵分两路，一路由下而上进入开关柜，一路到励磁变压器室。来自发电机机端的三相电流自下而上依次经过电流互感器 4TA、5TA，手车式真空断路器 1QF，送到上门的 6.3kV 母线。将上门柜面的切换开关切换到"现地"，再将柜内断路器转移到"隔离/试验"位，运行人员可以在现地进行手动操作试验断路器合闸、分闸。将切换开关切换到"远方"，由远方自动操作断路器合闸、分闸。2♯发电机开关柜内布置与 1♯发电机开关柜内完全相同。

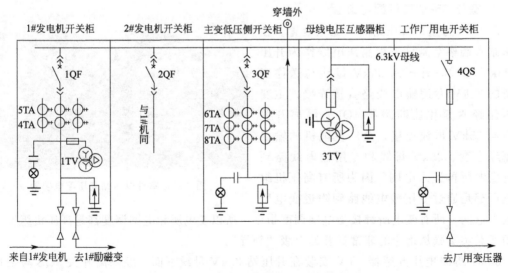

图 2-100　6.3kV 高压开关柜接线图

带电显示器从铝排上通过电容器降压后向低压指示灯供电，指示灯亮表示开关柜有电，提醒运行人员注意安全。带电显示器的缺点是指示灯灭，开关柜不一定没电，因为指示灯损坏后，指示灯也不亮，这点在运行中应引起足够重视。

（2）主变低压侧开关柜　主变低压侧开关柜上门内靠后面布置了 6.3kV 母线的三根铝排，靠前面布置了断路器操作二次回路，柜面布置带电显示器，中门内布置了主变低压侧断路器 3QF，下门内布置了避雷器和电流互感器 6TA、7TA、8TA。汇集全厂发电机的总电流从开关柜顶部的 6.3kV 母线通过三根铝排自上而下依次通过手车式真空断路器 3QF，电流互感器 6TA、7TA、8TA 到达屏柜底部，然后三根铝排水平向后，再自下而上到达高压开关室房间的顶部，最后水平向后通过穿墙套管到达室外升压站，与室外主变低压侧接线柱连接。由于在下门的三根铝排需要水平向后，所以主变低压侧开关柜比其它四个开关柜更厚。

（3）母线电压互感器柜　6.3kV 母线电压互感器柜上门内靠后面布置了 6.3kV 母线的三根铝排，中门内布置了带熔断器的手车式母线电压互感器 3TV，固定式避雷器也布置在中门内，所以母线电压互感器柜下门内是空的。

（4）工作厂用电开关柜　工作厂用电开关柜上门内靠后面布置了 6.3kV 母线的三根铝排，柜面布置带电显示器，中门内布置了可以带负荷分闸的压气式负荷开关 4QS，下门内仅仅是三根垂直布置的铝排。压气式负荷开关可以手动合、分闸，当工作厂用变过电流时能带负荷自动跳闸，作为工作厂用变的过电流保护。在手动合闸过程中，对已经吸入气缸的空气进行压缩，自动跳闸时压缩空气自动喷出吹断电弧。取自 6.3kV 母线的工作厂用电流自上而下流过压气式负荷开关 4QS 和熔断器，从开关柜底部用电缆送工作厂用变压器高压侧。

有的发电厂主变高压侧配电装置也布置在室内高压开关室内，免去了设备的风吹雨打、日晒雨淋。这类发电厂就有 6.3kV（或 10.5kV）和 35kV（或 110kV）两个高压开关室。当主变高压侧的 110kV 高压配电装置布置在室内时，由于电压较高，需要的电气设备绝缘间距较大，为此将所有 110kV 的高压配电装置设备全部安装在充满六氟化硫气体的管道中，从而大大减小了设备的绝缘间距，减小高压开关室面积，节省用地面积和土建投资。这种 110kV 的高压配电装置称 GIS（封闭组合电器），图 2-101 为 110kV 主变高压侧室内 GIS 装置，充以六氟化硫气体作为绝缘材料和灭弧介质，具有良好的电气绝缘性能和灭弧性能。城市周边寸土寸金的火电厂常采用 GIS 系统。对峡谷型山区水电厂，没有大块面积的土地作为室外升压站时，也采用 GIS 封闭组合电器（例如黄坛口水电厂）。

5. 交流厂用电接线

交流厂用电有工作厂用电和备用厂用电两路，工作厂用电取自 6.3kV 母线，水轮机层的工作厂用变将 6.3kV 高电压降压成三相四线制的 400/230V 的低电压，因为厂内有单相民用负荷，所以厂用变低压侧的三相"Y"绕组的中性点必须接地以便引出零线。工作厂用变低压侧经电缆送至交流厂用电室内的受电屏底部，再经受电屏内的低压断路器 5QF、隔离开关 5QS 由下而上送至屏柜顶部的 0.4kV 厂用电

图 2-101　110kV 主变高压侧室内 GIS 装置

母线，低压受电屏下门内还布置了电流互感器13TA，当过电流时作用5QF跳闸。

两机一变水电厂备用厂用电取自户外近区10kV供电线路，备用厂用变安装在室外水泥杆上，如同马路上和小区口看到的终端变压器一样。采用跌落式熔断器作为备用厂用变过电流保护，水泥杆上的配电箱内还有电压互感器5TV、电流互感器15TA和避雷器。因为备用厂用电取自电网，需要计量付钱，因此配电箱内有电能表，计量使用电网的电能。备用厂用变将10kV电压降压成三相四线制的0.4kV低压电，与工作厂用变一样，备用厂用变低压侧的三相星形绕组的中性点必须接地以便引出零线。备用厂用变低压侧经电缆送至交流厂用电室内的受电屏底部，再经受电屏内的低压断路器6QF、隔离开关6QS由下而上送至屏柜顶部的0.4kV厂用电母线，低压受电屏下门内还布置了电流互感器14TA，当过电流时作用6QF跳闸。目前越来越多的河流中下游低水头大流量水电厂多采用四机两变形式，相当于有两个两机一变，有两条6.3kV母线。因为河流不可能断流，起码有一台机组在发电，因此可以从两条6.3kV母线上各接一台厂用变压器，互为备用。厂用电可以完全自给，安全可靠，经济实惠。交流厂用电的低压部分放在第四章中详细介绍。

6. 同期点

当发电机开机启动达到额定转速、额定电压附近时，必须调整发电机的电压、频率和相位，使发电机的电压、频率和相位与电网相同或接近时，才允许合闸并网，否则电网会对发电机产生强的冲击电流。进行这种操作称同期并网操作，当满足同期三条件后并网合闸的断路器称同期点。对于两台机组、一台变压器（两机一变）的水电厂，同期点有三个：

① 1♯发电机断路器1QF同期点。每次发电前都把主变压器低压侧断路器3QF、高压侧断路器4QF先合闸，这时的6.3kV母线代表电网电压，然后将1♯发电机开机启动达到额定转速、额定电压附近时，可以由NTQ-2000双微机自动准同期装置自动调节1♯发电机的电压、频率和相位，自动准同期合1QF并网，也可以手动调节1♯发电机的电压、频率和相位，人工观察组合同期表，手动准同期合1QF并网。

② 2♯发电机断路器2QF同期点。同期方法与1♯发电机相同。

③ 主变压器高压侧断路器4QF同期点。主变高压侧断路器4QF又称线路断路器，只有在正常运行时突然出现线路短暂事故，继电保护作用4QF跳闸，发电机甩负荷到零但处于空载没有停机状态，线路短暂事故消失后，运行人员可以用发电机带着主变在4QF处进行手动准同期并网，有利于快速恢复送电，稳定电网运行。当然这种同期操作是非常少见的，对发电机是非常不利的，因为要想发电机甩负荷后不过转速、不过电压是很难做到的。为此大部分电厂在主变高压侧断路器跳闸后，所有发电机断路器跟着跳闸，机组进入事故停机流程。所以主变高压侧断路器的同期装置每个发电厂都有，但是基本是一个永远不会去用的"摆设"。

7. 电气一次回路的电参数采集

因为电气一次回路都是高电压、大电流，进行电参数采集必须通过各种互感器，而每个互感器的原边线圈在一次回路，副边线圈在二次回路，因此有必要在一次接线图上反映电气二次信号的采集元件和用途，反映电气二次信号在一次主接线图上的采集元件和用途的图称为电气二次系统原理图。图2-102为JX二级水电厂电气二次系统原理图。

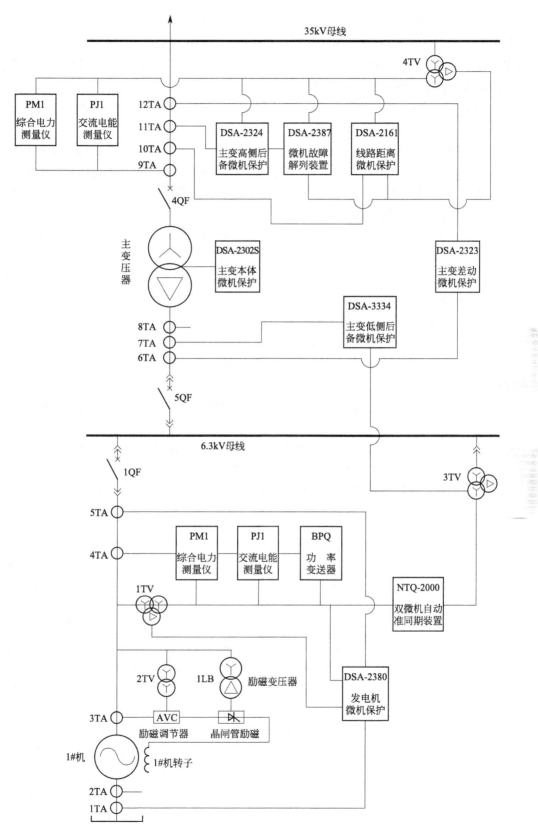

图 2-102 电气二次系统原理图

① 电流互感器 1TA 和 5TA 二次侧向发电机微机保护模块提供信号,构成发电机主保护差动保护。电流互感器 1TA 和电压互感器 1TV 二次侧向发电机微机保护模块提供信号,构成发电机后备保护低压过流保护。在这里将 2TA 空着作为备用,1TA 同时向差动保护和低压过流保护提供电流信号是不合适的。

② 电流互感器 3TA、电压互感器 2TV 称为"励磁配套",二次侧向微机励磁调节器提供信号,实现励磁调节的有差调节。

③ 电流互感器 4TA、电压互感器 1TV 二次侧向发电机综合电力测量仪、功率变送器提供信号,进行发电机电参数测量;向交流电能测量仪提供信号,进行发电机输出电能计量。

④ 电压互感器 1TV、3TV 二次侧向双微机自动准同期装置提供信号,开机时实现发电机出口断路器自动准同期并网。

⑤ 电流互感器 6TA、12TA 二次侧向主变微机保护模块提供信号,构成主变主保护差动保护。

⑥ 电流互感器 7TA、电压互感器 3TV 二次侧向主变微机保护模块提供信号,构成主变低压侧后备保护。

⑦ 电流互感器 9TA、电压互感器 4TV 二次侧向主变高压侧综合电力测量仪提供信号,进行主变高压侧电参数测量;向交流电能测量仪提供信号,进行发电厂上网电能计量。

⑧ 电流互感器 10TA、电压互感器 4TV 二次侧向微机保护模块提供信号,构成线路距离保护。

⑨ 电流互感器 11TA、电压互感器 4TV 二次侧向主变微机保护模块提供信号,构成主变高压侧后备保护。

⑩ 瓦斯信号器向主变本体微机保护模块提供信号,构成主变非电量保护。

⑪ 电流互感器 8TA 暂时不用,短路处理,作为备用。

电流互感器、电压互感器二次侧的回路工作原理放在第四章的继电保护中详细介绍。

二、低压机组电气一次主接线

图 2-103 为小京坞低压机组水电厂电气一次主接线图。该厂有两台 400kW 卧式低压斜击式水轮发电机组,电气一次主接线为单母线接线方式,由于 2♯机组设备配置与 1♯机组完全一样,因此图中只画出 1♯机的接线。水电厂主变高压侧与附近的 10kV 农用供电线路直接连接并网,这种与电网的连接方式称"T"接。由于低压机组水电厂都是不经过变电所,没有"领导"不接受调度指令地就近直接上网,所以调度对低压机组水电厂比较"头痛",总不能因为低压机组水电厂不听指令,把整条 10kV 供电线路停掉。

跌落式熔断器"FU"作为主变压器的主保护,当主变压器过电流时,跌落式熔断器熔断跌落,发电机甩负荷紧急停机,主变压器退出运行。当机组甩负荷时,低压断路器 1QF 跳闸,空气开关 1KM 合闸,将发电机带上水电阻,限制机组转速的上升,防止发电机过速、过压。水电阻作为发电机甩负荷后的顶替负荷,防止发电机过速。合断路器前必须先手动合隔离开关 1QS,也可以自动合交流接触器 2KM 取代合隔离开关。转动切换开关 2QS,可以将厂内照明电源切换到电网供电或由本电厂发电机供电;转动切换开关 3QS,可以将发电机合闸电源切换到电网供电或由本电厂发电机供电。发电机设有过电压保护、过电流保护。

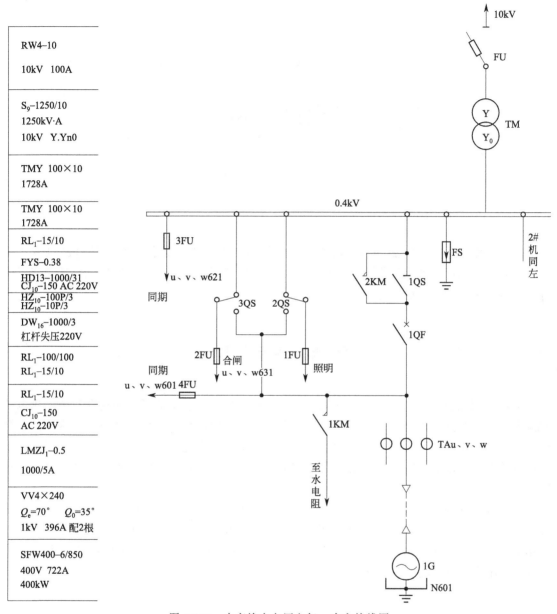

图 2-103　小京坞水电厂电气一次主接线图

发电机三相绕组 "Y_0" 联结，将发电机中性点接地并引出零线，在不发电时将主变压器脱离电网，可以启动机组，由发电机能实现对自己电厂的三相四线制供电。低压机组水电厂主变压器低压侧也是 "Y_0" 接法，主变压器低压侧三相绕组星形联结的中性点引出零线并接地，优点是在全厂不发电时，电网经主变压器倒送电，零线可实现三相四线制供电，保证发电厂用电的供电。缺点是发电时不负责任地把高次谐波送上了电网。

≡ 第三章 ≡

生产用电

尽管水电厂是生产电能的能量转换工厂，但为了生产正常运行，水电厂自己也需要用电。凡是为水电厂生产电能需要所提供的电，称为生产用电。水电厂生产用电包括交流厂用电、直流厂用电和发电机励磁用电三大部分。

第一节　交流厂用电

交流厂用电包括所有的异步电动机用电、检修维护用电、空调照明用电和直流厂用电的交流电源。三相异步电动机有油压装置的油泵电动机、空压机的气泵电动机、集水井的水泵电动机等。根据功能不同，交流厂用电的主回路称交流厂用电一次回路，对交流厂用电主回路进行监测、显示、保护、控制的回路称交流厂用电二次回路，交流厂用电二次回路放在第四章介绍，本节只介绍交流厂用电一次回路。

为了保证交流厂用电的供电可靠性，交流厂用电采取两路独立的电源供电。一路从6.3kV（或10.5kV）母线上引出经工作厂用变压器降压成0.4kV，自发自用作为工作交流厂用电电源，另一路从电厂附近10kV农用或民用输电线路引来经备用厂用变压器降压成0.4kV，作为备用交流厂用电电源。

一、厂用变压器

由于厂用变压器是单独向厂用电负荷供电的，因此与主变压器相反，厂用变压器原边高压电源侧电流的大小完全由副边低压侧负荷电流决定。厂用变压器有油浸式变压器和干式变压器两种，油浸式变压器价格便宜，但运行、维护麻烦，需要定期更换变压器油。干式变压器价格贵，但终身免维护，过载能力强。

1. 油浸式厂用变压器

图3-1为油浸式厂用变压器内部结构图，低压线圈在高压线圈1与铁芯2之间，分接开关7装在高压侧或低压侧都可以调整变比，但高压侧为小电流，分接开关设在高压侧，对分接开关触头影响小，触头发热量小。由于交流厂用电中有大量的照明、空调等单相负荷，因此交流厂用电变压器的低压侧三绕组必须接成"Y"形三相四线制，以便从三相绕组中性

点引出零线 N 并且接地。

图 3-2 为油浸式厂用变压器外形图。高压输入三相输入电源接在高压侧三根接线柱 A、B、C，高压三相绕组为"△"联结，可以消除高次谐波。低压三相绕组为"Y"三相四线制联结，低压侧有输出四根接线柱。油箱顶部设分接开关、加油阀和油温测量孔，油枕上设呼吸器和油位表。厂用变压器一般容量较小，不设瓦斯信号器，用熔断器作为短路保护。图 3-3 为水电厂厂用变压器室的油浸式厂用变压器接线，高压侧三根铝排来自高压开关室工作厂用电开关柜顶部的 6.3kV（或 10.5kV）母线，低压侧四芯电缆送往交流厂用电受电屏。

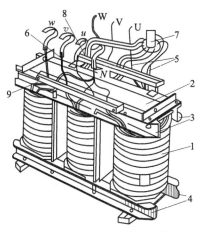

图 3-1 油浸式厂用变压器内部结构图
1—高压线圈；2—铁芯；3—上夹件；
4—下夹件；5—高压端引线；6—低压端引线；
7—分接开关；8—高压引线架；9—低压引线架

2. 干式厂用变压器

近几年随着油浸式变压器维护检修人工成本上升，干式变压器终身免维护和过载能力强的优点日益突出，越来越多的新建电厂采用干式厂用变压器。图 3-4 为环氧树脂浇注的干式厂用变压器，图示表明高压侧 A 相绕组的尾部与 B 相绕组的头部联结，B 相绕组的尾部与 C 相绕组的头部联结，C 相绕组的尾部与 A 相绕组的头部联结，这就是"△"联结。调整压板上下位置，相当于调整油浸式变压器的分接开关，可以改变变压器高压侧的线圈匝数，从而改变高、低压线圈匝数比，可以调整低压侧的电压。

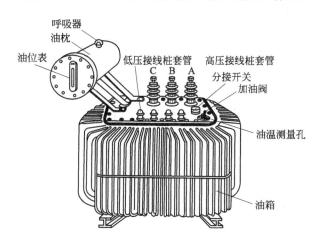

图 3-2 油浸式厂用变压器外形图

图 3-3 油浸式厂用变压器接线

二、厂用电的备用电源

交流厂用电必须要有备用电源，以便在运行中出现工作厂用电故障时，备用厂用电及时投入，保证电厂继续正常运行。机组检修全厂不发电时，由备用厂用电供电，维持检修、照明用电。规定工作厂用交流电源和备用厂用交流电源必须是两个相互独立的电源，这样才能保证一个厂用电源消失的时候，另一个能及时投入。如果主变没有并入电网，发电机发电自

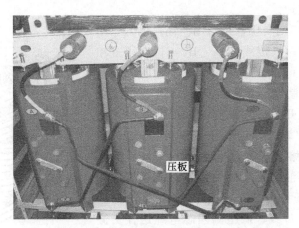

图 3-4　环氧树脂干式厂用变压器

发自用，这时合上备用厂用电断路器的话，就会发生非同期合闸的严重事故，尽管这种概率极小，但还是要求只有一个厂用交流电源退出后才能手动或自动投入另一个厂用交流电源，防止可能出现的非同期合闸事故。多采取机械闭锁或电气闭锁的方法来防止事故发生。由于高压机组水电厂有直流装置，因此厂用交流电源短时间消失不会影响机组正常运行。

三、交流厂用电电气屏柜

交流厂用电的电气屏柜至少有两只：受电屏和馈电屏。当交流用电设备较多时，可以采用两个或更多的馈电屏。四根 0.4kV 母线铝排贯通交流厂用电受电屏和所有馈电屏的顶部，其中三根铝排为 A、B、C 三相火线，一根铝排为零线。图 3-5 为南山水库电厂交流厂用电屏柜布置示意图，一只受电屏，两只馈电屏。

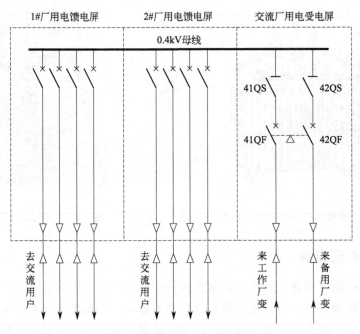

图 3-5　交流厂用电屏柜布置示意图

1. 受电屏

受电屏顶部水平布置四根铝排作为 0.4kV 母线，41QF、42QF 为三触头低压断路器，来自工作厂用变压器低压侧和备用厂用变压器低压侧的两路四根电缆进入受电屏底部后，由于零线任何情况下不得中断，因此两路厂用变压器低压侧中性点的零线不经过低压断路器，直接与受电屏顶部零线铝排连接。工作厂用电 A、B、C 三相铝排自下而上经过低压断路器 41QF、隔离开关 41QS 到达屏柜顶部的 0.4kV 母线 A、B、C 三根母线铝排；备用厂用电 A、B、C 三相铝排自下而上经过低压断路器 42QF、隔离开关 42QS 到达屏柜顶部的 0.4kV 母线 A、B、C 三根母线铝排。必须对低压断路器 41QF、42QF 实行电气或机械闭锁，由于机械闭锁很难实现自动化，因此现代水电厂都采用电气闭锁。电气闭锁原理如下：反应低压断路器 42QF 位置的常闭触点串联在低压断路器 41QF 的合闸控制回路中，只要低压断路器 42QF 没断开，常闭触点一直处于断开状态，保证 41QF 无法合闸；同样，反应低压断路器 41QF 位置的常闭触点串联在低压断路器 42QF 的合闸控制回路中，只要低压断路器 41QF 没断开，常闭触点一直处于断开状态，保证 41QF 无法合闸。

图 3-6　固定式电磁操作低压断路器
1—吸合线圈；2—跳闸线圈；3—操作手柄

图 3-7　固定式电动操作低压断路器
1—手动按钮；2—手电动切换开关

受电屏的低压断路器有固定式和手车式两种，现代水电厂受电屏大多采用手车式低压断路器，从而不再需要串联的隔离开关。图 3-6 为两路固定式电磁操作低压断路器，又称 DW15 电磁空气开关，吸合线圈 1 通电时自动合闸，跳闸线圈 2 通电时自动跳闸，还有过电流保护、失压保护功能。转动手柄 3 可以现地手动合闸和手动跳闸，两只低压断路器之间实行电气闭锁。图 3-7 为两路固定式电动操作低压断路器，拨动手自动切换开关 2 可以选择现地手动操作还是远方电动操作，手动按一下手动按钮 1，手动合闸，再按一下手动跳闸。两只低压断路器之间实行电气闭锁。

图 3-8 为瑞士 ABB 公司生产的新型弹簧储能手车式低压断路器，检修时可以将整个断路器拉出屏柜，所以低压断路器不再需要串联隔离开关，并且检修、维护方便。

图 3-8　手车式低压断路器

2. 馈电屏

馈电屏通过电力电缆向各交流用电设备送出 230/400V 的交流电，其中一路送往直流厂用电。每一路用电设备在馈电屏上都有一个馈电开关，图 3-9 为交流厂用电馈电屏上的固定式馈电开关，可以手动上下拨动开关合闸、跳闸，当用电设备的回路发生过电流时能自动跳闸。图 3-10 为抽屉式馈电开关，是目前使用最广泛的一种馈电开关，抽屉面板上有反应用电设备回路的三相电流表和一个手动合闸、跳闸的旋钮式转动开关，当用电设备的回路发生过电流、低电压等事故时能自动跳闸。当开关故障时，可以将抽屉拉出馈电屏检修，既不影响其它回路工作，又使得检修、维护方便。每一个抽屉背后有三进、三出两个三芯插座，对应的屏柜壁面上有三进、三出两个三芯插头，当抽屉推进馈电屏时，抽屉上的两个三芯插座正好插入馈电屏内壁面上对应的两个三芯插头。

图 3-9　固定式馈电开关

图 3-10　抽屉式馈电开关

四、交流厂用电的测量

由于交流厂用电为 380/220V 电压等级，电压信号可以直接接入交流电压表或交流厂用电综合电力测量仪、交流电能测量仪的电压输入端。因为交流厂用电的电流往往很大，必须采用电流互感器变流成 0～5A 的小电流，再接入交流电流表或交流厂用电综合电力测量仪、交流电能测量仪的电流输入端。

五、交流电力稳压器

工作厂用电取自发电机出口的 6.3kV 或 10.5kV 母线，在机组并网或停机过程中，母线电压波动比较大，对重要的交流用电用户工作不利。为此，有的新建水电厂对所有控制、保护屏的交流电源全通过交流电力稳压器稳压后供电，提高这些厂用电供电电压的稳定性。

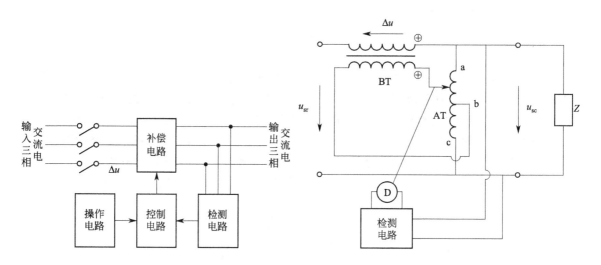

图 3-11 三相交流电力稳压器工作原理图   图 3-12 补偿式交流电力稳压器单相原理图

交流电力稳压器是一个机电一体化的机电产品，电气部分主要由补偿电路、控制电路、检测电路和操作电路组成。图 3-11 为三相交流电力稳压器工作原理图，补偿电路串联在供电回路中，由检测电路从稳压器输出端取得电压变化信号，根据检测到的电压变化信号，由控制电路对补偿电路进行控制，使补偿电路的电压变化来补偿输出端的电压变化，维持输出端电压不变或基本不变。操作电路是人工干预的窗口，可对动态参数和静态参数进行人工干预。由于靠串联在供电回路中的补偿电路起调节作用，所以这种稳压器又称补偿式交流电力稳压器。

为分析问题方便，交流电力稳压器自动补偿原理按单相回路分析。图 3-12 为补偿式交流电力稳压器单相原理图。BT 为补偿变压器，"⊕"表示原副边线圈的同名端。AT 为调节变压器，调节变压器的结构为直柱式自耦变压器。补偿变压器的副边线圈串联在负荷 Z 的供电回路中，原边线圈的输入电压取自调节变压器。

当由于电源电压 u_{sr} 下降或负载电流增大造成负载端电压 u_{sc} 下降时，检测电路根据检测到负载端电压下降值，通过步进电机 D 和链条等控制机构，使调节变压器 AT 的动触头向上移动，补偿变压器副边补偿电压 Δu

图 3-13 三相补偿式交
流电力稳压器外形

为正，使得负载端电压上升：

$$u_{sc} = u_{sr} + \Delta u$$

当由于电源电压 u_{sr} 上升或负载电流减小造成负载端电压 u_{sc} 上升时，检测电路根据检测到负载电压上升值，通过步进电机 D 和链条等控制机构，使调节变压器 AT 的动触头向下移动，补偿变压器副边补偿电压 Δu 为负，使得负载端电压下降：

$$u_{sc} = u_{sr} - \Delta u$$

当调节变压器 AT 的动触头在 b 点时：

$$\Delta u = 0$$

$$u_{sc} = u_{sr}$$

因为串联在负载与电源之间的补偿变压器副边补偿电压的大小和极性都可以调节，所以能维持负载电压不变或在规定的范围内变化。图 3-13 为三相补偿式交流电力稳压器外形，图 3-14 为三相交流电力稳压器内部结构，调节变压器 3 是一个直柱式三相自耦变压器。三相补偿变压器 5 的原边线圈的输入电压取自调节变压器的三相线圈，当检测电路检测到稳压器输出电压变化时，控制电路通过步进电机 1、传动链条 2 自动调节三相动触头 4 上下移动，改变输入补偿变压器原边线圈电压的大小和极性，维持稳压器输出电压稳定。

图 3-14　三相交流电力稳压器内部结构
1—步进电机；2—传动链条；3—调节变压器；4—动触头；5—补偿变压器

由于补偿变压器的副边流过负荷电流，与电流互感器一样，运行中的补偿变压器原边在任何情况下不得开路，否则会出现危及设备和人身安全的高电压。由于电压稳定是通过步进电机、链条传动和动触头移动等机械机构来调整的，对电压渐变时的电压稳定还是有一定作用的，但对电压突变或剧烈波动，机械机构的惯性使得动作远远跟不上电压的波动速度，此时稳压的效果会差一点。

六、三相异步电动机

三相异步电动机是交流厂用电中数量最多的负荷。

1. 三相绕组的连接方法

图 3-15（a）为笼型三相异步电动机的外形图，打开接线盒，见到六个接线柱，见图 3-15（b），其中 U_1、V_1、W_1 分别是三相定子绕组的头，U_2、V_2、W_2 分别是三相定子绕组的尾，可根据需要将三相绕组接成"Y"或"△"。

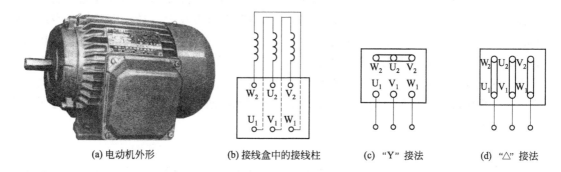

(a) 电动机外形　　　(b) 接线盒中的接线柱　　　(c) "Y" 接法　　　(d) "△" 接法

图 3-15　三相异步电动机及三相定子绕组连接方法

2. 三相异步电动机的铭牌

图 3-16 为某型号三相异步电动机的铭牌。三相异步电动机型号见表 3-1。

<table>
<tr><td colspan="6" align="center">三相异步电动机</td></tr>
<tr><td>型　　号</td><td>Y132S-4</td><td>功　　率</td><td>3.6kW</td><td>频　　率</td><td>50Hz</td></tr>
<tr><td>电　　压</td><td>380V</td><td>电　　流</td><td>7.2A</td><td>连　　接</td><td>Y</td></tr>
<tr><td>转　　速</td><td>1450r/min</td><td>功率因数</td><td>0.76</td><td>绝缘等级</td><td>B</td></tr>
<tr><td>生产日期</td><td>2021 年 5 月</td><td></td><td></td><td></td><td></td></tr>
<tr><td colspan="6" align="center">××××电机厂</td></tr>
</table>

图 3-16　某型号三相异步电动机铭牌

表 3-1　三相异步电动机型号

产品名称	型号	产品名称	型号
笼型异步电动机	Y	防爆型异步电动机	YB
绕线式异步电动机	YR	多速异步电动机	YD

（1）型号　Y——"笼型异步"（表 3-1）。132——机座中心高度（mm）。S——机座长度，S 表示短机座；M 表示中机座；L 表示长机座。4——磁极数（2 对）。

（2）额定功率 P_N　电动机在额定工况运行时，转子轴上输出的机械功率。根据功率公式

$$P = M\omega$$

式中　ω——转子旋转的机械角速度，$\omega = \dfrac{2\pi n_2}{60} = \dfrac{\pi n_2}{30}$（rad/s）。

可以得到转子轴上的机械转矩 M。

（3）额定电压 U_N　电动机正常运行时输入电动机的三相电源线电压 380V。一般功率小于等于 3kW 时，采用"Y"联结；大于、等于 4kW 时，采用"△"联结。

（4）额定电流 I_N　电动机正常运行时，定子三相绕组的线电流，是允许电动机长期运行的线电流。如果定子绕组有"Y""△"两种联结方式，铭牌上应分别标明两种联结方式的线电流。

（5）额定频率 f_N　电动机正常运行时，定子三相绕组所加电压的频率。

（6）额定转速 n_N　电动机带额定机械负荷，正常运行时的转子转速。常用的三相异步电动机额定转速为两种：1450r/min 和 960r/min，其中转速为 1450r/min 的三相异步电动机使用最广泛。

（7）额定功率因数　电动机带正常机械负荷时的功率因数。异步电动机正常运行时的功率因数在 0.75 左右，较低的功率因数对电网的无功功率压力较大。异步电动机在空载或轻载工况时，需要有功功率较小，三相定子电流主要用来建立定子旋转磁场，因此功率因数会更低。所以，应尽量避免大功率异步电动机带小功率机械负荷。

（8）绝缘等级　电动机正常运行时的电动机绝缘材料的耐热等级，由电动机定子线圈允许的最高工作温度决定。E 级绝缘，定子线圈最高工作温度为 120℃；B 级绝缘，定子线圈最高工作温度为 130℃。

3. 减小启动电流的方法

三相异步电动机价格低廉，运行、使用方便，被广泛应用在工农业生产中。三相异步电动机最大的缺点是启动电流较大，当电动机容量大于 4kW 时必须采取措施，限制启动电流，减小电动机启动对供电线路电压稳定的冲击。三相异步电动机限制启动电流的方法有多种，水电厂常用 Y-△降压启动法和软启动限流启动法。

（1）Y-△降压启动法　启动开始开始，三相绕组为"Y"联结，每一相绕组承受相电压，因为相电压是线电压的 $\frac{1}{\sqrt{3}}$，所以启动电流较小。当电动机转速上升到一定值时，将三相绕组切换成"△"联结，每一相绕组承受线电压，电动机进入正常工作状态。

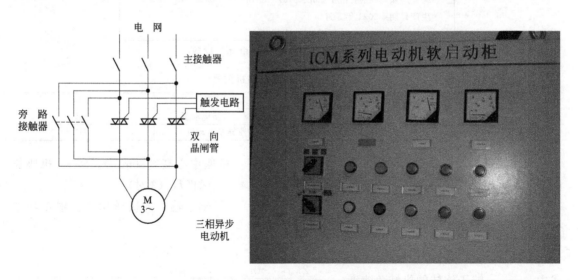

图 3-17　电动机软启动电路示意图及启动柜

（2）软启动限流启动法　现代水电厂大功率三相异步电动机启动常采用软启动来限制启动电流。图 3-17 为三相异步电动机软启动电路示意图及启动柜。在电动机主接触器合闸后，双向晶闸管立即进入软启动程序，晶闸管控制角 α 从大到小变化，导通角 β 从小到大变化，电动机的启动电流也被限制在从小到大的过程中，从而限制了启动电流。随着电动机转速的上升，晶闸管控制角 α 逐步减小到 0°，晶闸管导通角 β 逐步开大到 180°，双向晶闸管全开通，每一相双向晶闸管相当于两只正反并联的二极管，三相交流电流畅通无阻，此时将旁路接触器合闸，晶闸管退出，晶闸管导通角 β 重新回到零，晶闸管重新关闭，为下次软启动做好准备。

由于采用了软启动技术，软启动时间极短，仅持续几个周波，冲击电流很小，因此可以选用容量较小的双向晶闸管。

七、交流厂用电系统

图 3-18 为双涧溪水电厂交流厂用电屏柜，共四只屏柜，左边第一只屏柜为受电屏，工作厂用电和备用厂用电两路进入受电屏，受电屏上部为工作厂用电手车式低压断路器，下部为备用厂用电手车式低压断路器，两只断路器相互电气闭锁。靠外面三只为馈电屏，每一个交流用电负荷都有一只抽屉式馈电空气开关。图 3-19 为 YX 一级水电厂交流厂用电一次系统图。下面对系统图进行分析。

图 3-18 双涧溪水电厂交流厂用电屏柜

1. 受电部分

交流厂用电的电源一路取自本电厂 6.3kV 母线，经工作厂用变压器 41B 降压成 400/230V 三相四线制供电，来自工作厂用变压器 41B 中性点的接地零线绕过低压断路器 41QF 和隔离开关 41QS，直接接在柜顶部的零线铝排上；另一路取自近区 10kV 线路，经备用厂用变压器 42B 降压成 400/230V 三相四线制供电，来自备用厂用变压器 42B 中性点的接地零线绕过低压断路器 42QF 和 42QS，直接接在柜顶部的零线铝排上。两台厂用变压器低压侧的中性点都接地并引出零线。正常工作时，两路隔离开关 41QS、42QS 同时合上，由低压断路器 41QF、42QF 的自动操作控制回路实行电气闭锁，保证一路电源投入前，另一路肯定断开，保证同时只有一路电源投入。

2. 交流稳压器

交流稳压器 SBW-100kV·A 将取自 I 段母线的交流电经过稳压后向 II 段母线供电，使得 II 段母线上的电压波动较小，比较稳定。交流稳压器的容量为 100kV·A。交流稳压器的供电对象有：测温制动屏的交流电源、LCU 屏的交流电源、调速器的交流电源、励磁屏的交流电源、发电机保护屏的交流电源、主变和线路保护屏的交流电源、主计算机工作站 UPS 的交流电源、全厂工作照明的交流电源。这些负荷对电压稳定要求较高，大部分是单相负荷，必须采用三相四线制供电。

3. 馈电部分

馈电部分也就是交流电的送出部分。全厂交流用电设备分为一般用户和重要用户，一般用户由 I 段母线供电，重要用户由稳压后 II 段母线供电。I 段母线经低压断路器 51QS、52QS 向以下负荷供电：生活用电、调速器油泵电动机、水泵电动机、球阀旁通阀电动机、

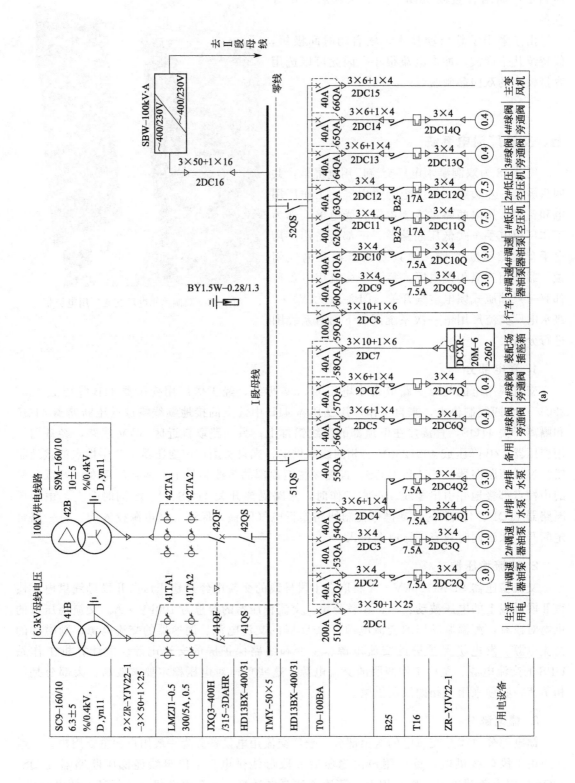

(a)

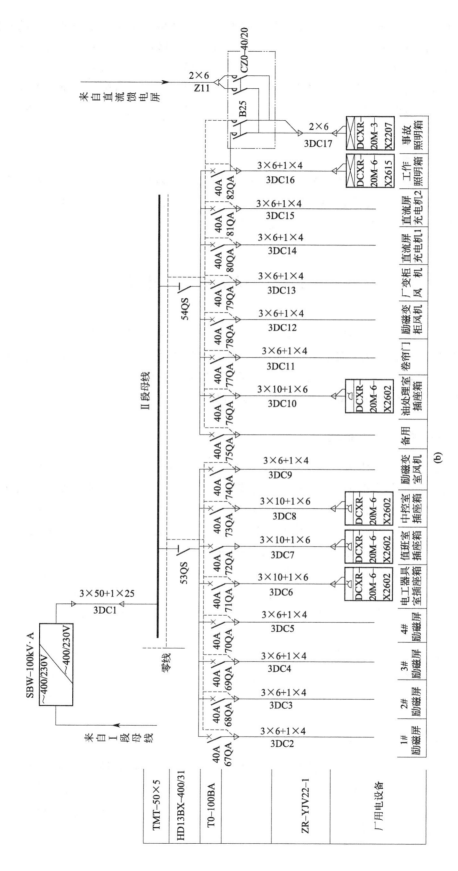

图 3-19　YX 一级水电厂交流厂用电一次系统图

装配场插座箱、空压机电动机、主变压器冷却风机电动机。交流稳压器稳压后的Ⅱ段母线经53QS、54QS向以下负荷供电：励磁屏交流电源、电工器具室插座箱、值班室插座箱、中控室插座箱、励磁变压器冷却风机电动机、油处理室插座箱、卷帘门电动机、工作厂用变压器冷却风机电动机、两路供直流屏的交流电源、工作照明、事故照明。当交流电源消失时，事故照明由直流电源提供，因此，自动控制必须保证在开关 B52 断开后才能合直流电源开关 CZ0，否则交流电源与直流电源就连通了。

4. 信息采集

电流互感器 41TA1、42TA1 分别向工作厂用电、备用厂用电的智能交流电参数测量仪提供电流信号，进行电参数的测量。电流互感器 41TA2、42TA2 分别向工作厂用电、备用厂用电的电度表提供电流信号，进行电能计量。

第二节　微机直流厂用电

产生直流厂用电的装置称直流装置或直流系统，直流厂用电的电源来自交流厂用电，直流厂用电的用户有二次回路的保护、控制、测量和监视用电及事故照明用电。由于直流装置内有蓄电池组，使得直流装置的供电可靠性相当高，在交流电源消失几小时内仍能正常供电，因此，对供电可靠性要求相当高的二次回路中必须采用直流装置供电。

一、直流装置的系统组成

图 3-20 为靛青山水电厂直流厂用电屏柜布置示意图，由微机控制及整流屏、直流馈电屏和免维护蓄电池屏三只屏柜组成。直流装置采用三相桥式二极管整流器，将从交流厂用电送来的三相交流电由整流器转换成直流电。正常运行时，二极管整流器一边向二次回路的直流用户提供直流电，一边向蓄电池组充电。当交流厂用电消失时，由蓄电池组向二次回路中的直流用户供电，同时投入用直流电的事故照明，大大提高了二次回路的供电可靠性。交流照明消失后立即投入直流事故照明，避免夜间交流电源消失，厂内一片漆黑。整流器输出的电压等级有直流 110V 和直流 220V 两种，整流器通过合闸母线 HM、控制母线 KM 向所有直流用户供电。每一路出线都有一只馈电开关。现代水电厂普遍采用微机控制直流系统。

整流器的作用是将交流电转换成平稳、稳定的直流电，其组成如图 3-21 所示。一只性能良好的整流器由二极管整流部分、高性能滤波部分、高性能稳压部分组成，现代水电厂的整流器普遍采用高频开关电源。

二、直流电的测量方法

因为直流系统和励磁系统都是整流后得到的，都是直流电，所以直流电压、直流电流不能用互感器进行测量。在直流系统和励磁系统中电压都不高，可以用直流电压表或仪器直接测量。但是直流系统和励磁系统中电流达几百甚至上千安培，无法用直流电流表或仪器直接测量，一般用电阻器或霍尔电流计进行测量。

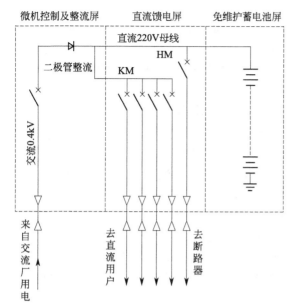

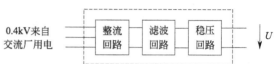

图 3-20 靛青山水电厂直流厂用电屏柜布置示意图　　　　图 3-21 二极管整流器组成

（1）电阻器测量法　图 3-22 为采用电阻器测量直流电流的接线图，左边照片与右边原理图完全对应。电阻器 1 是一只用铸钢浇铸的已知阻值 R 的电阻，电阻器串联在直流电流流过的铝排 3 的回路中，直流电流 I_L 流过电阻器时，在电阻器两端产生电压降 U_Z，根据欧姆定律可得 $U_Z = I_L R$ 或 $I_L = U_Z / R$。用并联在电阻器两端的直流电压表 6（毫伏表）测量电压 U_Z，但表面刻度按直流电流 I_L 显示。所以直流装置中的直流电流表和励磁装置中的励磁电流表其实是一只直流电压毫伏表。

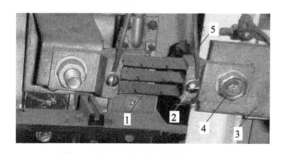

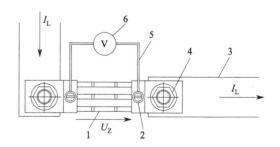

图 3-22 采用电阻器测量直流电流

1—电阻器；2—螺钉；3—铝排；4—连接螺栓；5—导线；6—直流毫伏表

电阻器测量法优点是装置简单易行。缺点是若电阻器阻值 R 取值小，直流电流在电阻器上的热损耗小，但电阻器两端的电压小，表计显示精度低；若电阻器阻值 R 取值大，直流电流在电阻器上的热损耗大，但电阻器两端的电压大，表计精度高。一般取电阻器电阻 $R = 0.00015\Omega$，当毫伏表电压 U_Z 在 $0\sim75$mV 范围内变化时，表面指示直流电流 I_L 为 $0\sim500$A。

很多场合将电阻器称为分流器 FL，但这种叫法是错误的，因为如果电阻器的作用是用来分流的话，则并联在电阻器两端的表计应该是直流电流表。一只性能良好的电流表内阻应该是极小的，那就造成被测量的直流电流 I_L 的大部分会从内阻很小的电流表流过，会使电流表烧毁。

(2) 霍尔电流计测量法　历史上人们错误地认为电流的电荷运动是正电荷定向运动引起的，实际上，电荷运动是自由电子定向运动引起的，自由电子带负电荷。由于负电荷定向运动的电特性、定律、公式与同样数量反方向的正电荷定向运动完全一样，所以在电工学中大家约定这个"错误"不再改正，并一直沿用至今。

① 霍尔效应。一块有四条边 1、2、3、4 的半导体薄片（图 3-23），在垂直薄片平面方向加磁场 B，直流电流 I_L 从边 1 流到边 2，其实是同等数量的电子流从边 2 流到边 1。根据物理学知识可知，电子流在磁场中定向运动时会受到洛仑兹力作用，使电子流运动向边 3 发生偏移，边 3 出现负电压，边 4 出现正电压。该直流电压称霍尔电压 U_H，显然，霍尔电压 U_H 正比于磁感应强度 B 和电子流。电子流的反方向是电流，所以霍尔电压 U_H 正比于磁感应强度 B 和电流 I_L。K_H 为霍尔常数。该半导体薄片称霍尔元件，该现象称霍尔效应。

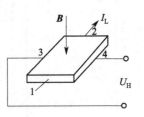

图 3-23　霍尔效应

② 霍尔直流电流计。霍尔直流电流计中的磁感应强度 B 是永久磁钢产生的恒定磁场，则霍尔直流电流计的霍尔电压 U_H 正比于被测电流 I_L：

$$U_H = K_I I_L$$

式中　K_I——电流计整定系数。

$$U_H = K_H B I_L$$

将霍尔直流电流计的半导体薄片放在图 3-22 的电阻器位置就能测量直流电流。由于半导体薄片的电阻较小，所以直流电流流过半导体薄片时的热损耗小。

③ 霍尔交流测量计。利用霍尔效应还可以把交流电流转换成霍尔电压 U_H，制成霍尔交流电流计；把交流电压转换成霍尔电压 U_H，制成霍尔交流电压计；把三相交流功率转换成霍尔电压 U_H，制成霍尔三相功率计等。具体原理不再介绍。

三、微机直流系统

图 3-24 为雅溪一级水电厂的 PZG6 型高频开关模块式微机直流系统图。下面按功能分别分析介绍电气工作原理。

1. 微机监控模块

微机监控模块通过 RS 485 通信接口对整流模块、电池监测仪、绝缘监测仪、降压装置等下级智能装置通信联系，实施数据采集并加以显示，根据系统的各种设置数据进行报警处理、历史数据管理等，同时能对这些处理的结果加以判断。根据不同的情况实行电池管理、输出控制和故障回叫等操作。监控模块还可以通过 RS 232 和 RS 485/RS 422 实现与公用 LCU 的通信联系。请结合图 3-24 参看图 3-25 的微机监控模块的面板布置图，操作键有十七个：1 个确认键、1 个复归键、1 个逗号键、10 个数码键、4 个鼠标移动键；功能键有四个：F1（"上页"）、F2（"返回"）、F3（"帮助"）、F4（"下页"）；一个显示屏。

微机监控模块采集交流电压/电流、直流电压/电流等模拟量，采集反映系统状态的各种开关控制以及对整流模块的限流点和输出电压进行调整。微机监控模块采用的是集开关量输入/输出、模拟量输入/输出和 CPU 为一体的一体式专用模块。微机监控模块 CPU 输入/输出接口的信息处理工作原理放在水电厂计算机监控章节中一起介绍。

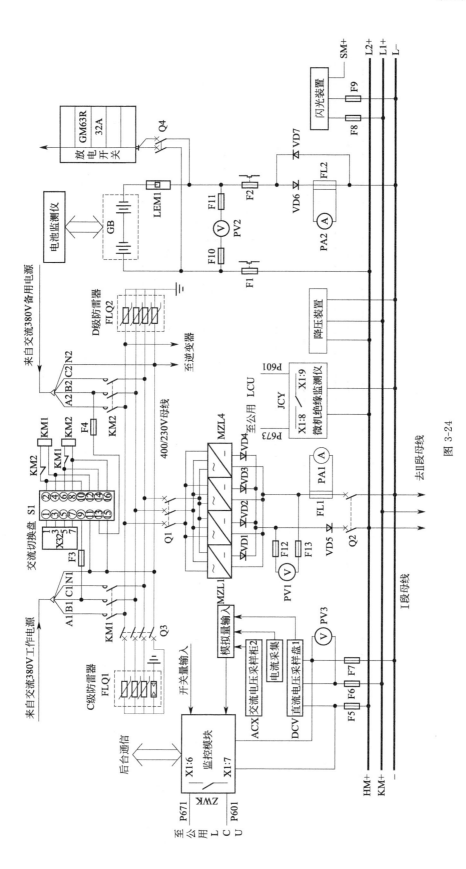

图 3-24

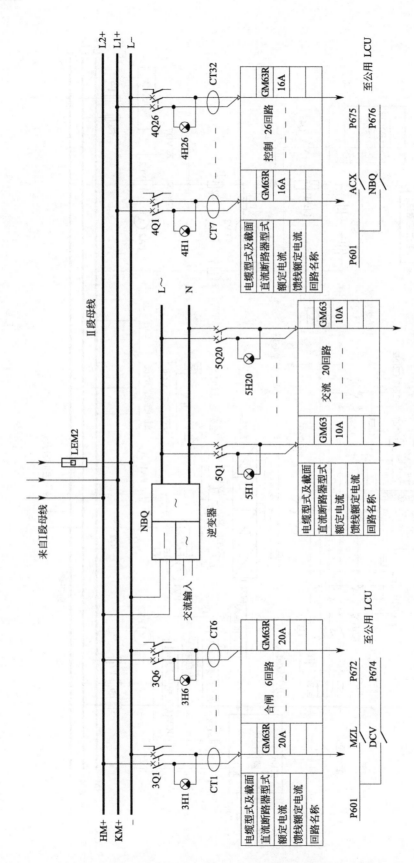

图 3-24 PZG6 型高频开关模块式微机控制直流系统图

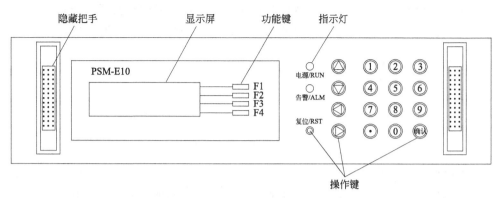

图 3-25　PZG6 型微机监控模块的面板布置图

2. 交流切换盒

一路三相四芯电缆来自 380V 工作交流厂用电，另一路来自三相四芯电缆来自 380V 备用交流厂用电，由交流切换盒对两路交流电源通过自动空气开关 KM1、KM2 进行自动切换，当工作交流电源异常（交流失压、过压、欠压、缺相）时，立即自动切换到备用交流电源。一旦工作交流电源恢复正常，自动切回工作交流电源。三相四芯中的零线在此仅仅是为交流切换盒和逆变器两个单相交流用户提供相电压的。

由于交流厂用电已经有两个互为备用的交流电源，所以实际中这两路两根电缆取自同一个交流厂用电馈电屏，交流切换盒的切换已无大意义。

3. 防雷装置

在交流 400/230V 母线的两端各设置 C 级防雷器 FLQ1 和 D 级防雷器 FLQ2，用于防雷和过电压保护，能有效地保护充电模块内部的电路不至于因为交流输入回路受感应雷击或线路过电压的涌浪而受到损害，提高了直流系统的可靠性。应定期对防雷器进行检查，尤其在雷雨多发季节。图 3-26 为防雷器外形图。

图 3-26　防雷器

C 级防雷器 FLQ1：属于二级防雷器，由氧化锌压敏电阻、气体放电管和空气开关 Q3 组成，三个气体放电管和零线经压敏电阻接地。正常运行时，空气开关 Q3 置于开的位置。压敏电阻窗口绿色为正常，红色为故障，故障时应立即更换。

D 级防雷器 FLQ2：属于三级防雷器，应用于重要设备的前端，直接接在 400/230V 交流母线上，对设备进行精细保护。当发现 LED 指示灯有任意一只不亮时，应停电更换整个防雷器。

4. 整流模块

整流模块在直流系统中一边向直流负荷供电，一边向蓄电池充电，所以整流模块又称为充电模块，现代水电厂直流系统的整流模块都采用高频开关电源。

图 3-27 为高频开关电源原理框图。由传统的工频整流器将工频 50Hz（工频）的三相正弦交流电整流成直流电，再由斩波器将直流电转换成频率 300kHz（高频）恒定的矩形脉冲波，脉宽 T_m 等于 $T/2$ ［图 3-28（b）］。调制电路（PWM）根据电压取样送来的直流输出电压的变化信号，对脉冲波的脉宽 T_m 进行调节，输出调制过的脉冲-调制波，最后由高频整流器再将调制波重新整流成直流电。由于有了调制电路对脉宽的及时调节，能保证输出

电压为给定值稳定不变而且方便地人为调节输出直流电压。其中斩波器、调制电路和高频整流器将直流电变换成直流电，这三个电路的组合称 DC/DC（直流/直流）高频变换电路。

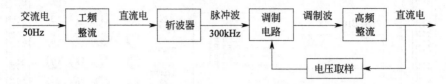

图 3-27 高频开关电源原理框图

当交流电源电压下降或直流负荷增大使得整流模块输出电压下降时，电压取样送给调制电路的信号减小，调制脉宽 T_m 增大 [图 3-28（a）]，高频整流输出直流电压上升，使输出直流电压保持给定值稳定不变；当交流电源电压上升或直流负荷减小使得整流模块输出电压上升时，电压取样送给调制电路的信号增大，调制脉宽 T_m 减小 [图 3-28（c）]，高频整流输出直流电压下降，使输出直流电压保持给定值稳定不变。由此可见，无论是交流电源电压变化还是直流负荷变化，高频开关电源输出直流电压都能保持稳定不变。

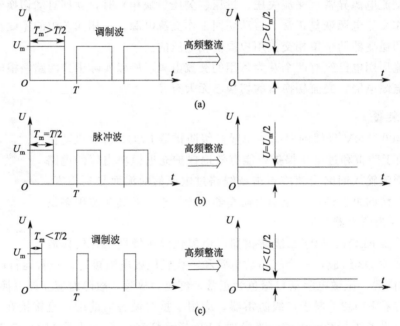

图 3-28 脉宽调制对输出直流电压影响示意图

220V 的高频开关电源，调制电路能保证输出电压在 198～286V 范围内任意给定值保持不变，连续可调，常规的直流稳压电路输出电压不能调整，高频开关电源输出直流电压方便可调。

整流模块组由 M1～M4 四个整流模块并联后组成，将交流电压整流成直流正、负电压后送到母线 L2＋、L－两根铝排上，L2＋向蓄电池充电的同时经降压装置将直流电压再送到母线 L1＋铝排上。因为所有断路器合闸回路的电源全部由母线 L2＋提供，所以母线 L2＋又称为合闸母线 HM；因为所有控制回路的直流电源全部由母线 L1－提供，所以母线 L1＋又称为控制母线 KM。

二极管 VD1～VD4 可以防止四个整流模块输出电压不一致时相互之间电流倒灌。二极管 VD5 防止整流模块组失电后蓄电池向整流模块组电流倒灌。直流电压表 PV1 测量整流模块组输出电压（HM＋电压），PV3 测量 KM＋电压，直流电流表 PA1（其实是毫伏表）经电阻器 FL1 测量整流模块组的输出电流。每一个整流模块的输出电压可以用面板上的电位器手动调节，也可以切换成自动调节。每一个整流模块有交流输入过压、欠压、过温、缺相保护，直流输出过压、欠压保护。图 3-29 为整流模块外形图。

图 3-29　整流模块

5. 蓄电池组

任何直流装置中必定有蓄电池组 GB，在交流电源和整流模块正常时，蓄电池组处于浮充电蓄能状态。当交流电源消失或整流模块故障时，由蓄电池组向直流负荷和逆变器重要的交流负荷供电，确保二次回路的直流、交流用电安全。

（1）蓄电池组回路　蓄电池组接在Ⅰ段母线的 L2＋、L－上，电压表 PV2 测量蓄电池组的电压。因为当整流模块向蓄电池组充电时，二极管 VD6 导通、VD7 截止，蓄电池组向外供电时，二极管 VD7 导通、VD6 截止，所以电阻器 FL2 和电流表 PA2（其实是毫伏表）反映的是蓄电池组的充电电流，供显示用。霍尔传感器 LEM1 构成的直流电流计测量蓄电池组充放电电流。

（2）蓄电池组的终止电压　电池组向外放电供电时蓄电池组电压逐渐下降，终止电压是指蓄电池组的最低工作电压，蓄电池组电压下降不得低于终止电压。当电压低于终止电压后，一方面负荷不允许，另一方面蓄电池组电压下降较快，对负荷不安全。

（3）蓄电池组的额定容量　蓄电池组的容量 C 是以"安培·小时"（A·h）计。蓄电池组的额定容量是指 10h 的恒流放电至终止电压的容量。例如，GF-120 型蓄电池组，额定容量 $C＝120$A·h，表示若以 10h 恒流放电至终止电压，则恒流放电电流为 $C_{10}＝12$A。

（4）蓄电池组运行　在直流装置中由监控模块对蓄电池组的运行进行控制，监控模块控制下的蓄电池组运行如下：

① 监控模块控制整流模块对蓄电池组进行恒流限压充电（稳流均充电），是以设定的均充电流（一般为 $0.1C_{10}$）对蓄电池组进行恒流充电，蓄电池组端电压随着时间的增大而逐渐上升。当蓄电池组端电压上升到稳流均充电压设定值时，监控模块控制整流模块转入恒压限流充电。

② 监控模块控制整流模块对蓄电池组进行恒压限流充电（稳压均充电），是以设定的均充电压对蓄电池组进行恒压充电，充电电流随着时间的增大而逐渐减小。当充电电流减小到 $0.01C_{10}$ 时，监控模块开始计时，计时 3h（时间可以自己设定，一般为 3h）后，监控模块控制整流模块转入恒压浮充电。

③ 监控模块控制整流模块对蓄电池组进行恒压浮充电，是以设定的浮充电压对蓄电池组进行恒压充电。浮充电是蓄电池组长期工作状态，蓄电池组处于浮充蓄能状态时随时可向直流负荷和逆变器负荷提供电流。

④ 恒压浮充运行 720h 后，监控模块控制整流模块再次转入恒流限压充电，开始新的充电循环。

⑤ 在正常浮充期间，如果出现浮充电流大于 $0.06C_{10}$ 的情况，监控模块控制整流模块转入均充电。监控模块设有均充保护时间（可自己设定，一般为 900min），在均充转浮充时，如果不能正常转换，超过设定的保护时间，监控模块会强制整流模块运行于浮充状态。

6. 电池监测仪

电池监测仪装置在蓄电池屏柜的顶部，监测连线直接连接到单个电池的端子上，用来监控单个电池的运行参数，通过与微机监控模块中的信息进行比较，对单个电池的异常情况进行告警。

7. 降压装置

图 3-30　降压调整旋钮

控制母线 KM 上的直流电压是由合闸母线 HM 经降压装置降压后得到的，降压装置由单向导通的降压硅堆（链）、电压调整继电器和手动降压调整旋钮组成。因为断路器合闸用电的特点是短时间、大电流，会引起合闸母线 HM 电压瞬间下降，严重时会危及其它直流用户用电安全。为此利用降压硅链（堆）的单向导通功能，保证合闸母线 HM 电压瞬间下降时，降压硅堆（链）瞬间反向截止，控制母线 KM 电压不跟着瞬间下降，保证其它直流用户安全稳定运行。但是降压硅堆（链）使得控制母线 KM 的电压肯定比合闸母线 HM 的电压低，控制母线 KM 的电压可调。

图 3-30 为降压调整旋钮。电压装置的调整方法有自动和手动两种，降压装置工作原理图见图 3-31，G1～G6 为六只降压硅堆，每一只降压硅堆由若干只 PN 结面积较大的二极管串联而成，所以降压硅堆的特性与二极管相同，正向导通，反向截止。但每一只降压硅堆正向导通时的硅堆压降为 5V。

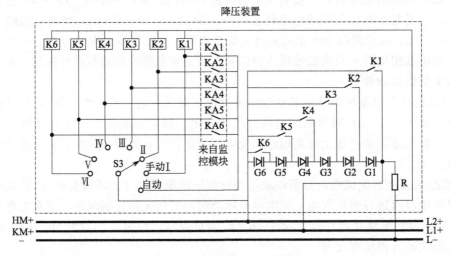

图 3-31　降压装置工作原理图

（1）自动调整　将手动降压调整旋钮 S3 转到"自动"位置，当微机监控模块开关量输出继电器 KA1～KA6 全失电时，对应的常开触点 KA1～KA6 全断开，HM＋电压经 G6、G5、G4、G3、G2、G1 送到 KM＋，KM＋电压比 HM＋电压低 30V。

当微机监控模块开关量输出继电器 KA6 吸合时，对应的常开触点 KA6 闭合，电压调整继电器 K6 得电，对应的常开触点 K6 闭合，HM＋电压经 G5、G4、G3、G2、G1 送到 KM＋，KM＋电压比 HM＋电压低 25V。

当微机监控模块开关量输出继电器 KA5 吸合时，对应的常开触点 KA5 闭合，电压调整继电器 K5 得电，对应的常开触点 K5 闭合，HM＋电压经 G4、G3、G2、G1 送到 KM＋，KM＋电压比 HM＋电压低 20V。

当微机监控模块开关量输出继电器 KA4 吸合时，对应的常开触点 KA4 闭合，电压调整继电器 K4 得电，对应的常开触点 K4 闭合，HM＋电压经 G3、G2、G1 送到 KM＋，KM＋电压比 HM＋电压低 15V。

当微机监控模块开关量输出继电器 KA3 吸合时，对应的常开触点 KA3 闭合，电压调整继电器 K3 得电，对应的常开触点 K3 闭合，HM＋电压经 G2、G1 送到 KM＋，KM＋电压比 HM＋电压低 10V。

当微机监控模块开关量输出继电器 KA2 吸合时，对应的常开触点 KA2 闭合，电压调整继电器 K2 得电，对应的常开触点 K2 闭合，HM＋电压经 G1 送到 KM＋，KM＋电压比 HM＋电压低 5V。

当微机监控模块开关量输出继电器 KA1 吸合时，对应的常开触点 KA1 闭合，电压调整继电器 K1 得电，对应的常开触点 K1 闭合，HM＋电压直接送到 KM＋，KM＋电压与 HM＋电压相同。

微机监控模块会根据 KM＋的电压变化，自动控制不同的开关量输出继电器 KA1～KA6 动作，使 KM＋电压在允许范围内。

（2）手动调整　降压调整旋钮 S3 转到手动"Ⅰ"位置，电压调整继电器 K1 吸合，常开触点 K1 闭合，HM＋电压直接送到 KM＋，KM＋电压与 HM＋相同。

降压调整旋钮 S3 转到手动"Ⅱ"位置，电压调整继电器 K2 吸合，常开触点 K2 闭合，HM＋电压经 G1 送到 KM＋，KM＋电压比 HM＋电压低 5V。

降压调整旋钮 S3 转到手动"Ⅲ"位置，电压调整继电器 K3 吸合，常开触点 K3 闭合，HM＋电压经 G2、G1 送到 KM＋，KM＋电压比 HM＋电压低 10V。

降压调整旋钮 S3 转到手动"Ⅳ"位置，电压调整继电器 K4 吸合，常开触点 K4 闭合，HM＋电压经 G3、G2、G1 送到 KM＋，KM＋电压比 HM＋电压低 15V。

降压调整旋钮 S3 转到手动"Ⅴ"位置，电压调整继电器 K5 吸合，常开触点 K5 闭合，HM＋电压经 G4、G3、G2、G1 送到 KM＋，KM＋电压比 HM＋电压低 20V。

降压调整旋钮 S3 转到手动"Ⅵ"位置，电压调整继电器 K6 吸合，常开触点 K6 闭合，HM＋电压经 G5、G4、G3、G2、G1 送到 KM＋，KM＋电压比 HM＋电压低 25V。

降压调整旋钮 S3 转到空挡位置，HM＋电压经 G6、G5、G4、G3、G2、G1 送到 KM＋，KM＋电压比 HM＋电压低 30V。

运行人员可根据 KM＋的实际电压情况，手动调整 KM＋的电压，使 KM＋电压在允许范围内。例如，雅溪一级水电厂的合闸母线电压为 250V，控制母线电压为 220V。

8. 绝缘检测

直流系统的绝缘检测有绝缘继电器和在线绝缘监测仪两种，PZG6 型高频开关模块式微机控制直流系统采用的是在线绝缘监测仪。

（1）绝缘继电器　用于监测正、负母线对地的绝缘情况，当母线对地的绝缘电阻低于设定值时（一般 220V 系统为 25kΩ，110V 系统为 12.5kΩ），绝缘检测继电器就动作报警，同时在监控模块液晶显示屏上显示报警信息，从绝缘监测继电器上可以确认是正母线（红灯亮）对地绝缘下降还是负母线（绿灯亮）对地绝缘下降。

（2）在线绝缘监测仪　用于监测正、负母线及各馈电支路的绝缘情况。在正常运行情况下，绝缘监测仪对母线电压进行监测，通过监测母线电压计算母线对地的绝缘电阻，当母线绝缘电阻低于设定的告警值时，绝缘监测仪进入支路巡检状态，测量出有绝缘下降的支路和绝缘电阻，并通过面板上的 LED 指示灯发出告警，同时将此信息上送到监控模块显示。

CT1～CT32 利用电磁原理测量各个支路的绝缘状况。支路绝缘正常时，每个支路的两根导线中一出一回的两个电流方向相反、大小相等，一出一回的两个电流产生的合成磁场为零，当支路发生绝缘下降时，两根导线中一出一回的两个电流方向相反、大小不等，一出一回的两个电流产生的合成磁场不为零。所以合成磁场可以反映支路的绝缘情况。

9. 逆变器

对重要的二次屏柜，要求向屏柜提供的单相交流电源必须绝对可靠，保证在交流厂用电消失后单相交流电源不得中断。

在直流系统中设置了逆变器，可以对一些重要的交流负荷实行双电源供电，见图 3-32。在交流电源正常时，取自 400/230V 母线的 A-N 单相交流电源经转换开关直接向单相交流负荷供电。当交流电源消失时，转换开关切换到直流电源上，逆变器将蓄电池的直流电逆变成单相交流电向交流负荷供电。转换时间不大于 5ms，对单体电池电压为 12V 的蓄电池，蓄电池组的电压低于 $10.5 \times n$V 时（n 为电池组的只数），逆变器自动关闭，关闭前有声光告警。因为直流系统已经能保证大部分重要负荷的可靠、安全供电，所以很多水电厂的直流系统中不设逆变器。

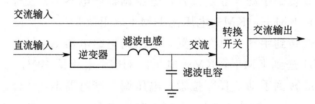

图 3-32　双电源供电中的逆变器供电原理

10. 直流负荷

所有直流负荷全都从 Ⅱ 段母线上引出，霍尔传感器 LEM2 构成的直流电流计测量的是 Ⅱ 段母线上所有负荷的总电流。

（1）合闸回路　电源取自 HM＋，有空气开关 3Q1～3Q6，每一个空气开关带一个辅助触点，向监控模块送出开关位置的开关量信号。共 6 回路：1＃～4＃发电机断路器，主变高压侧断路器，备用 1 路。CT1～CT6 测量各支路绝缘。

（2）控制回路　电源取自 KM＋，有空气开关 4Q1～4Q26，每一个空气开关带一个辅助触点，向监控模块送出开关位置的开关量信号。回路：主变线路保护屏、公用 LCU、1＃～4＃机组 LCU、计算机台、载波通信、1＃～4＃调速器和机组测温制动屏、2＃交流厂用电馈电屏、1＃～2＃发电机保护屏、3＃～4＃发电机保护屏、1＃～4＃机励磁屏、长明灯、备用 6 路。CT7～CT32 测量各支路绝缘。

11. 交流负荷

交流电源正常时，电源取自交流电源。交流电源消失时，电源取自逆变器，有空气开关 5Q1～5Q20。共 20 回路：主变线路保护屏、公用 LCU、1＃～4＃机组 LCU、计算机台、载波通信、1♯～4♯调速器、1♯～4♯机组测温制动屏、厂变开关柜、3kV 断路器、备用 2 路。

12. 容量检测试验

蓄电池组应定期进行容量检测试验，试验时在放电开关 Q4 后面接一只电阻性负载，保证放电电流不大于 $0.1C_{10}$，然后，在微机监控模块上启动"电池测试"，监控模块会自动控制蓄电池组放电，当蓄电池组的电压低于终止电压或测试时间大于测试终止时间时，蓄电池组立即自动转为断电状态。在微机监控模块的显示屏上可以看到放电容量，一般只需放出电池容量的 30%～40%，即可从单个电池电压的高低看出电池的好坏。容量检测要求蓄电池放出容量的 40% 时，单个电池电压不低于 11.88V。

13. 使用中的注意事项

① 微机监控模块内的参数不能随意修改，如果确需修改，必须得到厂家认可；

② 整流模块上的电位器严禁随意调整；

③ 蓄电池组做容量试验时，不得将蓄电池组的电放尽，任何情况下，蓄电池组的电压不得低于整个蓄电池组的终止电压（$10.5n$V，n 为蓄电池的个数）。

图 3-33 为金溪水电厂微机直流屏，左边为微机控制、整流和馈电屏，右边为蓄电池屏。该直流装置没设逆变器。微机控制、整流和馈电屏最上面两只表计中一只是直流总电压表（图 3-24 中 PV1），也就是 HM＋的电压。另一只是直流总电流表（图 3-24 中 PA1），因为采用电阻器 FL1 取得电压信号，所以 PA1 实际上是表面刻度为电流的直流电压毫伏表。

图 3-33 金溪水电厂直流屏柜布置图

1—整流模块；2—微机监控触摸屏；3—馈电空气开关；4—蓄电池组

第三节　微机励磁系统

同步发电机发电的必备条件是必须要有转子磁场，同步发电机转子磁场是由转子线圈通入直流电后产生的，转子通电线圈中的电流称发电机转子励磁电流，提供励磁电流的电气回路称励磁系统，励磁系统主要由晶闸管整流回路和控制回路组成。晶闸管整流回路也可以称为励磁系统的一次回路，控制回路也可以称为励磁系统的二次回路，本节主要介绍晶闸管励磁系统的一次回路。

一、励磁电流的作用

励磁电流的作用是在机组并网之前建立机端电压，并网以后新增加的励磁电流用来带无功功率。图 3-34 为发电机励磁电流作用示意图。由图可知，并网前励磁电流从零增大到空载励磁电流 I_0，发电机机端电压从零增大到额定电压 U_r [图 3-34（a）]；并网后励磁电流从空载励磁电流 I_0 增大到额定励磁电流 I_r，发电机无功功率从零增大额定无功功率 Q_r。

当发电机断路器甩负荷跳闸时，无功功率 Q_r 瞬间消失，如果励磁电流不立即减小的话，则本来用来带无功功率的励磁电流（$I_r - I_0$）立即转用为建立新增的机端电压（$U_g - U_r$），造成发电机过电压 [图 3-34（b）]。

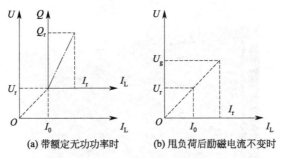

图 3-34　转子励磁电流作用示意图

例如，均溪二级水电厂 5000kW 立式机组，额定转速 $n_r = 1000$r/min，额定电压 $U_r = 6300$V 时，转子空载励磁电流 $I_0 = 230$A，带额定无功功率 $Q_r = 3750$kVar 时，转子励磁电流 $I_L = 445$A，也就是说，转子励磁电流 445A 中 230A 用来建立机端电压，215A 用来带无功功率，如果断路器甩负荷跳闸后转子励磁电流保持不变，则 445A 电流全用来建立机端电压，必然造成发电机过电压。

例如，雅溪一级水电厂 1800kW 卧式机组，额定转速 $n_r = 750$r/min，空载额定电压 $U_r = 6300$V 时，转子空载励磁电流 $I_0 = 194$A，此时，空载励磁电压 $U_L = 22$V。带额定无功功率 $Q_r = 1350$kVar 时，转子励磁电流 $I_L = 363$A，此时，额定励磁电压 $U_L = 58$V [转子励磁绕组电阻（75℃）0.13021Ω]。也就是说，转子励磁电流 363A 中 194A 用来建立机端电压，169A 用来带无功功率，如果断路器甩负荷跳闸后转子励磁电流保持不变，则 363A 电流全用来建立机端电压，必然造成发电机过电压。

励磁电流要求是能在额定电流 20%～160%大范围内连续调节，只有晶闸管整流才能满足这个要求。励磁整流回路的交流电源来自发电机机端，经励磁变压器降压后送入晶闸管整流屏。晶闸管整流后的励磁直流电流经励磁电缆送往发电机碳刷。图 3-35 为靛青山水电厂励磁屏布置示意图，采用两只屏柜，其中一只为晶闸管整流屏或功率屏，安装晶闸管整流装置、灭磁电阻和灭磁开关。另一只为励磁控制柜或调节屏，安装双微机励磁调节器等控制装置。

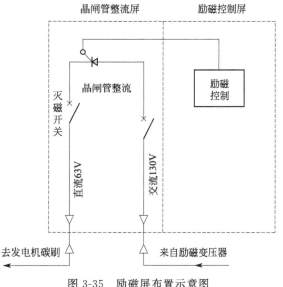

图 3-35　励磁屏布置示意图

二、高压机组微机励磁整流回路

图 3-36 为中小型水电厂常用的高压机组晶闸管励磁整流电气原理图，主要有三相桥式晶闸管整流桥、晶闸管保护、灭磁开关、灭磁电阻和励磁配套电压互感器、电流互感器组成，可实现双微机自动调节控制。

1. 双微机励磁调节器同时输入的交流模拟量信号

励磁配套电压互感器 2TV 的副边线圈 U601、V601、W601 和中性线 N601 四个端子将发电机机端电压信号同时输入励磁调节屏内的两个微机励磁调节器。励磁配套电流互感器 3TA 的副边线圈 W431、N431 两个端子将发电机定子电流信号同时输入两个微机励磁调节器。励磁配套 2TV、3TA 为励磁调节器在机组运行中实现有差调节，提供电压、电流信号。发电机断路器合闸并网前，母线电压互感器 3TV 测量的是电网电压，3TV 副边线圈 U641、V641、W641 三个端子将电网电压信号同时输入两个微机励磁调节器，在发电机断路器没有合闸前，微机励磁调节器能使机组电压自动跟踪电网电压，为快速并网缩短并网时间提供条件。由于微机自动准同期装置也有电压自动跟踪功能，所以采用了自动准同期装置，励磁系统应停用电压跟踪功能，否则励磁系统和自动准同期两个装置都在自动跟踪，反而会出现波动而无法并网。励磁变压器低压侧电流互感器 TA 测量励磁交流电流，同时送入控制屏内的两个微机励磁调节器，在励磁电流过大时进行过励保护。在励磁变压器交流低压侧直接引出三相电压信号，同时输入两个微机励磁调节器，作为控制极触发脉冲的同步信号。

2. 励磁变压器及高压侧

图 3-36 中励磁变压器 LB、高压熔断器和隔离开关 1QS、电压互感器 2TV 都是励磁变压器及高压侧设备。参看图 3-37 的励磁变压器高压侧，来自发电机机端高压电缆 1 由下而上到顶部，然后向下与隔离开关 2（1QS）上桩头连接，隔离开关向下经高压熔断器 3、高压铝排 4 与励磁变压器高压侧连接。给励磁配套的电压互感器 5（2TV）接在励磁变压器的高压侧，测量的还是发电机机端电压。请结合图 3-38 中的励磁变压器 LB，来自发电机机端的高压电缆 1 经隔离开关、高压熔断器、高压铝排 2 与干式励磁变压器 4（LB）高压侧连接，励磁变压器将发电机机端的 6.3kV（或 10.5kV）高压三相交流电经励磁变压器降压成 100～150V 左右的低压三相交流电，经低压三根低压电缆 3 送往发电机层机组边上的晶闸管整流屏，由晶闸管整流屏内的三相晶闸管整流成 60～100V 左右的直流电，最后通过发电机

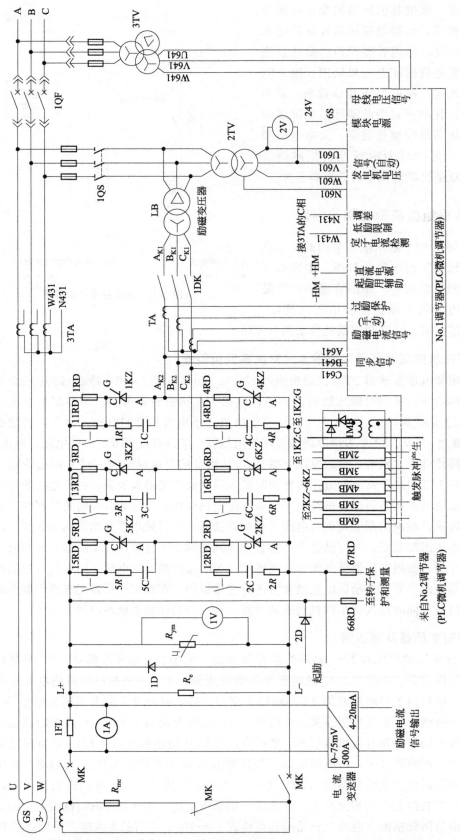

图 3-36 晶闸管励磁整流电气原理图

上的碳刷滑环机构送入正在转动的发电机转子线圈。

图 3-37 励磁变压器高压侧

1—高压电缆；2—隔离开关；3—高压熔断器；

4—高压铝排；5—电压互感器

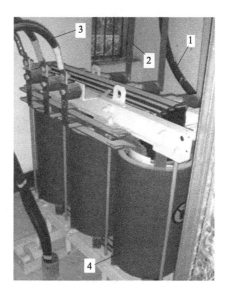

图 3-38 干式励磁变压器

1—高压电缆；2—高压铝排；

3—低压电缆；4—干式励磁变压器

励磁变压器安装在水轮机层的励磁变压器室，由于励磁变压器单独向三相晶闸管整流回路负荷供电，因此励磁变压器原边高压电源侧电流的大小完全由副边低压侧负荷电流决定。励磁变压器也有干式和油浸式两种，现在大部分采用干式励磁变压器。

3. 励磁变压器交流低压侧

图 3-36 中 1DK、TA 为励磁变压器交流低压侧，请参看图 3-39 励磁交流低压侧，来自水轮机层的励磁变压器的进线低压电缆 4 由下而上进入发电机层机组旁励磁整流屏的底部，经过三触头的进线手动刀闸 3（1DK）、电流互感器 2（TA）、进线交流铝排 1 向上送入三相桥式晶闸管整流回路。手动刀闸 1DK 必须在晶闸管整流回路停止工作时才能拉闸、合闸，否则会出现较大电弧。

4. 三相桥式晶闸管整流

图 3-40 为六只晶闸管整流管布置图，构成三相桥式全波晶闸管整流。每根进线交流铝排 3 经三相桥臂铝排 2 连接对应的两只晶闸管整流管 1，经晶闸管整流后的直流电从两根水平布置的直流输出铝排 4 经灭磁开关和励磁电缆送往发电机的碳刷滑环。进线交流铝排末端 A_{K2}、B_{K2}、C_{K2} 与图 3-36 对应，直流输出铝排 L＋、L－与图 3-36 对应。三相桥式晶闸管整流输出的是脉动比较大的脉动直流电，转子线圈巨大的电感量是理想的滤波器，因此发电机晶闸管整流不需要专门设置滤波回路。

图 3-36 中 1KZ～6KZ 构成三相桥式晶闸管整流，每一个晶闸管有阳极 A、阴极 C 和控制极 G。PLC 微机励磁调节器经触发脉冲变压器 1MB 两个输出端分别接在 1KZ 的 C 极和 G 极；触发脉冲变压器 2MB 两个输出端分别接在 2KZ 的 C 极和 G 极；触发脉冲变压器 3MB 两个输出端分别接在 3KZ 的 C 极和 G 极；触发脉冲变压器 4MB 两个输出端分别接在 4KZ

图 3-39　励磁交流低压侧

1—进线交流铝排；2—电流互感器；
3—进线手动刀闸；4—进线低压电缆

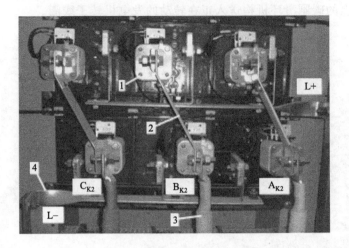

图 3-40　晶闸管整流管布置图

1—晶闸管；2—三相桥臂铝排；3—进线交流铝排；4—直流输出铝排
A_{K2}、B_{K2}、C_{K2}—进线交流铝排末端；　L＋、L——直流输出铝排

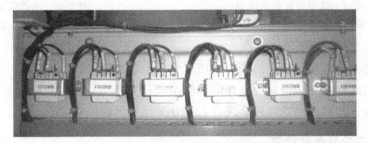

图 3-41　晶闸管触发脉冲变压器

的 C 极和 G 极；触发脉冲变压器 5MB 两个输出端分别接在 5KZ 的 C 极和 G 极；触发脉冲变压器 6MB 两个输出端分别接在 6KZ 的 C 极和 G 极。图 3-41 为六只晶闸管触发脉冲变压器，微机励磁调节器能调节触发脉冲的控制角，三相桥式晶闸管全波整流的控制角 α 在 0～180° 范围内可调，可方便地大幅度调节晶闸管整流回路输出端 L＋、L－的励磁电压。

5. 晶闸管保护措施

（1）熔断器过电流保护　图 3-36 中每一个晶闸管串联了两个并联的熔断器作为晶闸管的过电流保护，其中 1RD、2RD、3RD、4RD、5RD、6RD 为熔断器，与熔断器并联的 11RD、12RD、13RD、14RD、15RD、16RD 称快熔发信器。图 3-42 为熔断器和快熔发信器，将熔断器 2 与快熔发信器 1 并联后与晶闸管串联，对晶闸管进行过电流保护。当

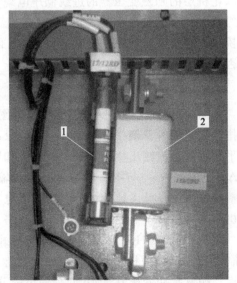

图 3-42　熔断器与快熔发信器
1—快熔发信器；2—熔断器

流过晶闸管的电流大于允许值时，两只并联熔断器中总有一个熔断，那么快熔发信器就肯定熔断，快熔发信器内部的弹簧弹出撞击微动开关，发出开关量信号送机组 LCU，作用机组事故停机。

（2）阻容吸收过电压保护　图 3-36 中晶闸管 1KZ 边上并联了串联电容 1C 和电阻 1R；2KZ 边上并联了串联电容 2C 和电阻 2R；3KZ 边上并联了串联电容 3C 和电阻 3R；4KZ 边上并联了串联电容 4C 和电阻 4R；5KZ 边上并联了串联电容 5C 和电阻 5R；6KZ 边上并联了串联电容 6C 和电阻 6R。晶闸管在从导通转为截止或从截止转为导通的换相过程中，由于转子线圈巨大的电感量，转子线圈产生的自感电动势会对晶闸管产生过电压威胁。将电容 C 与电阻 R 串联后并联在晶闸管 KZ 边上，利用电容器 C 两端电压不能突变的特性，对晶闸管两端可能出现的瞬间过电压进行吸收缓冲，进行过电压保护。

（3）压敏电阻过电压保护　图 3-36 中在晶闸管整流输出端 L+、L- 之间接一只压敏电阻 R_{ym}，可以对晶闸管进行过电压保护。用金属氧化物制成的压敏电阻 R_{ym} 具有电阻非线性系数大，电压过高时阻值下降快，允许通过电流的能力大，电压正常时阻值大、功耗小等优点。因此，抑制过电压能力强。当压敏电阻两端 L+、L- 的电压过高时，压敏电阻的阻值迅速变小，从而限制了晶闸管整流输出端 L+、L- 之间电压上升。与压敏电阻 R_{ym} 并联的直流电压表 1V 测量励磁电压，安装在励磁控制屏柜面上，称励磁电压表。

（4）外接电阻过电压保护　发电机在欠励情况下运行发生失步或线路故障时，转子会产生较高的感应电动势，对晶闸管产生过电压威胁。转子线圈自感电动势的上升速度不快，但能量较大，此时吸收瞬间过电压的 R_{mc} 阻容过电压保护已起不了多大作用。图 3-36 中在晶闸管整流输出端 L+、L- 之间再接一只与压敏电阻并联的外接电阻 R_e，取 R_e 的阻值为转子线圈阻值的 100 倍，工作中 R_e 消耗的电能是转子线圈消耗电能的 1%，但过电压威胁却大大减小。

（5）续流二极管　从三相桥式晶闸管整流原理中可知，六只晶闸管是有规律地两只一对串联，轮流导通或关闭，如果晶闸管该关闭时不关闭，另外两只晶闸管却导通，其后果是发生交流电源两相线电压短路。图 3-36 中跨接在 L+、L- 之间的续流二极管 1D 能在晶闸管控制角 $\alpha > 60°$ 后，在晶闸管整流输出电压断续时段作为转子自感电动势放电电流的流动通道，使应该关闭的晶闸管可靠关闭，防止发生两相线电压在相邻两个晶闸管之间发生短路。但是采用逆变灭磁的话，不能设置续流二极管，否则无法逆变灭磁。因为晶闸管逆变工作时，工作方向正好与整流反向，也就是说，晶闸管进入逆变区后，转子线圈不再是负载而是作为逆变的电源，转子线圈中的自感电动势是下正上负，那么续流二极管的存在相当于把自感电动势短路了。

6. 励磁电压电流测量方法

励磁电压、电流是直流电，所以与直流电压、电流一样，不能用互感器测量。由于励磁电压比较低，一般在 100～200V 左右，可以用直流电压表直接测量。因为励磁电流一般为几百甚至上千安培的大电流，不能用直流电流表直接测量，与直流电流测量一样，必须用电阻器（有些书中称为分流器 FL）或霍尔直流电流计测量。

图 3-36 中采用电阻器 1FL 测量晶闸管输出的励磁电流时，当励磁电流在 0～500A 变化时，电阻器两端会产生 0～75mV 的直流电压，电流表 1A 实际上是一只直流毫伏表（直流电压表），只不过表面刻度表示电流。电流表 1A 安装在励磁控制屏屏柜面上，称励磁电流

表。霍尔直流电流变送器再将 $0\sim75\text{mV}$ 的电模拟量转换成 $4\sim20\text{mA}$ 的标准电模拟量信号。霍尔电流计测量晶闸管输出的励磁电流时，用霍尔元件直接将晶闸管输出的励磁电流转换成 $4\sim20\text{mA}$ 的标准电模拟量信号。

7. 转子一点接地保护

不断旋转的发电机转子正负两端经滑环、碳刷、灭磁开关 MK 与晶闸管整流的正负极 L＋、L－连接。如果正负两端中有一端绝缘破坏，就称发生转子一点接地故障，发生转子一点接地故障时不需要停机，只要报警即可，运行人员必须尽快检查并排除故障，如果不及时排除故障，再发生另一端接地，那就转为励磁系统短路事故。图 3-36 中晶闸管整流的正负极 L＋、L－经熔断器 66RD、67RD 送出转子绝缘的测量信号。

8. 灭磁方法

发电机跳闸停机时，必须立即断开灭磁开关，切断转子励磁电流，防止发电机定子过电压。但是突然切断励磁电流，转子线圈会产生很高的自感电动势，转子线圈中的磁场能转换成电能，在灭磁开关动、静触头之间出现强烈的电弧，烧毁灭磁开关的触头，为此停机后必须采取灭磁措施，将转子线圈内的磁场能进行合理释放。根据不同的停机方式，发电机灭磁有事故停机灭磁电阻灭磁和正常停机逆变灭磁两种方法。

（1）事故停机灭磁　发电机断路器甩负荷跳闸事故停机时，在定子负荷电流和转子励磁电流都还很大情况下跳开断路器，造成本来用来带无功负荷的转子励磁电流现在用来建立定子机端电压，可能出现发电机定子过电压绝缘击穿事故。因此要求发电机断路器甩负荷事故跳闸后对转子进行快速灭磁，发电机事故停机时的快速灭磁有灭磁电阻灭磁和非线性电阻灭磁两种方法。

① 灭磁电阻灭磁。图 3-43 为灭磁开关，晶闸管整流输出铝排 L＋、L－两路经过灭磁开关，应该是两触头的灭磁开关却采用了三个触头，中间没有灭弧罩的触头为常闭触头，左右两个灭弧罩罩住的触头为常开触头。灭磁开关可以手动合、断开关，也可以自动合、断开关。

由于灭磁开关事故跳闸时，转子线圈中还比较大的励磁电流突然中断，线圈磁场能在转子线圈中产生较高的自感电动势，在灭磁开关触头处放电，磁场能释放烧毁灭磁开关触头。为此采用硅钢片制成的灭磁电阻（图 3-44）进行灭磁耗能。请参看图 3-36，灭磁开关 MK 合闸后，两个常开触头闭合，转子线圈经碳刷滑环机构接入晶闸管整流的输出励磁电流；与此同时，一个闭触头断开，灭磁电阻 R_{mc} 退出转子回路。灭磁开关 MK 跳闸后，两个常开触头断开，转子线圈退出晶闸管整流回路，励磁电流中断；与此同时，一个常闭触头闭合，转子线圈经碳刷滑环机构接入灭磁电阻 R_{mc} 回路。自感电动势对灭磁电阻放电，将转子线圈的磁场能转换成灭磁电阻的热能。

灭磁开关跳开后，从回路的角度来看，转子线圈经灭磁开关常闭触头与灭磁电阻为头尾相连的串联关系。但是从转子线圈中的自感电动势对灭磁电阻放电的角度来看，转子线圈经灭磁开关常闭触头与灭磁开关为头头相连、尾尾相连的并联关系。灭磁电阻灭磁的优点是简单可靠、快速灭磁。缺点是由于灭磁电阻阻值恒定，转子自感电动势刚开始向灭磁电阻放电时，放电电流比较大，造成在灭磁电阻上的电压比较高，此时已经与灭磁电阻成为并联关系的转子线圈可能承受过电压的威胁。

② 非线性电阻灭磁。图 3-46 为某水电厂的非线性电阻灭磁电气原理图，虚线框内为非

线性灭磁组件。采用阻值随外加电压变化的氧化锌非线性电阻灭磁，不但可以防止发电机定子过电压，而且还可以限制转子线圈过电压。这种灭磁方式是利用非线性电阻的压敏特性，使转子励磁电流快速衰减。其缺点是转子线圈快速灭磁的可靠性完全取决于非线性灭磁组件电子元件工作的可靠性。

图 3-43　灭磁开关

图 3-44　灭磁电阻

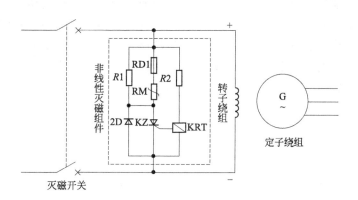

图 3-45　某水电厂的非线性电阻灭磁电气原理图

图中显示非线性灭磁组件与转子线圈为并联关系。非线性电阻灭磁可分为三个阶段：建压、换流、耗能。正常运行时转子线圈的两端电压维持在正常水平，远没有达到非线性电阻RM 的导通电压值，因此非线性电阻的阻值很大，可近似认为开路，非线性灭磁组件不影响转子线圈的正常工作。当事故停机灭磁开关跳闸时，转子线圈产生的自感电动势使得非线性电阻两端的电压升高，进入"建压"阶段。当电压达到非线性电阻的导通电压时，非线性电阻的阻值迅速下降到很小值，流过非线性电阻的电流迅速增大，经电弧流过灭磁开关触头的电流迅速减小，当流过非线性电阻的电流等于转子线圈自感电动势的放电电流时，灭磁开关触头处的电弧熄灭，整个回路完成"换流"。此后，转子线圈中所有的磁场能以自感电动势放电的形式全部消耗在非线性电阻上，完成"耗能"。由于非线性电阻 RM 导通后的阻值比较小，尽管流过非线性电阻的电流比较大，但电流在非线性电阻上产生的电压比较低，从而保证了转子线圈不过电压。KRT 为非线性电阻灭磁的可控硅触发脉冲发生器，改变晶闸管KZ 的导通角，可以控制流过非线性电阻的电流，熔断器 RD1 作为可控硅过电流保护，二极管 2D 作为可控硅反向过电压保护。

灭磁电阻灭磁和非线性电阻灭磁两者回路上主要的不同之处是：灭磁电阻在灭磁开关合闸时退出转子回路，灭磁开关跳闸后接入转子回路；非线性电阻无论灭磁开关合闸还是跳闸，永远与转子线圈并联在一起。因此，灭磁电阻灭磁的灭磁开关有三个触头，非线性电阻灭磁的灭磁开关只需两个触头。

（2）正常停机逆变灭磁　正常停机时是先手动或自动关小水轮机导叶，减小有功负荷为零；手动或自动降低转子励磁电流，减小无功负荷为零，再跳开发电机断路器。由此可见，正常停机发电机断路器跳闸后，转子线圈为比较小的空载励磁电流，定子为空载额定电压，不会出现发电机定子过电压，也就不必对转子线圈进行快速灭磁，因此也不必跳开灭磁开关，而是采用逆变灭磁。

正常运行时，灭磁开关和发电机断路器都在合闸位置，发电机一方面向电网供电，另一方面经励磁变压器由可控硅整流后向转子线圈提供直流励磁电流，晶闸管控制角 $\alpha < 180°$，导通角 $\beta > 0°$，见图 3-46（a）。正常停机时，先增大晶闸管的控制角，导通角跟着减小，励磁电流减小，将发电机的无功功率卸到零。然后跳开发电机断路器，但不跳灭磁开关。再将晶闸管的控制角增大到 180°。当励磁电流从空载励磁电流减小到零后，将晶闸管的控制角继续增大到大于 180°，导通角 $\beta < 0°$，使晶闸管从整流工作区进入逆变工作区。由于转子磁场随着励磁电流的消失而消失，变化磁通在转子线圈中会产生自感电动势，自感电动势产生的直流电流经晶闸管逆变成交流电，见图 3-46（b），反向经励磁变压器到发电机三相定子线圈，使三相定子线圈发热，从而将转子线圈磁场能转换成发电机定子线圈的热能，实现逆变灭磁，此时的发电机三相定子线圈的作用相当于灭磁电阻的耗能作用。有的书中说逆变灭磁将转子的磁场能转换成电能送上电网，这是错误的，因为逆变灭磁时，发电机断路器已经跳闸脱离电网了。

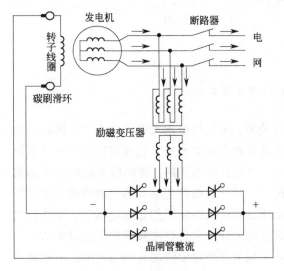
(a)晶闸管整流时电流方向

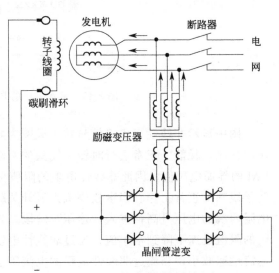
(b)晶闸管逆变时电流方向

图 3-46　晶闸管整流和逆变时的电流方向

图 3-47 为双微机励磁屏柜布置图，左边这只屏柜为晶闸管整流屏，柜内安装晶闸管、灭磁开关和灭磁电阻。右边这只屏柜为励磁控制屏，柜内安装双微机调节器、励磁二次回

路。因为发电机没有并网之前，调节励磁电流可以调节发电机机端电压，所以励磁控制屏柜上有励磁电压表、励磁电流表和发电机机端电压表三只表。

三、低压机组发电机励磁系统

低压机组发电机转子励磁有静止晶闸管励磁、无刷励磁和电抗分流励磁三种方式。其中静止晶闸管励磁与高压机组发电机励磁基本相同，在此只介绍无刷励磁和电抗分流励磁。

1. 无刷励磁

图 3-48 为低压机组常见的无刷励磁系统原理图，无刷励磁发电机内布置了发电机、主励磁机和副励磁机三台发电机。发电机定子铁芯的线槽内布置了双绕组——固定不转的发电机电枢绕组和副励磁机电枢绕组，在同一个旋转的转子励磁绕组的旋转磁场切割下，固定不转的发电机电枢

图 3-47　双微机励磁屏柜布置图

绕组向电网输出 A、B、C 三相交流电流；固定不转的副励磁机电枢绕组向三相桥式晶闸管半控整流输出三相交流电流。发电机三相定子电枢绕组接成"Y"联结，因为是低压机组，有时需要直接向民用负荷供电，所以中性点必须接地，并引出零线 N。

正常的发电机固定不转的定子绕组是输出电能的电枢绕组，旋转的转子绕组是产生磁场的励磁绕组。但是主励磁机正好相反，固定不转的定子绕组是产生磁场的励磁绕组，旋转的转子绕组是输出电能的电枢绕组。三相桥式晶闸管半控整流将固定不转的副励磁机定子电枢绕组输出的三相交流电整流为直流电，然后向固定不转的主励磁机定子励磁绕组输入励磁电流，固定不转的主励磁机定子励磁绕组产生的固定不转的定子磁场切割旋转的主励磁机转子电枢绕组，在旋转的主励磁机转子电枢绕组产生三相交流电，旋转的主励磁机转子电枢绕组向一起旋转的三相桥式二极管整流输出三相交流电流，旋转的三相桥式二极管整流电路将三相交流电流整流成直流电流作为励磁电流输入一起旋转的转子励磁绕组。旋转的转子励磁绕组产生的旋转磁场同时切割固定不转的发电机定子电枢绕组和副励磁机定子电枢绕组，在发电机机端和副励磁机机端分别输出三相交流电压，从而完美地取消了碳刷滑环机构。

调节三只晶闸管半控触发脉冲，可以调节主励磁机定子励磁绕组的磁场，改变旋转的主励磁机转子电枢绕组输出给旋转二极管整流回路的三相交流电流，调节了输入转子励磁绕组的励磁电流，从而对发电机定子电枢绕组的机端输出电压进行调节。

发电机启动达到额定转速后，靠转子励磁绕组铁芯的剩磁在副励磁机定子绕组中产生的微弱三相交流电流，三相桥式晶闸管半控整流将微弱的三相交流电流整流成微弱的励磁电流，微弱的励磁电流在主励磁机定子励磁绕组中产生微弱的磁场，主励磁机定子励磁绕组微弱的磁场在旋转的主励磁机转子电枢绕组中产生微弱的三相交流电流，经旋转的三相桥式二极管整流后输出微弱的励磁电流给旋转的转子励磁绕组，使转子励磁绕组的磁场在剩磁产生磁场的基础上增大，经过这么一次一次轮回，很快就建立了发电机机端额定电压。用剩磁建

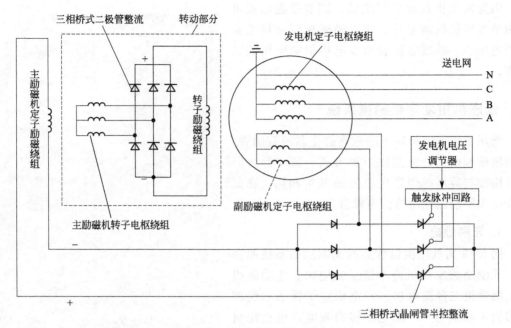

图 3-48 无刷励磁系统原理图

立机端电压的过程称"自励"。如果停机时间较长，转子励磁绕组的铁芯剩磁太小无法自励，可以用大号干电池的正负两极对主励磁机定子励磁绕组的"＋""－"两极进行充电起励，注意充电的极性不能弄反。

图 3-49 为无刷励磁的主励磁机和旋转二极管，不转的三相桥式晶闸管半控整流输出励磁电流给不转的主励磁机定子励磁绕组 2，主励磁机定子励磁绕组产生的磁场使旋转的主励磁机转子电枢绕组 1 输出三相交流电流，经与主励磁机转子电枢绕组一起旋转的六只三相桥式二极管 3 整流成励磁电流，励磁电流送入与六只三相桥式二极管一起旋转的转子励磁线圈。

图 3-49 无刷励磁的主励磁机和旋转二极管
1—主励磁机转子电枢绕组；2—主励磁机定子励磁绕组；3—旋转二极管

2. 电抗分流励磁

图 3-50 为低压发电机常用的双绕组电抗分流励磁系统原理图，跟高压机组一样，需要碳刷滑环机构。与无刷励磁的发电机定子一样，发电机定子铁芯线槽内也布置了发电机定子绕组和励磁机定子绕组两台发电机的定子绕组，所以也称双绕组。两组定子绕组共用一个发电机转子旋转磁场。其中发电机定子绕组向电网输出三相交流电流，励磁机定子绕组向三相桥式二极管整流回路输出三相交流电流。三相桥式二极管整流回路将交流电转为直流电后，经碳刷滑环机构向发电机转子励磁绕组送入励磁电流。

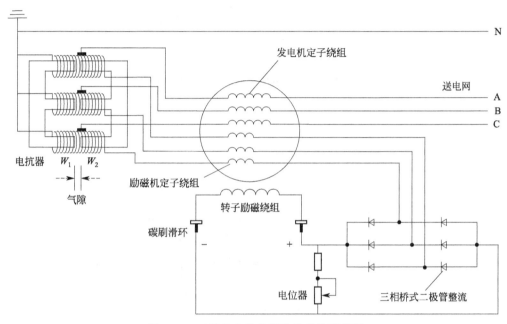

图 3-50　双绕组电抗分流励磁系统原理图

（1）电位器的作用　电位器支路与转子绕组为并联关系，对转子绕组的电流进行分流，从而可以调节转子励磁电流。例如，调小电位器阻值，电位器支路分流电流增大，转子绕组电流减小，发电机机端电压下降；调大电位器阻值，电位器支路分流电流减小，转子绕组电流增大，发电机机端电压上升。由于电位器的调节范围很小，因此只能对发电机在额定电压附近进行小范围的调整。

（2）电抗器的作用　发电机的机端电压调整主要靠调整电抗器的气隙和移动电抗器的动触头来实现。为了使问题分析简单，将三相电抗调节励磁系统原理图简化成 A 相电抗调节励磁系统原理图（B 相、C 相原理相同）。由图 3-51 可知，发电机 A 相定子绕组经 A 相电抗器绕组的线圈匝数为 W_1。励磁机 a 相定子绕组经 A 相电抗器绕组的线圈匝数为 W_1+W_2。A 相电抗器线圈匝数 W_1 是发电机定子绕组回路和励磁机定子绕组回路的公用电抗线圈，W_2 是励磁机定子绕组回路单独的电抗线圈匝数。发电机 A 相绕组输出的负荷电流 I_A 流过负荷、电抗器线圈匝数 W_1。励磁机 a 相绕组输出的励磁电流 I_a 流过二极管整流回路、电抗器线圈匝数 W_2+W_1。

① 发电机空载电压调整。图 3-52 为发电机空载时 A 相电抗分流励磁系统原理图。

a. 调整电抗器铁芯气隙。发电机在空载额定转速时，减小电抗器铁芯气隙，电感线圈的电感量 L 同时增大，励磁机绕组回路的阻抗 Z 增大，励磁机绕组输出给二极管整流的交

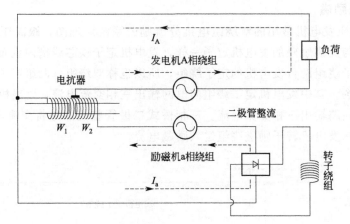

图 3-51　A 相电抗分流励磁系统原理图

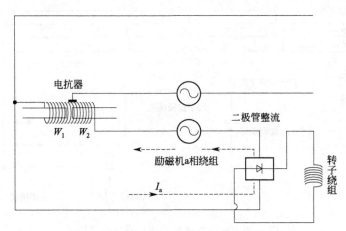

图 3-52　发电机空载时 A 相电抗分流励磁系统原理图

流电流 I_a 减小，整流后的发电机转子绕组的励磁电流减小，发电机空载电压下降；增大电抗器铁芯气隙，电感线圈的电感量 L 同时减小，励磁机绕组回路的阻抗 Z 减小，励磁机绕组输出给二极管整流的交流电流 I_a 增大，整流后的发电机转子绕组的励磁电流增大，发电机空载电压上升。

b. 移动电抗器动触头。发电机在空载额定转速时，定子绕组电流 I_A 为零，移动电抗器动触头，对励磁机绕组回路没有任何影响，因此发电机空载电压不变。

② 自动恒压功能。一般的发电机带的负荷增大，输出电流增大，负载电流中的感性无功电流对转子磁场的去磁作用增大及定子电流在发电机绕组导线内阻上的电压降增大，都会造成发电机机端电压下降；发电机带的负荷减小，输出电流减小，负载电流中的感性无功电流对转子磁场的去磁作用减小及定子电流在发电机内阻上的电压降减小，都会造成发电机机端电压上升。这种发电机电压随负荷大小变化而变化的波动对负荷是很不利的，因此一般的发电机在运行中要根据机端电压的变化，不断及时调节励磁电流，维持机端电压不变或在规定范围内变化。采用电抗分流技术，可以使得发电机输出电流变化时，机端电压不变或变化较小，这就是电抗分流具有的自动恒压功能。

把电工学叠加原理反过来应用，可以认为在多个电源作用同一个回路时，如果只讨论其中一个电源对回路起的作用，只需将不起作用的其它电源短路。根据这个道理，为了分析问题简单，在分析负荷电流 I_A 被电抗分流对发电机自动恒压所起的作用时，可以将不起作用的励磁机电源短路，见图 3-53。

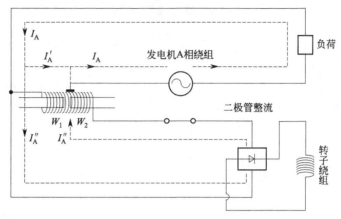

图 3-53 电抗分流自动恒压功能原理图

由图可知，只要发电机带负荷运行，发电机定子 A 相绕组就有输出负荷电流 I_A，负荷电流 I_A 流过负荷到达电抗器线圈 W_1 时被兵分两路 I'_A 和 I''_A，其中电流 I''_A 流过二极管整流回路时被整流成励磁电流流过发电机转子绕组。

当发电机输出负荷电流 I_A 增大时，本来会造成发电机机端电压下降，但电抗分流电流 I''_A 也增大，经二极管整流后的转子励磁电流跟着增大，发电机机端电压上升；当发电机输出负荷电流 I_A 减小时，本来会造成发电机机端电压上升，但电抗分流电流 I''_A 也减小，经二极管整流后的转子励磁电流跟着减小，发电机机端电压下降，起到了很好的自动恒压功能。因此，电抗分流励磁又称自励恒压装置。

（3）发电机带负荷运行时的电压调整　只要发电机带负荷运行，定子就有输出负荷电流 I_A，移动电抗器动触头就可以调整发电机机端电压。

① 带负荷运行时移动电抗器动触头对发电机电压的影响。左右移动电抗器动触头，励磁机定子绕组经电抗器绕组的线圈匝数 W_1+W_2 丝毫没变，但是改变了发电机定子绕组经电抗器绕组的线圈匝数 W_1，从而对发电机输出电压有影响。

左移电抗器动触头，线圈匝数 W_1 减少，电抗分流的电流 I'_A 增大，线圈匝数 W_2 增大，电抗分流的电流 I''_A 减小，电流 I''_A 流过二极管整流回路时被整流成励磁电流减小，发电机机端电压下降。右移电抗器动触头，线圈匝数 W_1 增大，电抗分流的电流 I'_A 减小，线圈匝数 W_2 减小，电抗分流的电流 I''_A 增大，电流 I''_A 流过二极管整流回路时被整流成励磁电流增大，发电机机端电压上升。

② 带负荷运行时调整电抗器铁芯气隙对发电机电压的影响。发电机带负荷运行时，增大电抗器铁芯气隙，电感线圈（匝数为 W_1 和 W_2）的阻抗 Z 同时减小，流过二极管整流回路的交流电流增大，被整流成的励磁电流增大，发电机机端电压上升。发电机带负荷运行时，减小电抗器铁芯气隙，电感线圈（匝数为 W_1 和 W_2）的阻抗 Z 同时增大，流过二极管整流回路的交流电流减小，被整流成的励磁电流减小，发电机机端电压下降。

（4）电抗分流调整方法　由前面分析可知，调整电抗器铁芯气隙，既可以调整发电机空载电压，也可以调整发电机带负荷运行时的电压；移动电抗器动触头，只能调整发电机带负荷运行时的电压，对发电机空载电压毫无影响，因此规定用调整电抗器铁芯的气隙来调整发电机的空载电压，用移动电抗器动触头来调整发电机运行时的电压。

图 3-54　没有动触头的电抗分流励磁装置

1—桥式整流二极管；2—中性点接地电缆；3—中性点连接片；4—发电机绕组电缆；

5—电流互感器；6—电抗线圈末端；7—电抗线圈（匝数为 W_1）；8—电抗线圈中间抽头；

9—电抗线圈（匝数为 W_2）；10—电抗线圈首端；11—气隙垫片；12—调压晶闸管；13—电抗器铁芯

图 3-54 为没有动触头的电抗分流励磁装置，只能通过调整电抗器铁芯 13 的气隙垫片 11 来调整发电机空载机端电压。六只三相桥式二极管 1 将励磁机输出的三相交流电流整流成直流励磁电流，经碳刷滑环机构送入发电机转子线圈。用调压晶闸管 12 取代电位器，调整运行中的发电机机端电压效果更好。中性点连接片 3 将电抗器三相末端 6 连接在一起并经接地电缆 2 接地，成为三相"Y"联结中性点接地的三相四线制供电。电抗器三相中间抽头 8 经电缆 4 与发电机三相绕组连接，电抗器三相首端 10 与励磁机三相绕组连接。电抗线圈 7 的匝数 W_1 固定不能调整，电抗线圈 9 的匝数 W_2 不能调整。

（5）常见故障分析与处理

① 发电机较长时间停机，开机后电压无法建立。

原因：发电机转子刚开始转动时，转子绕组中的励磁电流为零，初始的机端电压是靠转子铁芯的剩磁来建立的，当停机时间较长时，剩磁很小甚至消失，所以无法建立开机后的机端电压。

处理：用大号干电池对碳刷滑环机构的"＋""－"两端进行充电助励，注意充电时的极性不能弄反。

② 发电机在空载额定转速时，机端电压达不到额定电压。

原因 1：电位器支路与转子绕组是并联关系，当电位器阻值变小或短路时，对转子支路的分流太大，造成转子电流偏小。

处理：更换阻值稳定、耐磨性好的高品质电位器。

原因 2：电抗器气隙太小，W_1 和 W_2 的电感量太大，造成励磁机绕组回路的阻抗增大，在额定转速下，励磁机绕组输出电流减小。

处理：调整电抗器气隙，使气隙符合要求，调整完毕应将电抗器铁芯固定，防止松动。

原因3：个别整流二极管烧毁，造成缺相整流，使得整流后的励磁电流减小。

处理：用万用表测量每一只二极管的管压降，如果是0.7V左右，表明该二极管正常；如果远高于0.7V，表明该二极管已经烧毁开路，立即更换二极管。

③ 在电网电压波动比较大的地区，发电机并网时，由于发电机电压调整范围不够大，造成无法并网。

原因：电位器支路总阻值等于限流电阻阻值R和电位器阻值R_W之和，当电位器阻值R_W占支路总阻值$R+R_W$的比重较小时，电位器的调整作用不明显，造成并网前的发电机机端电压调整不明显。

处理：在保证$R+R_W$不变的条件下，增大R_W，减小R，使电位器阻值R_W占支路总阻值$R+R_W$的比重增大。

④ 发电机满负荷运行时，机端电压达不到额定电压。

原因：在空载机端电压调整到位的前提下，满负荷运行时机端电压达不到额定电压，这是由电抗线圈W_1的分流作用不够大引起，导致分流电流I''_A不够大，转子励磁电流不够大。

处理：右移电抗器动触头，使线圈匝数W_1增加，分流交流电流I''_A增大，经二极管整流后的转子直流励磁电流也增大，发电机机端电压上升。

第四节　电网电压调整

我国电力系统规定电压允许波动范围为$-10\%\sim+5\%$额定电压，相对电力系统对电网频率波动范围的规定要求（$\pm0.2Hz$）要容易实现得多。正因为要求不同，因此电网电压调整方法与电网频率调整方法有很大不同。

一、无功负荷对电网电压的影响

大多数用电负荷在工作过程中需要建立磁场，例如，在电动机中需要利用磁场将有功功率的电能转换成机械能，在变压器中需要利用磁场将电能从原边线圈传递到副边线圈。负荷建立磁场所需要的功率就是负荷的感性无功负荷。由于电网中需要电网提供的感性无功负荷远远多于需要提供的容性无功负荷，因此平时讲的电网无功负荷就是负荷的感性无功负荷。

由于电动机、变压器等许多负荷在有功功率的消耗或转换过程中需要无功功率的支持，尽管无功功率没有被负荷消耗掉，但无功功率在负荷与电源之间的电能-磁场能的转换，对电网的电压有直接影响。

① 由于电网感性无功电流对发电机转子磁场具有去磁减压作用，因此，当负荷的无功功率需求小于电力系统能够提供的无功功率时，无功电流对发电机转子磁场的去磁减压作用减小，发电机和电网电压就上升；当负荷的无功功率需求大于电力系统能够提供的无功功率时，无功电流对发电机转子磁场的去磁减压作用增大，发电机和电网电压就下降。所以，要保证电力系统的电压质量，就必须保证电网的无功功率平衡。

② 电源和负荷之间的无功电流流动会在输电线路和变压器的电抗与电阻上产生有功功率损耗和电压下降，从而造成网损增大和用户受电端电压下降。由于输电线路和变压器的感抗远大于电阻，因此，输电线路长距离、跨越多级变压器输送无功功率时，这种有功功率损

耗和电压下降相当明显。

二、电网的无功功率平衡原则

电网各级电压的调整、控制和管理由各网调和各地区调度按调度管辖范围分级负责。电网的无功功率实行分层分区就地平衡的原则，避免经长距离跨越多级变压器传送无功功率，以免在线路和变压器上产生过大的有功功率损耗和电压下降。

三、电网电压无功管理方法

电网电压无功管理由电网企业、发电企业和电力用户三方面分别承担相应的职责。

1. 电网企业的电压无功管理

变电所是电网企业的实体，执行有关规定和调度命令，负责做好本地区无功补偿装置的合理配置、安全运行和调压工作，保证电网无功分层分区就地平衡和各节点的母线电压合格。

变电所的无功补偿装置有并联电容器组、并联电抗器组和调相机（空转运行的同步电动机），当电网控制点的电压超出规定值时，调度应采取调整发电机、调相机无功出力，增减并联电容器（或并联电抗器）容量等措施解决。无功补偿装置应能根据各节点母线电压变化情况或调度要求的电压变化曲线自动投入或退出。

在无功就地平衡前提下，当主变压器二次侧母线电压仍偏高或偏低，而主变为有载调压分接头时，可以带负荷调整主变分接头运行位置。

2. 发电厂的电压无功管理

发电厂按调度的无功出力要求或电压曲线，保证主变高压侧母线的电压符合规定值。担任电网电压调整的发电机应同时具有无功出力及进相运行能力，满负荷运行时具有功率因数在 $0.85 \sim 0.95$（进相）的运行能力，以保证系统具有足够的事故备用无功容量和调压能力。

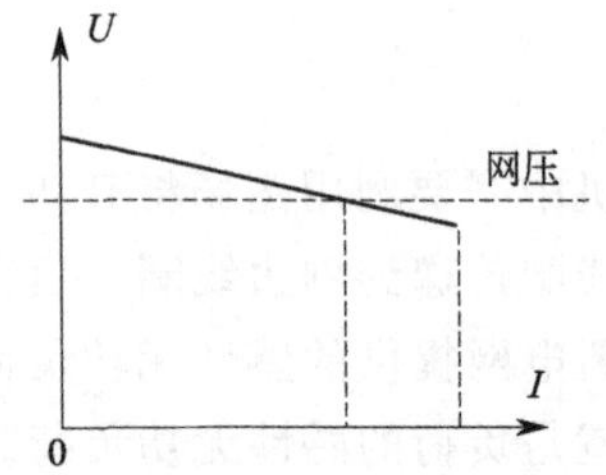

发电机的励磁系统应具有调差环节和合理的调差率，保证发电机对无功负荷的承担量明确及合适的电网电压调节能力，能及时方便地自动调节主变高压侧母线电压。

图 3-55 为有差特性（调差率）的发电机机端电压 U 和定子电流 I 的关系曲线，纵坐标 U 信号取自励磁配套电压互感器 2TV，横坐标 I 信号取自励磁配套电流互感器 3TA，曲线的斜率称调差系数。该特性表明，单机运行时，随着负荷增大，机端电压下降；并网运行时，对电网无功负荷的承担量明确，对无功变化负荷的承担量明确。其调节原理与调速器对有功功率有差调节原理相同。

图 3-55　发电机电压调差特性

3. 电力用户的电压无功管理

发电机励磁系统的强励倍数、低励限制等参数应满足电网安全运行的需要。大负荷的电力用户应根据其负荷的无功需求，安装无功补偿装置，电力用户常见无功补偿装置有并联电容器组。对配有调相机的特大型电力用户，应具备防止向电网反送无功的措施。

100kV·A 及以上 10kV 供电的电力用户，其功率因数应在 0.95 以上。其它电力用户的功率因数应在 0.9 以上，否则，电力用户自己应进行无功补偿。

≡ 第四章 ≡

电气二次回路

由于电气二次回路功能的实现主要靠有专门单一功能的继电器、信号器等电气元件按一定逻辑关系连接成的电气回路来实现特定的逻辑功能，因此电气二次设备又称电气二次回路。水电厂电气二次回路分继电保护和自动装置两大部分。继电保护包括发电机保护、主变压器保护和线路保护，自动装置包括同期装置、机组自动化和辅助设备自动化。为了将所有的二次回路放在一起系统性介绍，特意把交流厂用电的二次控制检测回路和励磁系统的二次控制检测回路放在本章介绍。现代水电厂的继电保护和自动同期装置都采用有专门单一功能的单片机为核心的微机装置，机组及辅助设备自动化都采用可编程控制器模块为核心的PLC控制，由计算机软件编程取代了大量本来由继电器、信号器和回路接线来实现的逻辑功能，使得二次回路大为简化。

第一节　自动化元件

在现代计算机监控中，尽管大量的逻辑判断处理功能由计算机软件编程完成，但对被控对象的信息采集、状态显示及对被控对象的控制执行还是离不开相应的自动化元件。就像再聪明的脑袋，还是离不开"眼观六路"的眼睛、"耳听八方"的耳朵。根据需要实现的功能不同，常用的自动化元件有开关元件、信息采集元件和显示仪表三大类。

在自动控制中将连续变化的物理量称为模拟量：电模拟量有连续变化的电压、电流、功率等；非电模拟量有连续变化的压力、液位等。将突然变化的物理量称为开关量：电开关量有电压、电流的有或无等；非电开关量压力是高了还是低了，液位是高了还是低了，行程是到了还是没到等。

一、开关元件

在自动控制中的许多节点还是需要运行人员人工判别，通过开关元件手动发令或操作，水电常见的开关元件有按钮、组合开关、空气开关和接触器四大类。开关元件的作用是对电源回路或控制回路进行通断或切换，有现地手动操作和远方自动操作两大类。

1. 按钮

图 4-1 为按钮的外形图和内部结构图。没有按下按钮时，上面左右一对静触片被中间动触片接通，按下按钮时左右静触片断开，所以称动断触点或常闭触点，见图 4-1（b）上面一对触点，在电气原理图中用图 4-1（c）触点 1 与 2 表示。没有按下按钮时，下面左右一对静触片是断开的，按下按钮时左右静触片被中间动触片接通，所以称动闭触点或常开触点，见图 4-1（b）下面一对触点，在电气原理图中用图 4-1（c）触点 3 与 4 表示。触点的闭合、断开动作的结果是被控回路的通断或电流的有无或电压的高低，都表现为电信号突变的开关量，因此，按钮是切换二次回路的现地手动操作开关，输出开关量。手动按下钮帽，常闭触点断开，常开触点闭合；手松开钮帽后在恢复弹簧作用下，常闭触点闭合，常开触点断开，这种现象称开关复归。图中显示的是一个常开触点、一个常闭触点，而实际中同时动作的常开触点或常闭触点可以是数个。按钮触点允许通过的电流比较小，触点额定电流不超过 5A，常用在现地手动接通或断开二次控制回路的场合。手松开钮帽会复归的按钮适合开关触点状态只需短暂点动维持的场合。还有一种按钮开关，手松开钮帽不能复归，必须再按一下才复归，适合开关触点状态需要维持一段时间的长动操作的场合。

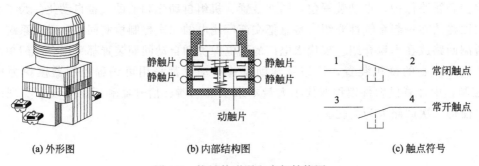

| (a) 外形图 | (b) 内部结构图 | (c) 触点符号 |

图 4-1　按钮外形图和内部结构图

2. 组合开关

组合开关有有复位弹簧和无复位弹簧两种形式，图 4-2 为有复位弹簧的组合开关结构

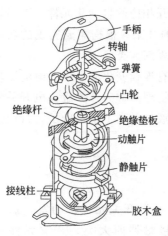

图 4-2　有复位弹簧
组合开关结构图

图，每个胶木盒内壁上有一对相隔 180° 的静触片，每个静触片分别与胶木盒外面的接线端连接。胶木盒中间是导电的动触片，每个胶木盒中的动触片与正方形断面的绝缘杆紧密配合，使得绝缘杆转动时不同胶木盒内的动触片一起转动但相互之间绝缘。根据需要切换的回路不同，可以自由组合两个、三个等数个胶木盒像蒸笼一样叠在一起，用外面两根螺栓将数个胶木盒组合成由一个手柄操作的组合开关，"组合"的名字由此而得。胶木盒内的凸轮和转轴上的弹簧片配合工作，能使手柄转动开始触点状况不变，等到弹簧压迫到一定变形后，动触片状况快速翻转，本来断开的触点快速闭合，本来闭合的触点快速断开，可以减小触点之间出现的电弧。

图 4-3 为有两个胶木盒的三位组合开关，可以切换两个回路，常用在对一个设备进行两个相反运行状况的操作控制，组

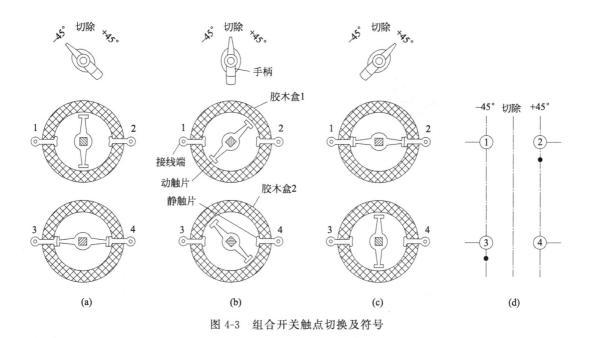

图 4-3　组合开关触点切换及符号

合开关手柄在中间"切除"位时［图 4-3(b)］，胶木盒 1 的触点 1 与 2 不通，胶木盒 2 的触点 3 与 4 不通。手柄转"＋45°"位时［图 4-3(c)］，胶木盒 1 的触点 1 与 2 闭合，胶木盒 2 的触点 3 与 4 继续断开，如果有复位弹簧，手松开手柄后，手柄自动复归到"切除"位。如果没有复位弹簧，手松开手柄后位置保持不变，需复位时，用手将手柄转回到中间"切除"位。手柄转"－45°"时［图 4-3(a)］，胶木盒 1 的触点 1 与 2 继续断开，胶木盒 2 的触点 3 与 4 闭合，如果有复位弹簧，手松开手柄后，手柄自动复归到"切除"位，如果没有复位弹簧，手松开手柄后位置保持不变，需复位时，用手将手柄转回到中间"切除"位。组合开关手柄的三个位置在电气原理图中用图 4-3(d) 所示符号表示。在操作两个需要不断来回切换的回路时，必须采用有复位弹簧的组合开关。在操作两个需要连续运行的回路时，必须采用无复位弹簧的组合开关。组合开关是切换二次回路的现地手动操作开关，输出开关量。

3. 空气开关

图 4-4 为空气开关外形图和内部原理图。手动向上拨动开关钮，拉杆右移并被锁钩钩住，空气开关为合闸接通状态；手动向下拨动开关钮，锁钩顺时针转，拉杆脱钩，在拉紧弹簧作用下拉杆左移，空气开关为跳闸断开状态。

空气开关有短路保护和过载保护功能，当回路电流大于整定值时，流过电磁铁线圈的主回路电流产生对衔铁的电磁吸力大于拉紧弹簧的拉力，衔铁绕铰支座顺时针转动，向上顶开锁钩，拉杆在拉紧弹簧作用下左移，空气开关自动跳闸，断开主回路，起到保护主回路电源和被控设备的作用。人为调整拉紧弹簧对衔铁的拉力，可以调整空气开关保护跳闸时的动作电流。空气开关一旦保护动作跳闸，必须仔细检明事故原因，消除隐患后才能再次合上开关。因为空气开关的工作电流比组合开关大，因此，三对主回路触点处于灭弧罩内，当触点断开时用空气灭弧。空气开关是切换交流 380V 三相一次主回路的现地手动操作开关，输出开关量。

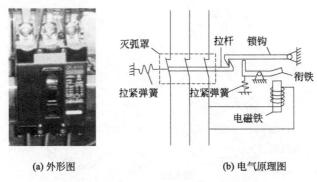

(a) 外形图　　　　　　　(b) 电气原理图

图 4-4　空气开关外形图和电气原理图

4. 接触器

前面介绍的按钮、组合开关和空气开关都必须在现场手动操作，要想远方远动接通、断开回路或远动启动、停止被控设备，必须采用由电磁力操作的接触器。接触器的吸合线圈可以用直流电流，称直流接触器，也可以用交流电流，称交流接触器。由于吸合线圈使用交流电不但方便而且容易获得，所以实际应用中，大部分是交流接触器。由于主回路的三对主触点处于灭弧罩内，因此能够接通或切断较大电流的能力。更大电流的切换必须采用低压断路器。

图 4-5（a）为接触器内部结构图，图 4-5（b）为接触器的电气原理图，每个接触器都有三个各自独立的回路，其中两个二次回路，一个一次回路。吸合线圈所在的回路称控制回路（二次回路），三对主触点所在的回路称被控主回路（一次回路），信号触点所在的回路称信号回路（二次回路）。与动铁芯连接在一起的胶木杆上固定了三对主触点和一对信号触点。当二次回路给控制回路送来电信号时，吸合线圈得电，线圈产生的电磁力吸引动铁芯快速下移，复归弹簧受压，胶木杆跟随动铁芯快速下移，被控一次回路的三对在灭弧罩内的主触点下移，使得被控主回路闭合，主回路接通。与此同时，信号触点下移，使得被控二次回路的信号触点 1 与触点 2 闭合，发出开关量信号告知上级系统，被控的一次回路已经接通。因为

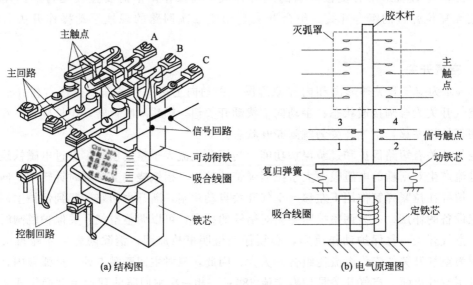

(a) 结构图　　　　　　　(b) 电气原理图

图 4-5　接触器内部结构图和电气原理图

信号触点是跟随主触点动作而动作的，所以信号触点又称辅助触点。当二次回路给控制回路的电信号消失时，吸合线圈失电，线圈电磁力消失，受压的复归弹簧释放，弹簧力使动铁芯上移，胶木杆跟随动铁芯上移，主触点和辅助触点断开复归。

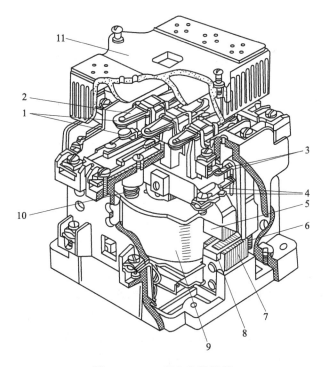

图 4-6　CJ10 型交流接触器

1—主触点；2—压力弹簧；3—常闭触点；4—常开触点；5—动铁芯；6—缓冲弹簧；7—静铁芯；
8—短路环；9—吸合线圈；10—复归弹簧；11—灭弧罩

三个主触点接在一次回路中用来直接控制电源的通断或三相异步电动机等一次设备的启停。因此主回路断开时需要切换的电流比较大，将主触点置于灭弧罩内，为的是在主触点断开时能快速灭弧。图 4-6 为 CJ10 交流接触器外形结构图。接触器是切换交流 380V 三相一次主回路的远方自动操作开关，输出开关量。

二、信息采集元件

模拟量反映被控对象的参数，开关量反映被控对象的状态。在自动控制中需要用自动化元件对被控对象的参数或状态等信息进行采集。信息采集的自动化元件有继电器、信号器、变送器和传感器四大类。

1. 继电器

每个继电器都有两个各自独立的回路，两个回路都是二次回路。继电器是用一个二次回路的控制信号控制被控回路的触点闭合或断开，继电器的"继"由此得名。继电器按使被控回路触点动作的力不同分为电磁力动作的继电器和热应变力动作的继电器两种形式，电磁力动作的继电器简称继电器，热应变力动作的继电器称热继电器。在水电厂电气二次回路中，除了电动机控制回路中的热继电器是热应变力动作的继电器以外，其它全部都是电磁力动作的继电器。

（1）电磁力动作的继电器　电磁力动作的继电器是利用控制回路吸合线圈的电信号，在线圈铁芯中产生电磁力，使被控回路的触点闭合或断开。图 4-7 为电磁力动作的继电器的三种基本结构形式。

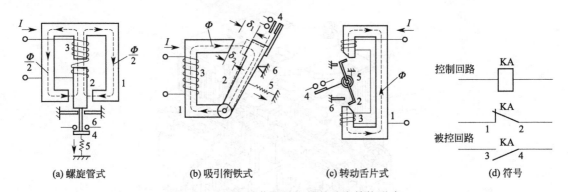

图 4-7　电磁力动作的继电器的基本结构形式

1—电磁铁铁芯；2—可动衔铁；3—吸合线圈；4—触点；5—回复弹簧；6—限位止挡

图 4-7（a）为螺旋管式继电器，当吸合线圈 3 得电时，线圈产生向上的电磁力大于回复弹簧 5 向下的弹簧力，吸引可动衔铁 2 上移，被控回路的常开触点 4 闭合（如果有常闭触点的话，则常闭触点断开），当吸合线圈失电时，线圈产生的电磁力消失，可动衔铁 2 在回复螺旋弹簧和自重作用下下移，常开触点断开（如果有常闭触点的话，则常闭触点闭合）。复归时限位止挡 6 的作用是保证触点复归的前提下，可动衔铁位移最小。图 4-7（b）为吸引衔铁式继电器，吸合线圈得电时，可动衔铁逆时针转动，吸合线圈失电时，可动衔铁顺时针转动，其它原理与螺旋管式继电器相同。图 4-7（c）为转动舌片式继电器，回复弹簧为平面蜗卷弹簧，又称游丝弹簧。吸合线圈得电时，可动衔铁顺时针转动，吸合线圈失电时，可动衔铁逆时针转动。上面的限位止挡是限制吸合线圈失电时，可动衔铁的极限位置，下面的限位止挡是限制吸合线圈得电时，可动衔铁的极限位置。其它原理与螺旋管式继电器相同。

所谓的吸合线圈得电有两种情况，一种是输入继电器控制回路吸合线圈的电信号是连续变化的电压或电流信号，当电压或电流信号增大到一定程度，在线圈中产生的电磁力增大到一定程度，电磁力大于回复弹簧后，被控回路的触点闭合或断开。第二种是输入继电器控制回路吸合线圈的电信号是突然出现或消失的电压，突然出现或消失电流，而且保证突然出现的电压或电流信号在线圈中产生的电磁力肯定大于回复弹簧的弹簧力，被控回路的触点肯定闭合或断开。由此可见，继电器的作用是将电模拟量转换成电开关量。

图中显示的每一个继电器输出是一个常开触点或常闭触点，而实际中继电器同时动作输出的常开触点或常闭触点可以是数个。图 4-7（d）为电磁力动作继电器在电气二次原理图中的符号，方框图形 KA 表示继电器控制回路的线圈，触点 1 与 2 表示继电器 KA 被控回路的常闭触点，触点 3 与 4 表示继电器 KA 被控回路的常开触点。

由于现代控制技术大量采用了可编程控制器（PLC），大多数继电器的功能完全可以用软件的程序编写来实现，使得大多数传统继电器没有用武之地。所以现代水电厂只能看到计算机开关量输出专用的中间继电器和同期装置专用的同期检查继电器，少数真空断路器操作回路中还能看到双线圈继电器。同期检查继电器放在同期装置中一起介绍，这里只介绍中间继电器和双线圈继电器。

① 中间继电器。中间继电器是一种开关量信号传递过程中的继电器，因此中间继电器控制回路的线圈输入是一个开关量信号，输出一个或数个被控回路的开关量信号。在计算机监控中的可编程控制器（PLC）开关量输出模块的出口，必须用中间继电器将 PLC 模块输出的高电位、低电位的逻辑信号转换成被控回路触点闭合或断开的开关量信号，并将被控回路与 PLC 模块的控制回路进行电气安全隔离。图 4-8 为计算机监控中常用的中间继电器，属于图 4-7（b）吸引衔铁式。当二次回路送来的开关量的控制信号使控制回路的吸合线圈 2 得电后，吸合线圈产生的电磁力克服回复弹簧的弹簧力，吸引可动衔铁 1 顺时针摆动，中间继电器所有的常闭触点断开，常开触点闭合。当吸合线圈失电后，吸合线圈的电磁力消失，回复弹簧的弹簧力作用可动衔铁复归，中间继电器所有的常闭触点闭合，常开触点断开。

图 4-8　中间继电器
1—衔铁；2—吸合线圈；
3—被控触点

由图 4-8 示中间继电器可知，中间继电器吸合线圈和开关触点是组装在一起的，但是输入给吸合线圈开关量的控制回路和输出开关量触点所在的被控回路在不同的回路中，这是初学者必须体会到的。

② 双线圈继电器 DZB、ZJ3、YZJ1 型双线圈继电器的控制回路都有两个吸合线圈，见图 4-9。线圈匝数较少的线圈称电流线圈，线圈匝数较多的线圈称电压线圈。二次回路送来开关量控制信号首先输入给电流线圈，继电器吸合，所有的常开触点闭合、常闭触点断开。其中一个被控回路输出的开关量将控制回路电压线圈回路接通，电压线圈得电，假如电流线圈失电，继电器继续保持吸合，实现继电器的自保持。所以电流线圈又称启动线圈，电压线圈又称自保持线圈。双线圈继电器输入的是二次回路送来的开关量，输出的一个开关量是给自己控制回路的电压线圈，其余是给另外二次回路的一个或数个开关量，双线圈继电器应用在断路器操作回路中。比较接触器和继电器可知，接触器和继电器控制回路相同，都是用二次控制回路的电流或电压信号切换被控回路。接触器和继电器的被控回路数不同，接触器有被控一次主回路和被控二次回路，继电器路只有被控二次回路。

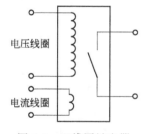

图 4-9　双线圈继电器

（2）**热应变力动作继电器**　将两种不同热胀系数的金属片粘贴在一起，放在同一热源下受热膨胀，利用双金属片受热膨胀量不同产生的热应变力，使继电器的触点闭合或断开，这种利用热应变力动作的继电器又称热继电器。

① 使用场合。当三相电动机过载超过一定时间时，能自动切断主回路，停止电动机运行，防止长时间过载引起电动机线圈发热，加速绝缘老化，甚至绝缘击穿。因为热继电器的动作热量需要一定时间积累，因此瞬间过电流或启动过程中短时间过电流，热继电器不会动作。

② 工作原理。图 4-10 为热继电器的外形和内部结构图。三根双金属片外面分别紧紧缠绕着三相有绝缘套管的导线，三相导线分别串联在三相电动机的三相主回路中，当电动机运行有三相电流流动时，导线发热，所以这三相导线又称发热元件。表面上看缠绕在双金属片上的导线也像线圈，但是这种线圈在这里不是产生电磁力的，而是产生热量的。由于每一根双金属片的左边金属片的热胀系数比右边金属片的热胀系数小，因此，双金属片发热膨胀变

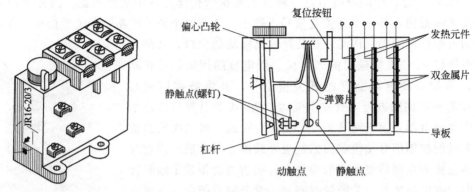

图 4-10　热继电器外形和内部结构图

形后的凹性向左，双金属片的下端产生向左的位移，推动导板向左移动，导板经杠杆给弹簧片一个作用力使弹簧片变形储能。当电动机电流过载并达到一定时间后，发热元件的发热量也达到一定程度，双金属片下端向左的位移量也较大，使导板向左的位移足够大，导板带动杠杆使弹簧片变形足够大，动触点发生跳变动作，使常闭触点断开，电动机的交流接触器吸合线圈失电，接触器分闸，使电动机停止运行，从而保护电动机不会过电流烧毁。转动偏心凸轮可以改变杠杆的原始位置，从而调整热继电器的动作电流。当热继电器动作电动机停机后，必须对电动机和负载认真检查处理，然后手按复归按钮，常闭触点重新闭合，就可以重新启动电动机。

热继电器是唯一一种没有线圈的继电器。虽然热继电器内没有线圈，但是热继电器是利用缠绕在双金属片上的通电导线电流产生的热量，使双金属片发生变形作用被控回路的触点闭合或断开，输入热继电器的是电动机一次回路的电流的电模拟量，输出的是给二次回路的电开关量。从这点讲，它还是有继电器的"继"成分。

2. 信号器

自动控制中有时不需要检测压力、温度、液位、转速、位移等非电模拟量具体为何值，而是需要检测这些非电模拟量相对设置的规定值是否超限，需要检测这些非电模拟量相对设置的规定值是高了还是低了，是过了还是没过，并送出电开关量。在对导叶剪断销检测中，只需检测剪断销是否被剪断的非电开关量，并送出电开关量。担任这种任务的自动化元件称为信号器，例如：压力信号器、温度信号器、液位信号器、转速信号器、行程开关和剪断销信号器等。由此可见，信号器的作用是将非电模拟量或非电开关量转换成电开关量。因为"瓦斯"是非电模拟量，有的书将"瓦斯信号器"称为"瓦斯继电器"，显然是错误的。

图 4-11　电接点压力表

（1）电接点压力表　电接点压力表和压力信号器用来监测储能器（或压力油箱）的油压或储气罐的气压等非电模拟量，送出电开关量。图 4-11 为电接点压力表的两种形式，因为表面有指针和刻度，在发信号的同时还能观测具体压力值。表面黑针位于绿针和红针之间，黑针指示被测实际压力，红针是人为设定的上限压力，绿针是人为设定的下限压力，图中未标出。当被测压力上升时黑针顺时针转动，当被测压力下降时黑针逆时针转动。

图 4-12 为电接点压力表内部接线图，当被测压力变化时，充满被测介质的压力变化引起空心弹簧管的形变，形变通过转动机构带动表面黑针指示实际压力，同时带动内部导电桥 1 转动，导电桥尾部始终与固定导电板 4 接触。当人为在表面调上限工作压力时，其实是在调内部上限导电板 2 在圆弧线上的位置；当人为在表面调下限工作压力时，其实是在调内部下限导电板 3 在圆弧线上的位置。

下面以空压机自动向储气罐打气为例，介绍电接点压力表的工作原理。当运行中储气罐的实际压力下降到下限压力时，表面黑针逆时针转动与绿针重合，表内带动导电桥与下限导电板接触 [图 4-12(a)]，回路 P601 与 P661 接通，向公用 LCU 送出储气罐压力下降到下限压力

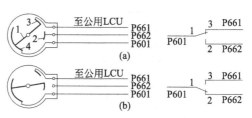

图 4-12　电接点压力表内部接线图
1—导电桥；2—上限导电板；
3—下限导电板；4—固定导电板

的开关量信号，公用 LCU 再送出开关量作用空压机启动打气，随着储气罐的压力上升，黑针开始顺时针转动，带动导电桥向上限导电板靠拢。当储气罐的压力上升到上限压力时，表面黑针与红针重合，表内黑针带动导电桥与上限导电板接触 [图 4-12（b）]，回路 P601 与 P662 接通，向公用 LCU 送出储气罐压力上升到上限压力的开关量信号，公用 LCU 再送出开关量作用空压机停机。由此可见，电接点压力表既可输出电接点开关量，又可像压力表那样表面指示实际压力，所以称为电接点压力表。

图 4-13　压力信号器

（2）压力信号器　图 4-13 为压力信号器，只能发开关量信号不能指示实际压力。由于不需要带动表面指针和表内导电桥转动，压力变化引起的空心弹簧管形变只需带动装有导电水银的玻璃管发生顺时针倾斜或逆时针倾斜，玻璃管内的导电水银向左或右流动，使接点闭合或断开。

（3）液位信号器　根据使用场合不同分为油位信号器和水位信号器两种。油位信号器用于轴承油槽的油位监视，当轴承油位过低时，送出开关量信号报警，告知运行人员处理。水位信号器用在集水井中监视集水井水位，送出开关量信号控制集水井排水泵的抽水和停止。

图 4-14 为油位信号器结构图，基本原理是托盘底部的中心孔与油箱连通，托盘上面安装了一个有机玻璃筒，有机玻璃筒内油位就是油箱油位。浮在油面上的筒状浮子 1 上固定一块环状永久磁钢 4，两者一起套在导向管 2 上，在导向管内不同的位置高度固定几个封闭的玻璃管——干簧管，干簧管内有常开或常闭的金属触点。当油箱油位上下变化使得浮子上下浮动，永久磁钢接近不同油位的干簧管时，在磁力作用下，对应干簧管内的触点闭合或断开，从而发出油位变化的开关量信号。图 4-15 为立式机组轴承油位信号器外形图，浮子为球状。

图 4-16 为集水井水位信号器，导向管 2 内不同的位置高度布置几个干簧管，当水位高低变化时，浮在水面上的球状浮子 3 带着永久磁钢上下移动，当永久接近干簧管时，在磁力作用下，对应的干簧管触点闭合或断开，发出水位变化的开关量信号。

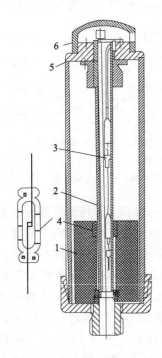

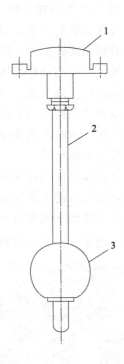

图 4-14　油位信号器结构图　　　　图 4-15　轴承油位信号器　　　　图 4-16　集水井水位信号器

1—浮子；2—导向管；3—干簧触点；　　　　　　　　　　　　　　　　　　　　　1—接线盒；2—导向管；3—浮子

4—永久磁钢；5—接线板；6—保护罩

（4）示流信号器　示流信号器装在油冷却器或空气冷却器的出水管上，用来监视冷却水流的流动，一旦水流中断，送出开关量信号报警。示流信号器有单向流动示流信号器和双向流动示流信号器两种形式。

图 4-17 为 SX-50 型浮筒式单向示流信号器结构图，水流只能单向流动。其发信号的原理与液位信号器相似。浮桶 4 上固定永久磁钢 3，浮桶和永久磁钢一起套在导向管上，当水流自左向右流动时前后产生压差，在压差作用下水流向上托起浮桶，使得永久磁钢接近干簧触点 1，在磁力作用下，干簧管内的常闭触点断开。当水流中断或减小时，水流对浮桶的托力小于浮桶和永久磁钢的自重，浮桶下降，永久磁钢远离干簧管，干簧管内的常闭触点闭合，发出水流中断的开关量信号。

图 4-18 为挡板式示流信号器，其发信号的原理与瓦斯信号器发重瓦斯信号原理相似。处于水流中的挡板在水流流动时会发生倾斜，倾斜的挡板上部的永久磁钢远离干簧管，干簧管内的常开触点断开。当水流中断或减小时，挡板向垂直位置靠近，挡板上部的永久磁钢接近干簧管，干簧管内的常开触点闭合，发出水流中断的开关量信号。

（5）机械式转速信号器　机械式转速信号器用来监视机组转速，在电气转速信号装置故障，机组转速达到额定转速的 150% 时发送开关量信号，关闭主阀使机组紧急停机，作为电气转速信号装置的后备保护。根据工作方式不同，机械式转速信号器有立式转速信号器和卧式转速信号器两种。

图 4-19 为立式机组的机械式转速信号器，发电机主轴通过弹性连接带动垂直转轴 5、转盘 11 和偏心轮 4 一起转动。机组转速正常时，弹簧 10 的弹簧力大于偏心轮转动时的径向离

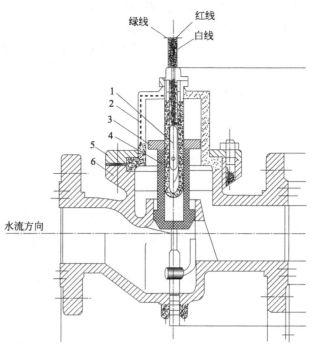

图 4-17 单向示流信号器结构图

1—干簧触点；2—透明罩；3—永久磁钢；

4—浮桶；5—压盖；6—壳体

图 4-18 挡板式示流信号器

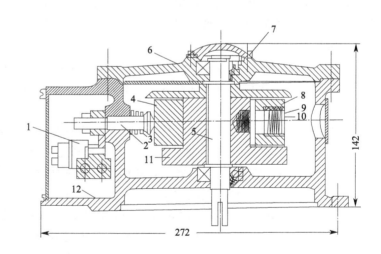

图 4-19 立式机组机械式转速信号器

1—端子板；2—撞杆触点；3，10—弹簧；4—偏心轮；5—转轴；6—端盖；

7—滚珠轴承；8—平衡盘；9—调节螺栓；11—转盘；12—壳体

心力，偏心轮无法触及撞杆触点 2。当转速上升到额定转速的 150% 时，偏心轮的径向离心力大于弹簧力，偏心轮沿半径方向被甩出，推动撞杆，撞杆推动微动开关，发出开关量信号。转动调节螺栓 9，可以改变弹簧的预压紧力，从而改变转速信号器发过速信号的转速。发过速信号的转速厂家已经整定，不允许自己调整。图 4-20 为卧式机组的机械式转速信号器，左边是检修拆开后的照片，右边是运行使用中的照片。固定在支撑板 2 上的联轴法兰盘

3 上有两根圆柱销 4，发电机轴端上也有两根相同的圆柱销，四根圆柱销相向插入橡胶板 5 的四只均布孔内，发电机主轴经橡胶板带动转速信号器 1 水平轴转动，这种橡胶弹性连接大大降低了转速信号器安装同轴线的技术要求。当机组转速高于设定转速时，转速信号器内的离心摆两侧重锤的径向离心力大于回复弹簧的弹簧力，转动的离心摆转轴顶部产生轴向机械位移，使得触点动作，发出转速过高的开关量信号。

图 4-20　卧式机组机械式转速信号器
1—转速信号器；2—支撑板；3—联轴法兰盘；4—圆柱销；5—橡胶板；6—支撑螺栓

（6）行程开关　行程开关的作用是将机械位移的位置信号转换成开关量信号。水电厂的行程开关有触动式和转动式两种，见图 4-21，图 4-21（d）为行程开关的触点在电气二次回路图中的符号。

① 转动式行程开关。当调速器输出机械位移调节信号时，带动调速轴转角位移，由调速轴带动水轮机导水机构调节导叶开度，从而调节进入水轮机转轮的水流量，所以调速轴的转角位移反映了导叶开度。

图 4-21（a）为转动式导叶开度行程开关，又称主令开关，安装在调速轴的轴端与调速轴同轴转动，每个一起转动的偏心圆盘外柱面上压着固定的触点，调速轴转动到不同的角度时，不同的偏心圆盘会顶住不同的触点，从而发出调速轴对应转角位移的开关量信号。主令开关送出导叶全关位置、导叶空载位置和导叶全开位置三个导叶开度开关量信号。

② 拨动式行程开关。跟着活门转轴转动的箭头形钢板两侧圆弧相隔 90°的位置各安装两个拨动式行程开关［图 4-21（b）］，当主阀活门顺时针转到全开位置时，箭头钢板顺时针转动拨动全开位置前面的拨动式行程开关，送出开关量作用主阀活门停止打开。当主阀活门逆时针转到全关位置时，箭头形钢板逆时针转动拨动全关位置前面的拨动式行程开关，送出开关量作用主阀活门停止关小。后面的拨动式行程开关作为前面行程开关失灵时的后备保护。

③ 触动式行程开关。在断路器、隔离开关和接地刀闸的操作中，用两个行程开关来监视开关的合闸位置和分闸位置。图 4-21（c）为触动式行程开关，露出外面的是触杆，内有回复弹簧、常开触点（动合触点）和常闭触点（动断触点），回复弹簧作用动触点在触动消失后回到原来位置。当主阀操作机构到达全关或全开位置时，或开关操作机构到达合闸或分闸

(a) 转动式

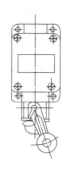 

(b) 拨动式

 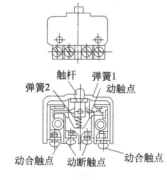

(c) 触动式

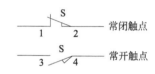

(d) 行程开关符号

图 4-21　行程开关

位置时，机械机构会触动对应位置行程开关的触杆，使动触点位移，则常开触点闭合，常闭触点断开，送出反映被监控机械设备的位置开关量。

3. 变送器

变送器是将电模拟量转换成标准电模拟量的自动化元件。现代计算机监控中，所有输入计算机监控的电模拟量必须是统一的标准电模拟量 $4\sim20\text{mA}$ 或 $0\sim5\text{V}$。由于 $0\sim5\text{V}$ 的标准电模拟量在输送的信号电缆上有电压降，会造成传输信号的失真，因此，工程中较多采用 $4\sim20\text{mA}$ 的标准电模拟量。由于大部分需要传送的电模拟量有强有弱、有大有小，是不标准的电模拟量，所以需要用变送器将其转换成统一的 $4\sim20\text{mA}$ 的标准电模拟量。

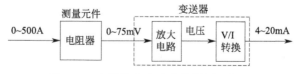

图 4-22　电阻直流电流变送器原理框图

（1）直流电流变送器　在励磁一次系统图可知，测量元件电阻器 1FL 将 $0\sim500\text{A}$ 的励磁电流 I_L 转换成 $0\sim75\text{mV}$ 的直流电压。励磁电流其实就是直流电流。图 4-22 为用电阻器测量的直流电流变送器原理框图，变送器将反应直流电流的 $0\sim75\text{mV}$ 电模拟量信号转换成 $4\sim20\text{mA}$ 的标准电模拟量信号送入计算机模拟量输入模块，可供控制或保护的测量或供显示屏的数据显示。假设被测直流电流范围 $I_L=0\sim500A$，$I_L=500A$ 时被测励磁电流最大，变送器输出电流最大，$I=4+K\times500=20(mA)$，K 为变送器的转换系数，则变送器转换系数 $K=(20-4)/500=0.032$。

当励磁电流 $I_L=0$ 时，变送器输出 $I=4+0.032\times0=4(mA)$；

当励磁电流 $I_L=100A$ 时，变送器输出 $I=4+0.032\times100=7.2(mA)$；

当励磁电流 $I_L=200A$ 时，变送器输出 $I=4+0.032\times200=10.4(mA)$；

当励磁电流 $I_L=300A$ 时，变送器输出 $I=4+0.032\times300=13.6(mA)$；

当励磁电流 $I_L=400A$ 时，变送器输出 $I=4+0.032\times400=16.8(mA)$；

当励磁电流 $I_L=500A$ 时，变送器输出 $I=4+0.032\times500=20(mA)$。

如果将测量元件更换成霍尔元件，就成为用霍尔元件测量的直流电流变送器（图4-23），简称霍尔直流电流变送器。

图 4-23　霍尔直流电流变送器原理框图　　　　　图 4-24　功率变送器原理框图

（2）功率变送器　图 4-24 为功率变送器原理框图，功率变送器将输入的六个交流量转换成一个 4~20mA 标准电模拟量。来自电流互感器 0~5A 的三相交流电流和来自电压互感器 0~100V 的三相交流电压一起送入测量元件，测量元件是三片霍尔元件，霍尔元件将输入的六个交流量转换成一个正比于三相交流功率的霍尔直流电压，再由变送器转换成 4~20mA 的标准电模拟量。功率变送器有有功功率变送器和无功功率变送器两种，图 4-25 为有功功率变送器。假设被测三相有功功率范围 $P=0\sim8000kW$，$P=8000kW$ 时被测三相有功功率最大，变送器输出电流最大，$I=4+K\times8000=20(mA)$，K 为变送器的转换系数，则变送器转换系数 $K=(20-4)/8000=0.002$。

当有功功率 $P=0$ 时，变送器输出 $I=4+0.002\times0=4(mA)$；

图 4-25　有功功率变送器

当有功功率 $P=2000kW$ 时，变送器输出 $I=4+0.002\times2000=8(mA)$；

当有功功率 $P=4000kW$ 时，变送器输出 $I=4+0.002\times4000=12(mA)$；

当有功功率 $P=6000kW$ 时，变送器输出 $I=4+0.002\times6000=16(mA)$；

当有功功率 $P=8000kW$ 时，变送器输出 $I=4+0.002\times8000=20(mA)$。

水电厂利用霍尔元件的常见变送器有直流电流变送器、直流电压变送器、交流电流变送器、交流电压变送器、有功功率变送器和无功功率变送器等。

4. 传感器

传感器是将非电模拟量转换成电模拟量的自动化元件。传感器由测量元件与测量电路组成，测量元件对非电模拟量进行采集，将被测量的非电模拟量转换成测量元件的电阻或电容等电参数的变化，再由测量电路把测量元件的非电模拟量参数变化转换成电模拟量信号。常见的测量元件有压敏元件、热敏元件、光敏元件等，常见的测量电路是惠斯通电桥。水电厂应用最多的是压力传感器、液位传感器和温度传感器。由于测量元件的性能不同，将非电模拟量转换成模拟量有强有弱，有大有小，因此现代传感器内都有将非标准电模拟量转换成4～20mA标准电模拟量的变送器，尽管现代传感器都是将非电量转换成4～20mA标准电模拟量，但是称其为变送器不是很严格，建议称其为非电量变送器比较合适。

（1）压力传感器（压力变送器）　压力传感器的测量元件有压阻式和电容式两大类型。压阻式有硅压阻式（精度0.15%）和陶瓷压阻式（精度0.35%）两种；电容式有陶瓷电容式（精度0.25%）和差动电容式（精度0.25%）两种。其中硅压阻式应用最广泛。图4-26是装有压敏元件的探头，压敏元件通过导线连接在惠斯通电桥四个臂的其中一个臂上，当被测压力作用在探头不锈钢膜片上时，通过不锈钢膜片与压敏元件之间灌充的硅油，把压力传递到压敏元件上，使压敏元件的电阻值或电容量发生变化，惠斯通电桥输出的电流信号也发生变化，而且输出电信号与作用压力有着良好的线性关系，所以可以实现对压力的准确测量。

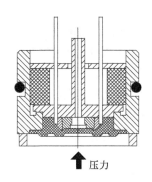

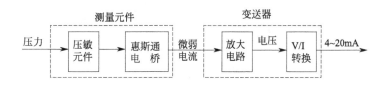

图 4-26　压力传感器探头　　　　　图 4-27　压力传感器原理框图

压阻式压力传感器利用压敏元件的电阻值与压力之间的压阻效应，压容式压力传感器利用压敏元件的电容量与压力之间的压容效应，作为测量压力的压敏元件，成功实现了压力与电阻值或压力与电容量的转换。

图 4-27 为压力传感器原理框图。压力传感器由测量器件和变送器组成，测量器件将压力信号转换成很微弱并且不标准的电模拟量，变送器将不标准的微弱电模拟量转换成4～20mA的标准电模拟量信号。假设被测压力范围 $P=0～0.8$ MPa，$P=0.8$ MPa 时被测压力最高，压力变送器输出电流最大，$I=4+K\times0.8=20$ (mA)，K 为变送器的转换系数，则变送器转换系数 $K=(20-4)/0.8=20$。

当压力 $P=0$ 时，变送器输出 $I=4+20\times0=4$ (mA)；

当压力 $P=0.2$ MPa 时，变送器输出 $I=4+20\times0.2=8$ (mA)；

当压力 $P=0.4$ MPa 时，变送器输出 $I=4+20\times0.4=12$ (mA)；

当压力 $P=0.6$ MPa 时，变送器输出 $I=4+20\times0.6=16$ (mA)；

当压力 $P=0.8$ MPa 时，变送器输出 $I=4+20\times0.8=20$ (mA)。

现在的压力传感器内都设有变送器，所以工程中往往将压力传感器称为压力变送器。压力变送器用来采集调速器储能器的油压、储气罐的气压、主阀前的水压和水轮机进口断面的水压等。不同的使用场合有不同的压力测量范围，使用中的实际压力不要超出厂家规定的最高压力。

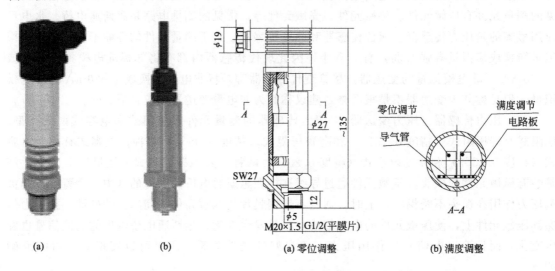

| 图 4-28 压力变送器外形图 | 图 4-29 压力变送器的零位和满度调整 |

图 4-28 为压力变送器外形图，直径 20mm 的螺纹可以直接旋紧在储能器油罐或油管上，或直接旋紧在储气罐的气罐或气管上，或直接旋紧在主阀前的压力钢管上和水轮机进口断面的蜗壳上。图 4-28(a) 为尾部接线盒式压力变送器，图 4-28(b) 为尾部电缆式压力变送器。

图 4-29 为压力变送器的零位和满度调整，头部为压力传感器，中部是变送器。头部压力探头有直径为 20mm 的螺纹（M20×1.5），尾部是变送器输出 4～20mA 信号的电缆接线盒。压力变送器输出信号电缆有二线制和三线制两大类型。其中二线制压力变送器使用最多，二线制压力变送器的电源工作电压为直流 15～30V，输出信号为 4～20mA。

所有变送器在出厂前都要进行零位调整和满度调整。下面以压力变送器调整为例进行简要介绍。假设被测压力范围 $P=0～0.8$MPa，当作用探头上的压力 $P=0$ 时，变送器输出电流应该是 $I=4$mA，如果 $I\neq4$mA，可以对变送器上的零位调整旋钮（见 A-A 剖面）进行调整。当作用在探头上的压力 $P=0.8$MPa 时，变送器输出电流应该是 $I=20$mA，如果 $I\neq20$mA，可以对变送器上的满度调整旋钮进行调整。虽然压力变送器送出的是模拟量，但是通过软件设计，可以把模拟量编程为命令，成为开关量，从而取代压力信号器。数显式压力变送器可以数字显示被测压力，从而取代电接点压力表。

（2）温度传感器（温度变送器） 热敏元件康铜丝或铂金属丝在温度发生变化时，电阻值会发生显著变化，因此是良好的热敏元件。例如图 4-30 中将装有热敏元件的探头插入轴瓦背面的瓦衬内，热敏元件通过尾部导线连接在惠斯通电桥四个臂的其中一个臂上，当轴瓦的温度发生变化时，热敏元件的电阻值也发生变化，惠斯通电桥输出的

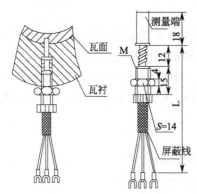

图 4-30 温度传感器探头

电流信号也发生变化，而且输出电信号与被测温度有着良好的线性关系，所以可以实现对温度的准确测量。

如果将探头悬挂在发电机空气冷却器的进口和出口处，可以测量空气冷却器的进风温度和出风温度。前面已经介绍发电机定子温度测量采用将铂电阻丝制成的热敏元件直接放在需要测温的定子铁芯与定子线包之间或线包与线包之间，将定子铁芯或线圈的温度信号转换成热敏元件的电阻值变化，将铂电阻用导线引出外面接在惠斯通电桥的一个臂上，可以测量发电机铁芯温度或线圈温度。

图 4-31 为温度传感器原理框图，温度传感器由测量器件和变送器组成，测量器件将温度信号转换成很微弱并且不标准的电模拟量，变送器将不标准的微弱电模拟量转换成 4～20mA 的标准电模拟量信号。现在的温度传感器内都设有变送器，所以工程中往往将温度传感器称为温度变送器。

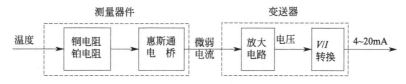

图 4-31　温度传感器原理框图

图 4-32 为插杆式温度变送器，将右边探头直接插入轴瓦体内或泡入油中，可以测量瓦温或油温。左边接线盒送出的就是 4～20mA 的标准电模拟量信号。假设被测温度范围 $t=0～80℃$，$t=80℃$ 时被测温度最高，变送器输出电流最大，$I=4+K×80=20$（mA），K 为变送器的转换系数，则变送器转换系数 $K=(20-4)/80=0.2$。

当温度 $t=0$ 时，变送器输出 $I=4+0.2×0=4$(mA)；

当温度 $t=20℃$ 时，变送器输出 $I=4+0.2×20=8$(mA)；

当温度 $t=40℃$ 时，变送器输出 $I=4+0.2×40=12$(mA)；

当温度 $t=60℃$ 时，变送器输出 $I=4+0.2×60=16$(mA)；

当温度 $t=80℃$ 时，变送器输出 $I=4+20×80=20$(mA)。

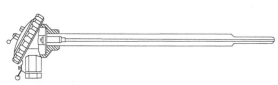
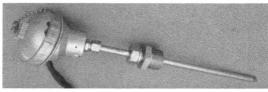

图 4-32　插杆式温度变送器

总结电流变送器、功率变送器、压力变送器和温度变送器的原理可知，测量元件将强电模拟量转换成对计算机来讲不一定标准的弱电模拟量，测量器件传感器将非电模拟量转换成对计算机来讲不一定标准的弱电模拟量，而变送器将不标准的电模拟量转换成计算机能接收的 4～20mA 标准电模拟量。

（3）液位传感器（液位变送器）　由于水下的水压力与水位成正比，因此，压力变送器不但可以进行压力测量，也可进行水位测量，液位变送器就是压力变送器在水位测量中的应用，液位变送器的结构和测量探头与压力变送器完全一样。图 4-33(a) 为液位变送器的整体图，图 4-33(b) 为探头端部剖视图。液位变送器用来对集水井的水位进行采集，使用时液位变送器的传感器探头应垂直向下自由悬挂在水中，当传感器探头在水中的位置一定时，被测水位越高，探头测得的水压力越大。

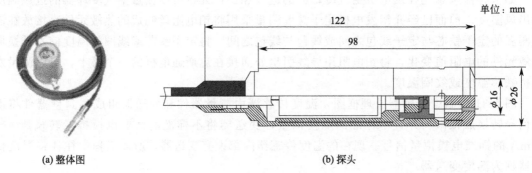

图 4-33　液位变送器

三、智能仪表

智能仪表是对非电模拟量或电模拟量进行监测、计量、显示、报警和经 RS 485 通信接口上传的多功能仪表。图 4-34 为智能仪表原理框图，图中单向箭头表示信号传递的单一方向，例如门外有人敲门，门内人只知道门外有人，但不知道门外是谁，所以这是一种信号；双向箭头表示信息双向交流，例如打电话，两人语言双向交流，所以这是一种信息。

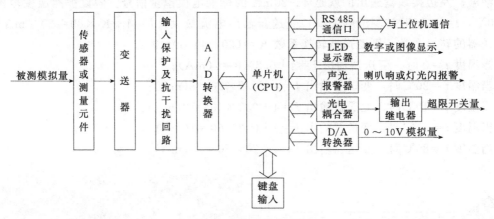

图 4-34　智能仪表原理框图

被测非电模拟量信号或强电模拟量经传感器或测量元件转换后成为弱电模拟量，弱电模拟量经变送器转换成 4～20mA 的标准电模拟量，标准电模拟量经输入保护及抗干扰回路后，由 A/D（模/数）转换器转换成数字量送入单片机。单片机中的 CPU 根据特定的软件程序对输入信号进行数据分析处理，然后经 D/A（数/模）转换器输出 0～10V 模拟量调节信号对被控对象进行调节控制，或经光电耦合器和输出继电器输出超限开关量信号对被控对象进行操作控制，或经声光报警器进行喇叭响灯光闪的超限报警，或经 LED 显示器显示数据或图像。有的智能仪表还经 RS 485 通信接口与上位机通信或传递数据。运行人员通过键盘能输入指令或查看数据。智能仪表的工作流程和工作方式全部由预先编制好的程序决定。水电厂常见的智能仪表有电气式转速信号装置、温度巡检仪、综合电力测量仪和交流电能测量仪等。

1. 电气式转速信号测控装置

图 4-35 为 TDS-4338 型电气式转速信号测控装置。采用残压测频的方法测量发电机频率或转速，测频信号来自发电机机端电压互感器 1TV，机端电压在 0.2～120V 都能测频。TDS-4338 型电气式转速信号装置由适合工业自动化控制的单片机 89C52 及相应的外围芯片构成，是用于发电机的转速、转速百分比、频率测量的工业智能仪表。有七个设定转速及相应的七路继电器触点开关量输出，继电器的状态分别由仪表面板七个发光管指示，可直接设置、查看发电机的转速、转速百分比、频率、最大值。设定参数由 EEPROM 保存，具有停电保护、继电器自锁功能。

图 4-35　电气式转速信号测控装置

数据由 LED 数码管显示，能连续数字显示所测参数值，可切换显示转速、转速百分比、频率，通信接口为 RS 485。仪表采用开关电源，工作电源 DC 220V±20%。输出继电器出厂标准见表 4-1。

表 4-1　电气式转速信号器输出继电器出厂标准

功能	机组已停机	机械制动	电气制动	调速器测频投入	励磁投入	机组过速	飞逸转速
继电器	J1	J2	J3	J4	J5	J6	J7
出厂标准	0	35%	50%	80%	95%	115%	140%
可调范围	0～5%	25%～40%	40%～80%	75%～90%	85%～100%	100%～125%	130%～175%

2. 数字式温度仪

数字式温度仪分为数字式温度巡检仪和数字式温度控制仪两种。图 4-36 为数字式温度巡检仪，是一种以单片机为核心的智能仪表，可同时对发电机定子线圈温度、铁芯温度、空冷器风温、导轴承瓦温、变压器油温等十几个通道巡回检测监控。监测在－10～150℃温度范围内，具有自动判别、混合接收 Cu50（铜电阻）、Pt100（铂电阻）两种传感器信号。不同的巡检通道可以设置成相同或不同的报警值，共用 3 个三位式报警继电器。LED 循环显示被测量值、

图 4-36　数字式温度巡检仪

设定参数、巡检路数，循环显示已报警的通道，看门狗监控技术防死机，数字滤波技术增强

抗干扰能力。有 EEPROM 数据保护，所有设定参数断电时不会丢失。每路巡检显示时间在 2.0～10.0s 之间任意调整。RS 485 通信接口可与上位机通信联网。数字温度控制仪只能接收一路温度传感器，对测量点的温度超限输出一个开关量信号。

3. 综合电力测量仪

图 4-37 为 PM130E 综合电力测量仪，是具有单片机的智能仪表，能测量三相交流电压、三相交流电流、频率、功率、功率因数和电能，同时具有输出继电器供用户选用，作为报警输出或远方控制。三排发光 LED 数字显示测量数据，条形发光 LED 显示负荷百分比，LED 显示更新数据的频率可根据用户需要方便调整。标准 RS 485 通信接口支持 MODBUS 和 DNP3.0 通信协议。

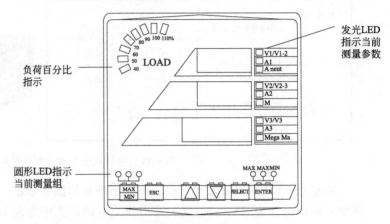

图 4-37　PM130E 综合电力测量仪

四、自动化元件应用举例

根据前面介绍的元件可以对三相异步电动机实现控制，图 4-38 为手动控制电动机的控制元件立体接线图，由控制回路和被控回路两大部分组成。图中细实线表示控制回路，粗实线表示被控回路。

1. 启动操作

手动按下启动按钮，启动按钮的常开触点闭合，控制回路电源 C 相电流经停机按钮的常闭触点、启动按钮已经闭合的常开触点、交流接触器吸合线圈、热继电器常闭触点 3 与 4，到达控制回路电源 B 相，交流接触器吸合线圈得电吸合，被控回路（主回路）三对主触点闭合，三相异步电动机启动。同时交流接触器辅助常开触点 1 与 2 闭合，此时尽管操作人员的手已经松开启动按钮，启动按钮的常开触点复归断开，但是交流接触器吸合线圈经已经闭合的辅助常开触点 1 与 2 继续得电吸合，主触点继续闭合，电动机继续转动，所以，辅助常开触点 1 与 2 是启动按钮常开触点的自保持触点。

2. 停止操作

手动按下停止按钮，停止按钮的常闭触点断开，控制回路电流中断，交流接触器吸合线圈失电释放，交流接触器复归，主触点断开，电动机停机。同时交流接触器辅助常开触点断开。此时尽管操作人员的手已经松开停止按钮，停止按钮的常闭触点复归闭合，但是交流接触器的辅助常开触点 1 与 2 处于复归断开状态，所以交流接触器吸合

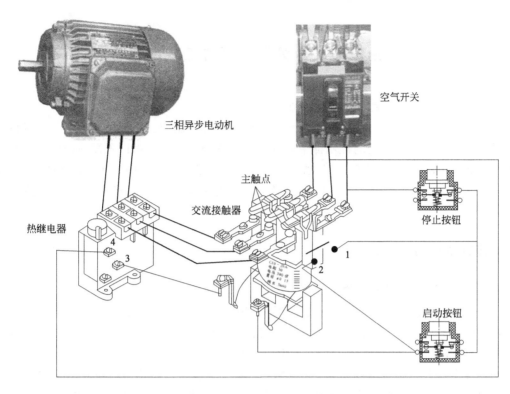

图 4-38　手动控制电动机的控制元件立体接线图

线圈继续失电。

3. 电动机过流保护

当电动机过载时，主回路电流过大，热继电器常闭触点 3 与 4 之间断开，交流接触器吸合线圈失电，交流接触器复归，主触点断开，电动机停机。

4. 电气接线原理图

工程图纸中将各种电气元件和接点用国家统一规定的符号和字母表示，使作图大为方便、简捷，这种图称电气接线原理图。图 4-39 是与图 4-38 完全对应的手动启停电动机电气接线原理图。图左边为被控回路，又称一次回路，Q 表示空气开关，KM 表示交流接触器，FR 表示热继电器，M 表示电动机。图右边为控制回路，又称二次回路，KM 表示交流接触器的吸合线圈，KM 的触点 1 与 2 表示交流接触器的辅助常开触点，FR 的触点 3 与 4 表示热继电器的常闭触点，AN_t 表示停止按钮（常闭触点），AN_q 表示启动按钮（常开触点）。在水电厂工作的人员必须学会熟练看懂电气接线原理图。

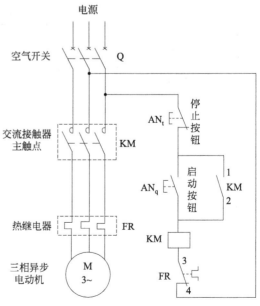

图 4-39　手动控制电动机电气接线原理图

第二节 微机励磁系统二次回路

　　励磁系统除了三相桥式晶闸管整流回路
为主的一次回路以外，还需要对励磁系统一次回路进行控制的二次回路，为了保证励磁系统控制的安全可靠，励磁系统的控制都采用双微机励磁调节器。下面以雅溪一级水电厂励磁系统为例，采用 WJL-652 型双微机励磁调节器，分别是 No.1PLC 微机励磁调节器和 No.2PLC 微机励磁调节器，两者互为备用。微机励磁系统二次回路全部安装在励磁调节屏内。

一、双微机励磁调节器

1. 微机励磁调节器的作用

　　图 4-40 为双微机励磁调节器电气原理图，因为是双微机，所以有两个一模一样的励磁调节器 PLC 模块。每一个励磁调节器 PLC 模块采用的是集开关量输入、输出，模拟量输入、输出和 CPU（中央处理器）为一体的一体式专用模块，微机励磁调节器在并网之前对输入的电网电压和机组电压的差值进行 PID 运算，并进行自动调节，对发电机电压、电流进行有差调节。PID 调节规律是自动控制中最好的一种调节规律，放在《水电厂动力设备》水轮机调节中详细介绍。

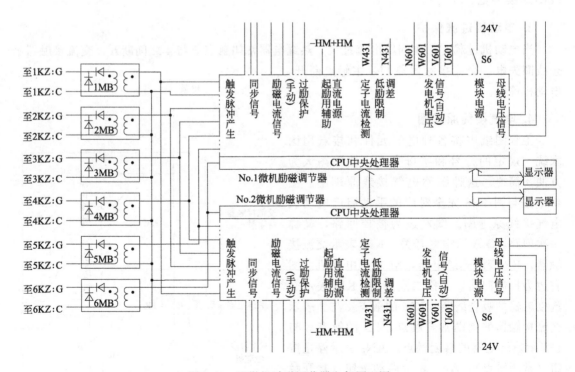

图 4-40　双微机励磁调节器电气原理图

2. 双微机调节器主从机切换

手动合上两个微机励磁调节器的两个电源开关 S6（图 4-40 和图 4-41 中 3、4），同时投入 No.1 微机励磁调节器和 No.2 微机励磁调节器。双机同时投入电源后，双微机调节器自主竞争作为主机，如果 No.1 微机励磁调节器抢先争得主机，则 No.2 微机励磁调节器自动转为从机热备用。如果 No.2 微机励磁调节器抢先争得主机，则 No.1 微机励磁调节器自动转为从机热备用。两个微机励磁调节器模块之间有相互通信，一旦主机故障，从机立即无扰动切换成为主机，故障的主机退出并报警。每一个调节器模块外接显示器（图 4-41 中 1、2）进行人机对话，运行人员可以在机旁进行指令发布和人工操作。

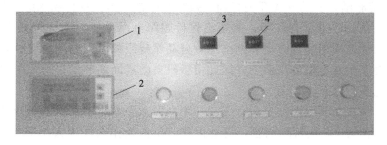

图 4-41　双微机励磁调节器显示屏

1—No.1 调节器显示器；2—No.2 调节器显示器；3,4—调节器电源开关 S6

3. 双微机励磁调节器的触发脉冲输出

从图 4-40 可知，两个完全一样的模块，一样的互感器输入交流模拟量信号（参见前面图 3-36），一样的开关量输入信号（参见后面图 4-42），一样地准备输出给晶闸管的触发脉冲，但是主机输出六路触发脉冲经六只脉冲变压器 1MB～6MB 分别送往六只晶闸管的控制极，从机只产生触发脉冲不输出，一旦主机故障退出，从机立即无扰动切换成主机，这种从机备用方式称热备用。

4. 微机励磁调节器的主要功能

① 并网前按发电机与电网之间的电压偏差进行 PID 规律调节；

② 实现多种限制保护，例如：过励限制、欠励限制、强励限制、定子电流限制和电压/频率限制；

③ 多种运行方式的选择，例如：有差运行、无差运行（单机孤网运行）、恒功率因数运行和恒无功功率运行；

④ 自诊断及自适应处理功能，故障自检和双微机调节器主机/从机自动切换；

⑤ 正常停机自动逆变灭磁。

5. 微机励磁调节器的自动控制内容

（1）起励　开机过程中，当发电机转速上升到 95％额定转速时合灭磁开关，由于此时转子还没有励磁电流，机端只有转子剩磁产生的 2～10V 左右的残压，尽管利用残压也可以建立发电机的机端电压，但需要较长时间。为了缩短开机时间，节省水能，每次合上励磁开关后，微机调节器立即发出起励指令，起励继电器作用单相交流电源投入，经二极管 2VD 单相半波整流后向转子线圈充电起励，以便缩短建立发电机机端额定电压的时间。这种建立机端初始电压的方法称"起励"或"助励"。当发电机机端电压上升达到 30％额定电压或起励时间超过 10s，微机调节器中断起励，61LC 自动断开，接下来励磁系统靠 30％额定电压自主升压。如果在 10s 内，机端电压未达到 30％额定电压，则报警显示起励失败，由运行人员检查起励电源，人工手动发起励指令，再次进行起励操作。

① 零起升压。当起励方式开关打到"试验"位置时，由空载模式将发电机电压或励磁电流自动升至空载最小给定值，最小值决定于晶闸管正常工作的最小阳极电压值。稳定后，由运行人员手动操作增磁按钮或旋钮逐步升高电压至需要值。

② 定值起励。起励方式开关打到"运行"位置，当执行定值起励程序时，设定机端电压定值或设定励磁电流定值，将发电机电压或励磁电流自动升至设定值。稳定后由运行人员手动操作增磁、减磁按钮或旋钮调整电压至需要值。

③ 跟踪系统起励。起励方式开关打到"跟踪"位置，当执行自动跟踪电网电压程序时，自动升至电网电压，尽管没有并网，但始终保持跟踪电网电压，这样可减少发电机并网时间。由于微机自动准同期装置自动并网前也有自动保持跟踪电网电压，两者同时自动跟踪电网电压，反而会产生发电机电压波动，因此用微机自动准同期装置自动并网时，建议切除励磁系统的电网电压跟踪。

（2）停机　停机令到或断路器跳，无功功率立即减至零，若断路器跳开且停机令到，则令励磁电流给定值为 0，关断晶闸管，自动灭磁。正常操作顺序为人工减无功功率至零后，跳断路器，然后发停机令，完成停机过程。

（3）空载运行

① 跟踪电网电压模式：当发电机断路器对侧有电压时，可投自动电压跟踪模式，这时机端电压自动跟踪电网电压，以加快并网过程。跟踪电网电压模式时，若电网电压超差（＞110％），则自动转为设定电压模式运行。当电网侧无电压时只能跟踪给定值起励。

② 设定机端电压模式：起励至设定值，若发电机电压与电网电压不符，则由人工改变电压给定值，励磁系统将跟踪新的给定值。

③ 设定励磁电流模式：起励至设定值，由人工改变励磁电流给定，励磁系统将跟踪新的给定值。由于是励磁电流的闭环，对于电压相当于开环。

（4）负载运行

① 恒压调差模式：按一定调差率完成无功功率调节，适用于单机带孤网和机组在电网中担任调压任务，作用于较重要的机组。

② 恒励磁电流模式：保持励磁电流恒定，适用于大电网中作用不太重要的机组。恒励磁电流方式运行时，当线路甩负荷，机端电压大于 115％时，自动切换到恒压调差方式运行，以稳定机组电压水平。

（5）手动调节　手动调节为恒导通角方式，常用于自动故障、试验，导通角可全范围调节。断路器跳开时，若励磁电流大于空载额定电流时，自动灭磁。

（6）无扰动切换　当手动运行时，自动跟踪手动，保证手动切换自动时的无扰动切换。运行方式的切换也是如此，相互跟踪，做到无扰动切换。

（7）风机控制

① 手动投风机方式：由人工切投风机。

② 自动投风机方式：励磁电流＞10％或断路器合，投入风机；励磁电流＜10％且断路器分，退出风机。

③ 故障判断：当机端电源＞60％时，判断风机是否投入，若风机没有投入或风机故障，则报警，此时应检查风机电源 AC220V 是否正常，接触器是否动作。

(8) 微机励磁调节器的保护限制

① 最小励磁电流瞬时限制。发电机运行在电压波动较大的电网中时，有了最小励磁电流瞬时限制可避免电压升高时的强减失磁，励磁不足将造成发电机由功率因素滞后变为超前，发电机由向系统送出无功功率变成从系统吸收无功功率，即进相运行。一般的发电机厂家规定不允许进相运行，若进相过大将破坏静态稳定和使发电机端部过热，采用限制负载运行时励磁电流最小值方式，限制瞬时动作。整定值通常为 0.8 倍空载额定励磁电流。

② 最大励磁电流瞬时限制。限制负载时的励磁电流最大值，防止超过设计允许的强励倍数，避免励磁功率部分及发电机转子超限运行而损坏。当励磁电流超过最大值时，限制瞬时动作，立即减少励磁调节器的输出，迫使励磁功率部分迅速减少励磁电流，当励磁电流小于限制值时，限制解除。限制整定值通常为 1.7～2.0 倍额定励磁电流值。

③ 反时限过励磁电流限制。此限制用于防止发电机转子绕组因长时间过流而过热，为反时限特性，即按发电机转子允许发热极限曲线对发电机转子电流进行限制，并在电力系统故障时提供足够的强励能力。发电机转子绕组及励磁功率单元的长期工作电流通常是按额定励磁电流的 1.1 倍设计的，故当励磁电流 I_L 超过额定的 1.1 倍时称为过励，启动热积分器，当励磁热容量超过励磁绕组允许热容量时限制器动作，将发电机励磁电流调节至长期运行允许值 1.1 倍以下。

④ 功率柜故障励磁电流限制。当发生快熔器熔断、风机停风等功率柜故障时，限制功率部分最大出力，以避免发生过载而扩大故障。整定值通常为 0.7 倍额定励磁电流。

⑤ 伏赫（V/F）限制。发电机机端电压不但与转子励磁电流成正比，还与发电机转速（频率）成正比。当发电机转速过低时，为维持发电机机端电压，励磁电流势必自动增大，这就可能出现过励。

发电机运行时，发电机机端电压与频率的比值有一个安全工作范围，当 V/F 比值过高，意味着发电机频率过低、励磁电流过大，容易导致发电机发生磁饱和，造成铁芯过热。因此当伏赫比超过安全范围时，必须控制发电机端电压随发电机频率变化，维持 V/F 值在安全范围内，伏赫限制通常取伏赫比为 1.1。这样发电机频率降低时，机端电压随之降低，避免励磁电流过度升高。当频率小于低频逆变整定值（40Hz 或 45Hz）时，励磁系统不再维持机端电压，自动灭磁。

⑥ 空载过压保护。空载时，无论何种原因引起发电机定子过压，立即动作于跳灭磁开关，保护发电机定子绝缘的安全。主要为防止相位错乱，万一出现的晶闸管失控引起的过电压。整定值通常为 1.3 倍额定电压值。

⑦ 空载过励保护。空载时限制励磁电流在额定转速下的空载额定励磁电流附近，励磁电流过大时，空载过励电流保护动作，跳灭磁开关，保护发电机定子绝缘的安全。整定值通常为 0.7 倍额定励磁电流值。

⑧ PT 断线诊断及处理。采用双 PT（电压互感器）比较法判断 PT 断线，即同时测量机端 PT（1TV）和励磁配套 PT（2TV），正常情况下，两个测量值应该基本相同，若测量值相差太大，则判断输出低的 PT 断线。机端 PT 断线仅报警，励磁配套 PT 断线则切至恒励磁电流运行并报警，避免由此发生的误强励事故。

⑨ 同步断线诊断及处理。励磁装置从励磁变压器低压侧采集三相同步信号，但仅使用

一相用于工作同步，在发生同步断线时，自动切至另一相同步信号工作，故一相同步断线不会影响励磁系统的正常运行。

二、双微机励磁调节器的开关量输入回路

双微机励磁调节器同时输入的交流模拟量信号在励磁一次回路中已经介绍，下面介绍双微机励磁调节器的开关量输入信号。图 4-42 为双微机励磁调节器 PLC 模块开关量输入回路，双微机励磁调节器 PLC（可编程控制器）开关量输入回路 9 个开关量输入信号中有 5 个来自机组 LCU（机组现地控制单元）屏柜 PLC 开关量输出回路，有 2 个来自机组 LCU 屏柜柜面的手动准同期电压调整操作开关。有 2 个来自微机自动准同期装置的开关量输出回路。图中 5 个中间继电器 KA413、KA417、KA415、KA416、KA428 的控制回路的线圈和被控回路的触点都在机组 LCU 屏柜内的 PLC 开关量输出回路的继电器内，但 5 个中间继电器输出的开关量触点所在的被控回路在励磁屏柜内的励磁开关量输入回路，显然在机组 LCU 屏柜与励磁屏柜之间起码需要敷设 5 对回路线电缆。为此在开关量输入回路图上用虚线框表示这些开关量输入触点不在这里，但回路在这里，同时在虚线框边上必须标注这些开关量触点来自何方。这是初学者首次进行开关量输入回路读图时必须体会和知道的，后面不再专门介绍。

尽管所有输入的开关量同时送入双微机 No.1 和 No.2，但是正在工作的主机 No.1 经 CPU 处理后有晶闸管触发脉冲输出，作为热备用的从机 No.2 经 CPU 处理后没有晶闸管触发脉冲输出，但时刻准备由从机切换成主机，从而保证这种切换是无扰动切换。光电耦合器输入是开关量，输出也是开关量，用光电耦合器将直流 220V 的强电控制母线（+KM）电压与直流 24V 的弱电控制母线电压在电气上进行隔离，保证微机励磁调节器的安全。所有

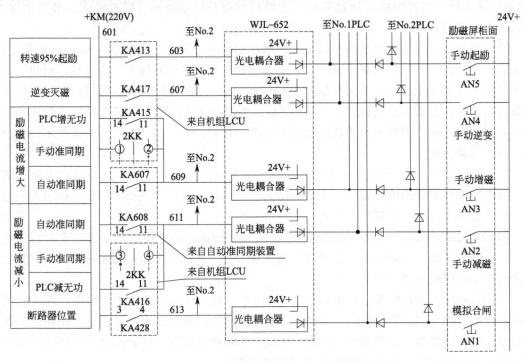

图 4-42　双微机励磁调节器 PLC 开关量输入回路

二极管保证开关量信号只能正向通行，防止其它开关量反向倒灌。图右边为励磁屏柜柜面的5个手操作按钮 AN1～AN5，运行人员在励磁屏柜旁可输入5个手动操作开关量。

1. 来自机组 LCU 的开关量

KA413 为机组 LCU 的开关量输出继电器，当机组转速上升到额定转速的 95% 时，输出继电器在回路 603 的常开触点 KA413 闭合，同时向 No.1 微机励磁调节器和 No.2 微机励磁调节器两个光电耦合器输入开关量信号，分别经光电耦合器电气隔离后，向两个微机励磁调节器输入开关量信号，告知两个微机励磁调节器，进行发电机的自动起励升压，但只有主机 No.1 微机励磁调节器有输出执行，从机 No.2 微机励磁调节器热备用无输出。

KA417 为机组 LCU 的开关量输出继电器，当机组转速下降到额定转速的 95% 时，输出继电器在回路 607 的常开触点 KA417 闭合，同时向 No.1 微机励磁调节器和 No.2 微机励磁调节器两个光电耦合器输入开关量信号，分别经光电耦合器电气隔离后，向两个微机励磁调节器输入开关量信号，告知两个微机励磁调节器，改变晶闸管导通角，使晶闸管进入正常停机的逆变灭磁，但只有主机 No.1 微机励磁调节器有输出执行，从机 No.2 微机励磁调节器热备用无输出。

KA415 为机组 LCU 的开关量输出继电器，并网后运行人员用键盘输入需要带的无功功率数值时，或运行中运行人员用键盘输入需要增加后的无功功率数值时（例如，原先发电机无功出力是 1500kVar，现在键盘输入 2000kVar），输出继电器在回路 609 的常开触点 KA415 闭合，同时向 No.1 微机励磁调节器和 No.2 微机励磁调节器两个光电耦合器输入开关量信号，分别经光电耦合器电气隔离后，向两个微机励磁调节器输入开关量信号，告知两个微机励磁调节器改变晶闸管导通角，使晶闸管增大输出励磁电流，发电机无功功率出力增大，但只有主机 No.1 微机励磁调节器有输出执行，从机 No.2 微机励磁调节器热备用无输出。

KA416 为机组 LCU 的开关量输出继电器，运行中运行人员用键盘输入需要减少后的无功功率数值时（例如原先发电机无功出力是 2000kVar，现在键盘输入 1500kVar），输出继电器在回路 611 的常开触点 KA416 闭合，同时向 No.1 微机励磁调节器和 No.2 微机励磁调节器两个光电耦合器输入开关量信号，分别经光电耦合器电气隔离后，向两个微机励磁调节器输入开关量信号，告知两个微机励磁调节器改变晶闸管导通角，使晶闸管减小输出励磁电流，发电机无功功率出力减小，但只有主机 No.1 微机励磁调节器有输出执行，从机 No.2 微机励磁调节器热备用无输出。

KA428 为机组 LCU 的开关量输出继电器，当发电机断路器在合闸位置时，输出继电器回路 613 的常开触点 KA428 闭合，同时向 No.1 微机励磁调节器和 No.2 微机励磁调节器两个光电耦合器输入开关量信号，分别经光电耦合器电气隔离后，向两个微机励磁调节器输入开关量信号，告知两个微机励磁调节器，发电机断路器在合闸位置，允许增大励磁电流，增加发出无功功率（否则发电机过电压）。

2. 来自手动准同期的开关量

2KK 为机组 LCU 屏柜柜面上的手动准同期电压调整开关，2KK 是一个有两个胶木盒、有复位弹簧的三位组合开关。在中间"切除"位时，所有触点断开。手柄转 +45° 在"升压"位置时，胶木盒 2 的触点 3 与 4 断开，胶木盒 1 的触点 1 与 2 闭合，同时向 No.1 微机励磁调节器和 No.2 微机励磁调节器两个光电耦合器输入开关量信号，分别经光电耦合器电气隔离后，向两个微机励磁调节器输入开关量信号，告知两个微机励磁调节器，改变晶闸管导通角，使晶闸管增大输出励磁电流，发电机端电压上升，但只有主机 No.1 微机励磁调节器有输出执行，从机 No.2 微机励磁调节器热备用无输出，手松开手柄后自动复归到"切除"位置。手柄转 $-45°$ 在"减压"位置时，胶木盒 1 的触点 1 与 2 断开，胶木盒 2 的触点 3 与 4 闭合，同时向 No.1 微机励磁调节器和 No.2 微机励磁调节器两个光电耦合器输入开关量信号，分别经光电耦合器电气隔离后，向两个微机励磁调节器输入开关量信号，告知两个微机励磁调节器，改变晶闸管导通角，使晶闸管减小输出励磁电流，发电机端电压减小，但只有主机 No.1 微机励磁调节器有输出执行，从机 No.2 微机励磁调节器热备用无输出，手松开手柄后自动复归到"切除"位置。一般采用手柄一转、一松、一转、一松的断续点动升压、减压方法对电压进行调整。

3. 来自自动准同期的开关量

KA607、KA608 为自动准同期装置的两个开关量输出继电器，一旦投入自动准同期装置后，两个输出继电器在回路 609 的常开触点 KA607 和回路 611 的常开触点 KA608 轮流点动闭合，同时向 No.1 微机励磁调节器和 No.2 微机励磁调节器两个光电耦合器输入开关量信号，分别经光电耦合器电气隔离后，向两个微机励磁调节器输入开关量信号，告知两个微机励磁调节器，改变晶闸管导通角，使晶闸管增加或减少输出励磁电流，自动调整发电机机端电压，使发电机机端电压始终跟踪电网电压，但只有主机 No.1 微机励磁调节器有输出执行，从机 No.2 微机励磁调节器热备用无输出。

4. 来自励磁屏柜面按钮的开关量

由于 AN1～AN5 五个按钮的操作电源来自 24V 的控制母线，因为电源电压较低，送出的开关量不需要经过光电耦合器进行电气隔离。

AN5 为手动起励按钮，当手动按下按钮时，同时向 No.1 微机励磁调节器和 No.2 微机励磁调节器输入开关量信号，告知两个微机励磁调节器，进行发电机的起励升压，但只有主机 No.1 微机励磁调节器有输出执行，从机 No.2 微机励磁调节器热备用无输出。

AN4 为手动逆变灭磁按钮，当发电机断路器跳闸正常停机，转速下降到 95% 时，手动按下按钮时，同时向 No.1 微机励磁调节器和 No.2 微机励磁调节器输入开关量信号，告知两个微机励磁调节器，改变晶闸管导通角，使晶闸管进入正常停机的逆变灭磁，但只有主机 No.1 微机励磁调节器有输出执行，从机 No.2 微机励磁调节器热备用无输出。

AN3 为手动增磁按钮，当手动按下按钮时，同时向 No.1 微机励磁调节器和 No.2 微机励磁调节器输入开关量信号，告知两个微机励磁调节器，改变晶闸管导通角，使晶闸管增大输出励磁电流，发电机无功功率出力增大，但只有主机 No.1 微机励磁调节器有输出执行，从机 No.2 微机励磁调节器热备用无输出。

AN2 为手动减磁按钮，当手动按下按钮时，同时向 No.1 微机励磁调节器和 No.2 微机励磁调节器输入弱电开关量信号，告知两个微机励磁调节器，改变晶闸管导通角，使晶闸管减小输出励磁电流，发电机无功功率出力减小，但只有主机 No.1 微机励磁调节器有输出执行，从机 No.2 微机励磁调节器热备用无输出。

一般不允许在励磁屏柜柜面上手动操作 AN1～AN5 按钮，AN1～AN5 主要是励磁系统调试时，人为发出调试需要的开关量，AN1 可以在励磁系统调试时，人为发出发电机断路器在合闸位置的开关量。

三、双微机励磁调节器开关量的输出回路

图 4-43 为双微机励磁调节器 PLC 开关量输出回路图。因为是双微机，所以有一模一样的两个开关量输出模块。尽管任何时候两台微机励磁调节器输入相同的信号，两个 CPU 同时在工作，但是作为主机的微机励磁调节器有开关量输出，作为从机的微机励磁调节器没有开关量输出。一旦主机故障，立即切换到从机工作，这样才能保证这种切换是无扰动切换。

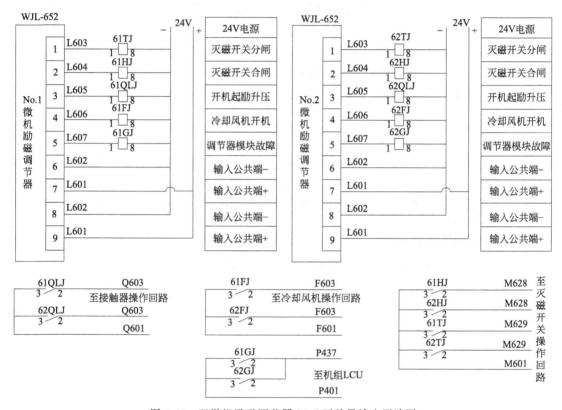

图 4-43 双微机励磁调节器 PLC 开关量输出回路图

每个微机励磁调节器有 5 个开关量输出继电器（中间继电器），输出继电器的 5 个开关量触点分别送往 5 个不同的被控回路。5 个开关量输出继电器控制回路的线圈和被控回路的开关量触点都在双微机励磁屏柜内的 PLC 开关量输出回路的继电器内，但 5 个输出继电器输出的开关量触点所在的被控回路在 5 个其它不同回路或其它屏柜的开关量输入回路，显然在励磁屏柜与其它回路或其它屏柜之间起码需要敷设 5 对回路线。为了读图方便，必须在开关量输出回路图下面用图示注明这些开关量输出继电器的开关量触点去向何方及回路号。例如，开关量输出继电器的开关触点 61GJ 送往机组 LCU 回路号为 P437 开关量输入回路，这是初学者首次进行开关量输出回路读图时必须体会和知道的，后面不再专门介绍。

1. 送往起励接触器的开关量

No. 1 微机励磁调节器作为主机时，回路 L605 输出高电位（从机 No. 2 微机励磁调节器

回路 L605 无输出），输出继电器 61QLJ 线圈得电，在起励接触器操作回路中的回路 Q603 的常开触点 61QLJ 闭合，由 No.1 微机励磁调节器通过起励接触器对发电机进行起励升压。

No.2 微机励磁调节器作为主机时，回路 L605 输出高电位（从机 No.1 微机励磁调节器回路 L605 无输出），输出继电器 62QLJ 线圈得电，在起励接触器操作回路中的回路 Q603 的常开触点 62QLJ 闭合，由 No.2 微机励磁调节器通过起励接触器对发电机进行起励升压。

2. 送往冷却风机的开关量

No.1 微机励磁调节器作为主机时，回路 L606 输出高电位（从机 No.2 微机励磁调节器回路 L606 无输出），输出继电器 61FJ 线圈得电，在冷却风机控制回路中的回路 F603 的常开触点 61FJ 闭合，冷却风机接触器线圈得电，由 No.1 微机励磁调节器启动冷却风机，对晶闸管进行通风冷却。

No.2 微机励磁调节器作为主机时，回路 L606 输出高电位（从机 No.1 微机励磁调节器回路 L606 无输出），输出继电器 62FJ 线圈得电，在冷却风机控制回路中的回路 F603 的常开触点 62FJ 闭合，冷却风机接触器线圈得电，由 No.2 微机励磁调节器启动冷却风机，对晶闸管进行通风冷却。

3. 送往灭磁开关操作回路的开关量

No.1 微机励磁调节器作为主机时，回路 L604 输出高电位（从机 No.2 微机励磁调节器回路 L604 无输出），输出继电器 61HJ 线圈得电，灭磁开关操作回路中的回路 M628 的常开触点 61HJ 闭合，灭磁开关合闸接触器线圈得电，由 No.1 微机励磁调节器通过合闸接触器操作灭磁开关合闸。

No.2 微机励磁调节器作为主机时，回路 L604 输出高电位（从机 No.1 微机励磁调节器回路 L604 无输出），输出继电器 62HJ 线圈得电，灭磁开关操作回路中的回路 M628 的常开触点 62HJ 闭合，灭磁开关合闸接触器线圈得电，由 No.2 微机励磁调节器通过合闸接触器操作灭磁开关合闸。

No.1 微机励磁调节器作为主机时，回路 L603 输出高电位（从机 No.2 微机励磁调节器回路 L603 无输出），输出继电器 61TJ 线圈得电，灭磁开关操作回路中的回路 M628 的常开触点 61TJ 闭合，灭磁开关跳闸线圈得电，由 No.1 微机励磁调节器操作灭磁开关跳闸。

No.2 微机励磁调节器作为主机时，回路 L603 输出高电位（从机 No.1 微机励磁调节器回路 L603 无输出），输出继电器 62TJ 线圈得电，灭磁开关操作回路中的回路 M628 的常开触点 62TJ 闭合，灭磁开关跳闸线圈得电，由 No.2 微机励磁调节器操作灭磁开关跳闸。

4. 送往机组 LCU 的开关量

No.1 微机励磁调节器作为主机时，回路 L607 输出高电位（从机 No.2 微机励磁调节器回路 L607 无输出），输出继电器 61GJ 线圈得电，机组 LCU 开关量输入回路中的回路 P437 的常开触点 61GJ 闭合，由 No.1 微机励磁调节器告知机组 LCU，No.1 微机励磁调节器发生故障。

No.2 微机励磁调节器作为主机时，回路 L607 输出高电位（从机 No.1 微机励磁调节器回路 L607 无输出），输出继电器 62GJ 线圈得电，机组 LCU 开关量输入回路中的回路 P437 的常开触点 62GJ 闭合，由 No.2 微机励磁调节器告知机组 LCU，No.2 微机励磁调节器发生故障。

由于微机励磁调节器发生故障的两路信号常开触点 61GJ 和常开触点 62GJ 并联共用一

条信号电缆 P437，由此产生的不足之处是机组 LCU 收到故障信号后，只知道两个微机励磁调节器中有一个发生故障，但无法判断是哪一个微机调节器发生故障。

四、快熔发信器信号回路

在三相桥式晶闸管整流一次回路中的晶闸管过电流保护元件为快熔发信器，当过电流快熔发信器熔断时，快熔发信器的微动开关触点动作，发出熔断器熔断的开关量信号。图 4-44 为快熔发信器信号回路，6 个快熔发信器微动开关触点 11RD~16RD 并联后与继电器 61RDJ 串联，任何一个快熔发信器过电流熔断时，快熔发信器在回路 R603 中六个并联触点 11RD~16RD 中对应的常开触点闭合，继电器 61RDJ 线圈得电，继电器 61RDJ 线圈得电，在灭磁开关操作回路中的回路 M629 的常开触点 61RDJ 闭合，作用灭磁开关跳闸；在机组 LCU 开关量输入回路中的回路 P438 的常开触点 61RDJ 闭合，告知机组 LCU，晶闸管熔断器熔断。

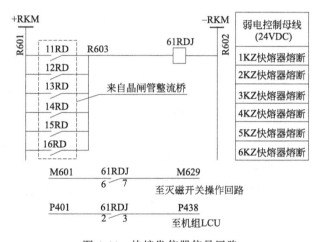

图 4-44 快熔发信器信号回路

五、起励操作回路

图 4-45 为起励操作回路，操作回路的电源 1L1-N 为 220V 的单相交流电。当开机转速上升到 95％时，No.1 微机励磁调节器作为主机的话，常开触点 61QLJ 闭合，62QLJ 不动作；No.2 微机励磁调节器作为主机的话，常开触点 62QLJ 闭合，61QLJ 触点不动作。

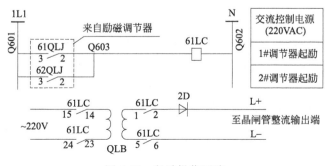

图 4-45 起励操作回路

Q603 回路的起励接触器 61LC 线圈得电,起励变压器 QLB 原、副边励磁接触器 61LC 的主触点 15 与 14、24 与 23、1 与 2、5 与 6 四对同时闭合,来自交流厂用电的 220V 的单相交流电经起励变压器降压后,再经二极管 2D 单相半波整流,送至晶闸管整流输出端 L+、L-,对发电机转子进行开机后的起励升压,当发电机机端电压上升到额定电压的 30% 或起励时间超过 10s 后,微机励磁调节器中断起励,起励接触器主触点断开,发电机转为晶闸管自主升压。

六、灭磁开关操作回路

图 4-46 为灭磁开关操作回路图,跳闸线圈 TQ 的工作电源是控制母线±KM,因为合闸线圈 MK 的电流比跳闸线圈的电流大得多,为了防止合闸时冲击电流对控制母线产生电压波动,合闸线圈的工作电源采用合闸母线±HM,灭磁开关自动操作机构为通脉冲电流的双线圈操作机构,合闸线圈 MK 属于吸合线圈,跳闸线圈 TQ 属于脱钩线圈。

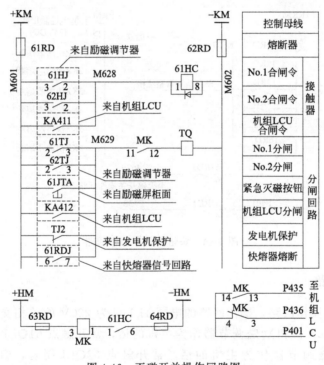

图 4-46 灭磁开关操作回路图

1. 合闸回路

当 No.1 微机励磁调节器作为主机送来灭磁开关合闸命令时,常开触点 61HJ 闭合,62HJ 触点不动作;当 No.2 微机励磁调节器作为主机送来灭磁开关合闸命令时,常开触点62HJ 闭合,61HJ 触点不动作。当机组 LCU 送来灭磁开关合闸命令时,常开触点 KA411 闭合;这三个并联常开触点中任何一个触点闭合都会使回路 M628 的合闸接触器 61HC 控制线圈得电,合闸接触器 61HC(用 KM 直流电,所以是直流接触器)合闸,61HC 的三对主触点闭合,但只有一对主触点 1 与 6 接在灭磁开关合闸回路,另两对主触点空置不用,在合闸母线 HM 的灭磁开关 MK 线圈得电,灭磁开关合闸。与此同时,灭磁开关 MK 的三对辅助触点同时动作,在机组 LCU 开关量输入 P435 回路的 MK 常开辅助触点 13 与 14 闭合,

P436 回路的 MK 常闭辅助触点 3 与 4 断开（多此一举），告知机组 LCU 灭磁开关在合闸位置；在灭磁开关跳闸回路 M629 的 MK 常开辅助触点 11 与 12 闭合，为灭磁开关跳闸做好准备。

如果将灭磁开关合闸线圈 MK 直接放在 M628 回路中，取消合闸接触器 61HC 的话，灭磁开关照样可以正常合闸。但是由于灭磁开关合闸线圈 MK 的电流比较大，合闸时对控制母线 KM 电压冲击大，同时在三个并联常开触点动作时会出现电弧，烧蚀触点。

2. 事故跳闸回路

当 No.1 微机励磁调节器作为主机送来灭磁开关跳闸命令时，常开触点 61TJ 闭合，62TJ 触点不动作；当 No.2 微机励磁调节器作为主机送来灭磁开关跳闸命令时，常开触点 62TJ 闭合，61TJ 触点不动作。当运行人员需要紧急灭磁时，手动按下励磁屏柜面上的紧急灭磁按钮，常开触点 61JTA 闭合；当机组 LCU 要求灭磁开关跳闸时，常开触点 KA412 闭合；当继电保护作用发电机断路器事故跳闸时，要求灭磁开关立即跳闸，保护输出常开触点 TJ2 闭合；当晶闸管整流桥任何一个快熔器熔断时，常开触点 61RDJ 闭合；这六个并联的常开触点中任何一个闭合，都会使得回路 M629 的灭磁开关跳闸线圈 TQ 得电，灭磁开关跳闸。与此同时，灭磁开关在二次回路的三个辅助触点全部复归，其中灭磁开关送往机组 LCU 开关量输入回路 P435 的 MK 常开辅助触点 13 与 14 断开，回路 P436 的 MK 常闭辅助触点 3 与 4 闭合（多此一举），告知机组 LCU 灭磁开关在跳闸位置；在灭磁开关跳闸回路 M629 的 MK 常开辅助触点 11 与 12 断开，跳闸线圈 TQW 失电。取消灭磁开关跳闸回路的 MK 常开辅助触点 11 与 12 的话，灭磁开关跳闸回路照样可以正常工作，但是跳闸线圈 TQ 的工作电流肯定比合闸接触器 61HC 大，在跳闸回路 M629 设置了灭磁开关 MK 常开辅助触点 11 与 12，保证灭磁开关一跳闸，跳闸线圈 TQ 立即失电，防止跳闸线圈长时间通电发热。

第三节　微机同期装置

如果断路器两侧是两个独立的交流电源的话，合闸前必须进行同期操作才能合闸并网。发电厂同期操作的任务是调整发电机的电压、频率和相位，使发电机或发电厂的电压、频率和相位与电网的电压、频率和相位一致，再将断路器合闸并入电网。非同期合闸的后果是电网对发电机强大的冲击电流，造成发电机等设备损坏及电网剧烈波动。微机同期装置及二次回路安装在机组 LCU 屏柜内。

一、水电厂电气设备的同期点

需要进行同期操作后才能合闸的断路器称"同期点"，水电厂电气设备的同期点有发电机断路器同期点和线路断路器同期点两类。由于主变压器高压侧断路器将电能送到变电所的专用线路，主变压器高压侧断路器又称线路断路器。

（1）发电机断路器　正常开机时都是先将主变压器高、低压侧断路器合闸，此时的主变低压侧母线经主变压器、主变高压侧母线与电网连接，此时的主变低压侧母线电压代表电网电压。然后再启动机组并将发电机升压，发电机电压代表待并电压。此时的发电机断路器两侧是两个独立的交流电源，因此发电机断路器合闸并网前必须进行同期操作，工程中称发电机同期操作。发电厂大部分是发电机同期操作。

（2）线路断路器 机组正常运行时线路发生短暂故障，造成主变高压侧断路器跳闸，发电机甩负荷但发电机断路器没有跳闸（很少出现），发电机和主变都有电压。线路短暂故障消失后，为了稳定电网，必须迅速恢复发电机向电网供电，这时只有在主变高压侧断路器处进行手动准同期并网操作。此时的主变压器高压侧电压代表待并电压，主变高压侧母线代表电网电压，线路断路器两侧是两个独立的交流电源，此时线路断路器合闸前必须进行同期操作。

二、同期操作方式

水电厂的同期操作方式有手动准同期和自动准同期两种，现代水电厂的自动准同期都采用微机自动准同期。发电机断路器的同期操作既有手动准同期装置又有自动准同期装置，安装在机组 LCU 屏柜中。因为只有特殊情况下才用线路断路器进行同期并网，因此线路断路器只有手动准同期装置，安装在公用 LCU（公用现地控制单元）中，不设自动准同期装置。

三、同期信号比较

同期操作时需要对同期点断路器两侧的电压、频率和相位进行比较，比较所需要的信号可以采集断路器两侧对应的单相线电压、频率和相位，也可以采集断路器两侧三相线电压、频率和相位。实际中大都采集断路器两侧对应的 A、B 两相之间的单相线电压、频率和相位进行比较。

四、发电机同期操作

发电机同期操作又称机组同期操作，安装在机组 LCU 屏柜内的发电机同期操作装置主要由隔离变压器、微机自动准同期装置、手动准同期装置（组合同期表）和同步检查继电器组成。规定编号为"6"开头的元件和回路都是发电机同期操作元件和回路，编号为"4"开头的元件和回路都是机组 LCU 的 PLC 的外部元件和回路。

1. 发电机同期信号采集

图 4-47 为发电机同期装置模拟量输入回路，发电机机端电压互感器 1TV 代表待并侧电压，副边单相线电压经隔离变压器 GLB2 变比 1:1 隔离后，在隔离变压器 GLB2 副边得到的发电机单相线电压信号 U_{AB} 送到发电机同期母线 TQMa、TQMb。主变低压侧母线电压互感器 3TV 代表电网电压，副边单相线电压经隔离变压器 GLB1 变比 1:1 隔离后，在隔离变压器 GLB1 副边得到的电网单相线电压信号 U_{AB} 送到发电机同期母线 TQMa′、TQMb′。

（1）隔离变压器 同期隔离变压器 GLB1、GLB2 为变比 1:1 的单相变压器，在电气回路上将电压互感器回路与同期回路进行隔离，以便可以采用各自的接地，防止强电对弱电的干扰和威胁。

（2）自动准同期装置 图 4-48 为某公司生产的双微机自动准同期装置 NTQ-2000。其具有可靠、准确、快速自动准同期并网的优点；可实时地监测待并两侧的频率、电压、相位，正确地计算预合闸提前角；可以自动调节待并发电机的频率和电压，使其可以很快地进

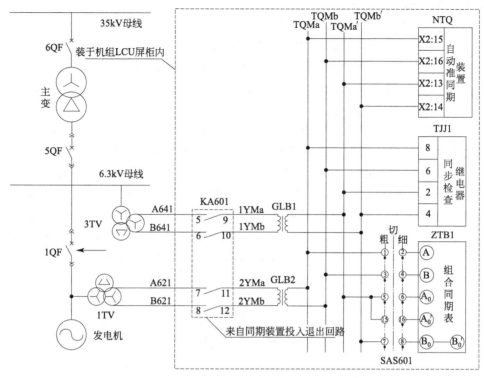

图 4-47　发电机同期装置模拟量输入回路

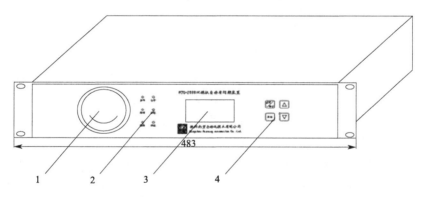

图 4-48　双微机自动准同期装置外形图

1—电子同期表；2—状态指示灯；3—液晶显示屏；4—键盘

入设定的区域，减少并网时间。

采用两个微机同时捕捉同期点，科学的计算方法，尽量少的元件和各种隔离技术，保证了装置的高可靠性。所有的参数数字式整定，参数设置按键少，操作简单。它采用液晶屏显示参数和测量结果。相位差用电子式同期表实时显示，电子式同期表与传统的机械式同期表形式非常相似，观看相位差非常方便。装置能自动调节发电机的转速和电压，使得同期速度更快。它具有保护功能，如果线路侧的电压或频率超出合格范围，装置将拒绝同期并告警。

整定频率差范围：±0.5Hz；

整定电压差范围：±10V（PT 二次侧电压）；

同期导前时间：20~900ms；

合闸精度：频差≤0.3Hz 时，相位差≤1.5°。

（3）手动准同期装置　手动准同期装置由组合同期表和同期检查继电器两部分组成。

① 组合同期表。组合同期表是在手动准同期操作时，给操作人员观看同期参数用的。图 4-49 为组合同期表 ZTB1，又称整步表，该表内部其实是三个独立的仪表组装在一起。左边为频率差表，指针指示发电机频率与电网频率差值"ΔHz"，当指针在水平线以上时，表示发电机频率高于电网频率；当指针在水平线以下时，表示发电机频率低于电网频率。当指针指在水平位置时，表示发电机频率等于电网频率。右边为电压差表，指针指示发电机电压与电网电压差值"ΔV"，当指针在水平线以上时，表示发电机电压高于电网电压；当指针在水平线以下时，表示发电机电压低于电网电压。当指针指在水平位置时，表示发电机电压等于电网电压。中间为相位差表，指针 S 转动表示发电机相位与电网相位存在相位差 Δφ，当指针逆时针转动时，表示发电机相位超前电网相位；当指针顺时针转动时，表示发电机相位滞后电网相位。当指针指在垂直位置时，表示发电机相位与电网同相位。

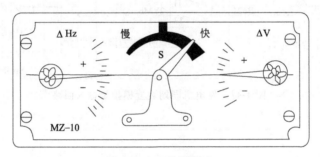

图 4-49　组合同期表

前面图 4-47 中粗细调切换开关 SAS601 在中间"切除"位置时，五对触点全部断开，组合同期表退出。SAS601 逆时针转 45°在"粗调"位置时，触点 1 与 2 闭合，3 与 4 闭合，5 与 6 闭合，7 与 8 闭合，组合同期表中的频率差表和电压差表投入，相位差表不投入。只有在频率、相位调整到比较小的误差范围时，再将 SAS601 逆时针转 45°在"细调"位置，五对触点全部闭合。组合同期表中的频率差表、电压差表和相位差表同时投入。如果不经历"粗调"，直接将 SAS601 切到"细调"位置，由于相位差值太大，相位偏差指针 S 会飞速转动，损坏组合同期表。

② 同期检查继电器。同期检查继电器是手动准同期时的防止非同期合闸的保护元件，图 4-50 为同期检查继电器 TJJ1 的电气原理图。铁芯 4 上有两个绕向和匝数相同的

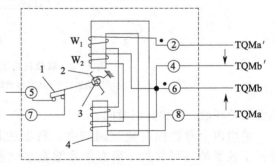

图 4-50　同期检查继电器电气原理图
1—常闭触点；2—转动衔铁；3—游丝弹簧；4—铁芯

线圈 W_1、W_2。线圈 W_1 的接线端 2、4 经发电机同期母线 TQMa'、TQMb' 接代表电网的电压互感器 3TV，线圈 W_2 的接线端 6、8 经发电机同期母线 TQMa、TQMb 接代表发电机的电压互感器 1TV。两个线圈的输入电压对线圈输入端来讲为极性相反，因此两个线圈在

铁芯中产生的磁通相互削弱。

当断路器两侧电压相位差小于 20°时，W_1、W_2 在铁芯中相互削弱后的合成磁通较小，合成磁通对转动衔铁 2 产生的顺时针力矩小于游丝弹簧 3 对转动衔铁产生的逆时针力矩，转动衔铁逆时针转动到极限位，常闭触点 1 闭合，断路器合闸回路接通，允许同期合闸。当断路器两侧电压相位差大于 20°时，W_1、W_2 在铁芯中相互削弱后的合成磁通较大，合成磁通对转动衔铁 2 产生的顺时针力矩大于游丝弹簧 3 对转动衔铁产生的逆时针力矩，转动衔铁顺时针转动到极限位，常闭触点 1 断开，将断路器合闸操作回路断开，保证无法合闸，防止非同期合闸。

2. 发电机同期装置投入和退出回路

图 4-51 为机组 LCU 屏柜柜面布置图，图 4-52 为发电机同期装置投入和退出回路，发电机同期装置投入和退出分手动和自动两种方法。

（1）发电机同期装置手动投入　需要手动准同期并网时，运行人员在图 4-51 机组 LCU 屏柜柜面上按下手动同期投入按钮 2（就是图 4-52 中的 SB601），由此同时引发如下动作。

① 图 4-52 中的继电器 KA601 线圈得电，KA601 在图 4-47 同期装置模拟量输入回路中的四对常开触点 5 与 9、6 与 10、7 与 11、8 与 12 同时闭合，发电机同期母线 TQMa、TQMb、TQMa′、TQMb′ 接入 1TV、3TV 两路单相线电压信号，自动准同期装置 NTQ 和手动准同期装置 TJJ1、ZTB1 同时输入 1TV、3TV 两路单相线电压模拟量信号。

② 继电器 KA602 线圈得电，KA602 的常开触点 34 与 31 闭合，继电器 KA602 自保持。此时手松开按钮 SB601 没有关系，因为自保持使得继电器 KA601、KA602 线圈继续得电。

③ 继电器 KA602 线圈得电，KA602 的常开触点 24 与 21 闭合，向机组 LCU 中的 PLC 开关量输入（简称"开入"）回路送出"同期投入"开关量信号。

④ 继电器 KA602 线圈得电，KA602 在后面图 4-54 中的常开触点 14 与 11 闭合，为发电机断路器合闸做好准备。

⑤ 继电器 KA602 线圈得电，KA602 在图 4-53 中的常开触点 44 与 41 闭合，自动准同期装置 NTQ 工作电源接通。

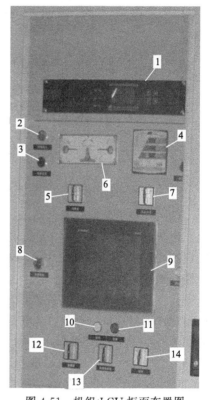

图 4-51　机组 LCU 柜面布置图

1—自动准同期装置；2—同期投入按钮；
3—同期退出按钮；4—综合电力测量仪；
5—粗细调开关；6—组合同期表；
7—旁路开关；8—紧停按钮；9—触摸屏；
10，11—指示灯；12—转速调整开关；
13—断路器操作开关；14—电压调整开关

继电器 KA602 动作的结果不但同时投入手动和自动准同期装置，而且使得自动准同期装置 NTQ 接通了工作电源，自动准同期装置在没有得到指令的情况下就擅自自动将机组并入电网，这显然是不允许的。为此采用了机组 LCU 开关量输出的继电器 KA429，将继电器 KA429 的常开触点布置在自动准同期装置回路 T611 上（图 4-53），只要回路 T611 上的常开触点 KA429 不闭合, 自动准同期装置 NTQ 就不工作, 从而使得自动准同期装置 NTQ 是否执行自动准同期操作听从机组 LCU 的 KA429 的指令。

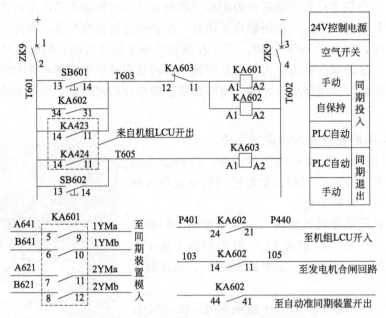

图 4-52　发电机同期装置投入和退出回路

(2) 发电机同期装置自动投入　每次自动开机时, 计算机按开机流程一步一步操作机组, 当机组转速上升到 95％ 额定转速时, 机组 LCU 中的 PLC 开关量输出模块的继电器 KA423 线圈得电, 图 4-52 中 KA423 的常开触点 14 与 11 闭合, 后面与手动投入同期装置时一样, 在此不再重述。

(3) 发电机同期装置手动退出　手动准同期并网后, 运行人员在图 4-51 机组 LCU 屏柜前手动按下同期退出按钮 3 (就是图 4-52 中的 SB602), 继电器 KA603 线圈得电, KA603 的常闭触点 12 与 11 断开, 继电器 KA601 线圈和继电器 KA602 线圈同时失电, KA601、KA602 所有触点复归, 自动准同期装置 NTQ 和手动准同期装置 TJJ1、ZTB1 同时退出。

(4) 发电机同期装置自动退出　每次发电机自同期并网后, 机组 LCU 中的 PLC 开关量输出模块的继电器 KA424 线圈得电, 图 4-52 中 KA424 的常开触点 14 与 11 闭合, 后面与手动退出同期装置时一样, 在此不再重述。

3. 发电机手动准同期并网操作

(1) 手动准同期调整开关　图 4-51 机组 LCU 柜面布置图的电压调整开关 14 (就是图 4-42 中的 2KK), 手动顺时针转 45° 为 "升压", 励磁电流增大, 并网前的发电机电压上升; 手动逆时针转 45° 为 "降压", 励磁电流减小, 并网前的发电机电压下降。手松开电压调整开关 2KK 后, 2KK 自己回复到中间 "切除" 位置, 所以可以顺转、逆转点动操作。

图 4-51 机组 LCU 柜面布置图的转速调整开关 12, 手动顺时针转 45° 为 "增速", 水轮机导叶开大, 机组转速上升, 并网前的发电机频率上升; 手动逆时针转 45° 为 "减速", 水轮机导叶关小, 机组转速下降, 并网前的发电机频率下降。手松开转速调整开关 3KK 后, 3KK 自己回复到中间 "切除" 位置, 所以可以顺转、逆转点动操作。

(2) 手动准同期操作步骤　将微机调速器切换成 "手动", 开导叶启动机组, 当转速上升到额定发转速的 95％时，微机励磁手动起励，同时在图 4-51 的机组 LCU 屏柜前按下手动同期投入按钮 2，再将粗细调开关 5 逆时针转 45°到"粗调"位置，操作人员眼睛看着组合同期表 6 的频率偏差表和电压偏差表的指针，左手不断顺、逆时针点动转速调整开关 3KK，水轮机不断升速、减速、升速、减速……，手动调整发电机频率；右手不断顺、逆时针点动电压调整开关 2KK，发电机不断升压、减压、升压、减压……，手动调整发电机电压，使组合同期表左边的频率差表和右边的电压差表的两个指针趋向于水平。再将粗细调切换开关顺时针转 45°到"细调"位置，从现在开始，组合同期表中间的相位差表才投入，相位差表的指针开始转动，眼睛同时看着组合同期表三个指针，继续微调发电机频率和电压，使相位差表的指针顺时针转动，当频率差表和电压差表的两个指针水平，相位差表的指针顺时针缓慢转到快要接近向上垂直（12 点钟）位置时，提前 0.25s 果断将断路器操作开关 13 顺时针转合闸位置，图 4-54 中的断路器操作开关 SAC1 触点 1 与 2 闭合，作用断路器合闸，将发电机并入电网。机组 LCU 屏柜柜面合闸指示灯 11 红灯亮。手松开手柄后，断路器操作开关自动回复中间"切除"位置。再将粗细调开关转回到"切除"位，按下手动同期退出按钮，将同期装置退出。

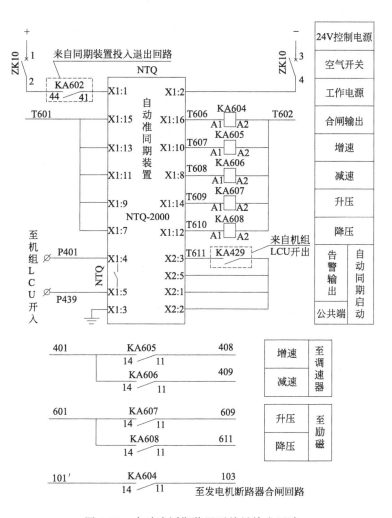

图 4-53　自动准同期装置开关量输出回路

4. 发电机自动准同期操作

当机组开机设置为自动准同期并网时，机组 LCU 开关量输出继电器 KA423 线圈得电，图 4-52 中的 KA423 触点闭合，先期自动投入同期装置。当机组转速上升到额定转速的 95％时，机组 LCU 开关量输出继电器 KA429 线圈得电，图 4-53 中触点 KA429 闭合，指令自动准同期装置进入自动准同期操作。

自动同期装置 NTQ 开关量输出继电器 KA605、继电器 KA606 的线圈不断轮流得电，继电器 KA605、继电器 KA606 在调速器操作回路中的触点 KA605、KA606 不断轮流闭合、断开，相当于 3KK 的调节效果，水轮机不断升速、减速、升速、减速……，自动调整发电机频率；自动同期装置 NTQ 开关量输出继电器 KA607、继电器 KA608 的线圈不断轮流得电，继电器 KA607、继电器 KA608 在励磁调节器 PLC 开关量输入回路中的触点 KA607、KA608（图 4-42）不断轮流闭合、断开，相当于 2KK 的调节效果，发电机不断升压、减压、升压、减压……，自动调整发电机电压。当发电机频率、电压和相位与电网一致时，自动准同期装置 NTQ 开关量输出继电器 KA604 的线圈得电，KA604 在图 4-54 中的常开触点 14 与 11 闭合，作用断路器并网合闸。当自动准同期装置同期合闸失败时，自动准同期装置内的常开触点"NTQ"闭合，通过机组 LCU 开关量输入回路 P439 向机组 LCU 送出合闸失败开关量信号。由图 4-54 可知，发电机并网发电，要么手动准同期合闸，要么自动准同期合闸，不经过同期操作是不允许合闸的。

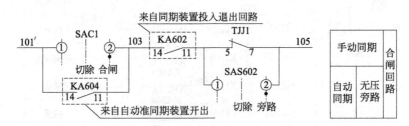

图 4-54　机组 LCU 柜内的发电机断路器合闸回路

5. 发电机无压合闸

新安装主变或主变检修完毕，需要在主变高压侧断路器分闸情况下，由发电机额定电压对主变压器充电试验，此时由于发电机有电压，而主变低压侧母线却没电压，根据同期检查继电器的工作原理，图 4-54 中的同期检查继电器 TJJ1 常闭触点 5 与 7 始终断开，造成无法进行断路器合闸操作，在发电机有电压，主变低压侧母线没有电压的条件下合上发电机断路器的操作称发电机无压合闸。

发电机无压合闸操作时，首先将图 4-51 机组 LCU 屏柜上的旁路开关 7（就是图 4-54 中的 SAS602）打到"旁路"位置，此时图 4-54 中的旁路开关 SAS602 的触点 1 与 2 闭合，将同期检查继电器 TJJ1 触点 5 与 7 旁路，不再起同期检查的保护作用，然后转动发电机断路器操作开关 SAC1 到"合闸"位置，SAC1 经 SAS602 将断路器手动无压合闸。发电机断路器没有自动无压合闸。

特别提醒，无压合闸结束后必须在机组 LCU 屏柜柜面上复归旁路开关 SAS602 到中间"切除"位置，否则同期检查继电器的保护作用被切除，手动准同期时不再起同期检查保护作用了。

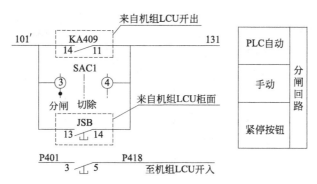

图 4-55　机组 LCU 柜内的发电机断路器分闸回路

6. 发电机断路器分闸回路

图 4-55 为机组 LCU 柜内的发电机断路器的分闸回路。发电机断路器分闸有四种方式。

（1）机组 LCU 自动分闸　发电机自动开停机运行时，自动准同期将发电机断路器合闸并网，自动准同期装置就自动退出，当指令自动停机时，发电机自动减负荷到零后，机组 LCU 中的 PLC 开关量输出继电器 KA409 线圈得电，KA409 在图 4-55 分闸回路中的常开触点 14 与 11 闭合，作用发电机断路器分闸，发电机退出电网。

（2）柜面手动分闸　机组安装或检修完毕首次开机必须采用手动准同期并网，首次开机结束后需要手动停机。在机组 LCU 柜面上，手动将断路器同期操作开关 13 逆时针转 45°，图 4-55 中 SAC1 的常开触点 3 与 4 闭合，作用断路器分闸。

（3）柜面紧急停机按钮分闸　当运行人员发现紧急情况需要人工发指令紧急停机时，在图 4-51 机组 LCU 屏柜柜面上，紧急拍打紧停按钮 8（就是图 4-55 中的 JSB），图 4-55 中 JSB 的常开触点 13 与 14 闭合，作用断路器甩负荷紧急分闸。同时触点 3 与 5 闭合，向机组 LCU 开关量输入回路 P418 输入开关量，告知机组 LCU 机组已经手动紧急停机。

（4）发电机保护动作分闸　当发电机发生事故使得继电保护动作时，发电机保护模块输出开关量 TJ1（见后面图 4-68）不经分闸回路直接到发电机断路器操作回路，作用发电机断路器分闸。

五、线路同期操作

主变高压侧断路器又称线路断路器，主变高压侧断路器同期操作又称线路同期操作。因为线路断路器很少有操作的机会，所以线路同期操作只有手动准同期，没有自动准同期。

1. 线路同期信号采集

图 4-56 为线路同期装置模拟量输入回路，主变低压侧母线电压互感器 3TV 代表待并侧电压，副边单相线电压经移相隔离变压器 TTA 变比 $1：k$（k 为主变变比）隔离后，在移相隔离变压器 TTA 副边得到的主变低压侧单相线电压信号 U_{AB} 送到线路同期母线 TQMa、TQMb。主变高压侧母线电压互感器 4TV 代表电网电压，副边单相线电压经隔离变压器 GLB11 变比 $1：1$ 隔离后，在隔离变压器 GLB11 副边得到的电网单相线电压信号 U_{AB} 送到发电机同期母线 TQMa′、TQMb′。

安装在公用 LCU 屏柜内的线路同期操作装置有 35kV 母线隔离变压器 GLB11、手动准同期装置（组合同期表）ZTB11 和同步检查继电器 TJJ11，其作用和工作原理与发电机同期

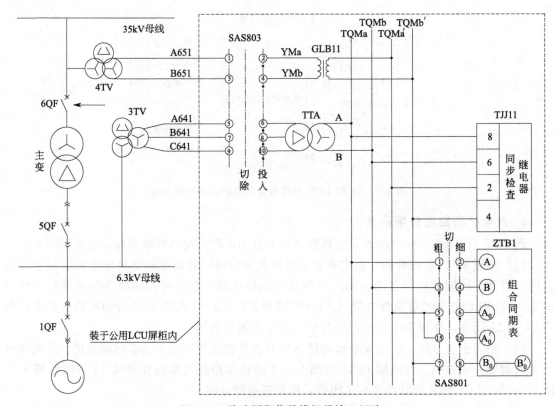

图 4-56 线路同期信号模拟量输入回路

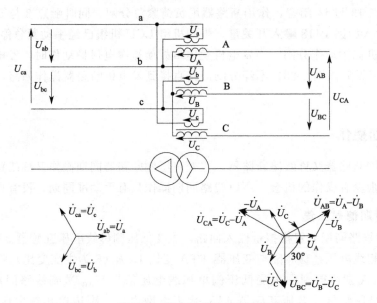

图 4-57 原副边三相绕组接法不同的相位关系

操作装置完全一样,在此不再介绍。只对主变低压测母线移相隔离变压器 TTA 的"移相"进行介绍。

(1)主变压器原副边电压的相位差 为了消除发电机输出电压中的高次谐波,所有发电厂主变压器低压侧三相原边绕组全部采用"△"联结，高压侧三相副边绕组全部采用"Y"联结。图 4-57 为原边三相绕组是"△"联结，副边三相绕组是"Y"联结的变压器接线图，根据相量图可知，原、副边相电压之间有："Y"联结的副边相电压 U_A 与"△"联结的原边对应相电压 U_a 同相位；"Y"联结的副边相电压 U_B 与"△"联结的原边对应相电压 U_b 同相位；"Y"联结的副边相电压 U_C 与"△"联结的原边对应相电压 U_c 同相位。原、副边线电压之间有："Y"联结的副边线电压 U_{AB} 超前"△"联结的原边对应线电压 U_{ab} 相位 30°；"Y"联结的副边线电压 U_{BC} 超前"△"联结的原边对应线电压 U_{bc} 相位 30°；"Y"联结的副边线电压 U_{CA} 超前"△"联结的原边对应线电压 U_{ca} 相位 30°。

（2）移相隔离变压器

① 主变△/Y 接法对相位信号采集的影响。由图 4-56 可以看出，线路断路器同期合闸时，要求主变高压侧待并侧电压相位与 35kV 母线电网电压相位一致。35kV 母线电网电压信号取自互感器 4TV，主变高压侧待并侧电压信号采集点本来应该取自主变高压侧，但是实际取自主变低压侧母线电压互感器 3TV。如果主变低压侧母线 3TV 副边线圈电压相位与 35kV 母线 4TV 副边线圈电压相位一致，根据图 4-57 可知，由于△/Y 接线使得主变高压侧电压相位超前 35kV 母线 4TV 副边线圈电压相位 30°，显然是绝对不允许并网合闸的。为此隔离变压器 TTA 不但要起到电气隔离作用，还必须对主变低压侧母线 3TV 采集到的电压信号进行相位移相 30°，进行相位补偿。移相隔离变压器 TTA 又称转角变压器。具体办法是移相隔离变压器原、副边三相绕组接法与主变一样，也是三相原边绕组采用"△"联结，三相副边绕组"Y"联结。反过来也可以说，如果线路断路器同期待并侧电压信号采集点取自主变高压侧的话，那就可以将移相隔离变压器改成隔离变压器。

② 主变变比误差对电压信号采集的影响。线路断路器同期合闸时，要求主变高压侧电压与电网电压相等，但是主变高压侧电压信号却取自主变低压侧的 6.3kV 母线，尽管两个电压信号采集点 4TV 与 3TV 电压互感器的副边电压都是 0～100V。但是由于主变变比的制造误差的存在，会出现 6.3kV 母线电压互感器 3TV 副边电压与线路电压互感器 4TV 副边电压相等时，线路断路器两侧电压却不相等。因此，移相隔离变压器必须要有线圈匝数能调整的分接开关，在设备安装结束进入调试阶段，在现场调整移相隔离变压器 TTA 的分接开关，保证两个电压互感器 4TV 和 3TV 副边电压相等时，线路断路器两侧电压也相等。

2. 线路同期装置投入和退出回路

线路同期装置的投入和退出只有手动一种方法，在公用 LCU 屏柜上顺时针 90°转动图 4-56 中线路同期投入开关 SAS803 到"投入"位置，SAS803 五对接点：1 与 2、3 与 4、5 与 6、7 与 8、9 与 10 同时闭合，3TV、4TV 电压信号经两只隔离变压器 GLB11、TTA 送到同期母线 TQMa、TQMb、TQMa′、TQMb′，手动准同期装置 TJJ11、ZTB11 同时输入 3TV、4TV 电压信号。在公用 LCU 屏柜上逆时针 90°转动同期投入开关 SAS803 到"切除"，手动准同期装置输入电压信号消失，手动准同期装置退出。

3. 线路断路器合闸回路

大部分情况下机组停机后，主变高压侧线路断路器是不分闸的，也就是说，正常停机后，主变和低压侧母线是挂在电网上的，因此正常开机时的同期点都是发电机断路器。

如果正常开机前，由于某种原因线路断路器在分闸位置，那么机组启动前必须先将主变高压侧断路器合闸，在主变没有电压、线路有电压的条件下合上主变高压侧断路器的操作称线路无压合闸。从图4-58可以看出，由于主变没有电压，电网有电压，同期检查继电器TJ11的常闭触点5与7将主变高压侧断路器合闸回路断开，无法合闸。因为很少在线路断路器进行同期操作，所以公用LCU屏柜上的线路同期旁路开关SAS802长年切换在"旁路"位置，旁路切换开关SAS802的触点1与2长年闭合，长年将同期检查继电器常闭触点TJJ11旁路，同期检查继电器不起检查保护作用。只有在线路断路器手动准同期时，才将旁路开关SAS802切换到"切除"位置，同期检查继电器才起到检查保护作用。线路断路器合闸有三种方式。

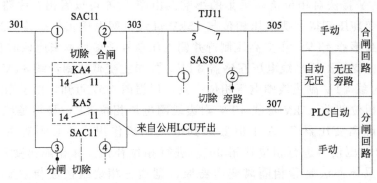

图4-58 线路断路器部分合闸与分闸回路

（1）公用LCU自动无压合闸　开机之前，如果线路断路器在分闸位置，可以由公用LCU自动合闸，公用LCU中的PLC输出继电器KA4线圈得电，KA4的常开触点11与14闭合，KA4的触点经SAS802作用线路断路器无压合闸。

（2）柜面手动无压合闸　开机之前，如果线路断路器在分闸位置，可以柜面手动合闸。手动合闸时在公用LCU屏柜柜面上，手动将断路器同期操作开关SAC11顺时针转45°，SAC11触点1与2闭合，SAC11的触点经SAS802作用线路断路器无压合闸。

（3）手动准同期合闸　线路手动准同期前必须将旁路开关SAS802切换到"切除"位置，使同期检查继电器TJJ11起保护作用，防止非同期并网。线路手动准同期操作方法与发电机手动准同期一样，运行人员在公用LCU屏柜上根据组合同期表ZTB11的指针指示，调整主变低压侧中某一台发电机的频率和电压，当线路断路器两侧的频率、电压和相位一致时，转动线路断路器同期操作开关SAC11顺时针转45°，进行同期合闸。

4. 线路断路器分闸回路

水电厂不发电时，线路断路器一般不分闸，也不拉开线路隔离开关，一方面使水电厂在电网中处于热备用状态，随时准备发电；另一方面，全厂不发电时，工作厂用电需要从电网经主变倒送供电。线路断路器分闸有三种方式。

（1）公用LCU自动分闸　正常停机后需要停用主变时，可以由公用LCU自动分闸。公用LCU中的PLC输出继电器KA5线圈得电，KA5的常开触点11与14闭合，作用线路断路器分闸。

（2）柜面手动分闸　正常停机后需要停用主变时，可以柜面手动分闸。手动分闸时在公用LCU屏柜柜面上，手动将断路器同期操作开关SAC11逆时针转45°，SAC11触点3与4

闭合，作用线路断路器分闸。

（3）差动保护动作分闸　当主变发生故障时，差动保护动作，主变差动保护模块输出开关量 TJ1（见图 4-68）不经分闸回路直接到主变高压侧断路器操作回路，作用主变高压侧断路器和主变低压侧断路器一起分闸。

六、主变低压侧断路器操作

1. 主变低压侧断路器合闸回路

图 4-59 为主变低压侧断路器部分合闸与分闸回路。在合主变高、低压侧断路器时，规定先合主变低压侧断路器，后合主变高压侧断路器。主变差动保护动作跳闸后，发电机断路器也跟着跳闸，则事故排除后也是先合主变低压侧断路器，再合主变高压侧断路器，此时主变低压侧断路器两侧都没有电压，无需同期操作。如果主变差动保护动作跳闸后，发电机断路器没有跳闸处于空载带电状态，则事故排除后也是先合主变低压侧断路器，再合主变高压侧断路器，此时主变没有电压，也无需同期操作。由此可见，主变低压侧断路器不是同期点，没有同期装置。主变低压侧断路器合闸有两种方式。

（1）公用 LCU 自动合闸　开机之前，如果主变低压侧断路器在分闸位置，可以由公用 LCU 自动合闸。公用 LCU 中的 PLC 开关量输出继电器 KA1 线圈得电，KA1 在图 4-59 中合闸回路的常开触点 5 与 9 闭合，作用断路器合闸。

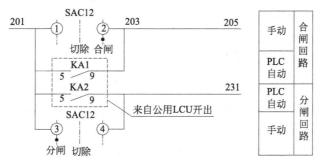

图 4-59　主变低压侧断路器部分合闸与分闸回路

（2）柜面手动合闸　开机之前，如果主变低压侧断路器在分闸位置，可以柜面手动合闸，在公用 LCU 屏柜柜面上，手动将主变低压侧断路器操作开关 SAC12 顺时针转 45°，接点 1 与 2 闭合，作用断路器合闸。

2. 主变低压侧断路器分闸回路

主变低压侧断路器长期处于合闸状态，只有在主变内部发生故障时，主变差动保护动作，才跟着主变高压侧断路器一起分闸，切断来自电网和发电机提供的故障电流。一旦主变低压侧断路器分闸，发电机发生甩负荷，发电机断路器肯定跟着分闸，因此有的电厂将主变低压侧断路器换成隔离开关，在安全上是没问题的。当主变差动保护动作时，主变高压侧断路器和发电机断路器一起分闸。主变低压侧断路器分闸有三种方式。

（1）公用 LCU 自动分闸　正常停机后需要停用主变低压侧母线时，可以由公用 LCU 自动分闸。公用 LCU 中的 PLC 输出继电器 KA2 线圈得电，KA2 的常开触点 5 与 9 闭合，作用主变低压侧断路器分闸。

（2）柜面手动分闸　正常停机后需要停用主变低压侧母线时，可以柜面手动分闸，在公用 LCU 屏柜柜面上，手动将断路器操作开关 SAC12 逆时针转 45°，触点 3 与 4 闭合，作用断路器分闸。

（3）差动保护动作分闸　当主变发生故障时，差动保护动作，主变差动保护模块输出开关量 TJ1（见图 4-68）不经分闸直接到主变低压侧断路器操作回路，作用主变低压侧断路器和主变高压侧断路器一起分闸。

第四节　微机继电保护

发电机保护、主变压器保护和线路保护统称为继电保护，继电保护的实质内容就是在设定的保护动作参数后，对被保护对象进行实时参数的采集和逻辑判断，对异常现象进行告警，对事故现象进行停运处理。因此继电保护的输出是一种开关式的操作控制，不需要调节控制中那些复杂的调节控制的运算和调节规律的实现。

在传统控制中，继电保护由各种功能的继电器和差动继电器等专用继电器，按特定的线路连接成具有特定逻辑功能的继电保护回路来实现对被控对象的监视和保护，而计算机监控的继电保护由各种专用的微机保护模块来实现对被控对象的监视和保护，模块内的大部分逻辑功能是用编程软件来实现的。

一、微机继电保护模块硬件原理

不同的自动化控制公司有不同的继电保护模块型号和模块数量，继电保护模块的进步和升级是非常快的，可以预见继电保护模块发展的趋势是性能良好、功能强大、体积减小、使用方便。随着微机继电保护的集成化、功能化、模块化的不断发展，作为使用者已经没有必要详细了解模块内部的原理和结构，只需了解必须向这个模块提供哪些输入信号以及该模块的输出信号送往何处。这是因为模块出故障时，自动化控制公司赶到现场也是采取更换整个模块的方法处理，就算使用者认真研究了模块内部原理和结构，但是自动化控制公司同时也在不断地对模块的硬件改进、软件升级，使用者是永远跟不上模块的变化和发展的。而且许多自动化控制公司在产品上都有贴有告诫封条："在故障情况下，请用户不要自行拆卸修理，并注意保存装置各类信息，以免造成事故扩大或人身伤害。"

继电保护模块由硬件和软件两大部分组成，图 4-60 为微机继电保护模块内部硬件一般原理框图。输入微机继电保护模块是反映发电机、变压器或线路电压、电流的信号，经电压互感器或电流互感器作为交流模拟量输入信号，然后再经小 CT（小电流互感器）、小 PT（小电压互感器）变换隔离，一律转换为弱电模拟量信号，经过低通滤波，滤去正弦波上的高次谐波。多路采样（电子）开关以远高于正弦交流电的 50Hz 频率轮流快速对输入模拟量进行数据采集，并轮流将采集到的数据用同一个数模转换器进行模/数（A/D）转换，变换成数字量信号，以串行的方式输入给中央处理器 CPU，由 CPU 进行数字滤波和保护动作计算。反映被保护电气设备状态的开关量经过光电耦合器隔离后送入 CPU。如果不采用多路采样开关，那就得采用六个数模转换器进行模/数（A/D）转换，变换成数字量信号，以并行的方式输入给 CPU，数据采集的速度是提高了，但硬件投资增加了。

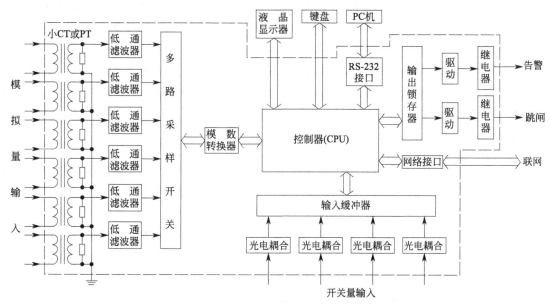

图 4-60　微机继电保护模块内部硬件一般原理框图

CPU 内的软件程序是继电保护模块的核心技术，软件程序有快速的逻辑判断功能和强大的数据处理功能。继电保护模块最后输出的是故障告警或事故跳闸的开关量信号，跳闸继电器又称保护出口继电器。模块有液晶显示器可显示参数，用模块上的键盘可以对参数进行修正或查询。模块经 RS-232 通信接口可跟上位机通信，也可经网络接口与整个控制系统联网。微机继电保护模块最后输出的不是作用音响系统报警的开关量信号就是作用断路器跳闸的开关量信号。

应注意，机组 LCU 和公用 LCU 的 PLC 开关量输出模块的输出继电器在模块外面，而微机继电保护模块的输出继电器处于模块内部。两者在本质上是没有区别的。下面以 YX 二级水电厂微机保护模块 DSA 系列为例，介绍水电厂微机保护原理和回路。DSA 系列由国电南瑞城乡电网自动化分公司生产，是由大规模可编程逻辑电路和 Intel 80296 为主的 CPU 组成的继电保护模块。以高性能单片机为核心，有输入输出接口的一体化 PLC 可编程逻辑控制器。

二、发电机微机保护

1. 发电机微机保护的配置

（1）主保护　差动保护是发电机的主保护，保护范围包括从发电机中心点到发电机断路器之间的定子绕组、互感器、铝排和电缆等所有设备，当然主要保护对象是发电机。

发电机差动保护原理是发电机及其保护范围内正常运行时，同一相的两个电流互感器副边电流之差应等于零，如果在保护范围内的发电机定子绕组或电缆发生短路，该相的两个电流互感器副边电流之差就不等于零，立即作用断路器跳闸事故停机，同时跳灭磁开关和关导叶。

（2）后备保护

① 复合电压闭锁过电流保护。发电机外部的母线、主变或线路发生相间短路时，发电机机端会出现低电压。另外，由于两相相间短路属于不对称短路（很少有三相同时短路），造成发电机机端电压也不对称（非短路相电压不变，短路相电压下降），三相不对称电压可

分解成三相对称正序（A、B、C）电压和三相对称负序（A、C、B）电压。同时出现低电压和负序电压称复合电压。为了防止发电机正常过电流或过负荷运行时过电流保护误动，用复合电压来闭锁过电流保护的动作，也就是说，发电机复合电压闭锁过电流保护动作必须同时满足三个条件：发电机出现低电压、负序电压和过电流。

当差动保护范围外的母线、主变或线路发生两相相间短路时，又遇到对应设备的保护或断路器拒动，发电机向短路点输出强大的短路电流，造成发电机过电流，此时差动保护的同一相两个电流互感器的电流信号相等，差动保护不再起保护作用，由复合电压闭锁过电流保护作用断路器跳闸事故停机，同时跳灭磁开关和关导叶。

当发电机励磁投入但断路器没有合闸时，发电机内部发生相间短路，发电机出口没有电流，但是中性点有电流，此时差动保护动作断路器跳闸没有意义。由于复合电压闭锁过电流保护的电流信号取自发电机中性点上的电流互感器，因此，复合电压闭锁过电流保护动作，作用跳灭磁开关。

② 过负荷保护。当电网负荷增加造成网频下降时，调速器会自动调节机组使发电机增加出力，严重时会造成发电机过负荷。发电机过负荷会引起发电机定子对称过电流，发电机适量、短时间过负荷是允许的，但长时间过负荷会引起定子绕组发热，绝缘下降。过负荷保护延时作用发信号报警，提请运行人员调整发电机出力。

③ 过电压保护。发电机甩负荷跳闸瞬间，无功功率瞬间甩掉但励磁电流滞后减小，本来用来带无功功率的励磁电流现在用来建立机端电压，会造成电压瞬间过高，另外，有功功率瞬间甩掉会造成转速瞬间上升也会造成电压瞬间过高。发电机过电压的后果是定子绕组绝缘击穿。过电压保护作用跳灭磁开关、关导叶。

发电机正常运行时，由于线路电压波动造成发电机过电压，过电压保护延时作用发电机甩负荷跳断路器、跳灭磁开关、关导叶。

④ 定子单相接地保护。发电机定子绕组发生单相接地时，由于是交流电，存在母线对地分布电容，接地处会出现电弧，电弧会扩大为相间短路。对于对地分布电容电流小于5A的发电机，可继续运行一段时间，定子单相接地保护作用报警，提请运行人员进行检查和处理。对于对地分布电容电流大于5A的发电机，定子单相接地保护作用断路器跳闸事故停机，同时跳灭磁开关。

用发电机机端电压互感器1TV副边开口三角形绕组监测定子单相接地，当发电机定子发生单相接地时，开口三角形绕组的开口处有较大的零序电压，定子单相接地保护动作并用零序电压表显示零序电压，零序电压的大小间接地反映了定子绝缘情况。

⑤ 转子一点接地。转子绕组绝缘下降或破损与大地形成一点接地，由于转子电流是直流电没有电容效应，因此转子一点接地不会形成电弧或接地电流，发电机可以继续运行。但是转子一点接地是两点接地的前兆，转子两点接地将造成励磁系统短路、烧毁转子线圈及转子剧烈振动等严重事故。因此，转子一点接地时，保护作用报警，提请运行人员及时检查消除。如果一时无法消除，只得主动停机处理。

励磁系统是没有接地点的，因此励磁系统正常时，励磁系统的正极和负极对地电压均为零，当转子绕组绝缘下降或破损与大地形成一点接地时，励磁系统非接地的正极或负极对地电压不为零，用电压表测量励磁系统的正极和负极对地电压，可以监视转子的绝缘情况。

⑥ 电压互感器（PT）断线保护。电压互感器断线或熔断丝熔断时，发电机机端有电压，但互感器副边没有电压，发电机可以继续运行。但是对需要采集发电机电压的其它继电

保护，由于电压信号消失，造成保护误动作。PT 断线保护应能在 PT 断线时制止其它继电保护误动作，发报警信号，提请运行人员及时检查消除。

⑦ 失磁保护。发电机转子磁场失磁时，发电机转入异步运行，并引起无功进相，机组失步振荡、定子严重过流发热而遭受破坏。失磁保护作用断路器跳闸。

⑧ 负序电流保护。发电机在不对称系统中运行时，三相不对称电流可分解成三相对称正序电流和三相对称负序电流。发电机按额定负荷连续运行，负序电流超过额定电流的 12％时，负序电流保护报警，提请运行人员注意最大相电流不超过额定值和机组振动情况及转子局部温升情况，必要时只得减有功负荷。

所有高压机组的发电机都有差动保护，而后备保护则应根据不同发电机的容量和参数，采用有针对性的不同种类的后备保护。

2. 发电机微机保护通信

发电机微机保护作为机组 LCU 的下位机，经机组 LCU 内的通信服务器既可与机组 LCU 通信，也可与中控室主机通信。

3. 发电机断路器操作回路

以 YX 一级水电厂 1♯发电机断路器 1QF 为例介绍断路器操作回路工作原理。

（1）断路器的行程开关

① 断路器动触头行程开关。图 4-61 为断路器内行程开关电气原理图，S1 为发电机断路器内的动触头同一个行程开关的两个触点，常闭触点 1 与 2 串联在断路器合闸电磁铁 Y1 回路中，常开触点 3 与 4 串联在断路器跳闸（分闸）电磁铁 Y2 回路中。断路器合闸时，合闸电磁铁 Y1 得电，通过合闸弹簧作用断路器合闸，断路器动触头行程开关 S1 的常闭触点 1 与 2 断开，合闸电磁铁 Y1 断电。与此同时，S1 常开触点 3 与 4 闭合，为断路器跳闸做好准备。断路器分闸时，分闸电磁铁 Y2 得电，通过分闸弹簧作用断路器分闸，断路器动触头行程开关 S1 的常开触点 3 与 4 断开，分闸电磁铁 Y2 断电。与此同时，S1 常闭触点 1 与 2 闭合，为断路器合闸做好准备。断路器合闸后行程开关 S1 在机组 LCU 开关量输入回路 P426 的常开触点 7 与 8 闭合，告知机组 LCU 断路器已合闸，断路器分闸后行程开关 S1 的常开触点 7 与 8 断开，告知机组 LCU 断路器已分闸。由于机组 LCU 只需知道断路器在合闸位还是在分闸位的开关量信号，因此 S1 在机组 LCU 开关量两个输入回路 P425 和 P426 的两个触点有一个是多余的，可以省去不用。

② 断路器储能弹簧行程开关。S2、S3 为断路器内合闸弹簧的两个行程开关。机组运行前，手动合上储能电机电源开关 HK，HK 的触点 1 与 2 闭合，保证运行期间储能电机始终有电源。储能电机只对合闸弹簧储能，合闸弹簧在储能过程中会发生拉伸变形，因此可以用储能弹簧的两个行程开关 S2、S3 来监视弹簧是否储能。每次合闸操作后，合闸弹簧的弹簧能释放，合闸弹簧缩短恢复原状，触动行程开关常闭触点 S2、S3 闭合，储能控制继电器 K2 线圈得电，储能控制继电器 K2 在储能电机 M 回路的常开触点闭合，储能电机 M 转动，带动传动机构对合闸弹簧进行拉伸储能。在合闸弹簧储能过程中，S2、S3 始终闭合，直到合闸弹簧完成储能后，S2、S3 断开。1RD、2RD 为电源熔断器。

从原理上讲，只需 S2 或 S3 一只行程开关就能自动控制弹簧储能，这里采用了两只行程开关串联，保证了两只行程开关 S1、S2 中只要一只行程开关动作，储能电机就断电停转，提高了储能电机停转的可靠性，防止储能电机该停不停时烧毁，确保储能电机的安全。理论

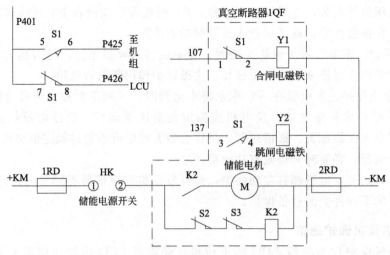

图 4-61　断路器内行程开关电气原理图

上讲，可不用储能控制继电器 K2，只需将 S2、S3 直接串联在储能电机 M 的两侧就能自动控制弹簧储能，采用了储能控制继电器 K2 来控制储能电机的启动和停止，可减小行程开关 S1、S2 触点的电流，延长行程开关的寿命。

③ 断路器操作闭锁行程开关。图 4-62 为断路器手车行程开关电气原理图。HBSJ 和 TBSJ 是安装在断路器手车底部的同一个行程开关的两个常闭触点，合闸闭锁触点 HBSJ 串联在断路器合闸电磁铁 Y1 的回路中，跳闸闭锁触点 TBSJ 串联在断路器跳闸电磁铁 Y2 的回路中。当手车在发电机开关柜内的"工作"位和"隔离/试验"位之间的转移过程中，行程开关跟着手车一起移动，两个操作闭锁常闭触点同时断开，对断路器操作进行闭锁，防止误操作发生事故。手车只有在"工作"位或"隔离/试验"位，两个操作闭锁常闭触点才同时闭合，操作闭锁解除。在"工作"位时操作闭锁常闭触点闭合，允许断路器同期合闸操作；在"隔离/试验"位时操作闭锁常闭触点闭合，允许断路器合闸和分闸操作。

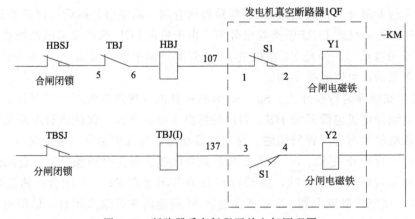

图 4-62　断路器手车行程开关电气原理图

（2）断路器合闸跳闸位置指示　图 4-63 为断路器合闸跳闸位置指示电气原理图。断路器在跳闸位置时，107 合闸回路中 S1 的常闭触点 1 与 2 闭合，断路器跳位继电器 TWJ 和合闸电磁铁 Y1 流过同一电流，因为合闸电磁铁 Y1 的启动电流比跳位继电器 TWJ 的启动电流大得多，通过调整限流电阻 R16～R19 的阻值，总能使得电流流过跳位继电器 TWJ 和合闸电磁铁 Y1 时，跳位继电器 TWJ 吸合，跳闸指示灯亮，同时向发电机微机保护模块送出断路器在跳闸位置的开关量信号。合闸电磁铁 Y1 没吸合不动作。

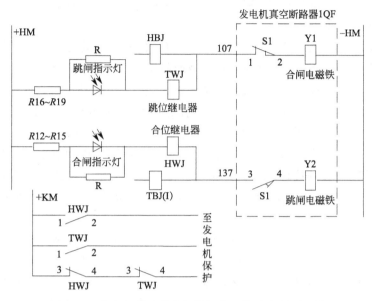

图 4-63　发电机断路器合闸跳闸位置指示电气原理图

断路器在合闸位置时，137 合闸回路中 S1 的常闭触点 3 与 4 闭合，断路器合位继电器 HWJ 和跳闸电磁铁 Y2 流过同一个电流，因为跳闸电磁铁 Y2 的启动电流比合位继电器 HWJ 的启动电流大得多，通过调整限流电阻 R12～R15 的阻值，总能使得电流流过合位继电器 HWJ 和跳闸电磁铁 Y2 时，合位继电器 HWJ 吸合，合闸指示灯亮，同时向发电机微机保护模块送出断路器在合闸位置的开关量信号。跳闸电磁铁 Y2 没吸合不动作。

（3）断路器合闸操作　图 4-64 为断路器合闸操作回路，其中虚线方框内的合闸回路在机组 LCU 屏柜中（见图 4-54），发电机断路器合闸操作分为在机组 LCU 屏柜上远控合闸操作和发电机开关柜上现地手动合闸操作两种。

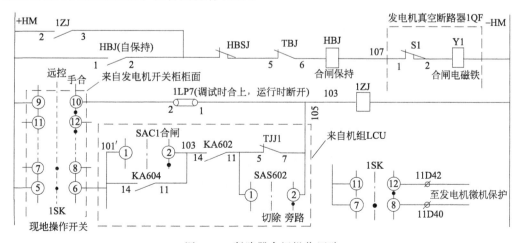

图 4-64　断路器合闸操作回路

① 远控合闸操作。将发电机开关柜柜面上的五位操作开关 1SK 转到垂直"远控"位（见图 4-65），图 4-64 中的 1SK 的接点 5 与 6 闭合，在机组 LCU 上操作 SAC1 进行手动准同期合闸或通过 KA604 进行自动准同期合闸。与此同时 1SK 的接点 7 与 8 接通，告知发电机微机保护，断路器处于远控状态。

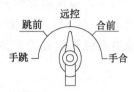

图 4-65　五位操作开关

② 现地手动合闸操作。调试时将连接片 1LP7 合上，可进行现地手动合闸试验，断路器试验合闸完毕后应及时将 1LP7 断开，防止运行中误操作造成非同期合闸。在机组安装或检修完毕，必须将断路器转移到"隔离/试验"位，现地手动试验断路器合闸操作。将现地操作开关 1SK 顺钟向转到 45°的"合前"位，"合前"位是一个空位，是给操作人员有一个防止误合闸的判断时间，确认无误后再顺钟向转到 45°的"手合"位，图 4-64 中 1SK 的接点 9 与 10 闭合，中间继电器 1ZJ 线圈得电，作用合闸。与此同时 1SK 的接点 11 与 12 闭合，告知发电机微机保护，断路器在进行现地手动合闸操作。现地手动合闸试验结束后，必须将现地操作开关 1SK 逆钟向转回到"远控"位。

③ 断路器合闸回路工作原理。无论远控合闸还是现地手动合闸，三个合闸开关量都使中间继电器线圈 1ZJ 得电，1ZJ 的常开接点 2 与 3 闭合，合闸保持继电器 HBJ 线圈和断路器合闸电磁铁 Y1 同时得电，HBJ 的自保持接点 1 与 2 闭合，断路器合闸电磁铁通过合闸弹簧作用断路器合闸。只有断路器完成合闸后，断路器动触头的行程开关 S1 在 107 合闸回路常闭接点 1 与 2 才断开，合闸保持继电器 HBJ 线圈和断路器合闸电磁铁线圈才同时失电，自保持接点 1 与 2 断开，合闸时间与三个合闸开关量作用的时间无关。

（4）断路器分闸操作　图 4-66 为断路器分闸操作回路，其中虚线方框内的分闸回路在机组 LCU 屏柜中（图 4-55），发电机断路器分闸操作分为在机组 LCU 屏柜上远控分闸操作和发电机开关柜上现地手动分闸操作两种。

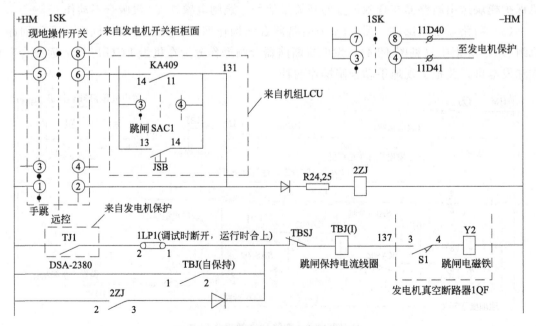

图 4-66　发电机断路器分闸操作回路

① 远控分闸操作。将发电机开关柜柜面上的现地操作开关 1SK 转到垂直"远控"位（图 4-65），图 4-66 中的 1SK 的触点 5 与 6 闭合，可在机组 LCU 上操作 SAC1 进行手动分闸，或机组 LCU 开关量输出继电器 KA409 进行自动分闸，或在机组 LCU 屏柜上手动拍打紧急停机按钮 JSB 紧急停机分闸。与此同时 1SK 的触点 7 与 8 接通，告知发电机微机保护，断路器处于远控状态。

② 现地手动分闸操作。在机组安装或检修完毕，必须将断路器转移到"隔离/试验"位，现地手动试验断路器分（跳）闸操作。将现地操作开关 1SK 逆时针转到 45°的"跳前"位，"跳前"位是一个空位，给操作人员有一个防止误跳闸的判断时间，确认无误后再逆时针转到 45°的"手跳"位，图 4-66 中 1SK 的触点 1 与 2 闭合，中间继电器 2ZJ 线圈得电，作用跳闸。与此同时 1SK 的触点 3 与 4 闭合，告知发电机微机保护，断路器在进行现地手动跳闸操作。现地手动跳闸试验结束后，必须将现地操作开关 1SK 逆时针转回到"远控"位。

③ 断路器跳闸回路工作原理。无论远控跳闸还是现地手动跳闸，四个跳闸开关量都使中间继电器线圈 2ZJ 得电，2ZJ 的常开触点 2 与 3 闭合，双线圈跳闸保持继电器 TBJ（I）电流线圈和断路器跳闸电磁铁 Y2 同时得电，TBJ 的自保持触点 1 与 2 闭合，断路器跳闸电磁铁通过分闸弹簧作用断路器跳闸。只有断路器跳闸完成后，断路器动触头的行程开关 S1 在 137 合闸回路常开触点 3 与 4 才断开，跳闸保持继电器 TBJ（I）电流线圈和断路器合闸电磁铁才同时失电，自保持触点 1 与 2 断开，跳闸时间与四个合闸开关量作用的时间无关。

④ 发电机微机保护动作跳闸。当发电机发生电气事故时，发电机微机保护模块输出开关量 TJ1 闭合，不经过中间继电器 2ZJ，直接作用断路器甩负荷事故跳闸。发电机微机保护模块调试时必须将连接片 1LP1 断开，防止发电机保护调试时，断路器无故频繁跳闸。运行前必须将 1LP1 接通，否则发电机保护无法事故跳闸。

（5）断路器的防跳　图 4-67 为断路器的防跳回路，除了采用自动重合闸技术以外，发电机保护 TJ1 一旦动作断路器跳闸后，没查明原因前是不允许立即合闸的。但是如果断路器合闸前电气设备已经存在故障，在手动或自动发出合闸开关量信号后，断路器一经合闸立即遭到发电机保护 TJ1 强烈动作断路器跳闸，如果此时运行人员手动合闸开关 SAC1 迟迟不松手或合闸信号还没有消失，就会出现断路器合闸—跳闸—合闸—跳闸……剧烈的快速重复动作，严重损坏断路器，所以要采取防跳措施。

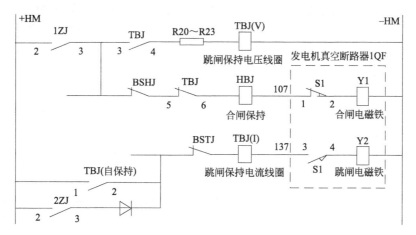

图 4-67　断路器防跳回路

跳闸保持继电器 TBJ 是一只有电流线圈 TBJ（I）和电压线圈 TBJ（V）两个控制线圈的继电器。在合闸指令发出后，只要合闸信号还没有消失，中间继电器 1ZJ 线圈一直有电，1ZJ 的常开触点 2 与 3 一直闭合，断路器合闸后来自发电机保护的常开触点 TJ1 闭合作用断路器立即跳闸，跳闸保持继电器在跳闸回路的电流线圈 TBJ（I）得电，跳闸保持继电器 TBJ 的三对触点同时动作：

① 常开触点 1 与 2 闭合，给电流线圈 TBJ（I）自保持，保证断路器可靠跳闸；

② 常闭触点 5 与 6 断开，将断路器合闸回路断开，避免了合闸—跳闸—合闸—跳闸剧烈的快速重复动作的发生；

③ 常开触点 3 与 4 闭合，跳闸保持继电器电压线圈 TBJ（V）得电，保证在断路器跳闸成功跳闸后，S1 常开触点 3 与 4 断开造成电流线圈 TBJ（I）失电，但电压线圈 TBJ（V）仍然有电，直到合闸信号消失或合闸开关 SAC1 的触点故障黏结断开为止。

由此可见，跳闸保持继电器 TBJ 采用了电流线圈 TBJ（I）和电压线圈 TBJ（V）双线圈继电器，不但有跳闸保持作用，同时还具有防跳作用。需要说明的是，老式油开关断路器的合闸电磁铁和跳闸电磁铁直接作用断路器合闸、跳闸，跳闸后不需要等待时间就可以连续再次合闸，因此断路器操作回路很有必要采取防跳措施。现代弹簧储能断路器的合闸电磁铁是通过储能弹簧间接作用合闸，而每次合闸后，储能电机对合闸弹簧储能需要十几秒的时间，一次合闸后合闸弹簧没有能力紧接着再次合闸。因此对弹簧储能断路器，操作回路的防跳措施已经不怎么重要了。但是弹簧储能断路器操作回路还是保留了防跳功能，为了确保断路器安全，无非增加了一只双线圈防跳继电器。

将前面图 4-61～图 4-64、图 4-66 和图 4-67 六个分图组合起来就得到图 4-68 发电机断路器操作回路总图，该水电厂有四台机组，四台发电机真空断路器 1QF～4QF 的操作回路和发电机微机保护完全一样。主变低压侧断路器操作回路与发电机断路器操作回路基本相同，只不过主变低压侧断路器没有同期合闸操作和紧急停机跳闸操作。发电机断路器操作回路小部分布置在机组 LCU 屏柜内（图 4-68 虚线框内），大部分布置在发电机开关柜上门内。主变低压侧断路器操作回路小部分布置在公用 LCU 屏柜内，大部分布置在主变低压侧开关柜上门内。主变高压侧断路器（线路断路器）有手动准同期合闸，断路器操作回路小部分布置在公用 LCU 屏柜内，大部分布置在室外升压站断路器操作箱内。

（6）断路器操作切换开关　前面介绍的发电机断路器现地操作开关为 1SK 是五位操作开关，近年来新的发电机开关柜普遍采用两位切换开关，用按钮来操作断路器的现地动合闸和分闸。断路器的操作回路完全一样。

图 4-69 为两位切换开关和操作按钮示意图。安装检修后需要试验时，将断路器转移到"隔离/试验"位，再将切换开关 1SK 逆钟向转到"现地"位，远控触点 1 与 2 断开，现地触点 3 与 4 闭合，运行人员在确认无误后手动按下"手合"按钮，合闸触点闭合，断路器合闸；操作人员在确认无误后手动按下"手跳"按钮，跳闸触点闭合，断路器跳闸。每次试验结束后必须将切换开关 1SK 顺时针切换到"远控"位置。图 4-70 为发电机开关柜上门柜面，两位切换开关位于"远控"位置。

作为知识扩展，应该知道图 4-68 的断路器操作回路是一个传统的控制二次回路，所有的逻辑功能全部靠将多个电气元件用特定的回路连接成具有特定逻辑功能的回路来实现。如果完全可以用 PLC 控制来取代，那么好多个电气元件的逻辑功能可以用软件编程来实现，但是断路器的制造成本肯定上升，这就是传统控制与计算机控制的区别所在。

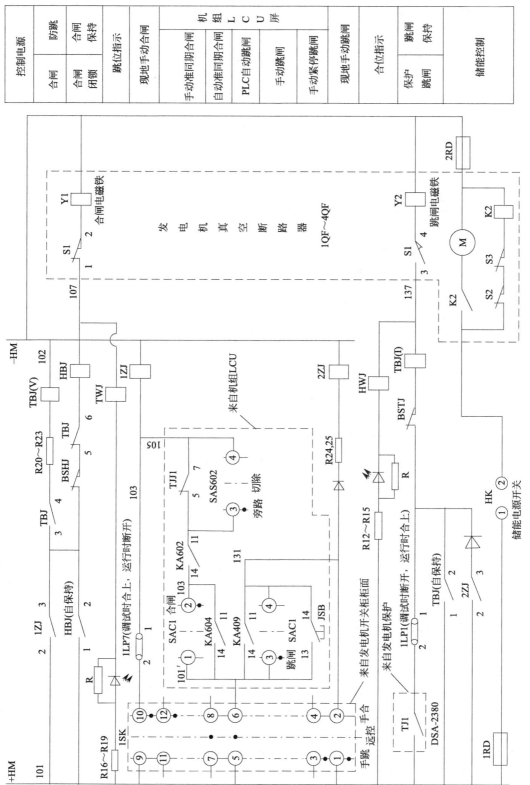

图 4-68　发电机断路器操作回路总图

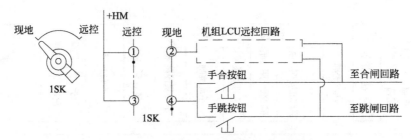

图 4-69　两位切换开关和操作按钮示意图

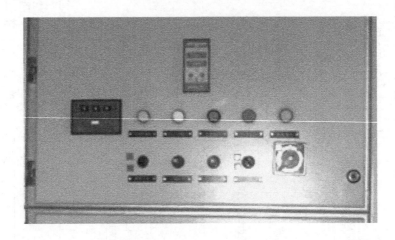

图 4-70　发电机开关柜上门柜面

4. 发电机微机保护及检测计量回路

（1）发电机微机保护回路　图 4-71 为发电机微机保护及监测计量交流回路，布置在发电机微机保护屏柜内。发电机微机保护模块 DSA-2380 集差动保护和后备保护为一体。

① 保护模块交流模拟量输入。发电机微机保护模块 DSA-2380 输入四组交流模拟量信号：一组来自发电机机坑中性点上的电流互感器 1TA 副边三相 0～5A 的交流模拟量电流信号，三组来自发电机开关柜下门中的电流互感器 5TA 副边三相 0～5A 的交流模拟量电流信号、电压互感器 1TV 副边星形三相 0～100V 的交流模拟量电压信号和副边开口三角形的交流模拟量电压流信号。1TA 与 5TA 构成发电机差动保护，1TA 与 1TV 构成发电机后备保护。

因为运行中的电流互感器不得开路，所以来自发电机机坑中性点的备用电流互感器 2TA 副边的三相绕组输出端必须短路，防止开口出现高电压。电压互感器 1TV 副边的星形绕组空气开关 1QA 合闸时，向机组 LCU 开关量输入模块回路 P430 送入开关量信号，告知电压互感器 1TV 副边的星形绕组已合闸。副边的开口三角形绕组空气开关 2QA 合闸时，向机组 LCU 开关量输入模块回路 P431 送入开关量信号，告知电压互感器 1TV 副边的开口三角形绕组已合闸。

② 保护模块开关量输入。发电机微机保护模块 DSA-2380 输入六路开关量（图 4-72），其中三路来自发电机开关柜断路器操作回路的操作开关 1SK。三路来自发电机开关柜断路器操作回路的断路器合位继电器 HWJ 和跳位继电器 TWJ。

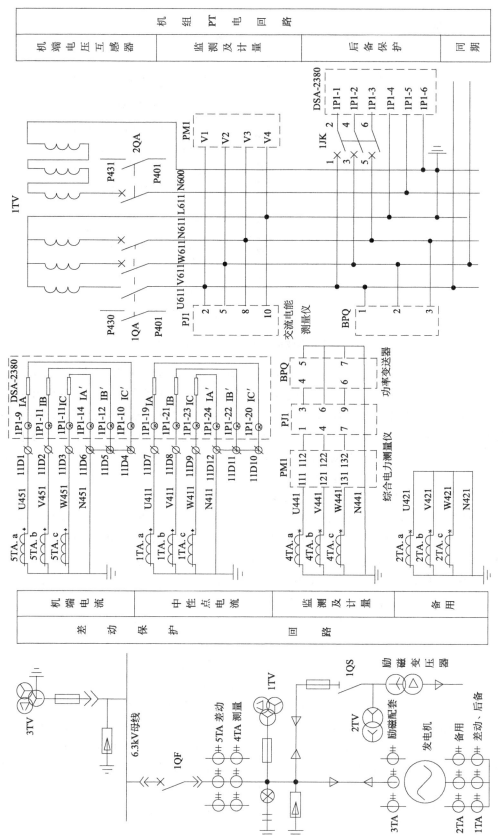

图 4-71　发电机微机保护及监测计量交流回路

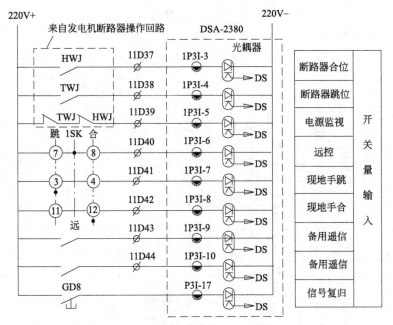

图 4-72　发电机微机保护模块开关量输入回路

　　发电机开关柜柜面上现地操作开关 1SK 在手动合闸位置时，1SK 触点 11 与 12 闭合，告知发电机微机保护模块现在断路器在现地手动合闸。发电机开关柜柜面上操作开关 1SK 在手动跳闸时，1SK 触点 3 与 4 闭合，告知发电机微机保护模块现在断路器在现地手动跳闸。当发电机断路器处于远控状态时，1SK 触点 7 与 8 闭合，告知发电机微机保护模块断路器现在处于远控状态。当发电机微机保护动作跳闸后，故障或事故处理完毕，在发电机微机保护模块上按下按钮 GD8，进行信号复归。

　　正常情况下，断路器不是在合闸位置就是在跳闸位置，也就是说，不是合位继电器 HWJ 常闭触点断开就是跳位继电器 TWJ 常闭触点断开。当合位继电器 HWJ 和跳位继电器 TWJ 两个常触接点同时闭合时，表明断路器操作回路电源消失，所以用 HWJ 和 TWJ 的两个常闭触点串联作为控制电源监视开关量信号输入发电机保护模块。

　　③ 保护模块开关量输出。图 4-73 为发电机微机保护模块 DSA-2380 开关量输出。所有输入的交流模拟量信号经模块内的小 CT、小 PT 变换隔离后一律变成为弱电模拟量信号，再由 A/D 转换成数字量信号，所有输入的开关量经光电耦合器隔离，防止操作失误强电进入模块，保证模块的安全。保护模块的 CPU 按预先编制好的程序对所有输入信号进行运算处理和逻辑判断，最后输出开关量。当发电机发生电气事故时，微机保护模块同时输出三个开关量：TJ1 闭合直接作用断路器操作回路（参看图 4-68）发电机甩负荷跳闸；TJ2 闭合直接作用灭磁开关操作回路（参看图 4-46）灭磁开关跳闸，防止发电机过电压；TJ3 闭合直接作用调速器操作回路紧急关闭导叶，防止发电机过速。发电机微机保护模块送往机组 LCU 三个开关量信号：当保护模块自身发生故障时，送往机组 LCU 的 PLC 开关量输入回路 P433 的开关量常闭触点 BSJ 断开；当发电机发生故障时，送往机组 LCU 的 PLC 开关量输入回路 P434 的开关量常闭触点 XJ13 闭合；当发电机发生事故时，送往机组 LCU 的 PLC 开关量输入回路 P432 的开关量常闭触点 XJ 闭合。图中 DSA-2380 模块内部元件图形是一种示意的虚拟图形，不表示真实元件和回路。

图 4-74 为安装了两台发电机微机保护模块的发电机微机保护屏屏面布置，标号 1 是 1♯
发电机微机保护模块 DSA-2380，标号 2 是 2♯ 发电机微机保护模块 DSA-2380。两个微机保
护模块中间是一只空箱子。

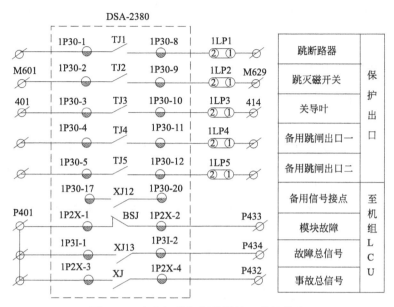

图 4-73　发电机微机保护模块开关量输出

图 4-74　发电机微机保护屏屏面布置

1—1♯发电机保护模块；2—2♯发电机保护模块

（2）监测计量模拟量输入　综合电力测量仪 PM1、交流电能测量仪 PJ1 和功率变送
器 BPQ 分别输入两组交流模拟量信号：来自发电机开关柜下门中的电流互感器 4TA 副边
三相 0～5A 的交流模拟量电流信号和电压互感器 1TV 副边星形三相 0～100V 的交流模拟
量电压信号，智能综合电力测量仪 PM1 用于在机组 LCU 屏柜上监测和显示发电机机端电

压、电流、频率、功率因数、有功功率和无功功率。智能交流电能测量仪 PJ1（智能电度表）用于在机组 LCU 屏柜上计量并显示发电机输出的电能。功率变送器 BPQ 输出 4～20mA 标准电模拟量一路送机组 LCU 的 PLC 模拟量输入模块，供上位机对发电机功率测量和显示用，一路送微机调速器一体化 PLC 的模拟量输入信号，作为功率调节的实际功率反馈信号。

三、主变和线路微机保护

1. 主变微机保护的配置

（1）主保护

① 差动保护。差动保护范围是从最靠近主变低压侧断路器的电流互感器到最靠近主变高压侧断路器的电流互感器之间的主变压器绕组、互感器、铝排和隔离开关等所有设备，当然主要保护对象是主变压器。

主变压器差动保护原理是主变压器及其保护范围内正常运行时，同一相低压侧与高压侧电流之比应等于主变压器高压侧与低压侧线圈匝数比，如果这个比值发生变化，说明在保护范围内的主变压器绕组或电缆发生短路，保护动作立即作用主变压器高、低压侧断路器同时跳闸。

② 瓦斯保护。在反映主变压器内部故障的各种保护装置中，都不能完全反映变压器内部所有形式的故障，特别是绕组匝间短路和变压器严重漏油故障。例如，绕组匝间短路时，在短路的匝间流过大于额定电流的短路电流，但是在变压器外部电路中的电流还不足以使主变压器过电流保护或差动保护动作，而此时瓦斯保护却能动作，使运行人员在主变压器内部油不正常情况下或轻微故障时，能迅速发现并及时处理，避免主变压器遭受严重损坏，因此，瓦斯保护也是主变压器主保护之一。瓦斯保护是一种非电量保护，轻瓦斯作用信号报警，重瓦斯作用主变压器高、低压两侧断路器同时跳闸。

（2）后备保护

① 复合电压闭锁过电流保护。当变压器内、外部发生短路时，会出现变压器过电流。变压器的过负荷能力比较大，在实际运行中经常要利用变压器的过负荷能力使变压器短时间过负荷运行。为了防止变压器正常过电流或过负荷运行时过电流保护误动，与发电机保护相同，采用复合电压来闭锁过电流保护的动作，也就是说，变压器复合电压闭锁过电流保护动作必须同时满足三个条件：变压器出现低电压、负序电压和过电流。复合电压闭锁过电流保护作为差动保护的后备保护，延时作用分断主变压器高、低两侧断路器。

② 零序电流保护。在主变压器中性点直接接地的系统中，发生变压器内、外单相接地时，在中性点会出现零序电流，在主变压器中性点接地线上设置零序电流互感器，根据零序电流的大小确定单相接地的程度。零序电流保护动作瞬时作用分断主变压器高、低两侧断路器。

③ 过负荷保护。主变压器过负荷的特点是三相对称过负荷，不同的过负荷程度允许的过负荷时间也不相同，因此根据不同的情况，过负荷保护延时作用于信号，告知运行人员采取措施，适当减负荷运行。

④ 温度保护。当变压器过负荷、外部短路、冷却系统出现故障，都会引起主变压器油温升高，油温过高将使主变压器油和绝缘材料老化，从而缩短主变压器寿命并可能引发内部故

障。因此，采用温度保护来监视主变压器油温及冷却系统故障，温度保护是一种非电量保护，温度保护作用于信号报警。

2. 线路微机保护的配置

高压机组水电厂的升压站的 35kV 母线（或 110kV 母线）不允许就近上网，必须用专门输电线路送到最近的升压站后进入电网，这意味着水电厂的发电必须接受电网调度的运行调度。在荒郊野外的输电线路受不利天气影响或意外环境危害，线路运行可能会出现故障或事故，因此必须对线路进行保护。

（1）距离保护　线路的距离保护就是将保护范围严格限制在线路的某个范围内，而不延伸到保护范围以外的线路，即在保护范围以外的线路发生故障，保护不动作，这就要求保护动作具有一定的选择性。距离保护的选择性是依靠动作电流的特殊整定值和动作延时来实现的。

① 瞬时过电流速断保护。输电线路首端发生相间短路时，发电机通过主变向短路点提供强大的短路电流。为了减小发电机和主变的损坏程度，应尽快不延时地分断主变高压侧断路器，因此，需要采用瞬时过电流速断保护。

② 限时过电流速断保护。由于瞬时过电流速断保护只保护本线路的首端，不能保护本线路的全长，因此必须增设限时过电流速断保护。限时电流速断保护的保护范围是本线路的全长，并延伸到下邻线路首端的一小部分。为了保证动作的选择性，限时电流速断保护动作应比下邻线路瞬时过电流速断保护动作延时约 0.5s。

（2）低频低压解列保护　当电网与本电厂同时向近区负荷供电时，如果电网供电接入点发生短暂短路，使电网供电接入点断路器跳闸短暂中断供电，脱离电网的近区负荷短暂全部由本电厂发电机单独承担而成为一个小系统，造成本电厂发电机无力单独承担近区负荷而短暂出现低频、低压。如果电网供电接入点的断路器自动重合闸动作成功，重新与本电厂一起向近区负荷供电，电网供电接入点的断路器重合闸时面对的是一个低频、低压的小系统，造成电网供电接入点断路器非同期并网，对本电厂运行发电机可产生高达几十倍额定电流的冲击电流。低频低压解列保护应在发电机频率、电压低于设定值时，抢在电网供电接入点的断路器自动重合闸动作前，将本电厂主变高压侧的断路器迅速跳闸，本电厂解列退出电网，将近区负荷抛给即将重合闸的电网。由于电网供电接入点自动重合闸的成功，对用户来讲，瞬间断电几乎没有影响。

3. 主变线路微机保护的通信

主变线路微机保护作为公用 LCU 的下位机，经公用 LCU 内的通信服务器既可与公用 LCU 通信，也可与中控室主机通信。

4. 主变微机保护及检测计量回路

（1）主变差动微机保护回路　图 4-75 为主变差动微机保护及监测计量交流回路，布置在主变线路保护屏柜内（有的水电厂设主变保护屏和线路保护屏）。主变差动微机保护由模块 DSA-2323 担任（参看图 2-102）。

① 保护模块交流模拟量输入。主变差动微机保护模块 DSA-2323 输入两组交流模拟量信号：一组来自主变低压侧开关柜下门中的电流互感器 6TA 副边三相 0～5A 的交流模拟量电流信号；一组来自室外升压站主变高压侧与线路断路器之间的电流互感器 12TA 副边三相 0～5A 的交流模拟量电流信号。

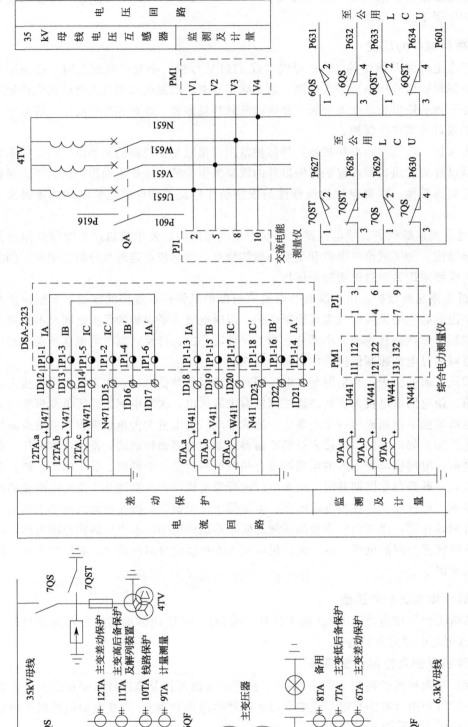

图 4-75　主变差动微机保护及监测计量交流回路

② 升压站开关量信号采集。电压互感器 4TV 副边的星形绕组空气开关 QA 合闸时，向公用组 LCU 开关量输入模块回路 P616 送入开关量信号，告知空气开关 QA 已合闸。主变高压侧隔离开关 6QS 闭合时，行程开关向公用组 LCU 开关量输入模块回路 P631 送入开关量信号，告知隔离开关 6QS 已合闸。主变高压侧接地闸刀 6QST 闭合时，行程开关向公用组 LCU 开关量输入模块回路 P633 送入开关量信号，告知接地闸刀 6QST 已合闸。主变高压侧母线电压互感器 4TV 隔离开关 7QS 闭合时，行程开关向公用组 LCU 开关量输入模块回路 P629 送入开关量信号，告知隔离开关 7QS 已合闸。主变高压侧母线电压互感器接地闸刀 7QST 闭合时，行程开关向公用组 LCU 开关量输入模块回路 P627 送入开关量信号，告知接地闸刀 7QST 已合闸。

③ 保护模块开关量输出。图 4-76 为主变差动微机保护模块 DSA-2323 开关量输出。保护模块的 CPU 按预先编制好的程序对所有输入信号进行运算处理和逻辑判断，最后输出开关量。当主变发生电气事故时，差动微机保护模块同时输出两个开关量：TJ1 闭合直接作用主变高压侧断路器操作回路跳闸；TJ2 闭合直接作用主变低压侧断路器操作回路跳闸。当保护模块自身发生故障时，送往公用 LCU 的 PLC 开关量输入回路 P606 的开关量常闭触点 BSJ 断开；当主变差动保护动作时，送往公用 LCU 的 PLC 开关量输入回路 P605 的开关量常开触点 XJ 闭合。

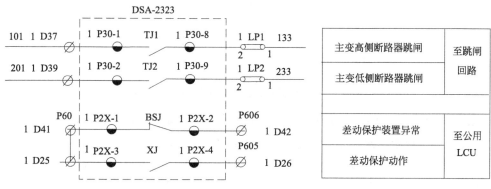

图 4-76　主变差动微机保护模块开关量输出

（2）监测计量模拟量输入　综合电力测量仪 PM1 和交流电能测量仪 PJ1 分别输入两组交流模拟量信号：一组来自室外升压站主变高压侧与线路断路器之间的电流互感器 9TA 副边三相 0～5A 的交流模拟量电流信号，一组来自室外升压站主变高压侧 35kV 母线电压互感器 4TV 副边星形三相 0～100V 的交流模拟量电压信号。智能综合电力测量仪 PM1 用于在公用组 LCU 屏柜上监测和显示主变高压侧电压、电流、频率、功率因数有功功率和无功功率。智能交流电能测量仪 PJ1 用于在公用 LCU 屏柜上计量并显示主变输出的全厂上网电能。有的水电厂将发电机电度表、主变电度表和厂用电电度表放在一只计量柜内。

（3）主变低压侧后备微机保护回路　图 4-77 为主变低压侧后备微机保护交流回路，布置在主变线路保护屏柜内。主变低压侧后备微机保护由模块 DSA-2324 担任（参看图 2-102）。

① 保护模块交流模拟量输入。主变低压侧后备保护模块 DSA-2324 输入两组交流模拟量信号：来自主变低压侧开关柜下门中的电流互感器 7TA 副边三相 0～5A 的交流模拟量电流信号和中门中的电压互感器 3TV 副边星形三相 0～100V 的交流模拟量电压信号。所有的交流模拟量信号经模块内的小 CT、小 PT 变换隔离后一律变成为弱电模拟量信号，再由 A/D 转换成数字量信号，供保护模块的 CPU 分析、处理。备用电流互感器 8TA 副边的三相绕组输出端必须短路，防止开口出现高电压。

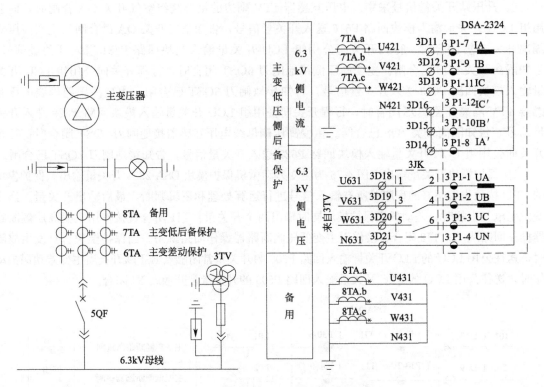

图 4-77　主变低压侧后备微机保护交流回路

② 保护模块开关量输出。图 4-78 为主变低压侧后备微机保护模块 DSA-2324 的开关量输出。保护模块的 CPU 按预先编制好的程序对所有输入信号进行运算处理和逻辑判断，最后输出开关量。当主变低压侧发生电气事故时，低压侧微机后备保护模块同时输出与差动保护一样的两个开关量：TJ1 闭合直接作用主变高压侧断路器操作回路跳闸；TJ2 闭合直接作用主变高压侧断路器操作回路跳闸。当保护模块自身发生故障时，送往公用 LCU 的 PLC 开关量输入回路 P610 的开关量常闭触点 BSJ 断开；当低压侧后备保护动作时，送往公用 LCU 的 PLC 开关量输入回路 P609 的开关量常开触点 XJ 闭合。

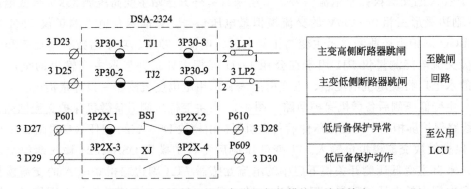

图 4-78　主变低压侧后备微机保护模块开关量输出

（4）主变高压侧后备微机保护回路　图 4-79 为主变高压侧后备微机保护交流回路，布置在主变线路保护屏柜内。主变高压侧后备微机保护模块采用与主变低压侧微机保护模块一样的型号，由 DSA-2324 担任（参看图 2-102）。

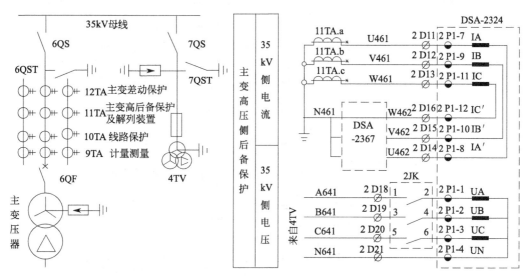

图 4-79 主变高压侧后备微机保护交流回路

① 保护模块交流模拟量输入。主变高压侧后备微机保护模块 DSA-2324 输入两组交流模拟量信号：来自室外升压站主变高压侧与线路断路器之间的电流互感器 11TA 副边三相 0～5A 的交流模拟量电流信号和 35kV 母线电压互感器 4TV 副边星形三相 0～100V 的交流模拟量电压信号。

② 保护模块开关量输出。图 4-80 为主变高压侧后备微机保护模块 DSA-2324 开关量输出。保护模块的 CPU 按预先编制好的程序对所有输入信号进行运算处理和逻辑判断，最后输出开关量。当主变高压侧发生电气事故时，高压侧微机后备保护模块同时输出与差动保护一样的两个开关量：TJ1 闭合直接作用主变高压侧断路器操作回路跳闸；TJ2 闭合直接作用主变低压侧断路器操作回路跳闸。当保护模块自身发生故障时，送往公用 LCU 的 PLC 开关量输入回路 P608 的开关量常闭触点 BSJ 断开；当高压侧后备保护动作时，送往公用 LCU 的 PLC 开关量输入回路 P607 的开关量常开触点 XJ 闭合。

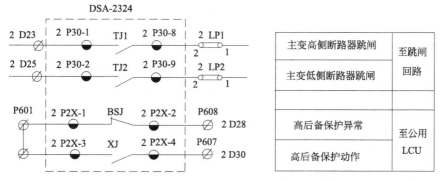

图 4-80 主变高压侧后备微机保护模块开关量输出

（5）主变本体微机保护 图 4-81 为主变本体微机保护直流回路，布置在主变线路保护屏柜内。主变本体微机保护由模块 DSA-2302B 担任（参看图 2-102）。因为主变本体保护主要是非电量的瓦斯保护和温度保护，所以主变本体保护也称非电量保护。

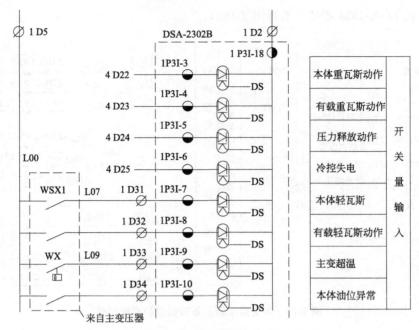

图 4-81　主变本体微机保护直流回路

主变本体微机保护模块 DSA-2302B 主要输入开关量信号来自室外升压站主变压器的瓦斯信号器 WSX 和温度信号器 WS，所有输入的开关量经光电耦合器隔离，防止操作失误强电进入模块，保证模块的安全。保护模块的 CPU 按预先编制好的程序对所有输入信号进行运算处理和逻辑判断，最后输出开关量。当主变本体保护动作时，主变本体微机保护模块同时输出与差动保护一样的两个开关量（图 4-82）：TJ1 闭合直接作用主变高压侧断路器操作回路跳闸；TJ2 闭合直接作用主变低压侧断路器操作回路跳闸。

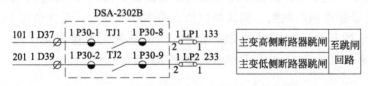

图 4-82　主变本体微机保护模块开关量输出

5. 线路微机保护

（1）故障解列微机保护回路　图 4-83 为故障解列微机保护交流回路，布置在主变线路保护屏柜内。故障解列微机保护由模块 DSA-2367 担任（参看图 2-102）。

① 保护模块交流模拟量输入。故障解列微机保护模块 DSA-2367 输入两组交流模拟量信号：来自室外升压站主变高压侧与线路断路器之间的电流互感器 11TA 副边三相 0～5A 与主变高压侧后备保护模块 DSA-2324 串联的交流模拟量电流信号，来自室外升压站 35kV 母线电压互感器 4TV 副边星形三相 0～100V 的交流模拟量电压信号。

② 保护模块开关量输出。图 4-84 为故障解列微机保护模块 DSA-2367 开关量输出。保护模块的 CPU 按预先编制好的程序对所有输入信号进行运算处理和逻辑判断，最后输出开关量。当发生故障解列时，因为故障解列只与系统有关，因此故障解列微机保护模块只输出一个开关量 TJ 闭合，直接作用主变高压侧断路器操作回路跳闸。当保护模块自身发生故障

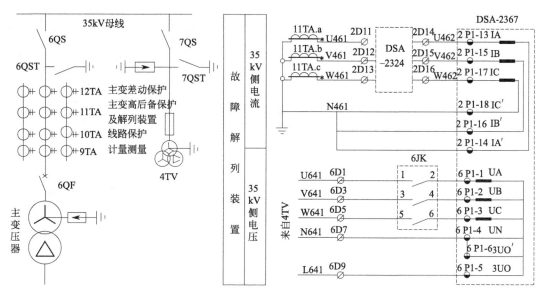

图 4-83　故障解列微机保护交流回路

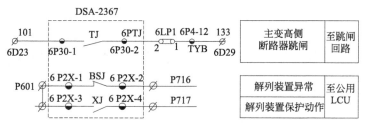

图 4-84　解列装置微机保护模块开关量输出

时，送往公用 LCU 的 PLC 开关量输入回路 P716 的开关量常闭触点 BSJ 断开；当故障解列保护动作时，送往公用 LCU 的 PLC 开关量输入回路 P717 的开关量常开触点 XJ 闭合。

（2）线路距离微机保护回路　图 4-85 为线路距离微机保护交流回路，布置在主变线路保护屏柜内。线路距离微机保护由模块 DSA-2161 担任（参看图 2-102）。

① 保护模块交流模拟量输入。线路距离微机保护模块 DSA-2161 输入三组交流模拟量信号：来自室外升压站主变高压侧与线路断路器之间的电流互感器 10TA 副边三相 0～5A 的交流模拟量电流信号，来自室外升压站 35kV 母线电压互感器 4TV 副边星形三相 0～100V 的交流模拟量电压信号和副边开口三角形的交流模拟量电压信号。

② 保护模块开关量输出。图 4-86 为线路距离微机保护模块 DSA-2161 开关量输出。保护模块的 CPU 按预先编制好的程序对所有输入信号进行运算处理和逻辑判断，最后输出开关量。当发生线路故障时，因为线路距离保护只与系统有关，因此线路距离微机保护模块只输出一个开关量 TJ 闭合，直接作用主变高压侧断路器操作回路跳闸。当保护模块自身发生故障时，送往公用 LCU 的 PLC 开关量输入回路 P604 的开关量常闭触点 BSJ 断开；当线路距离保护动作时，送往公用 LCU 的 PLC 开关量输入回路 P603 的开关量常开触点 XJ 闭合。

图 4-87 为主变线路微机保护屏面布置，主变和线路保护六个模块布置在一起显得有点拥挤，因此有的水电厂将其分为主变微机保护屏和线路微机保护屏。需要说明的是，主变线路微机保护模块不一定都是六块，有的水电厂可能少于六块，保护的项目不同，模块的数量

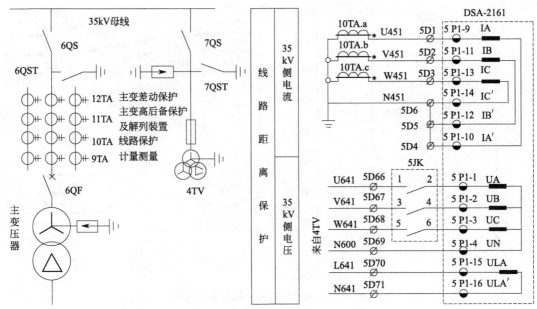

图 4-85　线路距离微机保护交流回路

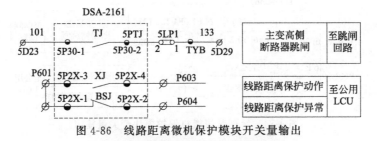

图 4-86　线路距离微机保护模块开关量输出

图 4-87　主变线路微机保护屏面布置

也不同。自动化控制公司模块设计的集成度不同，模块的数量也不同。

第五节　交流厂用电二次回路

交流厂用电二次回路包括交流厂用电计量监测回路、空压机控制回路集水井排水泵控制回路、调速器油泵控制回路和事故照明备用电源自动切换回路。

一、交流厂用电计量监测回路

运行中需要对交流厂用电进行电参数监测和显示、厂用电耗能计量和欠电压保护。图4-88为交流厂用电计量监测回路，1#厂用变41B为工作厂用变，2#厂用变42B为备用厂用变。工作厂用变压器41B的三相交流电源来自6.3kV（或10.5kV）母线，备用厂用变压器42B的三相交流电源来自近区10kV线路。正常运行时，两路厂用电的隔离开关41QS、42QS同时合闸，工作厂用变的低压断路器41QF合闸，备用厂用电的低压断路器42QF分闸。当工作厂用电消失后，备自投装置JXQ3先作用工作厂用电的断路器41QF分闸，再作用备用厂用电的断路器42QF合闸。当工作厂用电恢复后，备自投装置JXQ3先作用备用厂用电的断路器42QF分闸，再作用工作厂用电的断路器41QF合闸。确保两路厂用电只能一路投入。因为有单相照明负荷，需要零线，所以两台厂用变低压侧三相绕组都是中性点接地的星形三相四线制连接。交流厂用电的监测、计量、显示回路和仪表大部分布置在公用LCU屏柜上，两路厂用电的二次回路完全一样，下面以工作厂用变的二次回路为例，介绍交流厂用电的计量和监测。

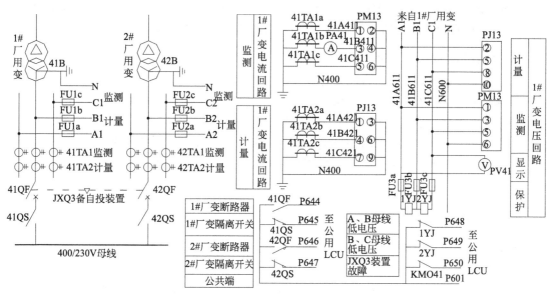

图 4-88　交流厂用电计量监测回路

1. 监测

厂用电的电流比较大，综合电力测量仪PM13需要采集的电流信号还得经电流互感器41TA1转换成0～5A的小电流。厂用电三相母线电压为低电压400V（380V），综合电力测量仪PM13需要采集的电压信号可以直接从工作厂用变低压侧A1、B1、C1获取，布置在公用 LCU 屏柜上的综合电力测量仪 PM13 用来监测并显示工作厂用变低压侧电压、电流、功率等电参数。

2. 计量

交流电能测量仪 PJ13 从电流互感器 41TA2 采集电流信号，从工作厂用变低压侧 A1、B1、C1 直接采集电压信号，布置在公用 LCU 屏柜上的交流电能测量仪 PJ13 用来计量厂用电所用的电能。

3. 显示

布置在厂用电受电屏上的电流表 PA41 显示工作厂用电的工作电流，用电压表 PV41 显示工作厂用电的工作电压。

4. 保护

当交流厂用电电压过低时，三相异步电动机工作电流会按平方增大，后果是电动机烧毁。因此采用两只欠电压继电器对交流厂用电三相 400V 母线进行欠电压监视。欠电压继电器 1YJ 监视工作厂用电 A、B 相之间的线电压，出现低电压时，1YJ 送往公用 LCU 的 PLC 开关量输入回路 P648 的常闭触点闭合，告知公用 LCU，工作厂用电 A、B 相之间出现低电压。欠电压继电器 2YJ 监视 1♯厂用电 B、C 相之间的线电压，出现低电压时，2YJ 送往公用 LCU 的 PLC 开关量输入 P649 的常闭触点闭合，告知公用 LCU，工作厂用电 B、C 相之间出现低电压。

熔断器 FU1 在工作厂用变电压回路发生短路时，起熔断保护作用。熔断器 FU3 在电压继电器 1YJ、2YJ 回路发生短路时，起熔断保护作用。当备自投装置 JXQ3 发生故障时，JXQ3 内部的中间继电器 KMO41 失电，KMO41 送往公用 LCU 的 PLC 开关量输入回路 P650 的常闭触点闭合，告知公用 LCU 备自投装置 JXQ3 发生故障。

5. 其它送往公用 LCU 的开关量

工作厂用变断路器 41QF 合闸时，送往公用 LCU 中 PLC 开关量输入回路 P644 的断路器的行程开关触点 41QF 闭合；备用厂用变断路器 42QF 合闸时，送往公用 LCU 中 PLC 开关量输入回路 P646 的断路器的行程开关触点 42QF 闭合。

工作厂用变隔离开关 41QS 合闸时，送往公用 LCU 的 PLC 开关量输入回路 P645 的隔离开关的行程开关触点 41QS 断开；备用厂用变隔离开关 42QS 合闸时，送往公用 LCU 的 PLC 开关量输入回路 P647 的隔离开关的行程开关触点 42QS 断开。

二、空压机控制回路

水电厂机组停机过程中需要采用压缩空气控制的风闸进行刹车制动，防止烧毁轴瓦。空压机将压缩空气打入储气罐，保证风闸随时使用。因此必须要有一套空压机自动控制系统，自动启动、停止空压机泵，使储气罐的压力始终在规定范围内。图 4-89 为空压机控制回路图，1♯空压机与 2♯空压机控制方式完全一样，有现地手动操作和远方自动控制两种运行方式。公用 LCU 的 PLC 程序控制应保证两台空压机轮换工作，以免长期一台空压机工作，备用空压机的电动机受潮无法应急备用。两台空压机送出的压缩空气全部送入同一只储气罐，储气罐上有 81YLJ 和 82YLJ 两只电接点压力表。

A、B、C 三相为被控空压机电动机的主回路也称空压机的一次回路，操作回路也称二

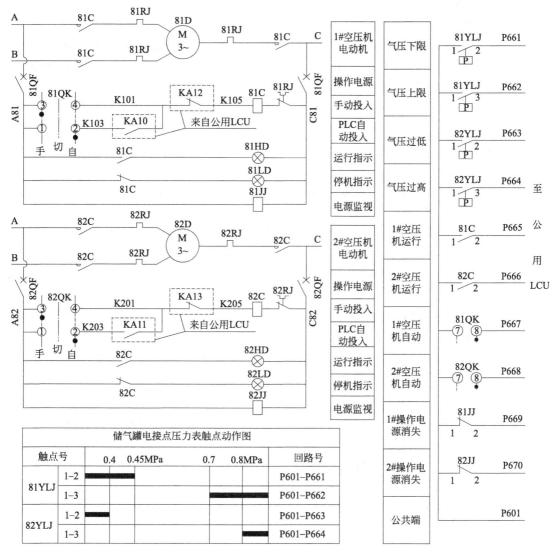

图 4-89　空压机控制回路图

次回路。合上空气开关 81QF 和 82QF，空压机电动机和操作回路电源同时投入，但是操作回路用的是 A、C 两相 380V 的交流电线电压。手自动切换开关 81QK 或 82QK 逆时针转 45°的位置为空压机"手动"，顺时针转 45°的位置为空压机"自动"，中间位置为空压机"切除"。电接点压力表监视储气罐气压，送出储气罐气压上限、气压下限、气压过高和气压过低四个开关量，以此自动控制空压机的启停。

1. 手动操作

将手自动切换开关 81QK 逆时针转 45°"手动"位，交流接触器 81C 线圈得电，在电动机 A、B、C 三相主回路的三个主触点 81C 闭合，1#空压机电动机 81D 启动，1#空压机向储气罐打压缩空气。操作人员眼睛看着储气罐上的压力表，当储气罐压力达到气压上限 0.7MPa 时，将手自动切换开关 81QK 逆时针转到中间"切除"位，交流接触器 81C 线圈失电，三个主触点 81C 断开，空压机停机。2#空压机手动操作与 1#空压机完全一样，不再重述。

2. 自动控制

设当前 1♯空压机作为工作空压机，2♯空压机作为备用空压机。将两台空压机的手自动切换开关 81QK 和 82QK 同时顺时针转 45°到"自动"位，两台空压机都处于公用 LCU 的自动控制状态。当储气罐压力下降到气压下限 0.45MPa 时，电接点压力表 81YLJ 送往公用 LCU 的 PLC 开关量输入回路 P661 的触点 1 与 2 闭合，公用 LCU 的 PLC 输出继电器 KA10 线圈得电，1♯空压机操作回路中的常开接点 KA10 闭合，交流接触器 81C 的线圈得电，在电动机 A、B、C 三相主回路的三个主触点 81C 闭合，1♯电动机 81D 启动，1♯空压机向储气罐打压缩空气。当储气罐压力上升到气压上限 0.7MPa 时，电接点压力表 81YLJ 送往公用 LCU 的 PLC 开关量输入回路 P662 的触点 1 与 3 闭合，公用 LCU 的 PLC 输出继电器 KA12 线圈得电，1♯空压机操作回路中的常闭触点 KA12 断开，交流接触器 81C 线圈失电，1♯空压机停机。

当储气罐压力下降到气压过低如 0.4MPa 时，1♯空压机由于故障未能正常启动，电接点压力表 82YLJ 送往公用 LCU 的 PLC 开关量输入回路 P663 的触点 1 与 2 闭合，公用 LCU 的 PLC 输出继电器 KA11 线圈得电，2♯空压机操作回路中的常开触点 KA11 闭合，交流接触器 82C 线圈得电，在电动机 A、B、C 三相主回路的三个主触点 82C 闭合，2♯电动机 82D 启动，2♯空压机向储气罐打压缩空气。同时公用 LCU 的 PLC 开关量输出模块输出开关量作用故障报警。当储气罐压力上升到气压上限 0.7MPa 时，电接点压力表 81YLJ 送往公用 LCU 的 PLC 开关量输入回路 P662 的触点 1 与 3 闭合，公用 LCU 的 PLC 输出继电器 KA13 线圈得电，2♯空压机操作回路中的常闭触点 KA13 断开，交流接触器 82C 线圈失电，2♯空压机停机。

当储气罐压力上升到气压过高如 0.8MPa 时，1♯空压机由于故障未能正常停机，电接点压力表 82YLJ 送往公用 LCU 的 PLC 开关量输入回路 P664 的触点 1 与 3 闭合，作用公用 LCU 故障报警，同时储气罐上的机械式安全阀自动放气。

电接点压力表通过公用 LCU 间接控制空压机的启动和停止，如果把电接点压力表的接点取代空压机控制回路中的触点 KA13、KA14，由电接点压力表直接控制空压机的启动和停止，优点是省去了空压机控制回路与公用 LCU 之间来回的许多信号电缆，但是变成了传统的二次控制回路，缺点是无法对空压机运行实施计算机实时监控。

3. 指示

当 1♯空压机交流接触器 81C 闭合，空压机运行时，常闭触点 81C 断开，常开触点 81C 闭合，指示灯绿灯 81LD 灭，红灯 81HD 亮，指示 1♯空压机"运行"；当 1♯空压机交流接触器 81C 失电，空压机停止时，常闭触点 81C 闭合，常开触点 81C 断开，指示灯绿灯 81LD 亮，红灯 81HD 灭，指示 1♯空压机"停机"。当 2♯空压机交流接触器 82C 闭合，空压机运行时，常闭触点 82C 断开，常开触点 82C 闭合，指示灯绿灯 82LD 灭，红灯 82HD 亮，指示 2♯空压机"运行"；当 2♯空压机交流接触器 82C 失电，空压机停止时，常闭触点 82C 闭合，常开触点 82C 断开，指示灯绿灯 82LD 亮，红灯 82HD 灭，指示 2♯空压机"停机"。

4. 保护

当 1♯电动机运行过载时，在 1♯电动机 A、B、C 三相主回路的热继电器 81RJ 动作，常闭触点 81RJ 断开，交流接触器 81C 失电，1♯空压机停机，保证电动机不被烧毁。当 2♯

电动机运行过载时，在 2♯ 电动机 A、B、C 三相主回路的热继电器 82RJ 动作，常闭触点 82RJ 断开，交流接触器 82C 失电，2♯ 空压机停机，保证电动机不被烧毁。

5. 其它送往公用 LCU 的开关量

1♯ 空压机运行时，交流接触器 81C 送往公用 LCU 的 PLC 开关量输入回路 P665 的常开触点 1 与 2 闭合，2♯ 空压机运行时，交流接触器 82C 送往公用 LCU 的 PLC 开关量输入回路 P666 的常开触点 1 与 2 闭合。1♯ 空压机在"自动"位置时，手自动切换开关 81QK 送往公用 LCU 的 PLC 开关量输入回路 P667 的触点 7 与 8 闭合；2♯ 空压机在"自动"位置时，手自动切换开关 82QK 送往公用 LCU 的 PLC 开关量输入回路 P668 的触点 7 与 8 闭合。1♯ 空压机操作回路失电时，电源监视继电器 81JJ 失电，送往公用 LCU 的 PLC 开关量输入回路 P669 的常闭触点 81JJ 闭合；2♯ 空压机操作回路失电时，电源监视继电器 82JJ 失电，送往公用 LCU 的 PLC 开关量输入回路 P670 的常闭触点 82JJ 闭合。各个开关量分别告知公用 LCU 各自的状况。

三、集水井排水泵控制回路

水电厂厂房位置最低处有一个集水井，全厂渗漏水及靠自流无法排到下游的水全部汇集井中，用两台水泵轮流工作排入下游，因此必须要有一套自动排水系统，在集水井水位上升到上限时水泵启动排水，水位下降到下限水位时，水泵停转。图 4-90 为集水井排水泵控制回路图。排水泵控制方式和轮流工作方式与空压机完全一样。浮子式液位信号器监视集水井水位，送出集水井停泵水位、启动水位、偏高水位和过高水位四个开关量，通过公用 LCU 自动控制排水泵的启停。

设当前 1♯ 排水泵为工作泵，2♯ 排水泵为备用泵，介绍排水泵的自动控制方式。将手自动切换开关 61QK 和 62QK 同时顺时针转 45°"自动"位，两台排水泵都处于公用 LCU 的自动控制状态。

当集水井水位上升到启动水位时，浮子式液位信号器 61FZJ 送往公用 LCU 的 PLC 开关量输入回路 P652 的触点 1 与 3 闭合，公用 LCU 的 PLC 输出继电器 KA6 线圈得电，1♯ 排水泵操作回路中的常开触点 KA6 闭合，交流接触器 61C 的线圈得电，电动机 A、B、C 三相主回路的三个主触点 61C 闭合，1♯ 电动机 61D 启动，1♯ 排水泵将集水井的水排向下游。当集水井水位下降到停泵水位时，浮子式液位信号器 61FZJ 送往公用 LCU 的 PLC 开关量输入回路 P651 的触点 1 与 2 闭合，公用 LCU 的 PLC 输出继电器 KA8 线圈得电，1♯ 排水泵操作回路中的常闭触点 KA8 断开，交流接触器 61C 线圈失电，1♯ 排水泵停机。

集水井水位上升到偏高水位时，1♯ 工作排水泵由于故障未能正常启动，浮子式液位信号器 61FZJ 送往公用 LCU 的 PLC 开关量输入回路 P653 的触点 1 与 4 闭合，公用 LCU 的 PLC 输出继电器 KA7 线圈得电，2♯ 备用排水泵操作回路中的常开触点 KA7 闭合，交流接触器 62C 线圈得电，电动机 A、B、C 三相主回路的三个主触点 62C 闭合，2♯ 电动机 62D 启动，2♯ 备用排水泵将集水井的水排向下游。同时公用 LCU 的 PLC 开关量输出模块输出开关量作用故障报警。当集水井水位下降到停泵水位时，浮子式液位信号器 61FZJ 送往公用 LCU 的 PLC 开关量输入回路 P651 的触点 1 与 2 闭合，公用 LCU 的 PLC 输出继电器 KA9 线圈得电，2♯ 排水泵操作回路中的常闭触点 KA9 断开，交流接触器 62C 线圈失电，2♯ 排水泵停机。

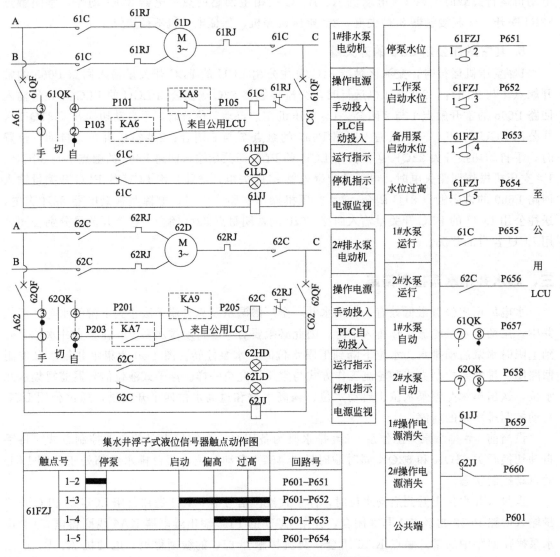

图 4-90　集水井排水泵控制回路图

由于事故造成集水井来水量大，两台排水泵同时投入，集水井水位继续上升到过高水位时，浮子式液位信号器 61FZJ 送往公用 LCU 的 PLC 开关量输入回路 P654 的触点 1 与 5 闭合，公用 LCU 的 PLC 开关量输出模块输出开关量作用事故报警。

液位信号器通过公用 LCU 间接控制排水泵的启动和停止，如果把液位信号器的触点取代集水井排水泵控制回路中的触点 KA6、KA8 或者 KA7、KA9，由液位信号器直接控制排水泵的启动和停止，优点是省去了集水井排水泵控制回路与公用 LCU 之间来回的许多信号电缆，但是变成了传统的二次控制回路，缺点是无法对排水泵运行实施计算机实时监控。

四、调速器油泵控制回路

水轮机在运行中必须根据负荷变化及时调节导叶开度，从而改变进入水轮机的水流量，保证发电机的频率不变或在规定的范围内变化。操作导叶开度变化的装置是用压力油控制的接力器，油泵将油打入储能器，保证接力器随时使用。因此必须要有一套油泵自动控制系

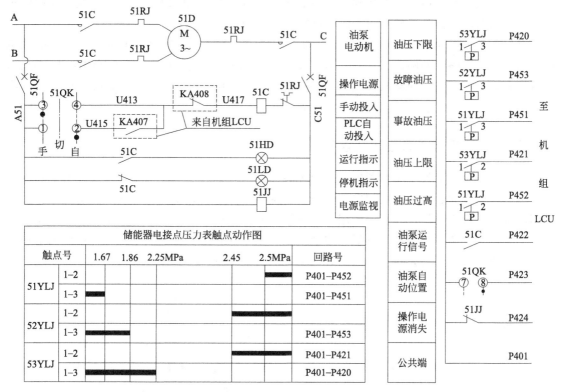

图 4-91　调速器油泵控制回路图

统，自动启动、停止油泵，使储能器的压力始终在规定范围内。

图 4-91 为调速器油泵控制回路图。油泵控制方式和电接点压力表与空压机完全一样，不同的是空压机有两台，互为备用轮流工作，而调速器采用一台油泵，没有备用油泵；空压机受公用 LCU 控制，而调速器受机组 LCU 控制。空压机储气罐上有两只电接点压力表，而调速器压力油箱储能器上有三只电接点压力表。

当储能器压力下降到压力下限 2.25MPa 时，电接点压力表 53YLJ 送往机组 LCU 的 PLC 开关量输入回路 P420 的触点 1 与 3 闭合，机组 LCU 的 PLC 输出继电器 KA407 线圈得电，油泵操作回路中的常开触点 KA407 闭合，交流接触器 51C 线圈得电，电动机 A、B、C 三相主回路的三个主触点 51C 闭合，电动机 51D 启动，油泵向储能器打压力油。当储能器压力上升到压力上限 2.45MPa 时，电接点压力表 53YLJ 送往机组 LCU 的 PLC 开关量输入回路 P421 的触点 1 与 2 闭合，机组 LCU 的 PLC 输出继电器 KA408 线圈得电，油泵操作回路中的常闭触点 KA408 断开，交流接触器 51C 失电，油泵停机。

当储能器压力下降到压力下限 2.25MPa，油泵由于故障未能正常启动，储能器压力继续下降到故障油压 1.86MPa 时，电接点压力表 52YLJ 送往机组 LCU 的 PLC 开关量输入回路 P453 的触点 1 与 3 闭合，机组 LCU 的 PLC 输出开关量作用故障报警。

当故障一时无法排除，储能器压力继续下降到事故油压 1.67MPa 时，电接点压力表 51YLJ 送往机组 LCU 的 PLC 开关量输入回路 P451 的触点 1 与 3 闭合，机组 LCU 的 PLC 输出开关量作用机组甩负荷事故停机。当储能器压力上升到压力上限 2.45MPa，油泵由于故障未能正常停机时，储能器压力继续到 2.5MPa 时，电接点压力表 51YLJ 送往机组 LCU

的 PLC 开关量输入回路 P452 的触点 1 与 2 闭合，机组 LCU 的 PLC 输出开关量作用故障报警。同时油泵出口处的机械式安全阀自动打开放油减压。

电接点压力表通过机组 LCU 间接控制油泵的启动和停止，如果把电接点压力表的接点取代油泵控制回路中的触点 KA407、KA408，由电接点压力表直接控制油泵的启动和停止，优点是省去了油泵控制回路与机组 LCU 之间来回的许多信号电缆，但是变成了传统的二次控制回路，缺点是无法对油泵运行实施计算机实时监控。

五、事故照明备用电源自动切换回路

水电厂在全厂交流厂用电消失后必须仍能保证一定数量的事故照明，以便照明运行人员的正常运行操作和进行交流厂用电故障处理，这点在夜间尤为重要。因此必须要有事故照明备用电源自动投入措施，在交流厂用电照明消失后，立即自动投入直流厂用电事故照明。图4-92 为事故照明电源自动切换回路，事故照明母线在交流电源正常时，由 220V 交流电源供电。当交流电源消失后，自动切换到直流电源上，由 220V 直流电源供电。

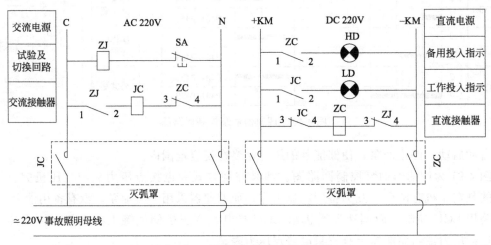

图 4-92　事故照电源自动切换回路

交流厂用电正常时，在交流二次回路中的中间继电器线圈 ZJ 也有电，ZJ 的常开触点 1与 2 闭合，交流接触器线圈 JC 得电，JC 在灭弧罩内的主触点闭合，交流电源 C 相 220V 的两端 C-N 与事故照明母线连接，事故照明用的是交流电。与此同时，中间继电器 ZJ 在直流二次回路中的常闭触点 3 与 4 和交流接触器 JC 在直流二次回路中的常闭触点 3 与 4 同时断开，可靠保证直流接触器 ZC 不得电，绝对保证直流电源无法送到 220V 事故照明母线上。交流接触器 JC 在直流二次回路中的常开触点 1 与 2 闭合，工作电源投入指示灯绿灯 LD 亮。

交流厂用电消失时，在交流二次回路中的中间继电器线圈 ZJ 也失电，ZJ 的常开触点 1与 2 断开，交流接触器线圈 JC 失电，JC 在灭弧罩内的主触点断开，交流电源 C 相 220V 的两端 C-N 与事故照明母线断开。与此同时，中间继电器 ZJ 在直流二次回路中的常闭触点 3与 4 和交流接触器 JC 在直流二次回路中的常闭触点 3 与 4 同时闭合，直流接触器线圈 ZC得电，ZC 在灭弧罩内的主触点闭合，直流电源 220V 的两端＋KM、－KM 与事故照明母线连接，事故照明用的是直流电。与此同时，直流接触器 ZC 在交流二次回路中的常闭触点 3与 4 断开，可靠保证交流接触器 JC 不得电，绝对保证交流电源无法送到 220V 照明母线上。

交流接触器 JC 在直流二次回路中的常开触点 1 与 2 断开,工作电源投入指示灯绿灯 LD 灭。直流接触器 ZC 在直流二次回路中的常开触点 1 与 2 闭合,备用电源投入指示灯红灯 HD 亮。

当交流电源回复后,中间继电器线圈 ZJ 自动得电,直流电源退出,事故照明母线恢复交流电源供电。手动按下、松开按钮 SA,人为造成中间继电器线圈 ZJ 失电、得电,可以试验事故照明母线交流电源和直流电源供电的切换。

第六节　机组测温制动屏二次回路

现代水电厂将机组温度测量装置和机组刹车制动装置设置在一只测温制动屏内。机组测温制动屏二次回路包括数字温度控制仪、数字温度巡检仪、剪断销信号装置和电气式转速信号装置等智能仪表的连接及制动风闸操作回路、机组技术供水操作回路等。

一、温度控制仪输入/输出回路

温度控制仪的优点是当特定的监测点温度值参数超限时,能经机组 LCU 作用故障报警或事故停机。缺点是数字温度控制仪只能接收一路温度信号,也就是说只能监测一个点。图 4-93 为卧式机组轴承温度控制仪输入输出回路。温度传感器 Rt 将被测点的温度非电模拟量转换成电模拟量输入数字式温控仪,数字式温控仪输出的是送机组 LCU 的温度偏高的故障报警开关量信号或温度过高的事故停机开关量信号,同时表面数字显示实时温度。

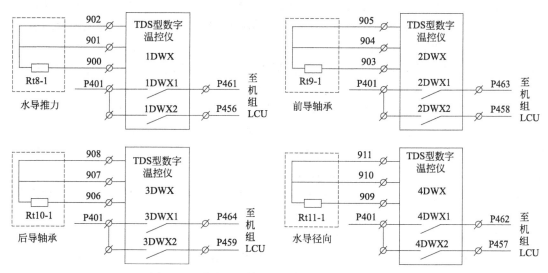

图 4-93　卧式机组轴承温度控制仪输入输出回路

温度传感器 Rt18-1 将水导推力轴承轴瓦的温度非电模拟量转换成电模拟量输入数字式温控仪 1WDX,表面数字显示实时温度。当水导推力轴瓦温度到达 60℃时,数字式温控仪 1WDX 输出开关量信号 1WDX2 送机组 LCU 的 PLC 开关量输入回路 P456 作用故障报警;当水导推力轴瓦温度到达 70℃时,数字式温控仪 1WDX 输出开关量信号 1WDX1 送机组

LCU 的 PLC 的开关量输入回路 P461 作用事故停机。

温度传感器 Rt19-1 将前导轴承轴瓦的温度非电模拟量转换成电模拟量输入数字式温控仪 2WDX，表面数字显示实时温度。当前导轴瓦温度到达 60℃时，数字式温控仪 2WDX 输出开关量信号 2WDX2 送机组 LCU 的 PLC 开关量输入回路 P458 作用故障报警；当前导轴瓦温度到达 70℃时，数字式温控仪 2WDX 输出开关量信号 2XJ 送机组 LCU 的 PLC 的开关量输入回路 P463 作用事故停机。

温度传感器 Rt10-1 将后导轴承轴瓦的温度非电模拟量转换成电模拟量输入数字式温控仪 3WDX，表面数字显示实时温度。当后导轴瓦温度到达 60℃时，数字式温控仪 3WDX 输出开关量信号 3XJ1 送机组 LCU 的 PLC 开关量输入回路 P459 作用故障报警；当后导轴瓦温度到达 70℃时，数字式温控仪 3WDX 输出开关量信号 3XJ 送机组 LCU 的 PLC 的开关量输入回路 P464 作用事故停机

温度传感器 Rt11-1 将水导径向轴承轴瓦的温度非电模拟量转换成电模拟量输入数字式温控仪 4WDX，表面数字显示实时温度。当水导径向轴瓦温度到达 60℃时，数字式温控仪 4WDX 输出开关量信号 4XJ1 送机组 LCU 的 PLC 开关量输入回路 P457 作用故障报警；当水导径向轴瓦温度到达 70℃时，数字式温控仪 4WDX 输出开关量信号 4XJ 送机组 LCU 的 PLC 的开关量输入回路 P462 作用事故停机。

二、温度巡检仪输入/输出回路

数字温度巡检仪能接收多路温度信号，在机组运行中需要对机组多点的温度值进行巡回检测及显示时，可以采用温度巡检仪。图 4-94 为卧式机组的数字温度巡检仪 41WDX 输入输出回路，工作电源为交流或直流 220V，可轮回巡检 16 个温度测量点。

输入温度巡检仪的温度信号有测量三相定子线圈温度的温度传感器 Rt1、Rt3、Rt5；测量三相定子铁芯温度的温度传感器 Rt2、Rt4、Rt6；测量空气冷却器出口冷风温度的温度传感器 Rt7；测量机组轴承瓦温的温度传感器 Rt8-2、Rt9-2、Rt10-2、Rt11-2；测量干式励磁变压器温度的温度传感器 Rt12；测量主变压器油温的温度传感器 Rt13；另有三路备用输入图中没有表示。温度巡检仪对 13 个温度测量点的温度值进行巡回检测和显示，公用三个输出继电器超限报警，表面显示报警点的编号和参数。当巡回检测到某点温度超过上限设定值或低于下限设定值时，HHI/LO 触点闭合，告知机组 LCU 被巡检点参数超限。当巡回检测到某点温度超过上限设定值时，HI 触点闭合，温度巡检仪报警。当巡回检测到某点测温元件输入断线时，BL 触点闭合，温度巡检仪报警。

数字温度巡检仪按顺序巡回监测和显示各检测的点位号和温度，监测的数据存放在数据缓冲区，供运行人员查阅，一旦有被测点温度超限，表面显示立即停留在超限点的点位号和温度，同时在机组 LCU 的 PLC 开关量输入回路 P460 的开关量触点 HHI/LO 闭合，告知机组 LCU 有被测点位温度超限，运行人员应立即在数字温度巡检仪查阅超限点位号和超限温度，并作处理。

三、剪断销信号装置输入/输出回路

有的水轮机连杆与拐臂采用能发信号的剪断销连接，以便在事故关导叶又遇到导叶被异物卡住时，剪断销自动剪断退出导水机构，不影响其它导叶关闭，同时发剪断销剪断信号。

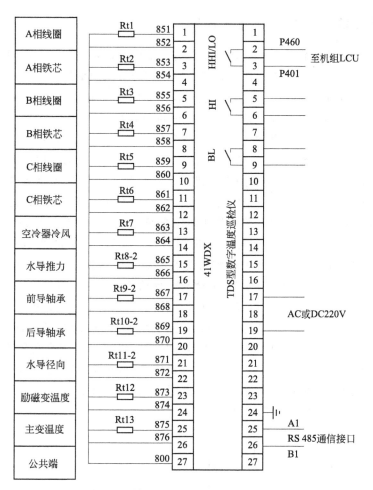

图 4-94　数字温度巡检仪输入输出回路

图 4-95 为剪断销信号装置输入输出回路，工作电源为来自控制母线 KM 的直流电源。所有导叶剪断销信号器串联接入剪断销信号装置输入端 1、2，当任何一个导叶剪断销被剪断，剪断销信号装置内在机组 LCU 的 PLC 开关量输入回路 P447 的接点 JDX 闭合，告知机组 LCU 水轮机剪断销剪断，机组 LCU 的 PLC 输出开关量作用故障报警。

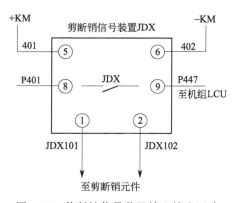

图 4-95　剪断销信号装置输入输出回路

四、电气式转速信号装置输入/输出回路

机组从启动开始转动到并入电网，都需要有一个转速信号装置，在不同转速时发出不同的信号，以便自动系统执行相应的任务，避免发生转速过高的事故。

图 4-96 为电气式转速信号装置 SN42 输入输出回路，工作电源为 220V 直流电源，输入端子 10 与端子 20 的频率（转速）信号来自发电机机端电压互感器 1TV，利用残压就能测频。电气式转速信号装置表面有频率指示，内部有 J1～J7 七只输出继电器。当转速下降到 5％额定转速时，SN42 内继电器 J1 的触点 2 与 12 闭合，向机组 LCU 的 PLC 开关量输入回路 P441 送去开关量信号，告知机组 LCU 机组即将停转；当转速下降到 35％额定转速时，SN42 内继电器 J2 的触点 3 与 13 闭合，向机组 LCU 的 PLC 开关量输入回路 P442 送去开关量信号，机组 LCU 的 PLC 输出开关量作用机组刹车制动；当转速上升到 80％额定转速时，SN42 内继电器 J4 的触点 5 与 15 闭合，向机组 LCU 的 PLC 开关量输入回路 P443 送去开关量信号，机组 LCU 的 PLC 输出开关量作用调速器测频回路投入；当转速上升到 95％额定转速时，SN42 内继电器 J5 的触点 6 与 16 闭合，向机组 LCU 的 PLC 开关量输入回路 P444 送去开关量信号，机组 LCU 的 PLC 输出开关量作用励磁投入；当转速上升到 115％额定转速时，SN42 内继电器 J6 的触点 7 与 17 闭合，向机组 LCU 的 PLC 开关量输入回路 P445 送去开关量信号，机组 LCU 的 PLC 输出开关量作用事故停机；当转速上升到 140％额定转速时，SN42 内继电器 J7 的触点 8 与 18 闭合，向机组 LCU 的 PLC 开关量输入回路 P446 送去开关量信号，机组 LCU 的 PLC 输出开关量作用紧急停机。端子 1 与端子 11 可以采用 RS 485 通信接口与上位机通信和传送数据。

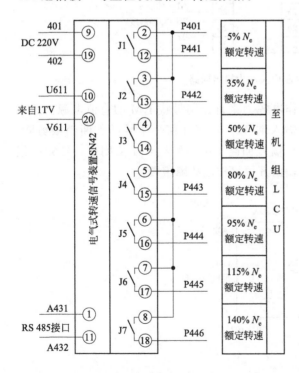

图 4-96　电气式转速信号装置输入输出回路

图 4-97　测温制动屏屏面布置

五、风闸制动操作回路

图 4-97 为测温制动屏屏面布置，屏柜最上面六个仪表是数字式温度控制仪，其中四个温控仪监测机组轴瓦温度，两个温控仪监测发电机空气冷却器进出口空气温度。左边指针式表计是电接点压力表，监视风闸下腔气压，风闸下腔有气压的话，表明风闸没有复归，不允许开机，否则带着刹车开机会烧毁风闸刹车板。右边指针式表计是普通的压力表，供运行人员观察制动气压。两个表计中间是温度巡检仪。最下面左边是风闸制动手动按钮 TR，右边是风闸制动复归手动按钮 FG。两个按钮上面是风闸投入指示红灯 HD 和风闸复归指示绿灯 LD。

风闸制动操作有按钮手动和 PLC 自动两种，图 4-98 为风闸制动操作回路，按钮手动操作时，停机过程中运行人员根据测温制动屏上的电气转速信号装置表面的指示，在机组转速下降到额定转速的 35% 左右时，在测温制动屏柜面上按下风闸投入按钮 TR，风闸投入电磁空气阀 42DKF 电磁线圈得电，铁芯带动空气阀活塞切换气路，使得风闸下腔接压缩空气，风闸刹车板上移对机组制动刹车，与此同时，风闸投入指示灯红灯 HD 亮。当机组刹车结束，机组停转后，在测温制动屏上按下风闸复归按钮 FG，风闸复归电磁空气阀 41DKF 电磁线圈得电，铁芯带动空气阀活塞切换气路，使得风闸上腔接压缩空气，风闸刹车板下移，退出对机组制动刹车，与此同时，风闸复归指示灯绿灯 LD 亮。PLC 自动时，在停机过程中机组转速下降到额定转速的 35% 时，电气转速信号装置发开关量信号给机组 LCU，机组 LCU 的 PLC 输出开关量 KA405 闭合，其结果与手动按下按钮 TR 一样，进行自动刹车制动。当机组转速下降到额定转速的 5% 时，电气转速信号装置内转速 5% 的触点闭合，发信号给机组 LCU，机组 LCU 的 PLC 输出开关量 KA406 闭合，其结果与手动按下按钮 FG 一样，进行风闸复归。

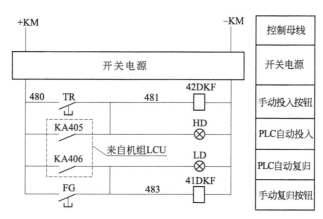

图 4-98　风闸制动操作回路

六、机组技术供水自动投入/退出回路

机组技术供水投入退出回路也安装在测温制动屏柜内。每次机组转动之前必须先投入机组技术供水，每次机组完全停止转动以后才能退出机组技术供水。图 4-99 为机组技术供水自动投入/退出回路，机组技术供水阀 42DF 是一只有吸合线圈 42DFK 和脱钩线圈 42DFG 的双线圈电磁液动阀。双线圈电磁阀的线圈只需施加稍纵即逝的脉冲电流即可工作。

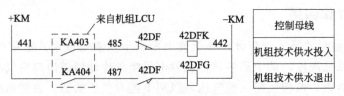

图 4-99　机组技术供水自动投入/退出回路

得到开机令后，机组 LCU 的 PLC 输出继电器 KA403 得电，常开触点 KA403 闭合，电磁液动阀吸合线圈 42DFK 得电，吸合线圈 42DFK 铁芯上移，电磁液动阀打开，技术供水投入。几乎同时，行程开关常闭触点 42DF 立即断开，吸合线圈 42DFK 立即失电，但是吸合线圈 42DFK 铁芯被脱钩线圈铁芯钩住，不会复归。行程开关常闭触点 42DF 保证了施加吸合线圈 42DFK 的是脉冲电流。行程开关常开触点 42DF 闭合，为下一步关闭电磁液动阀做好准备。

当机组停机转速为零后，机组 LCU 的 PLC 输出继电器 KA404 得电，常开触点 KA404 闭合，电磁液动阀脱钩线圈 42DFG 得电，吸合线圈 42DFK 铁芯脱钩落下复归，电磁液动阀关闭，技术供水退出。几乎同时，行程开关常开触点 42DF 断开，脱钩线圈 42DFG 立即失电，行程开关常开触点 42DF 保证了施加脱钩线圈 42DFG 的是脉冲电流。行程开关常闭触点 42DF 闭合，为下一步开启电磁液动阀做好准备。

如果取消电磁液动阀行程开关 42DF 常开触点和常闭触点，电磁液动阀照样可以正常工作，机组 LCU 的 PLC 输出继电器 KA403 触点闭合多久，吸合线圈 42DFK 通电流也多久。机组 LCU 的 PLC 输出继电器 KA404 触点闭合多久，脱钩线圈 42DFG 通电流也多久。以上情况失去了双线圈电磁阀的优点。

第五章

水电厂计算机监控

水电厂机电设备运行的大部分内容是按流程的操作控制和按预先设定的超限参数的逻辑保护，计算机监控在水电厂的运用使得这些操作控制和逻辑保护大为简化，水电厂计算机监控给机电设备安全、稳定、经济运行提供了强大的物质基础。

第一节　水电厂计算机监控系统结构

水电厂计算机监控系统的功能分为对机电设备的监测功能和对机电设备的控制功能两大部分。对机电设备的监测对中央处理器 CPU 来讲，就是计算机输入，对机电设备的控制对中央处理器 CPU 来讲，就是计算机输出。只有保证实时准确的监测，才可能有可靠全面的控制。

一、计算机监控模块

水电厂计算机监控的基本单元是机组现地控制单元（机组 LCU）和公用现地控制单元（公用 LCU），LCU 的核心是可编程控制器（PLC），PLC 的核心是中央处理器（CPU）。因此，平时讲的 LCU 其实就是 LCU 内的 PLC。微机调速器、微机励磁调节器、微机直流系统和微机继电保护采用的是集输入、输出和 CPU 一体功能的一体化 PLC 模块。水电厂计算机监控要求组态灵活，扩充方便，因此采用输入、输出和 CPU 单一功能的分体式 PLC 模块，单一功能的分体式 PLC 模块有六种：开关量输入模块、模拟量输入模块、开关量输出模块、模拟量输出模块、中央处理器模块（CPU）、电源模块。根据实际监控系统的需求组成积木式组合形式，在输入量和输出量较多的场合，同类的输入、输出模块可能不止一块，但是中央处理器 CPU 模块只能是一块，电源模块只能是一块。所有模块都插装在一根铝合金导轨中，模块与模块之间用针孔式插头排、插座排连接，构成相互传递信息的总线。每增加一块模块，对 CPU 来讲相当于电脑上插入一个可移动硬盘（U 盘）。

计算机监控按信息传递的方向分输入信号和输出信号。输入信号按信息存在的方式分开关量输入信号和模拟量输入信号。开关量输入信号反映被控对象的状态，例如，开关在断开位或合闸位，温度高于定值或低于定值等。模拟量输入信号反映被控对象的参数，例如，温度、压力、电流、电压的数值等。输出信号按执行控制的方式分开关量输出信号和模拟量输出信号，开关量输出信号执行的是对被控对象的操作控制，例如执行断路器合闸或跳闸，执行水泵电动机启动或停止等。模拟量输出信号执行的是对被控对象的调节控制，例如执行对发电机频率和电压的调节。

开关量输入模块（简称"开入"）内有输入缓冲器和若干套光电耦合器，模拟量输入模块（简称"模入"）内有输入缓冲器和若干套 A/D（模/数）转换器，开关量输出模块（简称"开出"）内有输出锁存器和若干套三极管输出电路，模拟量输出模块（简称"模出"）内有输出锁存器和若干套 D/A（数/模）转换器。PLC 输入输出模块内部的"套"，对外部的接口就是"点"，例如，16 点的开关量输出模块内部有 16 套输出三极管。一般 PLC 模块为 32 点或 64 点。在缓冲器或锁存器中每一个点都有自己的地址码，CPU 通过地址总线和数据总线与这些模块进行信息交换。

二、计算机监测功能

计算机的监测就是计算机的输入，将机组的运行状态和被控设备实时准确地反映出来，为控制功能提供实时准确的控制条件。计算机监测的项目分开关量输入和模拟量输入，模拟量输入又分非电模拟量输入和电模拟量输入。

1. 开关量输入

水电厂的开关量监测有断路器、隔离开关的位置接点，断路器在现地控制或远方控制组合开关的位置接点，空压机在自动或手动的切换开关位置接点，集水井排水泵在自动或手动的切换开关位置接点，中间继电器、电压继电器的常开或常闭接点，自动化元件的接点，电磁阀、闸阀和液压阀的位置接点，风闸、导叶和主阀的位置接点，温度信号器、压力信号器、浮子信号器、示流信号器、剪断销信号器、瓦斯信号器等的常开或常闭接点，运行人员手动发出操作的指令接点。所有接点的动作对 CPU 来讲都是开关量输入。

图 5-1 为 PLC 开关量输入模块电路示意图。所有开关量输入全部需要经过光电耦合器将现场开关量接点 S 闭合或断开的动作转换成 CPU 能读懂的"高电位"或"低电位"逻辑信号。例如，当现场开关量接点 S2 闭合时，12V 电压的电源使得模块内光电耦合器的发光二极管正向导通发光，光敏三极管受光照作用饱和导通，光敏三极管集电极饱和导通电压约 0.3V 低电位，经过非门电路转变成 5V 高电位，为了交流方便，大家约定用逻辑符号"1"表示高电位，称逻辑"1"；当现场开关量接点 S2 断开时，12V 电压的电源中断，模块内光电耦合器的发光二极管没电不发光，光敏三极管没有光照作用转为截止，光敏三极管集电极约为 5V 高电位，经过非门电路转变成低电位，为了交流方便，大家约定用逻辑符号"0"表示，称逻辑"0"。输入缓冲器通过总线 STD Bus 与 CPU 通信交换信息。CPU 对采集到的被控对象的参数等信息进行分析、比较、判断，输出对被控对象的异常报警或对被控对象的操作控制，并进行信息记录及报表制作。

光电耦合器有两个作用：一是对现场开关量接点的防抖动处理，提高开关量输入的可靠性。因为在现场的开关量接点 S 受现场设备运行的振动影响有可能发生抖动，由于光电耦合器发光二极管发光的熄灭具有一定的延缓性，能消除现场接点抖动对开关量输入的不利影响。二是对强电与弱电进行电气上的隔离，确保弱电模块的安全。因为在现场的接点周围都

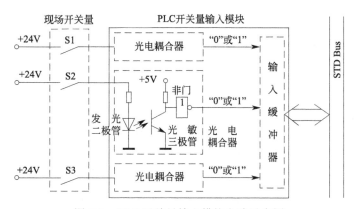

图 5-1　PLC 开关量输入模块电路示意图

是电压等级较高的强电设备，如果误操作造成现场接点触碰强电，强电进入模块会危及模块安全。采用了光电耦合器，用光作为开关量信号传递的中间介质，隔离强电对弱电可能产生的冲击。

传统控制中的需要采集的开关量在回路中担任接通或断开回路的功能，需要采集常开接点时不得提供常闭接点；需要采集常闭接点时不得提供常开接点。而计算机监控中需要采集的开关量（接点的闭合或断开仅仅表示一种信号）表示被控对象的状态，对计算机程序编制来讲，外界输入的开关量常开接点和开关量常闭接点是完全一样的，使得开关量信号采集大为随意方便。

2. 模拟量输入

模拟量输入的种类分非电模拟量和电模拟量，水电厂的非电模拟量监测有温度类的机组轴承瓦温和油温、发电机定子铁芯和线圈温度、空气冷却器进出口空气温度、主变压器油温等；液位类的有机组轴承油位、压力油箱油位、回油箱油位、漏油箱油位、集水井水位等；压力类的有冷却水进口压力、主轴和蝶阀橡胶空气围带密封供气压力、主阀前后水压力、蜗壳进口水压力、尾水管真空压力、压力油箱压力、储气罐压力、制动气压力、消防水压力等。机械行程类的有导叶开度、接力器位移等。水电厂的电模拟量监测有电气设备各部的电流、电压、有功功率、无功功率、电能、功率因数、频率、励磁电压、励磁电流等。

图 5-2 为 PLC 模拟量输入模块电路示意图。对非电模拟量由传感器、变送器转换成 4～20mA 标准电模拟量。对高电压大电流的高电模拟量由电压互感器或电流互感器、霍尔变送器转换成 4～20mA 标准电模拟量。对低电压小电流的低电模拟量，由霍尔变送器转换成 4～20mA 标准电模拟量。也就是说，无论是非电模拟量还是电模拟量，最后输入模拟量输入模块的都是 4～20mA 的标准电模拟量。再经过 A/D（模/数）转换器转换成 CPU 能读懂的用"高电位"和"低电位"表示的二进制数字量。

在传统控制的开关量或模拟量采集中，二次回路的输入接线绝对不能接错。而在计算机监控中输入模块上的点与外部被测对象的连线在没有编程之前可以任意接，一旦 CPU 进入程序编制，在输入缓冲器内每一个输入"点"都有唯一的地址码，不同的地址码表示不同的被测对象，这时点与外部被测对象的连接线就不能再变换了。

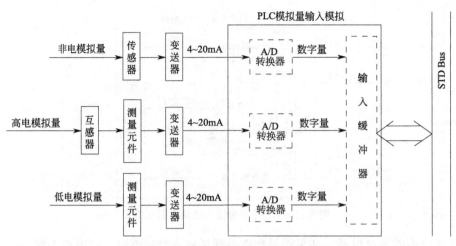

图 5-2　PLC 模拟量输入模块电路示意图

三、计算机控制功能

计算机控制就是计算机的输出。按控制功能分有基本控制和高级控制。按控制方式分有操作控制、调节控制和最优控制。操作控制属于基本控制，调节控制和最优控制属于高级控制。

1. 基本控制

基本控制任务是对被控设备执行操作控制，操作控制是最简单的控制，是一种按 CPU 指令的开关式的逻辑控制、顺序式的"傻瓜"控制，所有对被控设备执行的操作控制对 CPU 来讲就是开关量输出。

水电厂的操作控制有操作各种机电设备的投入或退出，例如机组的启动或停止，主阀的打开或关闭，断路器断开或合闸，空压机的启动或停止，排水泵的启动或停止，油泵的启动或停止，电磁阀的投入或退出，电磁空气阀的打开或关闭。

图 5-3 为 PLC 开关量输出模块电路示意图。所有开关量输出全部由输出锁存器输出低电位（为了大家交流方便，用逻辑"0"表示）或高电位（为了大家交流方便，用逻辑"1"表示）的逻辑信号，再通过光电耦合器和输出继电器（中间继电器）转换成被控回路接点的闭合或断开。由图中可知，输出继电器的控制回路在开关量输出模块的输出回路中，而输出继电器的接点在被控设备的操作回路中。例如，当输出锁存器点 2 输出高电位时，高电位使得模块内光电耦合器的发光二极管导通发光，光敏三极管受光照作用导通，输出继电器 KA2 线圈得电，在被控设备操作回路的常开接点 KA2 闭合，被控设备启动；当输出锁存器点 2 输出低电位时，低电位使得模块内光电耦合器的发光二极管不发光，光敏三极管没有光照作用转为截止，输出继电器 KA2 线圈失电，在被控设备操作回路的常开接点 KA2 断开，被控设备停止。输出锁存器通过总线 STD Bus 与 CPU 通信交换信息。CPU 对采集到的被控对象的参数等信息进行分析、比较、判断，输出对被控对象的异常报警或对被控对象的操作控制，并进行信息记录及报表制作。操作控制比调节控制简单得多，操作控制只要求判断正确，操作无误即可。

2. 高级控制

高级控制根据控制任务不同又有调节控制和最优控制两种形式。调节控制要求在外界干

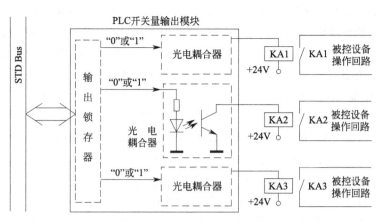

图 5-3　PLC 开关量输出模块电路示意图

扰作用下保持被调参数不变或在规定的范围内变化，对应的 CPU 输出称模拟量输出。调节控制要求有严格的动态过程规定，对调节控制有调节规律、动态特性、过渡过程等较高较难的技术指标要求，因此是一种难度最大的智能式控制。最优控制是在人为设定的一个所谓的"最优"定义后进行的控制。水电厂在不同的时期和不同的场合有不同的"最优"定义，实行的手段也各有不同，其难易程度介于操作控制和调节控制两者之间。

（1）调节控制　图 5-4 为 PLC 模拟量输出模块电路示意图，水电厂只有调速器对发电机频率的调节控制和励磁调节器对发电机电压的调节控制两个。所有模拟量输出全部由 CPU 经输出锁存器输出用"高电位"和"低电位"表示的二进制数字量。再经过模块内的 D/A（数/模）转换器转换成 0～10V 的标准电模拟量调节信号，调节控制被控对象。输出锁存器通过总线 STD Bus 与 CPU 通信交换信息。CPU 对采集到的被控对象的参数等信息进行分析、比较、判断，输出对被控对象的异常报警或对被控对象的操作控制，并进行信息记录及报表制作。

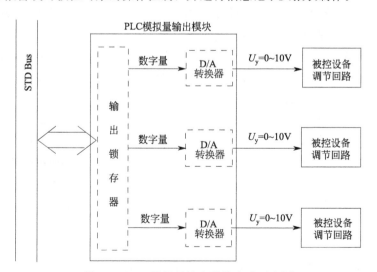

图 5-4　PLC 模拟量输出模块电路示意图

例如，当发电机的有功负荷增大时，发电机频率低于额定频率，输出锁存器输出的"高电位"和"低电位"表示的二进制数字量增大，经 D/A 转换器转换成模拟量调节信号 $U_y =$ 0～10V 电压增大，被控设备水轮机导叶开度增大，进入水轮机的水流量增大，发电机频率上升，调节控制发电机频率保持额定值不变；当发电机的有功负荷减小时，发电机频率高于额定频率，输出锁存器输出的"高电位"和"低电位"表示的二进制数字量减小，经 D/A 转换器转换成模拟量调节信号 $U_y = 0 \sim 10V$ 电压减小，被控设备水轮机导叶开度减小，进入水轮机的水流量减小，发电机频率下降，调节控制发电机频率保持额定值不变。

实际的开关量输入模块和开关量输出模块内，只有"低电位"和"高电位"表示的逻辑状态，没有逻辑"0"和逻辑"1"表示的逻辑符号。实际的模拟量输入模块和模拟量输出模块内，只有"低电位"和"高电位"表示的二进制数字，没有数字"0"和数字"1"的二进制数字符号。

(2) 最优控制　丰水期希望以水库不弃水为目标的最优发电，以达到水库来水量利用率最高的目的。而枯水期希望以最少的水发最多电的最优发电，以达到水库水能利用率最高的目的。当电网分配给水电厂当天总的有功发电功率时，存在着厂内机组间的最优有功分配，自动发电控制（AGC）能自动实现全厂机组间的自动有功功率最优分配。当电网分配给水电厂当天总的无功发电功率时，存在着厂内机组间的最优无功分配，自动电压控制（AVC）能自动实现全厂机组间的自动无功功率最优分配。

四、水电厂计算机监控系统结构

1. 中小型水电厂常见系统结构

图 5-5 为两机一变（两台机组、一台主变压器）的中小型水电厂计算机监控系统结构图。中小型水电厂计算机监控系统为分布式结构，按功能和任务不同可划分为主控级、现地控制单元级（LCU）和通信工作站。

(1) 主控级　主控级又称主机，是现地控制单元（LCU）的上位机，完成操作控制和最优控制。例如对现地控制单元的操作控制、自动发电控制（AGC）、自动电压控制（AVC）、数据库管理、运行智能分析等。主机一般采用两台工控机，带三个终端（工作站）。操作员工作站一般由运行人员操作运行用，工程师工作站由有权限人进行参数修改用，通信工作站用于与电网调度或厂长办公室通信。

(2) 现地控制单元级　现地控制单元级（LCU）直接面对被控对象，完成监测和操作控制。每台机组有一个直接面对本机组所有设备的现地控制单元级，称机组 LCU，全厂有一个直接面对全厂公用设备的现地控制单元级，称公用 LCU。

(3) 通信工作站　通信工作站与地调通信，地区调度可以对电厂机组的有功功率、无功功率、功率因数、库水位等主要参数进行实时查询；与厂长终端通信，厂长在厂长办公室可以看到中控室能看到的全部参数和图像。北斗全球定位系统 BDS 提供时钟脉冲。

2. 中控室屏柜布置

图 5-6 为 LX 水电厂计算机监控中央控制室平面布置图，两台 8000kW 的立式混流式机组，一台主变压器，为两机一变的典型布置形式。

(1) 微机继电保护屏

① 发电机微机保护屏：图 5-6 中前排左起第一屏为发电机微机保护屏（参见图 5-7 左起第一屏），1♯发电机、2♯发电机微机保护装在一个发电机保护屏内，发电机微机保护作为机组 LCU 的下位机。

② 主变压器微机保护屏：图 5-6 中前排左起第二屏为主变微机保护屏（参见图 5-7 左起第二屏），主变微机保护作为公用 LCU 的下位机。

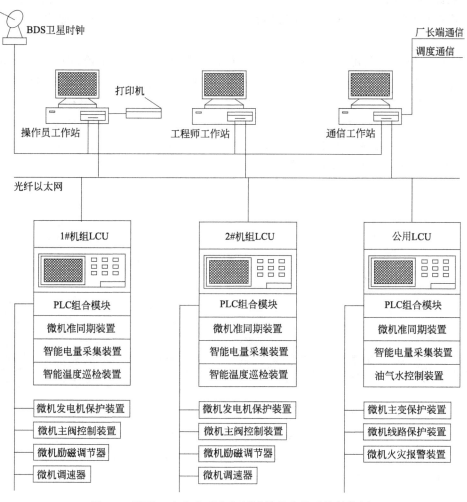

图 5-5　两机一变中小型水电厂计算机监控系统结构图

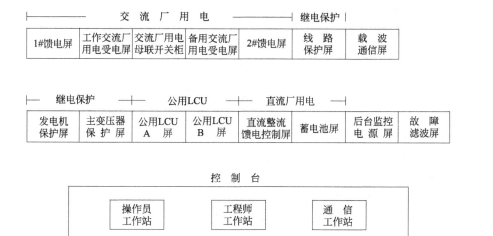

交　流　厂　用　电					继电保护	
1#馈电屏	工作交流厂用电受电屏	交流厂用电母联开关柜	备用交流厂用电受电屏	2#馈电屏	线　路保护屏	载　波通信屏

继电保护		公用 LCU		直流厂用电			
发电机保护屏	主变压器保护屏	公用 LCU A　屏	公用 LCU B　屏	直流整流馈电控制屏	蓄电池屏	后台监控电源屏	故　障滤波屏

控　制　台

操作员工作站	工程师工作站	通信工作站

图 5-6　LX 水电厂中控室平面布置图

③ 线路微机保护屏：图 5-6 中后排右起第二屏为线路微机保护屏，作为公用 LCU 的下位机。很多水电厂主变微机保护和线路微机保护设置在一只屏柜内，称主变线路微机保护屏。

（2）公用 LCU　公用 LCU 有 A 屏和 B 屏两个屏柜，图 5-6 中前排左起第三屏为公用 LCU 的 A 屏（参见图 5-7 左起第三屏）；图 5-6 中前排左起第四屏为公用 LCU 的 B 屏（参见图 5-8 左起第一屏）。公用 LCU 负责对全厂公用部分的设备进行监测和控制，例如主变的监测保护，线路的监测保护，全厂油气水系统的监测控制，交流厂用电的监测控制，直流厂用电的监测控制，主变高压侧的同期等。公用 LCU 作为中控室主机的下位机。装机容量较小的水电厂公用 LCU 常采用一只屏。

图 5-7　LX 水电厂中控室前排左三屏立面布置图　　图 5-8　LX 水电厂中控室前排右五屏立面布置图

（3）微机直流厂用电屏　图 5-6 中前排右起第四屏为微机直流厂用电有整流馈电控制屏，图 5-6 中前排右起第三屏为蓄电池屏，整流馈电控制屏将交流电整流成直流电，向直流用户送出直流电，每一路送出线都有一个专用空气开关，并对直流系统进行微机监控。蓄电池屏用来放置蓄电池组，十几个蓄电池为串联关系。微机直流厂用电作为公用 LCU 的下位机。

（4）交流厂用电屏　图 5-6 中后排左起第二屏为工作厂用电受电屏，左起第四屏为备用厂用电受电屏，左起第一屏为交流厂用电 1♯馈电屏，左起第五屏为交流厂用电 2♯馈电屏，左起第三屏为 230/400V 母线母联开关屏。

交流厂用电没有微机监控，也就没有自己的 CPU，但与公用 LCU 有开关量联系。工作厂用电受电屏接收来自工作厂用变压器低压侧送来的 230/400V 的三相四线制交流电；备用厂用电受电屏接收来自备用厂用变压器低压侧送来的 230/400V 的三相四线制交流电。母联开关闭合时，工作厂用电或备用厂用电单独向 1♯馈电屏和 2♯馈电屏的交流用户送出交流电。母联开关断开时，工作厂用电单独向 1♯馈电屏的交流用户送出交流电；备用厂用电单独向 2♯馈电屏的交流用户送出交流电。任何时候工作厂用电受电屏内的低压断路器 41QF 和备用厂用电受电屏内的低压断路器 42QF 不能同时合闸。馈电屏上每一路送出线都有一个专用抽屉式开关，当某一路开关出故障时，将抽屉拉出屏柜检修，不影响对其它用户供电。

（5）主机　主机有操作员工作站、工程师工作站和通信工作站三个终端。图 5-6 中控制台上为三个工作站的显示屏（参见图 5-8 控制台上的三个显示屏）。

3. 机旁盘布置

除了发电机微机保护屏以外，所有为机组提供技术服务的监测、控制屏柜全部安装在机组旁，称机旁盘，机组的机旁盘有测温制动屏、微机励磁屏、机组 LCU。

（1）机组测温制动屏　图 5-9 左起第一屏为机组测温制动屏，屏柜上半部分布置智能温度巡检仪，对机组各轴承瓦温和发电机空气冷却器的风温进行监控。智能温度巡检仪的 CPU 作为机组 LCU 的下位机。

（2）微机励磁屏　图 5-9 左起第二屏为微机励磁屏，向发电机转子提供励磁电流，并网之前调整机端电压，并网以后调整无功功率。发电机功率较大时，微机励磁屏分微机励磁调节屏和可控硅功率屏左右两只屏柜。

（3）机组 LCU 屏　图 5-9 左起第三屏为机组 LCU 屏，负责对本机组的发电机、水轮机、调速器、励磁和主阀等所有属于本机组的设备进行监控。机组 LCU 的 CPU 作为中控室主机的下位机。

（4）机组动力屏　图 5-9 右起第一屏为机组动力屏，向调速器油泵、空压机、水泵等所有三相异步电动机提供三相交流电，机组动力屏的电源是从交流厂用电送过来的，因为每一台三相异步电动机在交流厂用电馈电屏上都有一只抽屉式开关，所以机组动力屏是多余的，很多电厂没有这只屏柜。

图 5-9　LX 水电厂机组机旁盘

五、水电厂计算机监控系统的通信

凡是有中央处理器（CPU）的智能设备相互之间联系方法有通信联系和开关量联系两种。智能设备之间需要进行信息传输时必须采用通信的联系方法，智能设备之间不需要进行信息传输时可采用开关量联系的方法。

图 5-10 为水电厂监控通信系统图，通信设备由调制解调器 DB、通信服务器 CS、以太网交换机 TX 组成，用以太网连接中控室主机、机组 LCU 和公用 LCU。以太网的带宽为 10/100Mbit/s，通信传输介质可以是双绞线、同轴电缆或光纤，现在同轴电缆已经很少使用。由于光纤传输信号时的损耗较小，所以在较长距离传输时采用光纤，较近距离传输时采用双绞线。通信电缆外部的屏蔽必须良好接地，且只能一端接地。如果两端接地，由于两地的地电位不可能完全一致，反而会产生干扰。

1. 通信服务器 CS

通信服务器是一个专用系统，为网络上需要通过远程通信链路传送文件或访问远地系统或网络上信息的用户提供通信服务。通信服务器可以同时为多个用户提供 RS485 的通信信道。图 5-11 为通信服务器外形图。

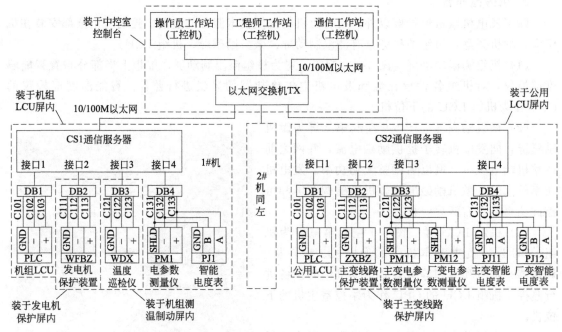

图 5-10　水电厂监控通信系统图

图 5-11　通信服务器　　　　　　　　　　　　图 5-12　以太网交换器

2. 以太网交换机 TX

以太网交换机是一种用于通信信号转发的网络设备。它可以为接入交换机的任意两个网络节点提供独享的通信信号通道。图 5-12 为以太网交换机外形图。

3. 机组 LCU 通信系统

每台机组的发电机微机保护、微机温度巡检仪、智能电参数测量仪、智能电度表与机组 LCU 的 PLC 通过 RS 485 通信接口经调制解调器 DB 与机组通信服务器 CS 连接，进行信息交换，也可以经机组通信服务器 CS 与中控室主机进行通信信息交换，智能电参数测量仪、智能电度表共用一个调制解调器。发电机微机保护、微机温度巡检仪、智能电参数测量仪、智能电度表是机组 LCU 的 PLC 的下位机。

4. 公用 LCU 通信系统

公用部分的主变线路微机保护、主变智能电参数测量仪、厂变智能电参数测量仪、主变智能电度表、厂变智能电度表和公用 LCU 中的 PLC 通过 RS 485 通信接口经调制解调器 DB 与公用通信服务器 CS 连接，进行信息交换，也可以经公用通信服务器 CS 与中控室主机进行通信信息交换。主变智能电参数测量仪和厂变智能电参数测量仪共用一个调制解调器，主变智能电度表和厂变智能电度表共用一个调制解调器。主变线路微机保护、主变智能电参数测量仪、厂变智能电参数测量仪、主变智能电度表、厂变智能电度表是公用 LCU 中的 PLC 的下位机。

5. 通信协议

通信从发信开始到结束需经历几个阶段，在这几个阶段中，通信的双方必须规定共同遵守规则，大家都受这一规则的制约，这一些规则统称为通信协议。凡需要进行通信联系的智能设备，相互之间必须事先约定通信协议，水电厂计算机监控各智能设备之间的通信遵循 MODBUS 通信协议。

第二节　球阀 PLC 控制

水轮机进口断面前的阀门称主阀，大部分水电厂的主阀采用蝴蝶阀和球阀，蝴蝶阀和球阀阀体内都有处于水流中的活门，如果活门顺时针转 90°使得水流中断，称主阀关闭，则活门逆时针转 90°使得水流流通，称主阀开启。主阀操作动力有液压和电动两种，主阀开启或关闭时水轮机导叶必须在全关位置，不允许在水流流动状态下开启或关闭主阀。因此每次开启主阀之前，必须先打开旁通阀向主阀下游侧的蜗壳充水，当主阀前后两侧压力一样后（平压）才能打开主阀。每次关主阀前，必须先关导叶再关主阀。

主阀采用油压操作时，提供给主阀接力器的压力油由主阀油压装置提供，主阀油压装置与调速器油压装置相似，油泵的启动、停止控制也与调速器油泵启动、停止控制相似，因此这里不再介绍油压操作的主阀自动控制。下面介绍 YX 一级水电厂水轮机电动球阀微机控制装置，球阀微机控制装置的核心是球阀 PLC，球阀 PLC 作为机组 LCU 的下位机不需要进行信息交换，因此球阀 PLC 与机组 LCU 的 PLC 之间没有通信，只采用开关量信号联系。

球阀 PLC 负责对本机组球阀的充水平压进行控制，以及球阀开启、球阀关闭、旁通阀开启、旁通阀关闭的自动控制。受球阀 PLC 控制的设备有球阀电动机和旁通阀电动机。球阀 PLC 构成的控制系统采用模块化结构，主要由开关量输入模块、开关量输出模块、CPU 模块和电源模块组成。

一、开关量输入模块输入回路

图 5-13 为 YX 一级水电厂的球阀 PLC 开关量输入模块输入回路图。用了一块 DMI 开关量输入模块，总计输入了 20 个开关量。空气开关 ZK4 向 DMI 开关量输入模块提供 24V 的直流电源。

1. 来自球阀的开关量

QSo 为球阀的全开行程开关，当球阀的活门开启到全开位置时，机构触碰行程开关 QSo，输入回路的常闭触点 QSo 断开，告知球阀 PLC，球阀已经打开到全开位置。

QSc 为球阀的全关行程开关，当球阀的活门关闭到全关位置时，机构触碰行程开关 QSc，输入回路的常闭触点 QSc 断开，告知球阀 PLC，球阀已经关闭到全关位置。

电动机过载保护除了采集电气信号的热继电器的过电流保护以外，还有采集机械信号的

图 5-13　球阀 PLC 开关量输入模块输入回路

转矩过载信号器的转矩过载保护。转矩过载信号器是一个装在电动机转轴和被拖动的机械设备转轴之间刚性很大的弹簧片，当被拖动机械设备发生卡阻造成电动机转矩过大时，弹簧片发生的变形也过大，触碰信号器的触点闭合或断开，发出电动机转矩过载信号，从而保证电动机运行安全。

QTo 为球阀电动机与球阀活门转轴之间的开向转矩信号器，当球阀活门在开启过程中发生卡阻，输入回路的转矩信号器常闭触点 QTo 断开，告知球阀 PLC，球阀电动机转矩过载。

QTc 为球阀电动机与球阀活门转轴之间的关向转矩信号器，当球阀活门在关闭过程中发生卡阻，输入回路的转矩信号器常闭触点 QTc 断开，告知球阀 PLC，球阀电动机转矩过载。

2. 来自旁通阀的开关量

PSo 为旁通阀的全开行程开关，当旁通阀的活门开启到全开位置时，机构触碰行程开关 PSo，输入回路的行程开关常闭触点 PSo 断开，告知球阀 PLC，旁通阀已经打开到全开位置。

PSc 为旁通阀的全关行程开关，当旁通阀的活门关闭到全关位置时，机构触碰行程开关 PSc，输入回路的行程开关常闭触点 PSc 断开，告知球阀 PLC，旁通阀已经关闭到全关位置。

PTo 为旁通阀电动机与旁通阀活门转轴之间的开向转矩信号器，当旁通阀活门在开启过程中发生卡阻，输入回路的行程开关常闭触点 PTo 断开，告知球阀 PLC，球阀旁通阀电动机转矩过载。

PTc 为旁通阀电动机与旁通阀活门转轴之间的关向转矩信号器，当旁通阀活门在关闭过程中发生卡阻，输入回路的行程开关常闭触点 PTc 断开，告知球阀 PLC，球阀旁通阀电动机转矩过载。

YCX 为压力差信号器，打开球阀前先打开旁通阀向球阀下游侧的蜗壳充水，当旁通阀充水使得球阀两侧水压力一样时，输入回路的压力信号器常闭触点 YCX 断开，告知球阀 PLC，旁通阀充水结束。

3. 来自球阀控制柜面现地手动开关量

TK 为球阀控制柜面的现地/远控切换开关，当切换开关 TK 切换在"现地"手动控制时，输入回路的切换开关 TK 触点 1 与 2 闭合，告知球阀 PLC，球阀执行现地手动控制。当手动转动 TK 切换在"远控"控制时，输入回路的切换开关 TK 触点 3 与 4 闭合，告知球阀 PLC，球阀执行远方自动控制。

QANo 为球阀控制柜面的球阀手动开启按钮，当切换开关 TK 切换在"现地"时，手动按下按钮 QANo，输入回路的常开触点 QANo 闭合，输出回路输出继电器开启球阀。

PANs 为球阀控制柜面的旁通阀手动停止按钮，当切换开关 TK 切换在"现地"时，如果在开启或关闭旁通阀过程中发现异常，可以手动按下按钮 PANs，输入回路的常开触点 PANs 闭合，输出回路输出继电器停止旁通阀的开启或关闭。

4. 来自机组 LCU 的开关量

KA401 为机组 LCU 的 PLC 开阀指令输出继电器，当切换开关 TK 切换在"远控"时，如果机组开机前需要开阀的话，机组 LCU 的 PLC 开关量输出继电器 KA401 线圈得电，在球阀 PLC 开关量输入回路的常开触点 KA401 闭合，球阀 PLC 按流程自动执行整个球阀开启过程。

KA402 为机组 LCU 的 PLC 关阀指令输出继电器，当切换开关 TK 切换在"远控方"时，如果机组停机后需要关阀的话，机组 LCU 的 PLC 开关量输出继电器 KA402 线圈得电，在球阀 PLC 开关量输入回路的常开触点 KA402 闭合，球阀 PLC 按流程自动执行整个球阀关闭过程。

KA427 为机组 LCU 的 PLC 输出继电器，当切换开关 TK 切换在"远控"且机组无故障时，机组 LCU 的 PLC 输出继电器 KA427 线圈得电，在球阀 PLC 开关量输入回路的常开触点 KA427 闭合，告知球阀 PLC 机组无故障，允许开球阀。

二、旁通阀电动机电气回路

图 5-14 为旁通阀电动机电气回路，旁通阀电动机采用 0.36kW 的三相交流电动机，电动机主回路和二次回路电源都来自 380V 交流厂用电。空气开关 ZK1 合闸后，主回路电源投入。空气开关 ZK3 合闸后，二次回路电源投入，如果旁通阀交流电源消失，电源监视继电器 JJ2 线圈失电，JJ2 送往机组 LCU 的 PLC 开关量输入回路 P412 的常闭触点 4 与 12 闭合，告知机组 LCU，旁通阀交流电源消失。JJ2 送往球阀控制屏柜的常开触点 5 与 9 断开，柜面指示灯红灯 HL9 灭，指示旁通阀交流电源消失。

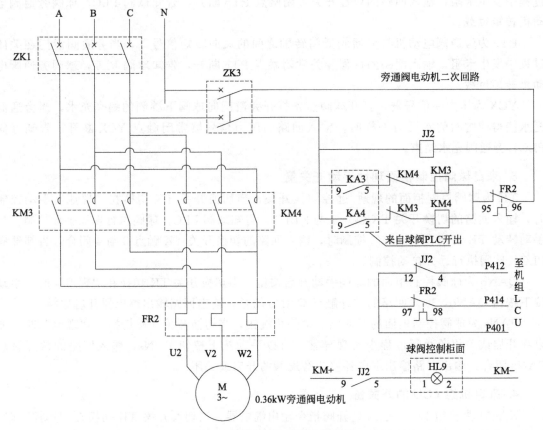

图 5-14 旁通阀电动机电气回路

当交流接触器 KM3 线圈得电时，主回路交流接触器主触点 KM3 闭合，旁通阀三相交流电动机三个端子 U2、V2、W2 分别接 A、B、C 三相交流电源，电动机正转打开旁通阀。当交流接触器 KM4 线圈得电，主回路交流接触器主触点 KM4 闭合，旁通阀三相交流电动机三个端子 U2、V2、W2 分别接 C、B、A 三相交流电源，电动机反转关闭旁通阀。当旁通阀电动机工作电流过大时，热继电器 FR2 动作，FR2 常闭触点 95 与 96 断开，所有交流接触器线圈失电，主回路主触点断开，电动机停转。FR2 送往机组 LCU 的 PLC 开关量输入回路 P414 的常闭触点 97 与 98 断开，告知机组 LCU，旁通阀电动机过电流。旁通阀在开阀过程中，KM3 在关阀回路的常闭触点断开，确保开阀过程中不得关阀；旁通阀在关阀过程中，KM4 在开阀回路的常闭触点断开，确保关阀过程中不得开阀。

三、球阀电动机电气回路

油压球阀采用重锤阀来保证全厂失电条件下球阀还能可靠关闭。因为直流厂用电系统有蓄电池，在任何时候不会消失，所以电动球阀采用直流电动机来保证在全厂失电条件下球阀还能可靠关闭。但是直流电动机运行时需要向电动机转子提供转子励磁电流（直流电流），建立转子磁场。图 5-15 为球阀电动机电气回路。2.2kW 的直流电动机的主回路和二次回路电源都来自同一路 220V 的直流电源 HM＋和 HM－。空气开关 ZK6 合闸后，主回路电源投入。空气开关 ZK2 合闸后，二次回路电源投入。如果电源线断线造成球阀直流电源消失，电源监视继电器 JJ1 线圈失电，JJ1 送往机组 LCU 的 PLC 开关量输入回路 P411 的常闭触点

4 与 12 闭合，告知机组 LCU，球阀直流电源消失。JJ1 送往球阀控制屏柜的常开触点 5 与 9 断开，柜面指示灯红灯 HL8 灭，指示球阀直流电源消失。

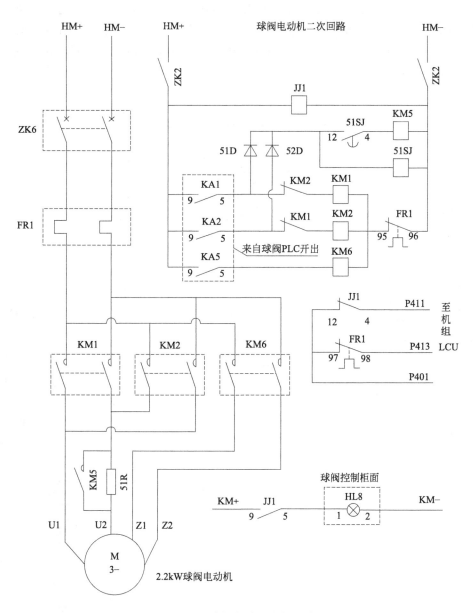

图 5-15 球阀电动机电气回路

由于 2.2kW 的球阀电动机相对直流系统来讲属于功率较大了，为了减小球阀电动机启动电流对直流系统的冲击，球阀电动机采用了电阻 51R 降压启动的方法。当球阀电动机工作电流过大时，热继电器 FR1 动作，FR1 常闭触点 95 与 96 断开，所有直流接触器线圈失电，主回路主触点断开，电动机停转。FR1 送往机组 LCU 的 PLC 开关量输入回路 P413 的常闭触点 97 与 98 断开，告知机组 LCU，球阀电动机过电流。球阀在开阀过程中，KM1 在关阀回路的常闭触点断开，确保开阀过程中不得关阀；球阀在关阀过程中，KM2 在开阀回路的常闭触点断开，确保关阀过程中不得开阀。

四、开关量输出模块输出回路

图 5-16 为 YX 一级水电厂的球阀 PLC 开关量输出模块输出回路图。用了一块 DOM 开关量输出模块，经 12 个输出继电器输出了 19 个开关量（一只继电器可以有数个输出触点），其中 7 个送往机组 LCU 的 PLC 开关量输入模块。空气开关 ZK5 向开关量输出模块 DOM 提供 24V 的直流工作电源。

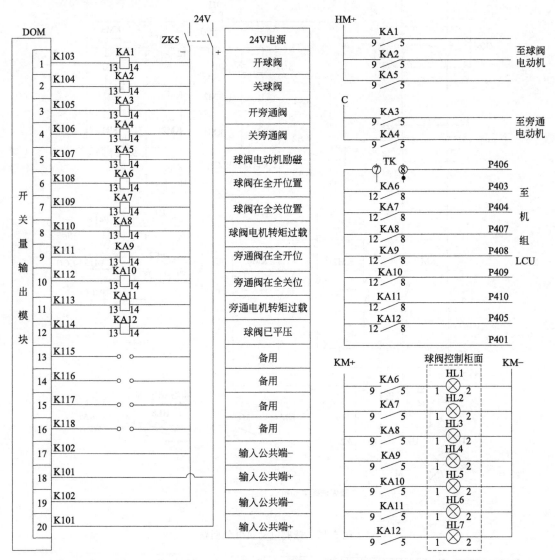

图 5-16　球阀 PLC 开关量输出模块输出回路

1. 球阀开启

无论是现地手动按钮开启球阀还是机组 LCU 远方自动开启球阀，都是输出回路的输出继电器 KA3 线圈得电，KA3 在旁通阀电动机二次回路中的常开触点 5 与 9 闭合（参见图5-14），交流接触器 KM3 线圈得电，旁通阀电动机正转开启旁通阀。当旁通阀开启到全开位置时，在输入回路的旁通阀全开行程开关 PSo 触点动作，输出回路的输出继电器 KA3 线圈失电，KA3 在旁通阀电动机二次回路中的常开触点 5 与 9 断开，交流接触器 KM3 线圈失电，旁通阀电动机停转。旁通阀仍在向蜗壳充水。

当旁通阀充水使得球阀两侧水压力相等时，在输入回路的压力差信号器 YCX 触点动作，输出回路的输出继电器 KA1 和 KA5 线圈得电，KA1 和 KA5 在球阀电动机二次回路中的常开触点 5 与 9 同时闭合，直流接触器 KM1 和 KM6 线圈同时得电，球阀电动机转子励磁投入，球阀电动机正转开启球阀。当球阀开启到全开位置时，在输入回路的球阀全开行程开关 QSo 触点动作，输出回路的输出继电器 KA1 和 KA5 线圈同时失电，KA1 和 KA5 在球阀电动机二次回路中的常开触点 5 与 9 同时断开，直流接触器 KM1 和 KM6 线圈同时失电，球阀电动机转子励磁退出，球阀电动机停转。与此同时，输出继电器 KA4 线圈得电，KA4在旁通阀电动机二次回路中的常开触点 5 与 9 闭合，交流接触器 KM4 线圈得电，旁通阀电动机反转关闭旁通阀。当旁通阀关闭到全关位置时，在输入回路的旁通阀全关限位开关 PSc 触点动作，输出回路的输出继电器 KA4 线圈失电，KA4 在旁通阀电动机二次回路中的常开触点 5 与 9 断开，交流接触器 KM4 线圈失电，旁通阀电动机停转。

2. 球阀关闭

无论是现地手按钮动关闭球阀还是机组 LCU 远方自动关闭球阀，都是输出回路的输出继电器 KA2 和 KA5 线圈同时得电，KA2 和 KA5 在球阀电动机二次回路中的常开触点 5 与 9 同时闭合，直流接触器 KM1 和 KM6 线圈同时得电，球阀电动机转子励磁投入，球阀电动机反转关闭球阀。当球阀关闭到全关位置时，在输入回路的球阀全关限位开关 QSc 触点动作，输出回路的输出继电器 KA2 和 KA5 线圈同时失电，KA2 和 KA5 在球阀电动机二次回路中的常开触点 5 与 9 同时断开，直流接触器 KM1 和 KM6 线圈同时失电，球阀电动机转子励磁退出，球阀电动机停转。

当球阀在开启或关闭过程中，如果球阀活门发生卡阻，在输入回路的球阀活门卡阻造成转矩过载的触点动作，输出回路的输出继电器 KA2 和 KA5 作用球阀电动机停机的同时，开关量输出继电器 KA8 线圈得电，KA8 在机组 LCU 的 PLC 开关量输入回路 P407 的常开触点 8 与 12 闭合，告知机组 LCU，球阀电动机转矩过载。KA8 在指示灯回路常开触点 5 与 9 闭合，球阀控制柜面指示灯 HL3 亮，指示球阀电动机转矩过载。

当旁通阀在开启或关闭过程中，如果旁通阀火门发生卡阻，在输入回路的旁通阀活门卡阻造成转矩过载的触点动作，输出继电器 K4 作用旁通阀电动机停机的同时，输出继电器 KA11 线圈得电，KA11 在机组 LCU 的 PLC 开关量输入回路 P410 的常开触点 8 与 12 闭合，告知机组 LCU，旁通阀电动机转矩过载。KA11 在指示灯回路常开触点 5 与 9 闭合，球阀控制柜面指示灯 HL6 亮，指示旁通阀电动机转矩过载。

球阀现地/远控切换开关 TK 在"远控"位置时，TK 在机组 LCU 的 PLC 开关量输入回路 P406 常开触点 7 与 8 闭合，告知机组 LCU，球阀 PLC 接受机组 LCU 远方自动控制。图 5-17 为球阀 PLC 控制柜。

图 5-17　球阀 PLC 控制柜

图 5-18 为 YX 一级水电厂电动球阀 PLC 模块联系图，球阀 PLC 采用分体式模块化结构，PLC 的 CPU 模块与其它模块之间的联系采用总线形式联系。这些总线中有地址总线、数据总线和电源总线等。中央处理器 CPU 模块对从数

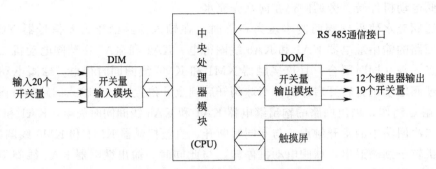

图 5-18　电动球阀 PLC 模块联系图

据总线送来的球阀、旁通阀所有的开关量输入信号由预先编制好的球阀运行控制软件程序进行分析、处理，最终输出开关量对球阀、旁通阀进行操作控制。触摸屏是 PLC 人机对话的窗口，运行人员可以在触摸屏上进行操作控制、参数修正和数据显示。电动球阀 PLC 开关量输入模块 DIM 输入了 20 个开关量信号，开关量输出模块 DOM 的 12 个输出继电器输出了 19 个开关量（KA6～KA12 每个输出继电器都输出两个开关量）。图中单向箭头表示信号传递，只能单向传递，双向箭头表示信息传递，能用计算机语言双向传递。

　　由于球阀 PLC 与机组 LCU 的 PLC 不需要数据传输，所以球阀 PLC 的 RS 485 通信接口空着不用，球阀 PLC 与机组 LCU 为开关量联系。

第三节　机组 PLC 控制

　　机组 LCU 的 PLC 负责对本机组的所有的设备进行管理、控制、测量、显示。受机组 LCU 管理的设备有发电机、水轮机、调速器、励磁、主阀等。机组 LCU 屏柜内安装有自动准同期装置、组合同期表、综合电力测量仪、交流电能测量仪、PLC 模块等。由可编程控制器 PLC 构成的控制系统采用模块化结构，主要有开关量输入模块、模拟量输入模块、开关量输出模块、CPU 模块和电源模块组成。图 5-19 为布置在机组 LCU 屏柜下面或后门内的 PLC 模块。下面以 YX 一级水电厂为例介绍机组 LCU 的 PLC 模块的输入、输出回路。YX 一级水电厂有四台 1600kW 的卧式三支点混流式水轮发电机组，球阀和旁通阀都采用电动机操作，四台机组的 LCU 完全一样。

图 5-19　机组 LCU 的 PLC 模块

一、开关量输入模块输入回路

图 5-20～图 5-22 为 YX 一级水电厂机组 LCU 的 PLC 开关量输入模块输入回路图，用了 DIM1～DIM3 三块开关量输入模块，采集了 71 个输入开关量。

1. 开关量输入模块 DIM1 的输入回路

图 5-20 为开关量输入模块 DIM1 输入回路，总计输入了 32 个开关量。回路 P401、P402 经空气开关 ZK13 同时向 DIM1～DIM3 三块开关量输入模块提供 24V 的直流工作电源。

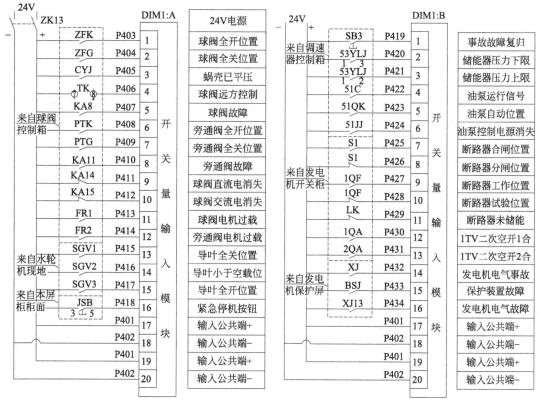

图 5-20　机组 LCU 的 PLC 开关量输入模块 DIM1 输入回路

（1）来自球阀控制柜的开关量　KA6 为球阀 PLC 的开关量输出，当球阀到达全开位置时，输入回路 P403 的常开触点 KA6 闭合（图 5-16），告知机组 LCU，球阀在全开位置。

KA7 为球阀 PLC 的开关量输出，当球阀到达全关位置时，输入回路 P404 的常开触点 KA7 闭合（图 5-16），告知机组 LCU，球阀在全关位置。

FR2 为旁通阀电动机过电流保护热继电器，当旁通阀电动机过电流时，输入回路 P414 的常闭触点 FR2 断开（图 5-14），告知机组 LCU，旁通阀电动机过电流。

（2）来自水轮机现地的开关量　SGV 为调速器调速轴轴端的导叶开度行程开关［图 4-21(a)］，当水轮机导叶在全关位置时，输入回路 P415 的常开触点 SGV1 闭合，告知机组 LCU，水轮机导叶在全关位置；当水轮机导叶在小于空载位置时，输入回路 P416 的常开触点 SGV2 闭合，告知机组 LCU，水轮机导叶在小于空载位置；当水轮机导叶在全开位置时，输入回路 P417 的常开触点 SGV3 闭合，告知机组 LCU，水轮机导叶在全开位置。

（3）来自机组 LCU 屏柜面上的开关量 JSB 为机组 LCU 屏柜柜面上的紧急停机按钮（参见图 4-51 中 8 和 4-55 中 JSB），当运行人员在巡视中发现紧急情况时，手动按下紧急停机按钮，输入回路 P418 的 JSB 的常开接触点 3 与 5 闭合，由机组 LCU 的 PLC 输出继电器执行紧急停机。

（4）来自调速器控制箱的开关量 SB3 为调速器事故故障复归按钮，当运行人员对事故故障处理完毕后，手动按下事故故障复归按钮，输入回路 P419 的常开触点 SB3 闭合，告知机组 LCU，事故故障处理完毕。

53YLJ 为储能器的电接点压力表，当储能器的压力达到压力下限（2.25MPa）时，输入回路 P420 的 53YLJ 的触点 1 与 3 闭合（图 4-91），告知机组 LCU，储能器压力已经下降到下限压力，由机组 LCU 的 PLC 输出继电器作用调速器油泵启动，向储能器打入压力油；当储能器的压力上升到压力上限（2.45MPa）时，输入回路 P421 的 53YLJ 的触点 1 与 2 闭合（图 4-90），告知机组 LCU，储能器压力已经上升到上限压力，由机组 LCU 的 PLC 输出继电器作用调速器油泵停止。

51C 为油泵电动机启停用的交流接触器，当调速器油泵启动打油时，输入回路 P422 交流接触器信号触点 51C 闭合（图 4-91），告知机组 LCU，调速器油泵正在启动打油。

51QK 为油泵"手动/自动"切换开关，当切换开关在"自动"位置时，输入回路 P423 的触点 51QK 闭合（图 4-91），告知机组 LCU，油泵允许机组 LCU 远方自动控制。

51JJ 为油泵控制回路电源监视继电器，当油泵控制回路交流电源消失时，输入回路 P424 的常开触点 51JJ 闭合（图 4-91），告知机组 LCU，油泵控制交流回路电源消失。

（5）来自发电机开关柜的开关量 S1 为发电机真空断路器动触头的行程开关，当真空断路器合闸后，输入回路 P425 的常开触点 S1 闭合（图 4-61），输入回路 P426 的常闭触点 S1 断开，告知机组 LCU，发电机断路器已合闸。当真空断路器分闸后，行程开关在回路 P426 的常开触点 S1 断开，输入回路 P425 的常闭触点 S1 闭合，告知机组 LCU，发电机断路器已分闸。

假设本机组 LCU 是 1♯机组的机组 LCU，则 1QF 为 1♯发电机手车式真空断路器，当真空断路器在工作位置时，手车位置行程开关在回路 P427 的常开触点 1QF 闭合，输入回路 P428 的常闭触点 1QF 断开，告知 1♯机组 LCU，1♯发电机断路器在工作位置；当真空断路器在隔离/试验位置时，手车的行程开关在回路 P428 的常闭触点 1QF 闭合，输入回路 P427 的常开触点 1QF 断开，告知 1♯机组 LCU，1♯发电机断路器在隔离/试验位置。

LK 为真空断路器储能弹簧的储能行程开关，当弹簧未储能时，输入回路 P429 的常闭触点 LK 断开，告知机组 LCU，断路器弹簧未储能。

1QA 为发电机机端电压互感器 1TV 副边星形绕组空气开关，当发电机机端电压互感器 1TV 副边星形绕组的空气开关合闸时，输入回路 P430 的空气开关信号触点 1QA 闭合（图 4-71），告知机组 LCU，发电机机端电压互感器 1TV 副边星形绕组空气开关已合闸。

2QA 为发电机机端电压互感器 1TV 副边开口三角形绕组空气开关，当发电机机端电压互感器 1TV 副边开口三角形绕组的空气开关合闸时，输入回路 P431 的空气开关信号触点 2QA 闭合（图 4-71），告知机组 LCU，发电机机端电压互感器 1TV 副边开口三角形绕组空气开关已合闸。

（6）来自发电机保护屏的开关量 XJ 为发电机微机保护的输出开关量，当发电机发生事故时，输入回路 P432 的常开触点 XJ 闭合（图 4-73），告知机组 LCU，发电机发生事故跳闸。

BSJ 为发电机微机保护的输出开关量，当发电机微机保护模块自身发生故障时，输入回路 P433 的常闭触点 BSJ 断开（图 4-73），告知机组 LCU，发电机微机保护模块自身发生故障。

XJ13 为发电机微机保护的输出开关量，当发电机发生故障时，输入回路 P434 的常开触点 XJ13 闭合（图 4-73），告知机组 LCU，发电机发生故障。

2. 开关量输入模块 DIM2 的输入回路

图 5-21 为开关量输入模块 DIM2 输入回路，总计输入了 32 个开关量。

(1) 来自微机励磁屏的开关量　MK 为发电机励磁系统的灭磁开关，当灭磁开关合闸时，输入回路 P435 灭磁开关的常开信号触点 MK 闭合，回路 P436 的常闭信号触点 MK 断开（图 4-46），告知机组 LCU，发电机机励磁系统的灭磁开关已合闸。当灭磁开关分闸时，输入回路 P436 的常闭信号触点 MK 闭合，输入回路 P435 的常开信号触点 MK 断开，告知机组 LCU，发电机机励磁系统的灭磁开关已分闸。

61GJ 为励磁故障输出继电器，当励磁系统出现故障时，输入回路 P437 的常开触点 61GJ 闭合（图 4-43），告知机组 LCU，励磁系统发生故障。

可控硅整流中的六个快熔发信器中任何一个熔断，中间继电器 61RDJ 动作，输入回路 P438 的常开触点 61RDJ 闭合（图 4-44），告知机组 LCU，晶闸管快熔器熔断。

(2) 来自自动准同期装置的开关量　NTQ 为自动准同期装置，当自动准同期失败时，输入回路 P439 的常开触点 NTQ 闭合（图 4-53），告知机组 LCU，自动准同期失败。

KA602 为同期投入继电器，当自动准同期装置和手动准同期装置同时投入后，输入回路 P440 的常开触点 KA602 闭合（图 4-52），告知机组 LCU，自动准同期装置已投入。

(3) 来自机组测温制动屏的开关量　SN42 是电气式转速信号器（图 4-96），当机组转速为 5% 额定转速时，输入回路 P441 的 SN42 的常开触点 2 与 12 闭合，告知机组 LCU，机组转速为 5% 额定转速。当机组转速为 35% 额定转速时，输入回路 P442 的 SN42 的常开触点 3 与 13 闭合，告知机组 LCU，机组转速为 35% 额定转速。当机组转速为 80% 额定转速时，输入回路 P443 的 SN42 的常开触点 5 与 15 闭合，告知机组 LCU，机组转速为 80% 额定转速。当机组转速为 95% 额定转速时，输入回路 P444 的 SN42 的常开触点 6 与 16 闭合，告知机组 LCU，机组转速为 95% 额定转速。当机组转速为 115% 额定转速时，输入回路 P445 的 SN42 的常开触点 7 与 17 闭合，告知机组 LCU，机组转速为 115% 额定转速。当机组转速为 140% 额定转速时，输入回路 P446 的 SN42 的常开触点 8 与 18 闭合，告知机组 LCU，机组转速为 140% 额定转速。

JDX 为导叶剪断销信号装置，当任何一个导叶剪断销被剪断时，输入回路 P447 的常开触点 JDX 闭合（图 4-95），告知机组 LCU，导叶剪断销剪断。

YX 为监视制动风闸下腔压力的压力信号器，只要风闸下腔有气压，表明风闸没有复归，输入回路 P448 的常开触点 YX 闭合，告知机组 LCU，不得开机。

(4) 来自制动风闸的开关量　SRV 为制动风闸上的行程开关，当风闸在投入位置时，输入回路 P449 的常开触点 SRV 闭合，输入回路 P450 的常闭触点 SRV 断开，告知机组 LCU，风闸在投入位置；当风闸在复归位置时，输入回路 P450 的常闭触点 SRV 闭合，输入回路 P449 的常开触点 SRV 断开，告知机组 LCU，风闸在复归位置。

(5) 来自调速器控制箱的开关量　52YLJ 为储能器的电接点压力表，当调速器油泵未

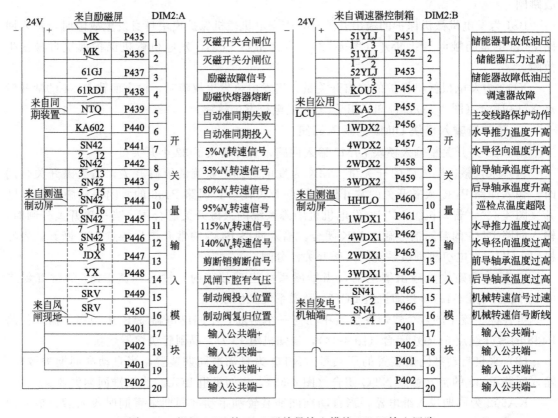

图 5-21 机组 LCU 的 PLC 开关量输入模块 DIM2 输入回路

能正常启动时，储能器的压力下降到故障低油压（1.86MPa）时，输入回路 P453 的 52YLJ 的触点 1 与 3 闭合（图 4-91），告知机组 LCU，储能器故障低油压，由机组 LCU 输出开关量作用故障报警，提请运行人员检查油泵未能正常启动的原因。

51YLJ 为储能器的电接点压力表，储能器的压力下降故障低油压后，如果故障无法排除，储能器的压力继续下降到事故低油压（1.67MPa），输入回路 P451 的 51YLJ 的触点 1 与 3 闭合（图 4-91），告知机组 LCU，储能器压力下降到事故低油压，由机组 LCU 输出开关量作用机组甩负荷事故停机。当储能器的压力过高（2.5MPa）时，回路 P452 的 51YLJ 的触点 1 与 2 闭合，告知机组 LCU，储能器压力过高，由机组 LCU 输出开关量作用故障报警，提请运行人员立即手动停止油泵，查找油泵未能正常停止的原因。

KOU5 为微机调速器故障输出继电器，当微机调速器出现故障时，输入回路 P454 的常开触点 KOU5 闭合，告知机组 LCU，微机调速器出现故障。

（6）来自公用 LCU 的开关量 当两台及两台以上发电机通过一台主变上网时，只要线路保护动作跳闸，所有发电机无法送出电能，因此，当主变或线路保护动作跳闸时，公用 LCU 必须立即告知机组 LCU。KA3 为公用 LCU 的输出继电器（图 5-32），只要主变或线路保护动作跳闸，输入回路 P455 的常开触点 KA3 闭合，告知机组 LCU，主变或线路发生事故跳闸，本机组应该立即事故停机。

（7）来自测温制动屏的开关量 1WDX 为水轮机水导轴承的推力瓦温度控制仪，当水导推力瓦温高于 60℃时，输入回路 P456 的常开触点 1WDX2 闭合（图 4-93），告知机组

LCU 水导推力瓦温升高，输出回路的输出继电器作用故障报警。当水导推力瓦温高于 70℃ 时，回路 P461 的常开触点 1WDX1 闭合（图 4-93），告知机组 LCU，水导推力瓦温过高，输出回路的输出继电器作用事故停机。

4WDX 为水轮机水导轴承的径向瓦的温度控制仪，当水导径向瓦温高于 60℃ 时，回路 P457 的常开触点 4WDX2 闭合（图 4-93），告知机组 LCU，水导径向瓦温升高，输出回路的输出继电器作用故障报警。当水导径向瓦温高于 70℃ 时，回路 P462 的常开触点 4WDX1 闭合（图 4-93），告知机组 LCU 水导径向瓦温过高，输出回路的输出继电器作用事故停机。

HHILO 为温度巡检仪的输出开关量，当巡检到某点温度超限时，回路 P460 的常开触点 HHILO 闭合（图 4-94），告知机组 LCU 机组，温度巡检点中有温度超限。

（8）来自发电机轴端的开关量　SN41 为发电机轴端的机械式转速信号器（图 4-19 和图 4-20），当电气转速信号器故障，机组转速上升到 150% 额定转速时，机械转速信号器动作，输入回路 P465 的 SN41 的常开触点 1 与 2 闭合，输出回路的输出继电器作用机组紧急停机；当机械式转速信号器断线时，输入回路 P466 的 SN41 的常开触点 3 与 4 闭合，告知机组 LCU，机械转速信号器断线。

3. 开关量输入模块 DIM3 的输入回路

图 5-22 为开关量输入模块 DIM3 输入回路，总计输入了 7 个开关量。

图 5-22　机组 LCU 的 PLC 开关量输入模块 DIM3 输入回路

（1）来自励磁变压器室的开关量　QSE 为励磁变压器高压侧隔离开关操作机构行程开关，当隔离开关在合闸位置时，输入回路 P467 的常开触点 QSE 闭合，输入回路 P468 的常闭触点 QSE 断开，告知机组 LCU 励磁变压器隔离开关在合闸位；当隔离开关在分闸位置时，输入回路 P468 的常闭触点 QSE 闭合，输入回路 P467 的常开触点 QSE 断开，告知机组 LCU，励磁变压器隔离开关在分闸位。

（2）来自机组现地的开关量　SF41 为机组水导轴承冷却水出水管上的示流信号器，当水导轴承冷却水中断时，输入回路 P469 的常开触点 SF41 闭合，告知机组 LCU，水导轴承冷却水中断。

SF42 为卧式机组后导轴承冷却水出水管上的示流信号器，当后导轴承冷却水中断时，输入回路 P470 的常开触点 SF42 闭合，告知机组 LCU，后导轴承冷却水中断。

SF43 为发电机空气冷却器冷却水出水管上的示流信号器，当空气冷却器冷却水中断时，输入回路 P471 的常开触点 SF43 闭合，告知机组 LCU，发电机空气冷却器冷却水中断。

SF44 为卧式机组前导轴承冷却水出水管上的示流信号器，当前导轴承冷却水中断时，输入回路 P472 的常开触点 SF44 闭合，告知机组 LCU，前导轴承冷却水中断。

（3）来自机组测温制动屏的开关量　YX 为监视制动风闸下腔压力的压力信号器，当风闸下腔无气压时，回路 P473 的常闭触点 YX 闭合，告知机组 LCU，风闸在复归位置，允许开机。

二、模拟量输入模块输入回路

图 5-23 为 YX 一级水电厂机组 LCU 的 PLC 模拟量输入模块输入回路图，用了一块 AMI 模拟量输入模块，采集了 4 个模拟量。空气开关 ZK14 向储能器油压压力变送器、蜗壳水压压力变送器和功率变送器提供 24V 的直流工作电源。励磁电流变送器输入信号本身就是电流，因此信号转换变送时不需要工作电源。

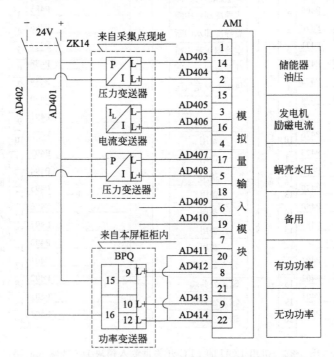

图 5-23　机组 LCU 的 PLC 模拟量输入模块输入回路

来自储能器上的压力变送器（图 4-28）将非电模拟量油压信号转换成 4～20mA 标准电模拟量，经回路 AD403、AD404 输入模拟量输入模块。

来自励磁系统的霍尔电流变送器将电模拟量励磁电流转换成 4～20mA 标准电模拟量，经回路 AD405、AD406 输入模拟量输入模块。

来自压力钢管末端的蜗壳压力变送器将非电模拟量水压信号转换成 4～20mA 标准电模拟量，经回路 AD407、AD408 输入模拟量输入模块。

来自机组 LCU 本屏柜柜内的霍尔有功功率、无功功率组合变送器将电模拟量发电机的三相交流有功功率转换成 4～20mA 标准电模拟量，经回路 AD412、AD411 输入模拟量输入模块。将电模拟量发电机的三相交流无功功率转换成 4～20mA 标准电模拟量，经回路 AD413、AD414 输入模拟量输入模块。

三、开关量输出模块输出回路

图 5-24 为 YX 一级水电厂机组 LCU 的 PLC 开关量输出模块输出回路图，用了一块 DOM 开关量输出模块，经 28 只输出继电器输出了 30 个开关量。空气开关 ZK15 向开关量输出模块 DOM 提供 24V 的直流工作电源，输出模块点 1 输出高电位，开机准备绿灯 PL 亮，表示机组 LCU 确认开机准备完成。

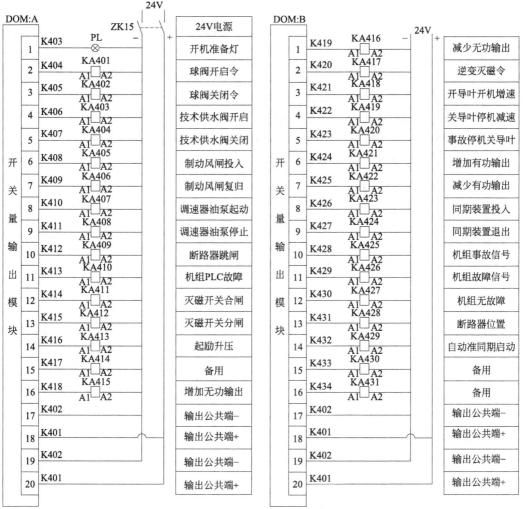

图 5-24

KA401 — P103 ┐
KA402 — P104 │
KA427 — P105 ├ 至球阀控制屏
— P101 ┘

KA403 — 485 ┐
KA404 — 487 ├ 至测温制动屏
— 441 ┘

KA405 — 481 ┐
KA406 — 483 ├
— 480 ┘

KA423 — T603 ┐
14 — 11
KA424 — T605 ├ 至同期装置
KA429 — T611 │
— T601 ┘

KA411 — M628 ┐
KA412 — M629 │
KA428 — 613 │
3 — 4
KA413 — 603 ├ 至励磁屏
KA415 — 609 │
KA416 — 611 │
KA417 — 607 │
— 601 ┘

KA410 — P702 ┐
至公用LCU
— P601 ┘

KA409 — 131 ┐ 至断路器分闸回路
— 101' ┘

KA407 — U415 ┐
14 — 11
KA408 — U417 │
7 — 8
— U413 ├ 至调速器控制箱
KA418 — 405 │
KA419 — 406 │
KA428 — 407 │
1 — 2
KA421 — 408 │
KA422 — 409 │
KA420 — 414 │
— 401 ┘

KA425 — 703 ┐ 至中央音响
KA426 — 705 │
— 701 ┘

图 5-24 机组 LCU 的 PLC 开关量输出模块输出回路

1. 送往球阀控制柜的开关量

模块 A 面点 2 输出高电位，输出继电器 KA401 线圈得电，在球阀 PLC 开关量输入回路 P103 的常开触点 KA401 闭合，向球阀 PLC 发布球阀开阀令。

模块 A 面点 3 输出高电位，输出继电器 KA402 线圈得电，在球阀 PLC 开关量输入回路 P104 的常开触点 KA402 闭合，向球阀 PLC 发布球阀关阀令。

模块 B 面点 12 输出高电位，输出继电器 KA427 线圈得电，在球阀 PLC 开关量输入回路 P105 的常开触点 KA427 闭合，告知球阀 PLC，机组无故障，允许开球阀。

2. 送往机组测温制动屏的开关量

模块 A 面点 4 输出高电位，输出继电器 KA403 线圈得电，在机组技术供水操作回路的常开触点 KA403 闭合，双线圈电磁液动阀吸合线圈 42DFK 得电，电磁液动阀开启，技术供水投入。

模块 A 面点 5 输出高电位，输出继电器 KA404 线圈得电，在机组技术供水操作回路的常开触点 KA404 闭合，双线圈电磁液动阀脱钩线圈 42DFG 得电，电磁液动阀关闭，技术供水退出。

模块 A 面点 6 输出高电位，输出继电器 KA405 线圈得电，在制动风闸操作回路的常开触点 KA405 闭合，风闸投入电磁空气阀 42DKF 线圈得电，风闸投入腔接压缩空气，风闸投入。

模块 A 面点 7 输出高电位，输出继电器 KA406 线圈得电，在制动风闸操作回路的常开触点 KA406 闭合，风闸退出电磁空气阀 41DKGF 线圈得电，风闸退出腔接压缩空气，风闸退出。

3. 送往励磁屏的开关量

模块 A 面点 12 输出高电位，输出继电器 KA411 线圈得电，在灭磁开关操作回路的常开触点 KA411 闭合，作用灭磁开关合闸。

模块 A 面点 13 输出高电位，输出继电器 KA412 线圈得电，在灭磁开关操作回路的常开触点 KA412 闭合，作用灭磁开关分闸。

模块 A 面点 14 输出高电位，输出继电器 KA413 线圈得电，在微机励磁调节器 PLC 开关量输入回路的常开触点 KA413 闭合，励磁调节器 95％额定转速起励升压，建立发电机机端电压。

模块 A 面点 16 输出高电位，输出继电器 KA415 线圈得电，在微机励磁调节器 PLC 开关量输入回路的常开触点 KA415 闭合，并网后运行人员用键盘输入需要带的无功功率，由机组 LCU 自动增大励磁电流，自动增加发电机输出无功功率。

模块 B 面点 1 输出高电位，输出继电器 KA416 线圈得电，在微机励磁调节器 PLC 开关量输入回路的常开触点 KA416 闭合，停机令发出后，机组 LCU 走停机流程自动减小励磁电流为零，减少发电机输出无功功率为零，为发电机断路器分闸做好准备。

模块 B 面点 2 输出高电位，输出继电器 KA417 线圈得电，在微机励磁调节器 PLC 开关量输入回路的常开触点 KA417 闭合，机组 LCU 走正常停机流程进行断路器跳闸后的逆变灭磁。

模块 B 面点 13 输出高电位，输出继电器 KA428 线圈得电，在微机励磁调节器 PLC 开关量输入回路的常开触点 KA428 的 3 与 4 闭合，由机组 LCU 告知微机励磁调节器，发电机断路器在合闸位置。

4. 送往调速器控制箱的开关量

模块 A 面点 8 输出高电位，输出继电器 KA407 线圈得电，在调速器油泵操作回路的常开触点 KA407 闭合，调速器油泵电动机启动，向储能器打油。

模块 A 面点 9 输出高电位，输出继电器 KA408 线圈得电，在调速器油泵操作回路的常闭触点 KA408 断开，调速器油泵电动机停止，停止向储能器打油。

模块 B 面点 3 输出高电位，输出继电器 KA418 线圈得电，在微机调速器二次回路的常开触点 KA418 闭合，由机组 LCU 走开机流程进行机组并网前的自动开导叶机组升速。

模块 B 面点 4 输出高电位，输出继电器 KA419 线圈得电，在微机调速器二次回路的常开触点 KA419 闭合，机组 LCU 走停机流程自动关小导叶开度，减少发电机输出有功功率为零，为发电机断路器分闸做好准备。

模块 B 面点 5 输出高电位，输出继电器 KA420 线圈得电，在微机调速器二次回路的常开触点 KA420 闭合，由机组 LCU 直接作用调速器紧急停机电磁阀 STF，紧急关闭导叶停机。

模块 B 面点 6 输出高电位，输出继电器 KA421 线圈得电，在微机调速器二次回路的常开触点 KA421 闭合，并网后运行人员用键盘输入需要带的有功功率，由机组 LCU 自动开大导叶开度，增加水流量，自动增加发电机输出有功功率。

模块 B 面点 7 输出高电位，输出继电器 KA422 线圈得电，在微机调速器二次回路的常开触点 KA422 闭合，停机令发出后，机组 LCU 走停机流程自动减小导叶开度到空载开度，减少发电机输出有功功率为零，为发电机断路器分闸做好准备。

模块 B 面点 13 输出高电位，输出继电器 KA428 线圈得电，在微机调速器二次回路的常开触点 KA428 的 1 与 2 闭合，由机组 LCU 告知微机调速器，发电机断路器在合闸位置。

5. 送往机组 LCU 屏柜同期装置的开关量

模块 B 面点 8 输出高电位，输出继电器 KA423 线圈得电，在发电机同期装置投入和退出回路的常开触点 KA423 闭合，由机组 LCU 投入同期装置，但自动准同期装置没有启动。

模块 B 面点 9 输出高电位，输出继电器 KA424 线圈得电，在发电机同期装置投入和退出回路的常开触点 KA424 闭合，由机组 LCU 退出同期装置。

模块 B 面点 14 输出高电位，输出继电器 KA429 线圈得电，在自动准同期装置开关量输出回路的常开触点 KA429 闭合，由机组 LCU 启动已经投入但没开始工作的自动准同期装置。

6. 送往公用 LCU 屏柜中央音响系统的开关量

只要 1♯机组 LCU 管理的任何一个设备发生事故，模块 B 面点 10 输出高电位，输出继电器 KA425 线圈得电，在水电厂中央音响信号系统电气回路的常开触点 KA425 闭合，中央音响系统 1♯机组事故喇叭响（2♯机组、3♯机组、4♯机组类同）。

只要 1♯机组 LCU 管理的任何一个设备发生故障，模块 B 面点 11 输出高电位，输出继电器 KA426 线圈得电，KA 在水电厂中央音响信号系统电气回路的常开触点 KA426 闭合，中央音响系统 1♯机组故障电铃响（2♯机组、3♯机组、4♯机组类同）。

7. 送往公用 LCU 的 PLC 开关量输入模块开关量

模块 A 面点 11 输出高电位，输出继电器 KA410 线圈得电，在公用 LCU 的 PLC 开关量输入回路 P702 的常开触点 KA410 闭合，告知公用 LCU，1♯机组 LCU 的 PLC 故障（2♯机组、3♯机组、4♯机组类同）。

8. 送往发电机断路器开关柜分闸回路的开关量

模块 A 面点 10 输出高电位，输出继电器 KA409 线圈得电，在发电机断路器分闸回路的常开触点 KA409 闭合，由机组 LCU 走正常停机流程，作用发电机正常停机自动跳闸。

四、机组事故停机和紧急停机动作的开关量

机组事故停机需要操作的项目有三个：甩负荷跳发电机断路器、跳灭磁开关和关闭导叶。机组紧急停机需要操作的项目有四个：甩负荷跳发电机断路器、跳灭磁开关、关闭导叶和关主阀。

1. 机组事故停机

机组事故停机有两种情况：第一种是由于电气事故造成发电机微机保护动作事故停机；第二种是由于机械事故（例如轴承温度高于 70℃等）造成机组 LCU 的 PLC 动作事故停机。

（1）发电机微机保护动作事故停机　发电机微机保护动作事故停机时输出三个开关量：TJ1 作用发电机断路器甩负荷跳闸，TJ2 作用灭磁开关跳闸，TJ3 作用调速器事故电磁阀关闭导叶。

（2）机组 LCU 的 PLC 动作事故停机　机组 LCU 的 PLC 动作事故停机时同时输出三个开关量：机组 LCU 的 PLC 开关量输出回路的输出继电器 KA409 得电，在发电机分闸回路的常开触点闭合，作用发电机断路器甩负荷跳闸；输出继电器 KA412 得电，在灭磁开关操作回路的常开触点 KA412 闭合，作用灭磁开关跳闸；输出回路的输出继电器 KA420 得电，在调速器操作回路的常开触点 KA420 闭合，作用事故电磁阀 STF 紧急关闭导叶。

2. 机组紧急停机

机组紧急停机有两种情况：第一种是由运行人员手按紧急停机按钮 JSB 发出的紧急停机；第二种是事故停机不成功（例如导叶拒动等），机组转速继续上升到 140％额定转速，由转速信号器作用机组直接由事故停机转为紧急停机。

（1）按紧停按钮紧急停机　当运行人员在巡回检查时，发现事故但保护没有动作，运行

人员可以在机组 LCU 屏柜面按下紧急停机按钮 JSB，JSB 在发电机断路器分闸回路的触点 13 与 14 闭合，不经过机组 LCU，先直接作用紧急作用发电机断路器甩负荷跳闸；同时机组 LCU 的 PLC 开关量输入回路 P418 的 JSB 触点 3 与 5 闭合，由机组 LCU 的 PLC 输出回路的输出继电器 KA412 作用灭磁开关跳闸，输出继电器 KA420 作用事故电磁阀 STF 紧急关闭导叶。

（2）事故停机不成功转为紧急停机　因为紧急停机比事故停机多一个关主阀的动作，所以事故停机不成功时，机组转速上升到 140％额定转速，电气转速信号器 SN42 的常开触点 8 与 18 闭合，机组 LCU 的 PLC 输出开关量 KA402 作用关闭主阀。图 5-25 为布置在机组 LCU 屏柜下部或者后门内的 PLC 开关量输出模块的输出继电器，也称中间继电器。

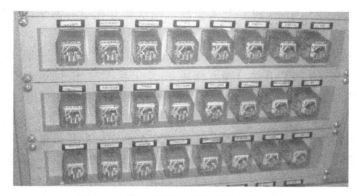

图 5-25　开关量输出模块的输出继电器

五、中央处理器 CPU 模块

图 5-26 为 YX 一级水电厂机组 LCU 的 PLC 模块联系图，开关量输入模块 DIM1 和 DIM2 各有 32 个开关量输入信号，开关量输入模块 DIM3 有 7 个开关量输入信号。模拟量输入模块 AMI 有 4 个模拟量输入信号。开关量输出模块 DOM 有 28 个输出继电器输出 29 个开关量信号（KA428 一个输出继电器输出两个开关量）。

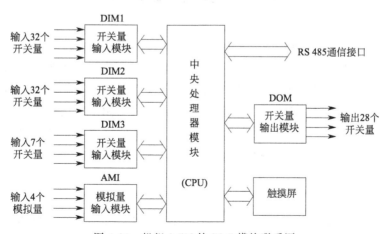

图 5-26　机组 LCU 的 PLC 模块联系图

机组 LCU 的 PLC 采用分体式模块化结构，PLC 的 CPU 模块与其它模块之间的联系采用总线形式联系。中央处理器 CPU 模块对从数据总线送来的本机组所有设备的输入的开关量、模拟量由预先编制好的机组运行控制软件程序进行分析、处理，最终输出开关量对本机组设备进行操作控制。由于机组 LCU 对机组设备只进行操作控制，所以不需要输出模拟量，因此没有模拟量输出模块。中央处理器 CPU 模块经 RS485 通信接口与中控室主机通信联系。

六、全用开关量联系的下位机

机组 LCU 的 PLC 全用开关量联系的下位机有微机调速器、微机励磁调节器、微机准同期装置和球阀微机控制装置。因为机组 LCU 是操作控制下位机的，所以开关量全部由机组 LCU 的 PLC 的 CPU 分析处理后经开关量输出模块发出给下位机。因为下位机是被控制的设备，所以返回给机组 LCU 的 PLC 开关量输入模块的开关量有的来自下位机的 PLC 的开关量输出模块，有的来自下位机的自动化元件。

① 机组 LCU 的 PLC 开关量输出模块发出给微机调速器 8 个开关量（图 5-24），微机调速器返回给机组 LCU 的 PLC 开关量输入模块 10 个开关量（图 5-20 和图 5-21），其中 1 个开关量由微机调速器 PLC 开关量输出模块送出，9 个由自动化元件送出。

② 机组 LCU 的 PLC 开关量输出模块发出给微机励磁调节器 7 个开关量（见图 5-24）；微机励磁调节器返回给机组 LCU 的 PLC 开关量输入模块 4 个开关量（图 5-21），其中 1 个开关量由微机励磁调节器 PLC 开关量输出模块送出（图 4-43），3 个由自动化元件送出。

③ 机组 LCU 的 PLC 开关量输出模块发出给微机准同期装置 3 个开关量（见图 5-24），微机准同期装置返回给机组 LCU 的 PLC 开关量输入模块 2 个开关量，其中 1 个开关量由微机准同期装置 PLC 开关量输出模块送出（图 4-53），1 个由自动化元件送出。

④ 机组 LCU 的 PLC 开关量输出模块发出给球阀 PLC 开关量输入模块 3 个开关量（图 5-24），球阀返回给机组 LCU 的 PLC 开关量输入模块 12 个开关量，其中 7 个开关量由球阀 PLC 开关量输出模块送出（图 5-16），5 个由自动化元件送出。

第四节　公用 PLC 控制

公用 LCU 的 PLC 负责对本电厂的所有公用部分设备进行管理、控制、测量、显示。受公用 LCU 管理的设备有线路、主变压器、交流厂用电、直流厂用电和油气水系统等。公用 LCU 屏柜内安装有手动组合同期表、综合电力测量仪、交流电能测量仪、PLC 模块等。由可编程控制器 PLC 构成的控制系统采用模块化结构，主要由开关量输入模块、模拟量输入模块、开关量输出模块、CPU 模块和电源模块组成。下面以 YX 一级水电厂为例介绍公用 LCU 的 PLC 模块的输入、输出回路。

一、开关量输入模块输入回路

图 5-27～图 5-30 为 YX 一级水电厂公用 LCU 的 PLC 开关量输入模块输入回路图，用了 DIM1～DIM4 四块开关量输入模块，采集了 113 个开关量。

1. 开关量输入模块 DIM1 的输入回路

图 5-27 为开关量输入模块 DIM1 输入回路，总计输入 32 个开关量。空气开关 ZK53 向

DIM1～DIM4 四块开关量输入模块提供 24V 的直流工作电源。

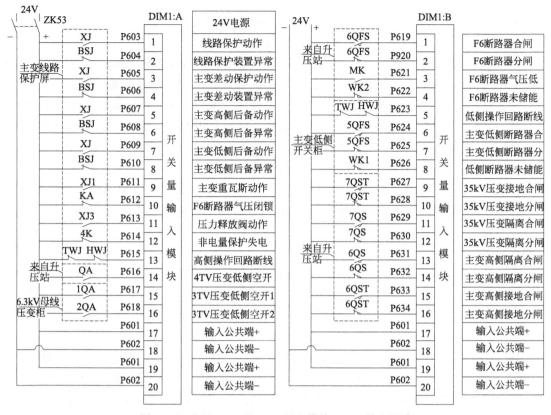

图 5-27　公用 LCU 的 PLC 开入模块 DIM1 输入回路

（1）来自主变线路保护屏的开关量　当线路距离微机保护动作时，线路距离微机保护在输入回路 P603 的常开触点 XJ 闭合（图 4-86），告知公用 LCU，主变高压侧断路器发生事故跳闸。

当线路距离微机模块自身发生异常时，线路距离微机保护在输入回路 P604 的常开触点 BSJ 闭合（图 4-86），告知公用 LCU，线路距离保护模块自身发生异常。

当主变差动微机保护动作时，主变差动微机保护在输入回路 P605 的常开触点 XJ 闭合（图 4-76），告知公用 LCU，主变高低压侧断路器发生事故跳闸。

当主变差动微机保护模块自身发生异常时，主变差动微机保护在输入回路 P606 的常开触点 BSJ 闭合（图 4-76），告知公用 LCU，主变差动微机保护模块自身发生异常。

当主变高压侧后备微机保护动作时，主变高压侧后备微机保护在回路 P607 的常开触点 XJ 闭合（图 4-80），告知公用 LCU，主变高低压侧断路器发生事故跳闸。

当主变高压侧后备微机保护模块自身发生异常时，主变高压侧后备微机保护在输入回路 P608 的常开触点 BSJ 闭合（图 4-80），告知公用 LCU，主变高压侧后备微机保护模块自身发生异常。

当主变低压侧后备微机保护动作时，主变低压侧后备微机保护在回路 P609 的常开触点 XJ 闭合（图 4-78），告知公用 LCU，主变高低压侧断路器发生事故跳闸。

当主变低压侧后备微机保护模块自身发生异常时，主变低压侧后备微机保护在输入回路

P610 的常开触点 BSJ 闭合（图 4-78），告知公用 LCU，主变低压侧后备微机保护模块自身发生异常。

当主变本体微机瓦斯保护动作时，主变本体微机瓦斯保护在输入回路 P611 的常开触点 XJ1 闭合，告知公用 LCU，主变高低压侧断路器发生事故跳闸。

KA 为主变高压侧六氟化硫断路器气体闭锁信号器，当六氟化硫气体压力过低时，输入回路 P612 的常闭触点 KA 断开，告知公用 LCU，六氟化硫气体压力过低。

XJ3 为主变压力释放阀微动开关，当主变油箱压力偏高，压力释放阀被油压顶开放油时（图 2-34），输入回路 P613 的常开触点 XJ3 闭合，告知公用 LCU，压力释放阀动作放油。

4K 为主变非电量保护装置电源监视继电器，当非电量保护装置失电时，输入回路 P614 的常闭触点闭合，告知公用 LCU，非电量保护装置失电。

主变高压侧断路器操作回路电源消失时，跳闸位置继电器 TWJ 和合闸位置继电器 HWJ 同时失电，输入回路 P615 的跳闸位置继电器 TWJ 常闭触点和合闸位置继电器 HWJ 常闭触点同时闭合（与发电机断路器操作回路电源监视原理相同），告知公用 LCU，主变高压侧断路器操作回路电源断线。

（2）来自升压站的开关量　QA 为主变高压侧 35kV 母线电压互感器 4TV 副边星形绕组空气开关，当电压互感器 4TV 副边星形绕组空气开关合闸时，输入回路 P616 的空气开关信号触点 QA 闭合（图 4-75），告知公用 LCU，电压互感器 4TV 副边星形绕组空气开关已合闸。

6QFS 为主变高压侧六氟化硫断路器动触头的行程开关，当主变高压侧六氟化硫断路器合闸时，输入回路 P619 的常开触点 6QFS 闭合，输入回路 P620 的常闭触点 6QFS 断开，告知公用 LCU，主变高压侧六氟化硫断路器已合闸。当主变高压侧六氟化硫断路器分闸时，输入回路 P619 的常开触点 6QFS 断开，输入回路 P620 的常闭触点 6QFS 闭合，告知公用 LCU，主变高压侧六氟化硫断路器已分闸。

MK 为六氟化硫断路器气体压力信号器，当六氟化硫气体压力偏低时，输入回路 P621 的常开触点 MK 闭合，告知公用 LCU，六氟化硫断路器气体压力偏低。

WK2 为主变高压侧六氟化硫断路器螺旋弹簧储能的行程开关，当弹簧未储能时，输入回路 P622 的常闭触点 WK2 断开，告知公用 LCU，主变高压侧六氟化硫断路器弹簧未储能。

7QST 为 35kV 母线电压互感器高压侧接地闸刀，当接地闸刀合闸时，输入在回路 P627 闸刀操作机构的行程开关常开触点 7QST 闭合（图 4-75），输入回路 P628 闸刀操作机构的行程开关常闭触点 7QST 断开（图 4-75），告知公用 LCU，35kV 母线电压互感器高压侧接地闸刀已合闸。当接地闸刀分闸时，输入在回路 P627 闸刀操作机构的行程开关常开触点 7QST 断开，输入回路 P628 闸刀操作机构的行程开关常闭触点 7QST 闭合，告知公用 LCU，35kV 母线电压互感器高压侧接地闸刀已分闸。

7QS 为 35kV 母线电压互感器高压侧隔离开关，当隔离开关合闸时，输入在回路 P629 开关操作机构的行程开关常开触点 7QS 闭合（图 4-75），输入回路 P630 开关操作机构的行程开关常闭触点 7QS 断开（图 4-75），告知公用 LCU，35kV 母线电压互感器高压侧隔离开关已合闸。当隔离开关分闸时，输入在回路 P629 开关操作机构的行程开关常开触点 7QS 断开，输入回路 P630 开关操作机构的行程开关常闭触点 7QS 闭合，告知公用 LCU，35kV 母线电压互感器高压侧隔离开关已分闸。

6QS 为主变高压侧线路隔离开关，当隔离开关合闸时，输入在回路 P631 开关操作机构的行程开关常开触点 6QS 闭合（图 4-75），输入回路 P632 开关操作机构的行程开关常闭触点 6QS 断开（图 4-75），告知公用 LCU，主变高压侧线路隔离开关已合闸。当隔离开关分闸时，输入在回路 P631 开关操作机构的行程开关常开触点 6QS 断开，输入回路 P632 开关操作机构的行程开关常闭触点 6QS 闭合，告知公用 LCU，主变高压侧线路隔离开关已分闸。

6QST 为主变高压侧接地闸刀，当接地闸刀合闸时，输入在回路 P633 闸刀操作机构的行程开关常开触点 6QST 闭合（图 4-75），输入回路 P634 闸刀操作机构的行程开关常闭触点 6QST 断开（图 4-75），告知公用 LCU，主变高压侧接地闸刀已合闸。当接地闸刀分闸时，输入在回路 P633 闸刀操作机构的行程开关常开触点 6QST 断开，输入回路 P634 闸刀操作机构的行程开关常闭触点 6QST 闭合，告知公用 LCU，主变高压侧接地闸刀已分闸。

（3）来自 6.3kV 母线电压互感器柜的开关量　1QA 为主变低压侧 6.3kV 母线电压互感器 3TV 副边星形绕组空气开关，当空气开关合闸时，输入回路 P617 空气开关的信号触点 1QA 闭合，告知公用 LCU，电压互感器 3TV 副边星形绕组空气开关已合闸。

2QA 为主变低压侧 6.3kV 母线电压互感器 3TV 副边开口三角形绕组空气开关，当空气开关合闸时，输入回路 P618 空气开关的信号触点 2QA 闭合，告知公用 LCU，电压互感器 3TV 副边开口三角形绕组空气开关已合闸。

（4）来自主变低压侧开关柜的开关量　TWJ 为主变低压侧断路器操作回路跳闸位置继电器，HWJ 为合闸位置继电器。主变低压侧断路器操作回路电源消失时，输入回路 P623 的跳闸位置继电器 TWJ 常闭触点和合闸位置继电器 HWJ 常闭触点同时闭合（与发电机断路器操作回路电源监视原理相同），告知公用 LCU，主变低压侧断路器操作回路电源断线失电。

5QFS 为主变低压侧真空断路器动触头的行程开关，当主变低压侧真空断路器合闸时，输入回路 P624 的常开触点 5QFS 闭合，输入回路 P625 的常闭触点 5QFS 断开，告知公用 LCU，主变低压侧真空断路器已合闸。当主变低压侧真空断路器分闸时，输入回路 P624 的常开触点 5QFS 断开，输入回路 P625 的常闭触点 5QFS 闭合，告知公用 LCU，主变低压侧真空断路器已分闸。

WK1 为主变低压侧真空断路器蜗卷弹簧储能的行程开关，当弹簧未储能时，输入回路 P626 的常闭触点 WK1 断开，告知公用 LCU，主变低压侧真空断路器弹簧未储能。

2. 开关量输入模块 DIM2 的输入回路

图 5-28 为开关量输入模块 DIM2 输入回路，总计输入 32 个开关量。

（1）来自主变低压侧开关柜的开关量　5QF 为主变低压侧手车式真空断路器，当真空断路器在工作位置时，输入回路 P635 手车行程开关的常开触点 5QF 闭合，输入回路 P636 手车行程开关的常闭触点 5QF 断开，告知公用 LCU，主变低压侧断路器在工作位置；当真空断路器在隔离/试验位置时，输入回路 P635 手车行程开关的常开触点 5QF 断开，输入回路 P636 手车行程开关的常闭触点 5QF 闭合，告知公用 LCU，主变低压侧断路器在隔离/试验位置。

（2）来自 6.3kV 母线电压互感器柜的开关量　4QS 为 6.3kV 手车式母线电压互感器 3TV 手车的行程开关，当母线电压互感器 3TV 在工作位置时，输入回路 P637 的常开触点 4QS 闭合，输入回路 P638 的常闭触点 4QS 断开，告知公用 LCU，6.3kV 母线电压互感器

3TV 在工作位置；当母线电压互感器 3TV 在隔离/试验位置时，输入回路 P637 的常开闭接点 4QS 断开，输入回路 P638 的常闭触点 4QS 闭合，告知公用 LCU，6.3kV 母线电压互感器 3TV 在隔离/试验位置。

WNX 为 6.3kV 母线消谐器，当 6.3kV 母线发生谐振时，输入回路 P639 的常开触点WNX 闭合，告知公用 LCU，6.3kV 母线发生谐振。

（3）来自工作厂用变高压开关柜的开关量　FU 为工作厂用变高压侧手车式熔断器，当高压熔断器在工作位置时，输入回路 P640 手车行程开关的常开触点 FU 闭合，输入回路P641 手车行程开关的常闭触点 FU 断开，告知公用 LCU，工作厂用变高压侧熔断器在工作位置；当高压熔断器在隔离/试验位置时，输入回路 P640 手车行程开关的常开触点 FU 断开，输入回路 P641 手车行程开关的常闭触点 FU 闭合，告知公用 LCU，工作厂用变高压侧熔断器在隔离/试验位置。

（4）来自升压站的开关量　备用厂用电变压器一般安装在升压站的水泥杆上，近区10kV 线路经跌落式熔断器与备用厂用变压器高压侧连接。YX 一级水电厂备用厂用变高压侧采用很少见的室外固定式断路器。

8QFS 为备用厂用变高压侧断路器动触头的行程开关，当断路器合闸时，输入回路 P642的常开触点 8QFS 闭合，输入回路 P643 的常闭触点 8QFS 断开，告知公用 LCU，备用厂用变高压侧断路器已合闸；当断路器分闸时，输入回路 P642 的常开触点 8QFS 断开，在回路P643 的常闭触点 8QFS 闭合，告知公用 LCU，备用厂用变高压侧断路器已分闸。

（5）来自交流厂用电受电屏的开关量（图 4-88）　41QF 为工作厂用变（1#厂变）低压侧断路器，当低压断路器合闸时，输入在回路 P644 低压断路器的常开信号触点 41QF 闭合，告知公用 LCU，工作厂用变低压侧断路器已合闸。41QS 为工作厂用变（1#厂变）低压侧隔离开关，当低压隔离开关合闸时，输入回路 P645 隔离开关的常闭信号触点 41QS 断开，告知公用 LCU，工作厂用变低压隔离开关已合闸。42QF 为备用厂用变（2#厂变）低压侧断路器的辅助触点，当低压断路器合闸时，输入回路 P646 低压断路器的常开触点 42QF 闭合，告知公用 LCU，备用厂用变低压断路器已合闸。42QS 为备用厂用变（2♯厂变）低压侧隔离开关，当低压隔离开关合闸时，输入回路 P647 隔离开关的常闭触点 42QS 断开，告知公用 LCU，备用厂用变低压隔离开关已合闸。1YJ 为 400/230kV 交流厂用电母线欠电压继电器，当母线电压 U_{ab} 低于设定值时，欠电压继电器动作，输入回路 P648 的常闭触点1YJ 闭合，告知公用 LCU，交流厂用电母线线电压 U_{ab} 偏低。2YJ 为 400/230kV 交流厂用电母线欠电压继电器，当母线电压 U_{bc} 低于设定值时，欠电压继电器动作，输入回路 P649的常闭触点 2YJ 闭合，告知公用 LCU，交流厂用电母线线电压 U_{bc} 偏低。JXQ3 为备用厂用电自动投入装置（简称"备自投"），当备自投装置故障时，输入回路 P650 备自投装置的常开触点 JXQ3 闭合，告知公用 LCU，备自投装置故障。

（6）来自集水井水泵控制箱的开关量（图 4-90）　61FZJ 为集水井浮子式液位信号器，当集水井水位下降到停泵水位时，输入回路 P651 的常开触点 1 与 2 闭合，告知公用 LCU，由公用 LCU 的 PLC 输出开关量作用 1#排水泵停止排水。当集水井水位上升到工作泵启动水位时，输入回路 P652 的常开触点 1 与 3 闭合，告知公用 LCU，由公用 LCU 的 PLC 输出开关量作用 1#排水泵启动排水。如果由于故障造成工作排水泵未能正常启动，集水井水位继续上升到备用泵启动水位时，输入回路 P653 的常开触点 1 与 4 闭合，告知公用 LCU，由公用 LCU 的 PLC 输出开关量作用 2#排水泵启动排水并作用故障报警。当集水井水位继续

图 5-28　公用 LCU 的 PLC 开入模块 DIM2 输入回路

上升到过高水位时，输入回路 P654 的常开触点 1 与 5 闭合，告知公用 LCU，由公用 LCU 的 PLC 输出开关量作用事故报警。

61C 为 1♯排水泵电动机的交流接触器，1♯排水泵启动时，输入回路 P655 交流接触器的常开信号触点 61C 闭合，告知公用 LCU，1♯排水泵在运行。

62C 为 2♯排水泵电动机的交流接触器，2♯排水泵启动时，输入回路 P656 交流接触器的常开信号触点 62C 闭合，告知公用 LCU，2♯水泵在运行。

61QK 为 1♯排水泵"现地/远控"切换开关，当 1♯排水泵切换开关切换在"远控"位置时，输入回路 P657 切换开关的常开触点 7 与 8 闭合，告知公用 LCU，1♯排水泵处于远控自动状态。

62QK 为 2♯排水泵"现地/远控"切换开关，当 2♯排水泵切换开关切换在"远控"位置时，输入回路 P658 切换开关的常开触点 7 与 8 闭合，告知公用 LCU，2♯排水泵处于远控自动状态。

61JJ 为 1♯排水泵操作电源监视继电器，当 1♯排水泵操作电源消失时，输入回路 P659 的常闭触点 61JJ 闭合，告知公用 LCU，1♯水泵操作电源消失。

62JJ 为 2♯排水泵操作电源监视继电器，当 2♯排水泵操作电源消失时，输入回路 P660 的常闭触点 62JJ 闭合，告知公用 LCU，2♯水泵操作电源消失。

（7）来自空压机控制箱的开关量（图 4-89）　81YLJ 为储气罐的电接点压力表，当储气罐的气压下降到 0.45MPa 时，输入回路 P661 的常开触点 1 与 2 闭合，告知公用 LCU，由公用 LCU 的 PLC 输出开关量作用 1♯空压机启动。当储气罐的气压上升到 0.7MPa 时，输入回路 P662 的常开触点 1 与 3 闭合，告知公用 LCU，由公用 LCU 的 PLC 输出开关量作用 1♯空压机停机。

82YLJ 为储气罐的电接点压力表，当 1♯空压机由于故障未能正常启动时，储气罐的气压继续下降到 0.4MPa 时，输入回路 P663 的常开触点 1 与 2 闭合，告知公用 LCU，由公用 LCU 的 PLC 输出开关量作用 2♯空压机启动并故障报警。当 1♯空压机由于故障未能正常停机，储气罐的气压上升到 0.8MPa 时，输入回路 P664 的常开触点 1 与 3 闭合，告知公用 LCU，公用 LCU 的 PLC 输出开关量作用事故报警，储气罐安全阀自动打开放气。

81C 为 1♯空压机电动机交流接触器，当 1♯空压机启动时，输入回路 P665 交流接触器的常开信号触点 81C 闭合，告知公用 LCU，1♯空压机在运行。

82C 为 2♯空压机电动机交流接触器，当 2♯空压机启动时，输入回路 P666 交流接触器的常开信号触点 82C 闭合，告知公用 LCU，2♯空压机在运行。

3. 开关量输入模块 DIM3 的输入回路

图 5-29 为开关量输入模块 DIM3 输入回路，总计输入 32 个开关量。

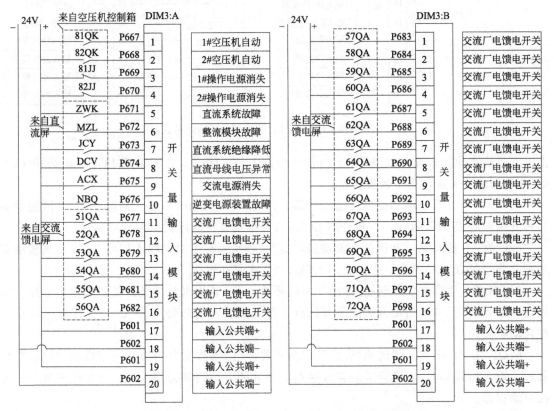

图 5-29　公用 LCU 的 PLC 开入模块 DIM3 输入回路

（1）来自空压机控制箱（图 4-89）　81QK 为 1♯空压机"现地/远控"切换开关，当 1♯空压机切换开关切换在"远控"位置时，输入回路 P667 切换开关的触点 7 与 8 闭合，告知公用 LCU，1♯空压机处于远控自动状态。82QK 为 2♯空压机"现地/远控"切换开关，当 2♯空压机切换开关切换在"远控"位置时，输入回路 P668 切换开关的触点 7 与 8 闭合，告知公用 LCU，2♯空压机处于远控自动状态。81JJ 为 1♯空压机操作电源监视继电器，当

1♯空压机操作电源消失时，输入回路 P669 的常闭触点 81JJ 闭合，告知公用 LCU，1♯空压机操作电源消失。82JJ 为 2♯空压机操作电源监视继电器，当 2♯空压机操作电源消失时，输入回路 P670 的常闭触点 82JJ 闭合，告知公用 LCU，2♯空压机操作电源消失。

（2）来自直流厂用电屏柜的开关量（图 3-24）　ZWK 为微机直流装置的监控模块，当直流系统出现故障时，输入回路 P671 监控模块的常开触点 ZWK 闭合，告知公用 LCU，微机直流装置故障。

MZL 为微机直流装置的整流模块，当 M1～M4 四个整流模块中任何一块出现故障，输入回路 P672 整流模块的常开触点 MZL 闭合，告知公用 LCU，整流模块故障。

JCY 为直流装置的微机绝缘检测仪，当直流母线及任何一条直流馈线绝缘降低到规定值时，输入回路 P673 绝缘检测仪的常开触点 JCY 闭合，告知公用 LCU，直流系统绝缘降低。

DCV 为微机直流装置的直流电压采样，当直流母线电压异常时，输入回路 P674 直流电压采样的常开触点 DCV 闭合，告知公用 LCU，直流母线电压异常。

ACX 为微机直流装置的交流电压采样，当交流电源消失时，输入回路 P675 交流电压采样的常开触点 ACX 闭合，告知公用 LCU，交流电源消失。

NBQ 为微机直流装置的逆变器，当直流装置的逆变器故障时，输入回路 P676 逆变器的常开触点 NBQ 闭合，告知公用 LCU，直流装置的逆变器故障。

（3）来自交流厂用电馈电屏的开关量　51QA～72QA 为交流厂用电馈电屏上的低压空气开关（图 3-19），当 51QA～72QA 中某一路输出交流电的低压空气开关合闸时，输入回路 P677～P698 中对应的空气开关信号常开触点闭合，告知公用 LCU，该交流电输出空气开关合闸。

4. 开关量输入模块 DIM4 的输入回路

图 5-30 为开关量输入模块 DIM4 输入回路，总计输入 17 个开关量。

（1）来自交流厂用电馈电屏的开关量（图 3-19）　73QA～75QA 为交流厂用电馈电屏上的低压空气开关，当 73QA～75QA 中某一路输出交流电的低压空气开关合闸时，输入回路 P699～P701 中对应的空气开关常开信号触点闭合，告知公用 LCU，该交流电输出空气开关合闸。

76QA～82QA 为交流厂用电馈电屏上的低压空气开关，当 76QA～82QA 中某一路输出交流电的低压空气开关合闸时，输入回路 P706～P712 中对应的空气开关常开信号触点闭合，告知公用 LCU，该交流电输出空气开关合闸。

（2）来自机组 LCU 的开关量　KA410 为机组 LCU 故障输出继电器，当 1♯机组的机组 LCU 故障时，输入回路 P702 中故障输出继电器的常闭触点 KA410 断开（图 5-24），告知公用 LCU，1♯机组 LCU 故障。当 2♯机组的机组 LCU 故障时，输入回路 P703 中故障输出继电器的常闭触点 KA410 断开，告知公用 LCU，2♯机组 LCU 故障。当 3♯机组的机组 LCU 故障时，输入回路 P704 中故障输出继电器的常闭触点 KA410 断开，告知公用 LCU，3♯机组 LCU 故障。当 4♯机组的机组 LCU 故障时，输入回路 P705 中故障输出继电器的常闭触点 KA410 断开，告知公用 LCU，4♯机组 LCU 故障。

（3）来自主变线路保护屏的开关量（图 4-84）　XJ4 为主变冷却系统电源监视继电器，当主变冷却系统控制电源消失时，输入回路 P715 的常开触点 XJ4 闭合，告知公用 LCU，主变冷却系统控制电源消失。BSJ 为微机故障解列装置异常输出开关量。当微机故障解列装置异常时，输入回路 P716 的常开触点 BSJ 闭合，告知公用 LCU，微机故障解列装置异常。XJ 微机故障解列装置保护输出开关量。当微机故障解列装置动作时，输入回路 P717 的常开触点 XJ 闭合，告知公用 LCU，故障解列装置保护动作。

图 5-30　公用 LCU 的 PLC 开入模块 DIM4 输入回路

二、模拟量输入模块输入回路

图 5-31 为 YX 一级水电厂公用 LCU 的 PLC 模拟量输入模块输入回路图，用一块 AMI 模拟量输入模块采集了 4 个模拟量。这些模拟量来自被控设备现场，反映被控设备参数。因为 4 个非电量变送器都需要将非电模拟量转换成 4～20mA 标准电模拟量，所以必须提供 24V 直流电源。

空气开关 ZK54 向储气罐压力变送器、集水井液位变送器、尾水管液位变送器和主阀前液位变送器提供 24V 的直流工作电源。来自刹车制动储气罐上的压力变送器将非电模拟量气压转换成 4～20mA 标准电模拟量，经回路 AD603、AD604 输入模拟量输入模块。来自集水井的液位变送器将非电模拟量水位转换成 4～20mA 标准电模拟量，经回路 AD605、AD606 输入模拟量输入模块。来自尾水池的液位变送器将非电模拟量尾水位转换成 4～20mA 标准电模拟量，经回路 AD607、AD608 输入模拟量输入模块。来自压力钢管末端的液位变送器将非电模拟量水压转换成 4～20mA 标准电模拟量，经回路 AD609、AD610 输入模拟量输入模块。

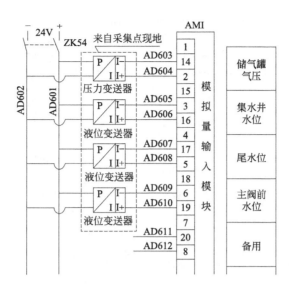

图 5-31 公用 LCU 的 PLC 模入模块输入回路图

三、开关量输出模块输出回路

图 5-32 为 YX 一级水电厂公用 LCU 的 PLC 开关量输出模块输出回路图，用了一块 DOM 开关量输出模块，16 只输出继电器输出了 16 个开关量，模块另外 4 个输出点直接控制四只指示灯的点亮和熄灭。

1. 送往主变线路保护屏的开关量

模块 A 面点 1 输出高电位，输出继电器 KA1 线圈得电，在主变低压侧断路器合闸回路 203 的常开触点 KA1 闭合，主变低压侧断路器合闸。模块 A 面点 2 输出高电位，输出继电器 KA2 线圈得电，在主变低压侧断路器分闸回路 231 的常开触点 KA2 闭合，主变低压侧断路器分闸。模块 A 面点 4 输出高电位，输出继电器 KA4 线圈得电，在主变高压侧断路器合闸回路 103 的常开触点 KA4 闭合，主变高压侧断路器合闸。模块 A 面点 5 输出高电位，输出继电器 KA5 线圈得电，在主变高压侧断路器分闸回路 131 的常开触点 KA5 闭合，主变高压侧断路器分闸。

2. 送往机组 LCU 屏柜的开关量

YX 水电厂 1♯～4♯ 机四台发电机送出的电能全部经一台主变送上电网，因此当主变或线路事故跳闸时，公用 LCU 应立即将开关量告知机组 LCU。

模块 A 面点 3 输出高电位，输出继电器 KA3 线圈得电时，1♯ 机组 LCU 的 PLC 开关量输入回路 P455 的常开触点 KA3 闭合（图 5-21），告知 1♯ 机组 LCU，主变或线路事故跳闸；2♯ 机组 LCU 的 PLC 开关量输入回路 P455 的常开触点 KA3 闭合，告知 2♯ 机组 LCU，主变或线路事故跳闸；3♯ 机组 LCU 的 PLC 开关量输入回路 P455 的常开触点 KA3 闭合，告知 3♯ 机组 LCU，主变或线路事故跳闸；4♯ 机组 LCU 的 PLC 开关量输入回路 P455 的常开触点 KA3 闭合，告知 4♯ 机组 LCU，主变或线路事故跳闸。

3. 送往集水井控制箱的开关量（图 4-90）

模块 A 面点 6 输出高电位，输出继电器 KA6 线圈得电，在 1♯ 排水泵启动回路 P103 的

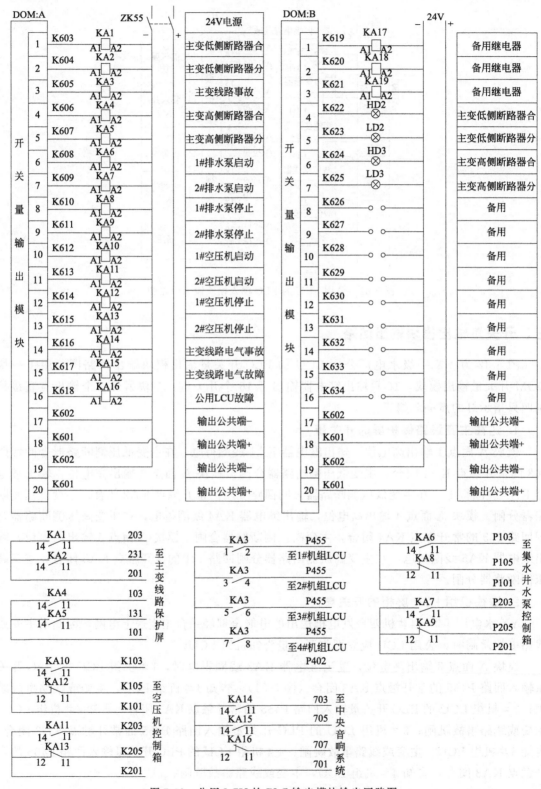

图 5-32 公用 LCU 的 PLC 输出模块输出回路图

常开触点闭合，1♯排水泵启动排水。模块 A 面点 7 输出高电位，输出继电器 KA7 线圈得电，在 2♯排水泵启动回路 P203 的常开触点闭合，2♯排水泵启动排水。模块 A 面点 8 输出高电位，输出继电器 KA8 线圈得电，在 1♯排水泵停机回路 P105 的常闭触点断开，1♯排水泵停机。模块 A 面点 9 输出高电位，输出继电器 KA9 线圈得电，在 2♯排水泵停机回路 P205 的常闭触点断开，2♯排水泵停机。

4. 送往空压机控制箱的开关量（图 4-89）

模块 A 面点 10 输出高电位，输出继电器 KA10 线圈得电，在 1♯空压机启动回路 K103 的常开触点闭合，1♯空压机启动打气。模块 A 面点 11 输出高电位，输出继电器 KA11 线圈得电，在 2♯空压机启动回路 K203 的常开触点闭合，2♯空压机启动打气。模块 A 面点 12 输出高电位，输出继电器 KA12 线圈得电，在 1♯空压机停机回路 K105 的常闭触点断开，1♯空压机停机。模块 A 面点 13 输出高电位，输出继电器 KA13 线圈得电，在 2♯空压机停机回路 K205 的常闭触点断开，2♯空压机停机。

5. 送往公用 LCU 屏柜中央音响系统的开关量（图 5-37）

模块 A 面点 14 输出高电位，输出继电器 KA14 线圈得电，在主变线路电气事故报警回路 703 的常开触点闭合，主变线路电气事故报警喇叭响。模块 A 面点 15 输出高电位，输出继电器 KA15 线圈得电，在主变线路电气故障报警回路 705 的常开触点闭合，主变线路电气故障报警电铃响。模块 A 面点 16 输出高电位，输出继电器 KA16 线圈得电，在公用 LCU 的 PLC 故障报警回路 707 的常闭触点断开，公用 LCU 的 PLC 故障报警电铃响。

6. 送往柜面指示灯的电信号

模块 B 面点 4 输出高电位，公用 LCU 柜面上的主变低压侧断路器合闸指示灯红灯 HD2 亮，模块 B 面点 5 输出高电位，分闸指示灯绿灯 LD2 亮。模块 B 面点 6 输出高电位，公用 LCU 柜面上的主变高压侧断路器合闸指示灯红灯 HD3 亮，模块 B 面点 7 输出高电位，分闸指示灯绿灯 LD3 亮。

四、中央处理器 CPU 模块

图 5-33 为 YX 一级水电厂公用 LCU 的 PLC 模块联系图，开关量输入模块 DIM1、DIM2 和 DIM3 各有 32 个开关量输入信号，开关量输入模块 DIM4 有 17 个开关量输入信号。模拟量输入模块 AMI 有 4 个模拟量输入信号。开关量输出模块 DOM1 有 16 个开关量输出信号。公用 LCU 的 PLC 采用分体式模块化结构，PLC 的 CPU 模块与其它模块之间采用总线形式联系。中央处理器 CPU 模块对从数据总线送来的公用部分所有设备的输入的开关量、模拟量由预先编制好的机组运行控制软件程序进行分析、处理，最终输出开关量对公用设备进行操作控制。由于公用 LCU 对公用部分设备只进行操作控制，所以不需要输出模拟量，因此没有模拟量输出模块。中央处理器 CPU 模块经 RS 485 通信接口与中控室主机通信联系。

五、中央音响信号系统

根据运行中设备出现异常的严重和危害程度不同，设备异常分设备事故和设备故障两个等级。当设备发生异常，危及人身和设备安全时，称设备发生了事故，应立即喇叭报警，机组自动进入事故停机流程。当设备发生异常，但不危及人身和设备安全时，能短时间继续维持运行，称设备发生了故障，不需要立即停机，只进行电铃报警，提请运行人员马上进行故障排除，如果一时无法排除，由运行人员进行主动停机。

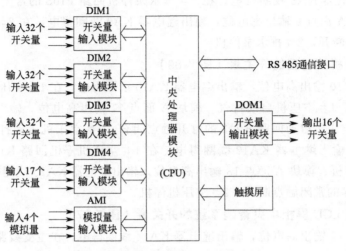

图 5-33　公用 LCU 的 PLC 模块联系图

能够喇叭事故报警和电铃故障报警的电气回路称为中央音响信号系统，安装在公用 LCU 屏柜内。图 5-34 为 YX 一级水电厂中央音响信号系统电气原理图。

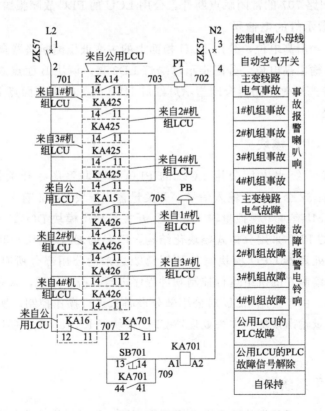

图 5-34　水电厂中央音响信号系统电气原理图

当主变或线路发生电气事故时，来自公用 LCU 的 PLC 输出继电器常开触点 KA14 闭合，中央音响系统事故报警喇叭 PT 响。当 1♯机至 4♯机中任何一台机组发生事故时，来自该机组 LCU 的 PLC 输出继电器常开触点 KA425 闭合，中央音响系统事故报警喇叭 PT 响。

当主变或线路发生电气故障时，来自公用 LCU 的 PLC 输出继电器常开触点 KA15 闭合，中央音响系统故障报警电铃 PB 响。当 1♯机至 4♯机中任何一台机组发生故障时，来自该机组 LCU 的 PLC 输出继电器常开触点 KA426 闭合（图 5-24），中央音响系统故障报警电铃 PT 响。

当公用 LCU 的 PLC 模块自身出现故障时，来自公用 LCU 的 PLC 输出继电器常闭触点 KA16 闭合，中央音响系统故障报警电铃 PB 响。如果故障处理完毕或证实是误报警，可在公用 LCU 柜面上手动按下复归按钮 SB701，继电器 KA701 线圈得电，常闭触点 11 与 12 断开，公用 LCU 的 PLC 模块故障信号解除，与此同时，常开触点 41 与 44 闭合，对 KA701 进行自保持。

第五节　计算机监控机组操作流程

水电厂计算机监控操作流程包括正常开机流程、正常停机流程、事故停机流程和紧急停机流程，操作流程是编制操作程序的基础，正确的操作流程应该是流程简单明了，既没有多余的过程，也没有遗漏的过程。下面以 YX 一级水电厂计算机监控为例，介绍水电厂计算机监控操作流程。流程框图中涉及的自动化元件不是机组 LCU 的开关量输入，就是机组 LCU 的开关量输出，没有涉及模拟量。无论什么型号的水轮机，无论采用什么形式的调速器，无论采用怎样的控制，机组的操作步骤应该是相同的。

一、水轮发电机组操作步骤

1. 机组正常开机操作步骤

机组安装或检修后首次启动必须采用手动启停机组，日常运行采用自动启停机组。

① 如果主阀处于关闭状态，则首先应该打开旁通阀向蜗壳充水，当主阀两侧压力相近时，开启主阀。

② 检查风闸是否在退出位置。

③ 检查刹车制动的气压是否正常（以防万一开机不成功，可以立即转为停机操作）。

④ 投入机组技术供水。

⑤ 检查调速器压力油是否正常并打开调速器储能器的总油阀。

⑥ 拔出接力器锁锭。

⑦ 手动或自动将导叶打开到空载开度稍大一点的开度，机组转速从零开始升速。

⑧ 上次停机灭磁开关没跳的话，转速上升到 95% 额定转速时投入起励电源，发电机建立机端电压；上次停机灭磁开关跳闸的话，转速上升到 95% 额定转速时灭磁开关合闸，投入起励电源，发电机建立机端电压。

⑨ 手动或自动调整机组频率与网频一致及调整发电机电压与网压一致。

⑩ 手动准同期或自动准同期合断路器，将机组并入电网。

⑪ 手动或自动将导叶开度限制调到所要限制的开度。

⑫ 手动或自动开大导叶开度带上有功功率及增大励磁电流带上无功功率。

⑬ 全面检查机组及辅助设备的运行情况。

2. 机组正常停机操作步骤

① 检查气压是否正常。

② 手动或自动关小导叶开度将有功功率卸到零及减小励磁电流将无功功率卸到零。

③ 手动或自动跳断路器将机组退出电网。

④ 正常停机时灭磁开关不跳，逆变灭磁，发电机降压到零；事故停机时跳灭磁开关，灭磁电阻灭磁，发电机降压到零。

⑤ 手动或自动将导叶开度从空载开度关到零，机组转速惯性下降。

⑥ 当机组转速下降到额定转速的 35% 时，手动或自动投入风闸制动刹车，转速下降到零。

⑦ 落下接力器锁锭。

⑧ 关闭调速器储能器的总油阀。

⑨ 关闭机组技术供水。

⑩ 检查风闸是否在退出位置。

⑪ 需较长时间停机时，应关闭主阀。

⑫ 全面检查机组及辅助设备。

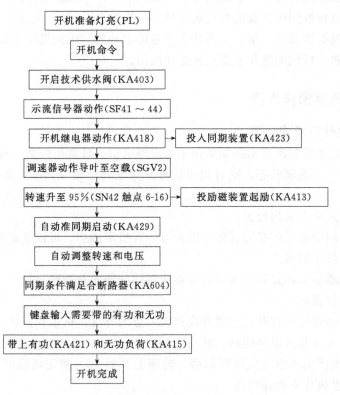

图 5-35　机组正常开机计算机操作流程框图

二、机组正常开机计算机操作流程

图 5-35 为 YX 一级水电厂机组正常开机计算机操作流程框图。开机前必备条件是球阀全开，制动风闸复归和断路器在分闸位置，并且所有输入机组 LCU 的 PLC 的开关量和模拟量表明机组已具备开机条件后，机组 LCU 的 PLC 开关量输出模块 A 面点 1 输出高电位，开机准备灯 PL 亮（图 5-24）。

运行人员在中控室操作员工作站进入机组操作界面，在操作界面上点击"开机"按钮，发出开机命令。机组 LCU 的 PLC 输出开关量 KA403（图 5-24），开启机组技术供水总阀，机组轴承油冷却器和发电机空气冷却器水流开始流动，示流信号器向机组 LCU 的 PLC 输入开关量 SF41～SF44（图 5-22），告知机组 LCU，机组技术供水已经投入。机组 LCU 的 PLC 输出开关量 KA423（图 5-24），投入同期装置，但自动准同期装置没有启动；机组 LCU 的 PLC 输出开关量 KA418（图 5-24），指令微机调速器进入并网前的自动开导叶升速流程，导叶从全关逐步开大，机组转速从零开始上升。当导叶接近空载开度时，导叶开度行程开关向机组 LCU 的 PLC 输入开关量 SGV2（图 5-20），告知机组 LCU，导叶已经开大到接近空载开度。当转速上升到额定转速的 95％时，电气转速信号器向机组 LCU 的 PLC 输入开关量 SN42 的常开触点 6 与 16 闭合（图 5-21），告知机组 LCU，机组转速已上升到 95％额定转速。机组 LCU 的 PLC 输出开关量 KA413（图 5-24），指令微机励磁调节器进入并网前的自动起励升压流程，发电机建立机端电压。与此同时，机组 LCU 的 PLC 输出开关量 KA429（图 5-24），启动自动准同期装置，自动准同期装置输出开关量 KA605、KA606（图 4-53），通过微机调速器自动调节机组转速。自动准同装置输出开关量 KA607、KA608（图 4-53），通过微机励磁调节器自动调节发电机电压。当符合同期并网条件时，自动准同期装置输出开关量 KA604（图 4-53），作用发电机断路器合闸，机组并入电网，机组处于空载及发电等待状态。

运行人员在中控室主机的操作员工作站操作界面上用键盘输入给定的有功功率和无功功率，点击"确认"，机组 LCU 的 PLC 输出开关量 KA421（图 5-24），作用微机调速器进一步开大导叶，按 PID 调节规律（比例-积分-微分调节规律）自动带上键盘输入给定的有功功率；机组 LCU 的 PLC 输出开关量 KA415（图 5-24），作用微机励磁调节器进一步增大励磁电流，按 PID 规律自动带上键盘输入给定的无功功率，至此机组完成自动开机全过程。图5-36 为中控室主机操作员工作站显示屏上的自动开机流程图。

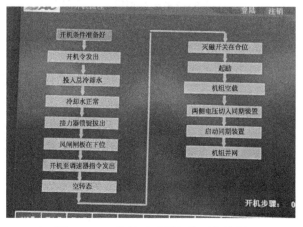

图 5-36　工作站显示屏上的开机流程

三、机组正常停机计算机操作流程

图 5-37 为 YX 一级水电厂机组正常停机计算机操作流程框图。运行人员在中控室操作员工作站进入机组操作界面，在操作界面上点击"停机"按钮，发出停机命令，机组 LCU 的 PLC 输出开关量 KA422 (图 5-24)，作用微机调速器关小导叶到空载开度，发电机减小有功功率为零；输出开关量 KA416 (图 5-24)，作用微机励磁调节器减小励磁电流到空载励磁电流，发电机卸无功功率为零。经确保发电机卸有功功率为零和卸无功功率为零的规定延时，机组 LCU 的 PLC 输出开关量 KA409 (图 5-24)，作用发电机正常停机的断路器跳闸，机组退出电网；机组 LCU 的 PLC 输出开关量 KA419 (图 5-24)，作用微机调速器将导叶从空载开度关到机组转速从额定转速开始惯性下降。当机组转速下降到额定转速的 95％时，电气转速信号器向机组 LCU 的 PLC 输入开关量 SN42 常开接点 6 与 16 闭合 (图 5-21)，告知机组 LCU，机组转速已经下降到额定转速的 95％。机组 LCU 的 PLC 输出开关量 KA417 (图 5-23)，微机励磁调节器进入逆变灭磁 (正常停机，灭磁开关不跳)。当机组转速下降到额定转速的 35％时，电气转速信号器向机组 LCU 的 PLC 输入开关量 SN42 常开接点 3 与 13 闭合 (图 5-21)，告知机组 LCU，机组转速已经下降到额定转速的 35％。机组 LCU 的 PLC 输出开关量 KA405 (图 5-24)，制动风闸投入对机组转动系统进行制动刹车。经确保机组刹车到转速为零的规定延时，机组 LCU 的 PLC 输出开关量 KA404 (图 5-24)，关闭机组技术供水总阀。在风闸投入 120s 后，机组 LCU 的 PLC 输出开关量 KA406 (图 5-24)，风闸复归。至此机组完成自动正常停机全过程。

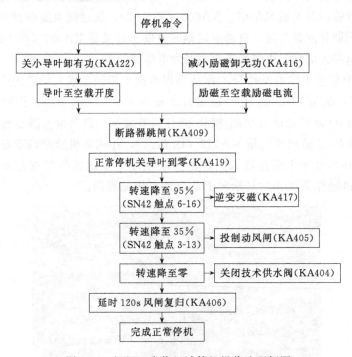

图 5-37 机组正常停机计算机操作流程框图

四、机组事故停机计算机操作流程

图 5-38 为 YX 一级水电厂机组事故停机计算机操作流程框图。

1. 机组事故停机条件

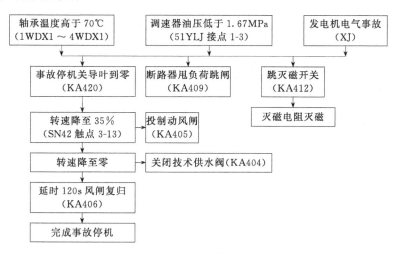

图 5-38　机组事故停机计算机操作流程框图

① 机组任何一个轴承温度高于事故温度 70℃，四个轴承温度信号器向机组 LCU 的 PLC 输入开关量 1WDX1、2WDX1、3WDX1、4WDX1 中任何一个闭合（图 5-21）；

② 微机调速器储能器油压低于事故油压 1.67MPa，电接点压力表向机组 LCU 的 PLC 输入开关量 51YLJ 常开触点 1 与 3 闭合（图 5-21）；

③ 发电机发生电气事故，发电机微机保护模块向机组 LCU 的 PLC 输入开关量 XJ 闭合（图 5-20）。

满足以上三个条件之一，机组 LCU 的 PLC 自动进入事故停机操作流程。

2. 机组事故停机流程

机组进入事故停机流程后，机组 LCU 的 PLC 同时做出三个动作：

① 输出开关量 KA409（图 5-24），不等发电机减负荷，直接作用发电机断路器甩负荷跳闸，机组退出电网；

② 输出开关量 KA420（图 5-24），不经过微机调速器的 CPU，直接作用微机调速器事故停机电磁阀 STF，由事故停机电磁阀 STF 紧急关闭导叶。

③ 输出开关量 KA412（图 5-24），不经过微机励磁调节器的 CPU，直接作用灭磁开关跳闸，由灭磁电阻灭磁。

当机组转速下降到额定转速的 35％时，后面的计算机操作流程跟正常停机计算机操作流程完全一样。

五、机组紧急停机计算机操作流程

图 5-39 为 YX 一级水电厂机组紧急停机计算机操作流程框图。

1. 机组紧急停机条件

① 组事故停机过程中，导叶剪断销剪断，剪断销信号器向机组 LCU 的 PLC 输入开关量 JDX 闭合；

② 事故停机不成功，机组转速上升到额定转速的 140％，电气转速信号器向机组 LCU 的 PLC 输入开关量 SN42 的常开触点 8-18（图 5-21）；

③ 电气转速信号器故障，机组转速上升到额定转速的 150％，电气转速信号器的后备保

护机械转速信号器向机组 LCU 的 PLC 输入开关量 SN41 常开触点 1 与 2 闭合（图 5-21）；

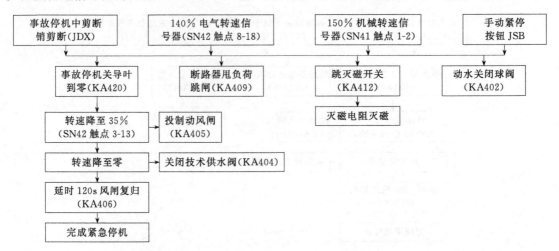

图 5-39　机组紧急停机计算机操作流程图

④ 运行人员手动按下紧急停机按钮，紧急停机按钮向机组 LCU 的 PLC 输入开关量 JSB 常开触点 3 与 5 闭合（图 5-20）。

满足以上四个条件之一，机组 LCU 的 PLC 自动进入紧急停机流程。

2. 机组紧急停机操作流程

机组紧急停机操作流程比事故停机增加了一个由机组 LCU 输出的开关量 KA402（图 5-24），作用球阀在动水条件下紧急关闭。当机组转速下降到额定转速的 35% 时，后面的计算机操作流程跟正常停机计算机操作流程完全一样。

六、计算机监控运行注意事项

① 实际中，精通计算机编程的工程师不一定精通水电厂设备运行，精通水电厂设备运行的工程师不一定精通计算机编程。因此在计算机监控系统首次安装时，水电厂技术人员更应该关注计算机监控的流程设计是否合理？是否有多余的操作流程或是否会产生安全隐患？

② 不能认为采用了全面计算机监控就可以高枕无忧了，再优秀的计算机监控软件，再完美的控制流程，还是离不开外围的自动化元件，对计算机监控来讲，信号器、继电器、传感器、变送器相当于人的眼睛、鼻子、耳朵、嘴巴，因此计算机监控的水电厂在运行中，运行人员应密切关注自动化元件工作是否正常，是否失灵或失准。

③ 尽管全面采用了监控，但是作为监控系统的弥补，运行人员的巡回检查还是需要认真负责的，作为一名合格的技术人员，应非常熟悉每个设备正常的表象，应时刻牢记每个设备异常的表象。例如，设备转动的声音和振动是否正常？发热设备周围的环境温度是否异常或是否有焦糊气味？轴承座、电动机外壳手感温度是否变化？碳刷是否接触不好冒火星或发红？大电流铝排连接处是否接触不良发热变色？

第六章

水电厂运行安全管理

水电厂机电设备的特点是与人体接触密切、频繁，如果发生安全事故，特别是高压电气设备，后果严重。水电厂运行安全管理的内容是人身安全和设备安全，其中人身安全是第一位的。水电厂重要电气设备有发电机、主变压器、高压配电装置。

根据电气设备所处的状态不同有电气设备运行状态和电气设备操作状态，两种不同状态的安全方法和措施也大不一样。电气设备处于运行状态时，主要要求保证设备安全；电气设备处于操作状态时，主要要求保证人身安全。

第一节 电气设备运行安全管理

电气设备处于运行状态时的设备和人身安全是靠各种自动保护装置来实现的，也称电气设备的继电保护。水电厂电气设备继电保护有发电机保护、变压器保护和线路保护。

一、发电机设备安全管理

发电机是水电厂比较重要的、价格昂贵的、唯一在高速旋转的高压电气设备。威胁发电机设备运行安全的主要因素有发电机过电压、过电流和内部短路，这些事故极可能在几秒内将发电机毁坏，应该引起足够的重视。

① 发电机甩负荷断路器跳闸会引起发电机过速和过励，而且原先发无功的励磁电流转为建立机端电压，两者产生的后果是发电机过电压。带时限切除发电机不远处的短路故障时，在时限内励磁系统的强励动作也会造成发电机过电压，发电机过电压的后果是相间或匝间定子线圈绝缘击穿。过电压保护的作用是当过电压值威胁到发电机定子线圈绝缘安全时，同时跳开发电机机端出口断路器和灭磁开关。如果过电压是甩负荷引起的，则此动作无效，因为甩负荷时，断路器已经跳闸，此时应尽快跳开灭磁开关。因此运行中发生机组甩负荷时，为防止过电压，应密切注意灭磁开关是否分闸，必要时应手动紧急分闸。

② 产生发电机过电流的原因是发电机外部发生短路，造成发电机向短路点输出强大的短路电流，发电机过电流的后果是短路电流使定子线圈过热并烧毁。发电机外部发生短路时机端电压大幅度下降，所以，这种过电流又称低压过流。发电机低压过流继电保护的动作是

跳开发电机机端出口断路器，切断发电机向外输出短路电流，当然为保证发电机此时不过电压，也应立即跳开灭磁开关。

③ 发电机内部相间短路或匝间短路的后果是短路电流使定子线圈过热并烧毁。发电机定子三相线圈中的每一相有两个端子，正常运行时，发电机同一相的两个端子电流应该相等，发电机内部短路时同一相的两个端子电流大小不一样，利用这个原理设计出对发电机内部短路进行继电保护的差动保护。差动保护动作时是同时跳开发电机机端出口断路器和灭磁开关。

④ 发电机在正常运行中突然励磁消失，一方面由于转子磁场突然消失，转子与定子之间不再有磁场作用力矩，造成机组转速突然上升。另一方面发电机立即由发电状态变为三只挂在电网上有铁芯的线圈，见图 6-1。由于没有转子磁场对定子线圈的作用，定子线圈中转子磁场的反抗磁通立即消失，由原来的定子线圈向电网供电变成反过来电网向定子线圈供电，定子线圈过电流，此时失磁继电保护应立即作用断路器跳闸。

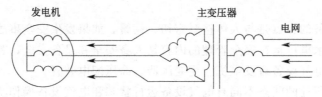

图 6-1　发电机失磁时的定子电流

二、变压器设备安全管理

电网输送电能时的网损与电流平方成正比，为了减少网损，降低电能输送成本，由主变压器将发电机输出的低电压大电流电能转换成高电压小电流电能。主变压器作为电能输送经过的一个中间设备，相对发电机，其安全性能要好得多，但是主变压器油箱内大量的绝缘油对安全也是一个不小的隐患。威胁主变压器设备运行安全的主要因素有主变压器过电流和内部短路，这些故障会造成主变压器油温急升、气化，甚至油箱起火爆炸。

① 主变压器过电流、内部短路或内部绝缘下降产生局部发热，都会使得绝缘油油温上升和气化，绝缘油气化产生的是可燃气体常称为"瓦斯"，用瓦斯信号器来监视主变压器出现瓦斯的情况，瓦斯保护能综合反映主变压器的故障。轻瓦斯信号报警，重瓦斯信号同时跳开主变压器两侧的断路器。由此可见，瓦斯保护是主变压器防止起火爆炸的重要措施。因为瓦斯保护的反应时间较慢，所以瓦斯保护来作为主变压器的全面保护是不够的，瓦斯保护只能作为主变压器的后备保护。

② 当主变压器高压侧或线路发生短路时，主变压器出现过电流，这时应迅速切断短路电流。与发电机过电流时一样，主变压器高压侧或线路发生短路时，线路电压会大幅度下降，主变压器低压过流继电保护动作时是跳开主变压器高压侧的断路器。

③ 主变压器正常运行时，同一相的高低压侧端子的电流具有一定的变比关系。主变压器内部相间短路或匝间短路时，主变压器同一相高低压侧端子的电流的变比关系遭到破坏，利用这个原理设计出对主变压器内部短路进行继电保护的差动保护。差动保护动作是同时跳开主变压器两侧的断路器。

④ 主变压器所带的负荷超过主变压器的额定容量时，称主变压器过负荷，主变压器允许短时间过负荷，当主变压器过负荷超过规定时限时，将引起主变压器油温过高，绝缘下降。主变压器过负荷继电保护动作时跳主变压器高压侧断路器，此时相应机组甩负荷跳闸。

三、电气二次设备安全管理

现代水电厂将电气二次回路中许多继电器和逻辑功能用可编程控制器（PLC）或微机来实现，使得二次回路大大简化。二次设备根据功能不同又分为继电保护和自动装置两部分。为了运行人员的安全，所有电气二次设备屏柜的外壳必须可靠接地。

1. 继电保护

对电气一次设备发电机、主变压器和线路进行电气保护。现代水电厂大多采用发电机微机保护、主变压器微机保护、线路微机保护。

继电保护的误动或拒动是威胁被保护设备的安全隐患，应确保继电保护动作的正确性和可靠性。应熟悉继电保护的原理和动作，根据一次设备出现的运行异常，快速作出继电保护的误动或拒动的判断，并采取合适措施进行补救。

2. 自动装置

广义地讲，水电厂自动装置应包括除继电保护以外的所有能对机电设备自动进行监测、显示、控制和同期的装置。一般讲的自动装置主要包括自动准同期装置、机组自动化和辅助设备自动化。

① 同期装置：如果断路器两端是两个没有联系的独立电源，需要用断路器合闸连接成一个电源，则断路器合闸之前必须调节其中一个电源，使得断路器两端电压相等、频率一致、相位相同，否则强大的冲击电流会将发电机烧毁，进行这种操作称同期操作。

同期操作有手动准同期和自动准同期两种方法。手动准同期很容易出现非同期并网，没有同期操作经验的人不允许进行手动准同期操作。现代水电厂大多采用微机自动准同期装置。

② 自动化：要实现机组和辅助设备自动化，首先要对被控设备进行监测，没有实时准确的监测，就没有可靠全面的控制。自动化必须依赖于各种自动化元件，自动化元件工作的可靠、准确是机组和辅助设备运行安全的根本保障。自动化的误动或拒动也是威胁机组和辅助设备的安全隐患，运行中应时刻关注自动化元件的工作是否正常和设备的异常变化，必要时立即转为手动。现代水电厂采用以 PLC 为主体的机组现地控制单元（机组 LCU）和公用现地控制单元（公用 LCU）来实现自动化。

四、生产用电安全管理

凡是为发电厂生产电能所需要的电源称生产用电。水电厂生产用电包括交流厂用电、直流厂用电和发电机转子励磁用电三大块。为了运行人员的安全，所有生产用电屏柜的外壳和电动机的外壳必须可靠接地。

1. 交流厂用电

交流厂用电的用户包括厂房的工作照明用电、空调电扇用电和所有异步电动机的用电。同时还作为直流厂用电的交流电源。我们平时讲的厂用电就是交流厂用电，电压等级为 230/400V。水电厂厂用电短时间消失不会影响机组正常运行，因为所有二次回路的电源和事故照明的电源全都来自直流厂用电。

工作厂用电源取自主变低压侧母线经工作厂用变压器降压，备用厂用电源取自近区 10kV 供电线路经备用厂用变压器降压，两路交流电一起送入厂用电的受电屏。当主变压器没有并入电网条件下机组发电供工作厂用电时，这两路交流电是两个不同期的独立电源。为了防止非同期合闸，我们规定任何时候都不允许两个交流电源同时合闸。也就是说，在对受电屏内的工作厂用电和备用厂用电进行切换前，必须确定已经退出一路的情况下才能投入另一路，一般都采用机械或电气闭锁装置加以保证。

2. 直流厂用电

产生直流厂用电的装置称直流装置或系统，由于直流装置内有蓄电池组，使得直流装置的供电可靠性相当高，在交流电源消失几小时内仍能正常维持机组运行。因此，对供电可靠性要求相当高的二次回路中的控制、合闸、保护和信号回路全采用直流装置供电。当交流厂用电消失后，直流装置中的蓄电池提供全厂二次回路中的控制、合闸、保护和信号回路用电及事故照明。

直流装置的输入交流电来自交流厂用电，输出为 220V 或 110V 的直流电。直流装置采用三相二极管桥式整流，将三相交流电转换成直流电。直流装置的安全、稳定工作是电气二次回路安全、稳定工作的最基本的保证。应经常检查直流系统的对地绝缘，当发生一点接地时可以继续运行，但必须立即排除，否则如果再发生一点接地，意味着直流系统有短路现象，直流装置的输出电压会大幅下降，危及控制、合闸、保护和信号回路的正常工作。现代水电厂大多采用微机直流装置。

3. 发电机转子励磁用电

发电机转子的磁场是由通电线圈产生的，通电线圈的电流称励磁电流，将发电机机端的三相交流电经励磁变压器降压成 100V 左右的三相交流电，再由三相晶闸管整流成直流电，然后通过发电机上的碳刷滑环送入正在转动的转子线圈。励磁系统的安全、稳定工作是发电机安全稳定工作的最基本保证。灭磁开关的动作比较频繁，应时常关注灭磁开关的动作是否正常，停机时及时对励磁装置进行维护保养。应经常检查励磁系统的对地绝缘，当发生转子一点接地时可以继续运行，但必须立即排除，否则如果再发生一点接地，意味着励磁系统有短路现象，励磁系统的输出电压会大幅下降，危及发电机的正常工作。现代水电厂大多采用微机励磁调节器。

第二节　电气设备操作安全管理

当电气设备进行运行方式的改变或进行检修时，需要对电气设备进行一系列的操作，电气设备处于操作状态时的设备和人身安全是靠各种安全规程来保证的。国家电网公司颁布了《国家电网公司电力安全工作规程》（简称"安规"），在对电气设备进行操作时，必须严格遵循安规条例。

一、电气设备上安全工作的组织措施

1. 工作票制度

凡是在电气设备上进行任何电气作业，都必须填用工作票，并依据工作票布置安全措施和办理开工、终结手续，这种制度称为工作票制度。在事故应急抢修时，可不用工作票，但

应使用事故应急抢修单。

工作票应明确工作负责人（监护人）、工作班人员、工作设备名称、工作任务、计划工作时间、安全措施等内容。事故应急抢修单应明确抢修工作负责人（监护人）、抢修班人员、抢修任务、安全措施、抢修地点保留带电部分或注意事项等内容。

（1）执行工作票制度方式　执行工作票制度有填用工作票和执行口头和电话命令两种方式。填用工作票又有填用第一种工作票（附表Ⅰ）和填用第二种工作票（附表Ⅱ）两种工作票。

第一种工作票适用在高压电气设备（包括线路）上工作，需要全部停电或部分停电的场合，适用在高压开关室内的二次接线和照明回路上工作，需要将高压设备停电或做安全措施场合。

第二种工作票适用在带电作业和在带电设备外壳（包括线路）上的工作；适用在控制盘、低压配电盘、低压配电箱、低压电源干线（包括运行中的配电变压器台上或配电变压器室内）上的工作；适用在二次接线回路上的工作，无需将高压设备停电；适用在转动中的发电机、同期调相机的励磁回路或高压电动机转子电阻回路上的工作；适用非当班值班人员用绝缘杆和电压互感器定相或用钳形电流表测量高压回路的电流的工作。

对于无需填用工作票的工作，可以通过口头或电话命令的形式向有关人员进行布置和联系。口头或电话命令，必须清楚正确，值班人员应将发令人、负责人及工作任务详细记入操作记录簿，并向发令人复诵核对一遍。对重要的口头或电话命令，双方应进行录音。口头命令适用在注油、取油样、测接地电阻、悬挂警告牌、电气值班员按现场规程规定所进行的工作、电气检修人员在低压电动机和照明回路上工作等。

（2）工作票正确填写与签发　一张工作票只能填写一个工作任务，工作票由签发人填写，也可以由工作负责人填写。工作票要使用钢笔或圆珠笔填写，一式两份，填写应正确清楚，不得任意涂改，如有个别错、漏字需要修改时，允许在错、漏处将两份工作票作同样修改，字迹应清楚。否则，会使工作票内容混乱模糊，失去严肃性并可能引起不应有的事故。填写工作票时，应查阅电气一次系统图，了解系统的运行方式，对照系统图，填写工作地点及工作内容，填写安全措施和注意事项。

工作票签发应由工作票签发人签发。工作票签发人应由车间、工区（发电厂或变电所）熟悉人员技术水平、熟悉设备情况、熟悉《电业安全工作规程》的生产领导人、技术人员或经主管生产领导批准的人员担任。工作票签发人员名单应书面公布。工作负责人和工作许可人（值班员）应由车间或工区（发电厂或变电所）主管生产的领导书面批准。

（3）工作票的使用　经签发人签发的一式两份的工作票，一份必须经常保存在工作地点，由工作负责人收执，以作为进行工作的依据，另一份由运行值班人员收执，按值移交。在无人值班的设备上工作时，第二份工作票由工作许可人收执。第一种工作票应在工作的前一天交给值班员，若发电厂或变电所距工区较远或因故更换新工作票，不能在工作前一天将工作票送到，工作票签发人可根据自己填写好的工作票用电话全文传达给变电所值班员，传达必须清楚，值班员应根据传达做好记录，并复诵核对。若电话联系有困难，也可在进行工作的当天预先将工作票交给值班员，临时工作可在工作开始以前直接交给值班员。第二种工作票应在进行工作的当天预先交给值班员。

（4）工作票中有关人员安全责任　工作票中的有关人员有：工作票签发人、工作负责人、工作许可人、值长、工作班成员。他们在工作票中负有相应的安全责任。

2. 工作许可制度

凡是在电气设备上进行停电或不停电的工作，事先都必须得到工作许可人的许可，并履行许可手续后方可工作。未经许可人许可，一律不准擅自进行工作。

（1）工作许可内容

① 审查工作票。工作许可人对工作负责人送来的工作票应进行认真、细致的全面审查，审查工作票所列安全措施是否正确完备，是否符合现场条件。即使对工作票中所列内容产生细小疑问，也必须向工作票签发人询问清楚，必要时应要求作详细补充或重新填写。

② 布置安全措施。工作许可人审查工作票后，确认工作票合格，然后由工作许可人根据票面所列安全措施到现场逐一布置，并确认安全措施布置无误。

③ 检查安全措施。安全措施布置完毕，工作许可人应会同工作负责人到工作现场检查所做的安全措施是否完备、可靠，工作许可人并以手触试，证明检修设备确实无电压，然后，工作许可人对工作负责人指明带电设备的位置和注意事项。

（2）签发许可工作 工作许可人会同工作负责人检查工作现场安全措施，双方确认无问题后，双方分别在工作票上签名，至此，工作班方可开始工作。应该指出的是，工作许可手续是逐级许可的，即工作负责人从工作许可人那里得到工作许可后，工作班的工作人员只有得到工作负责人许可工作的命令后方准开始工作。

（3）工作许可注意事项 工作负责人、工作许可人任何一方不得擅自变更安全措施，值班人员不得变更有关检修设备的运行接线方式。工作中如有特殊情况需要变更时，应事先取得对方的同意。

3. 工作监护制度

凡是工作人员在工作过程中，工作监护人必须始终在工作现场，对工作人员的安全认真监护，及时纠正违反安全的行为和动作的制度称工作监护制度。

（1）监护职责 工作监护人在办完工作许可手续之后，在工作班开工之前应向工作班人员交代现场安全措施，指明带电部位和安全注意事项，进行危险点告知，在被告知人履行确认手续，工作开始以后，工作负责人必须始终在工作现场，对工作人员的安全认真监护。

（2）监护要点

① 对全体工作人员的安全进行认真监护；

② 监护人因故离开现场，应指定一名技术水平高且能胜任监护工作的人代替监护；

③ 监护人一般只能只做监护工作，不得兼做其它工作；

④ 对容易发生事故的工作，应根据具体情况，增设专人监护并批准被监护的人数；

⑤ 在准许单人在高压室独立工作时，监护人应事先将有关安全注意事项详尽指示。

（3）监护内容

① 部分停电时，监护所有工作人员的活动范围，使其与带电部分之间保持不小于规定的安全距离；

② 带电作业时，监护所有工作人员的活动范围，使其与接地部分保持安全距离；

③ 监护所有工作人员工具使用是否正确，工作位置是否安全，操作方法是否得当。

4. 工作间断、转移、终结制度

凡是电气设备上的工作一旦开始，工作过程中遇到需要中断一段工作时间时，必须办理工作间断手续。工作过程中需要转移工作地点时，必须办理工作转移手续。工作完成终结时，必须办理工作终结手续。

（1）工作间断　在当日内工作间断时，工作班人员应从工作现场撤出，所有安全措施保持不动，工作票仍由工作负责人执存。间断后继续工作，无需通过工作许可人许可。隔日工作间断时，当日收工，应清扫工作现场，开放已封闭的通路，并将工作票交回运行人员。次日复工时，应得到运行人员许可，取回工作票，工作负责人必须事前重新认真检查安全措施，合乎要求后，方可工作。

（2）工作转移制度　在同一电气连接部分用同一工作票依次在几个工作地点转移工作时，全部安全措施由值班员在开工前一次做完，转移工作时，不需再办理转移手续，但工作负责人在转移工作地点时，应向工作人员交代带电范围、安全措施和注意事项，尤其应该提醒新的工作条件的特殊注意事项。

（3）工作终结制度　电气作业全部结束后，工作班应清扫、整理现场，消除工作中各种遗留物件。工作负责人经过周密检查，待全体工作人员撤离工作现场后，再向运行人员讲清检修项目、发现的问题、试验结果和存在的问题等，并在值班处的检修记录簿上记载检修情况和结果，然后与值班人员一道，共同检查检修设备状况，有无遗留物件，是否清洁等，必要时作无电压下的操作试验。然后，在工作票（一式两份）上填明工作终结时间，经双方签名后，即认为工作终结。工作终结并不是工作票终结，只有工作地点的全部接地线由值班人员全部拆除并经值班负责人在工作票上签字后，工作票方告终结。

二、电气设备上安全工作的技术措施

在全部停电或部分停电条件下对需要临时维修的电气设备进行维修时，必须完成停电、验电、接地、悬挂标示牌和装设遮拦安全技术措施。这些安全技术措施由运行人员或有权执行操作的人员执行。

1. 停电

将需要维修的设备停电，必须把各方面的电源完全断开，既要断开断路器，又要断开隔离开关，并且将隔离开关的操作把手锁住。应使停电设备两侧各有一个明显的断开点，手车式断路器应拉出到试验或检修位置，应断开停电设备和可能来电的断路器的控制电源和合闸电源，防止误操作送电。与停电设备有关的变压器、电压互感器，必须高、低两侧都断开，以防停电维修设备时，误操作使低压侧向高压侧反送电产生高压危及工作人员人身安全。停电时应充分考虑工作人员正常活动所需要的安全距离。

2. 验电

停电后还应检验已停电线路有无电压。这样可以明显地验证停电设备是否确无电压，以防出现带电装设接地线或带电合接地刀闸等危及工作人身安全的恶性事故发生。

验电的工具应是与被验电压等级相应而且合格的验电器（试电笔），验电前先把验电器在有电设备上试验，以确认验电器是良好的，然后在维修设备进出线两侧各相分别验电。验电器伸缩式绝缘杆的长度应足够绝缘要求，为了工作人员的人身安全，高压验电时必须戴绝缘手套，手应握在手柄处，不得超过护环，人体应与验电设备保持安全距离，以防不测。雨雪天气时不得进行室外直接验电。

3. 接地

当验明设备确实已无电压后，应立即将检修设备接地并三相短路，这样可以释放掉具有大电容效应的检修设备的残余电荷，消除残余电压，消除因线路平行、交叉等引起的感应电压或大气过电压造成的危害。同时当突然误操作来电时，能作用继电保护将断路器迅速跳闸切除电源，减轻对工作人员的人身危害。

对于可能送电至停电设备的各方面都应装设接地线或合上接地刀闸，对因平行或邻近带电设备可能在停电设备中产生感应电压的也要装设接地线，所装接地线与带电部分应考虑接地线摆动时仍符合安全距离的规定。接地线装设的位置应保证对来电侧而言，工作人员始终处在接地线的后侧。装有接地刀闸的设备停电维修时应合上接地刀闸以代替接地线。当接地刀闸有缺陷需检修时，应另行装设接地线才可拉开接地刀闸进行检修。

装设接地线时必须先接接地网的接地端（图 6-2 右上），后接设备的导体端（图 6-2 左上），这样做的好处是停电设备若还有剩余电荷或感应电时，因接地线已经接地而将电荷放尽，不会危及工作人员的人身安全。万一因疏忽走错设备间隔或意外突然来电时，因接地而使保护动作于断路器跳闸，将电源切断，有效地限制接地线上的电位而保护工作人员的人身安全。同理，拆除接地线的顺序与装设接地线相反。为进一步确保工作人员的人身安全，要求拆、装接地线时，均应使用绝缘棒和戴绝缘手套。接地线在装设前应经过仔细检查，接地线应用多股软裸铜线，其截面应符合短路电流的要求，但不得小于 25mm^2。禁止使用不符合规定的导线作短路接地用。接地线必须使用专用的线夹固定在导体上，严禁用缠绕的方法进行接地或短路。

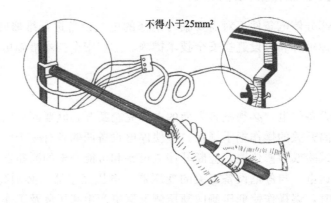

不得小于25mm²

图 6-2 装设携带型接地线

4. 悬挂标志牌和装设遮栏

① 悬挂标志牌：工作人员在验电和装设接地线后，在远控屏柜一经操作即可送电到检修地点的断路器合闸开关上，必须悬挂"禁止合闸，有人工作！"等标示牌（图 6-3），在现地开关柜隔离开关的操作把手上，必须悬挂"禁止合闸，有人工作！"或"禁止合闸，线路有人工作！"等标示牌。标示牌的悬挂和拆除应按调度员的命令执行。

禁止合闸

有人工作！

图 6-3 标志牌

② 设遮栏：部分停电工作时应装设临时遮栏（图 6-4），用以隔离带电设备并限制工作人员的活动范围，防止在工作中接近高压带电的危险部分。临时遮栏可用干燥木材、橡胶或其它坚韧绝缘材料制成，装设应牢固并悬挂"止步，高压危险！"的标示牌。

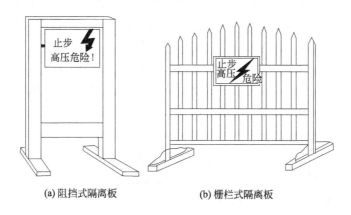

(a) 阻挡式隔离板　　　　　　　　(b) 栅栏式隔离板

图 6-4　临时遮拦

各种安全标志牌和遮栏等都是为了保证工作人员的人身安全和设备安全而采取的安全措施，任何人员在工作中都不得随便移动和拆除。如确因其它工作需要，必须临时变动标志牌和遮栏位置时，必须征得工作许可人同意，工作完成后应立即恢复原状并报告工作许可人。

三、倒闸操作的安全管理

除了继电保护作用断路器动作以外，所有由运行人员将高压配电装置从一种运行方式转换到另一种运行方式的操作称倒闸操作。配电装置倒闸操作是运行人员最接近高压设备同时又是最容易引发事故的操作，操作错误，引发设备事故，操作不慎，引发人身事故。因此必须严格执行倒闸操作的程序和规定，做到"三不"：不伤害自己，不伤害别人，不被别人伤害。倒闸操作必须两个人进行并填用倒闸操作工作票，倒闸操作工作票应明确发令人、受令人、操作任务、操作顺序和操作项目。

1. 倒闸操作涉及的范围

倒闸操作涉及一次回路上的断路器、隔离开关的操作，涉及相关的直流控制回路、继电保护回路、自动装置回路的操作。如果倒闸操作是为了设备停电检修，则还涉及检修设备的安全措施、测量设备绝缘电阻等。

2. 倒闸操作的一般原则

① 合闸时必须确定断路器在断开位置，然后先合隔离开关，再合断路器；分闸时先分断路器，必须确定断路器在断开位置，然后再分隔离开关。严禁用隔离开关带负荷分、合回路。

② 在断路器分、合闸前必须进行"三核对"，即根据断路器自身的机械指示位置、电气控制回路指示灯指示的位置和断路器所在回路的仪表指示三者来核对断路器的实际位置，不能盲目相信三者其中的一个位置指示。

③ 断路器两侧是相互分开独立的交流电源时，合断路器时必须进行同期操作。

3. 隔离开关操作的安全技术

① 合隔离开关时应快速果断，如果是误操作出现电弧，也只得将错就错，果断将闸刀的刀片快速插入刀座到底。在任何情况下不应将将要合上的隔离闸刀再拉开，那样只能使电弧更大，造成更大的设备损坏和人身伤害。

但很多情况下一旦发现带负荷合闸，条件反射，会本能地将闸刀拉开。苍南 QD 水电厂隔离开关与断路器的机械闭锁装置失灵，凑巧运行工在注意力不集中的状态下带负荷合隔离开关，一发现电弧，又本能地将即将合上的隔离开关拉开，造成隔离开关和断路器损坏。

② 分隔离开关时应缓慢观察，第一步，小心缓慢地将闸刀的刀片拉出刀座很小间隙；第二步，如果没有异常弧光，则继续拉开闸刀，如果是误操作出现电弧，必须立即知错改错，将闸刀快速推回刀座内，查明原因。

4. 断路器操作的安全技术

断路器本身的故障或对断路器的使用不当都会发生事故，最严重的事故是断路器爆炸。

① 在屏柜上进行断路器的合闸和跳闸操作时都必须迅速、果断地将切换开关切到终点，直到指示合闸或跳闸的指示灯亮了以后才算完成。

② 断路器断开后如果还要断开一侧的隔离开关，为了防止其他人误将断路器合上造成带负荷拉隔离开关的事故，在断路器的操作把手上挂上"不可合闸"警告牌，然后到安装该断路器的地方检查断路器断、合闸指示器和其它表示断路器断、合状态的指示，确认断路器已经断开后才可操作隔离开关断开。

③ 断路器停用时或在该断路器的二次回路、继电保护和自动装置回路上进行工作时，必须断开断路器的操作电源。

④ 用线圈电磁力合闸的断路器合闸速度与操作电源的电压是否正常有很大关系，当操作电源的电压降低时，由于合闸功率不够使得断路器合闸速度降低，曾经发生过由于操作电压过低造成断路器爆炸和不同期并网的重大事故，因此在操作断路器前应检查操作直流电源电压是否正常。

⑤ 在断路器合闸前应检查该断路器的继电保护和自动装置是否在投入位置，以便合闸后万一发生事故能正确及时将故障切除。

⑥ 合闸后应密切监视该断路器回路的设备和线路的有关表计指示情况，尤其要监视电流表和电压表，如果发现指示异常应立即跳开断路器。

⑦ 合闸后应检查三相电流、电压是否平衡，如果发现缺相合闸，应立即跳开断路器。

5. 送电操作的安全技术

送电操作容易发生的事故是带接地线合闸，后果是断路器设备损坏、检修人员伤亡，危及电力系统的安全运行。送电操作的安全措施：

① 检查设备上装设的各种临时安全措施和接地线确已完全拆除；
② 检查有关继电保护和自动装置确已按规定投入；
③ 检查断路器确在断开位置；
④ 合隔离开关；
⑤ 合断路器。

6. 停电操作的安全技术

停电操作容易发生的事故是带负荷拉隔离开关和带电挂接地线。后果是断路器设备损坏、操作人员伤亡，危及电力系统的安全运行，后果比送电误操作更严重。停电操作的安全措施：

① 检查有关表计指示确定是否允许跳断路器；
② 跳开断路器；

③ 拉开隔离开关；

④ 切断断路器的操作电源；

⑤ 断开断路器的控制回路保险丝；

⑥ 按照检修工作票的要求布置接地等安全措施。

四、其它高压配电装置的安全要求

① 电流互感器的作用是将电气一次回路中原边线圈的大电流转换成电气二次回路中副边线圈的 0～5A 小电流，供测量、显示、保护和控制用。运行中的电流互感器副边线圈不得开路，否则，副边线圈会出现高电压危及人身安全。为保证电流互感器的使用安全，电流互感器的铁芯和副边线圈的一端应接地。

② 电压互感器的作用是将电气一次回路中原边线圈的高电压转换成电气二次回路中副边线圈的 0～100V 低电压，供测量、显示、保护、控制和同期用。运行中的电压互感器副边线圈不得短路，否则，副边线圈会出现大电流危及设备安全。为保证电压互感器的使用安全，电压互感器的铁芯和副边线圈的一端应接地。

③ 高压熔断器的熔断电流必须合适，熔断电流偏小，正常运行中熔断器熔断；熔断电流偏大，回路出现过电流时熔断器仍不熔断，起不到保护作用。

④ 电气一次设备上的避雷器应保证设备遭到雷击时，安全可靠地将雷击电流引入大地，保护电气设备和运行人员的安全。

⑤ 升压站巡视小道的边界应分明，在地上用黄线划出巡视小道的边界线，防止运行人员误入危险区。不得携带长金属杆件进入升压站，以免触及高压带电体或尖端放电发生人身事故。

⑥ 高压开关室的每一只高压电气屏柜上应标明屏柜的名称和内部的高压电气元件符号，非专用钥匙应无法打开柜门，以保证运行人员的人身安全。

五、防止电气误操作的措施

电气设备典型的误操作有带负荷拉合隔离开关、带地线合闸、带电挂接地线或和接地刀闸、误拉合断路器和误入带电隔离五种。为防止电气设备的误操作，现代高压电气开关柜大多采用可靠性高的机械闭锁方法实现"五防"功能，即防带负荷拉合隔离开关、防带地线合闸、防带电挂接地线或接地刀闸、防误拉合断路器和防误入带电隔离。

1. 防止误操作的组织措施

防止误操作的组织措施有操作命令及复诵制度、操作票制度和操作监护制度三部分。

（1）操作命令复诵制度　由两个人执行倒闸操作，一个人下达操作命令，另一个人复诵无误后执行倒闸操作。

（2）操作票制度　凡改变电气设备运行方式的倒闸操作及其它较复杂的操作，都必须事先填写操作票（见附表Ⅲ）。操作票由操作人填写，每张操作票只能填写一个操作任务。操作票填写要求如下：

① 操作票上的操作项目要详细具体，必须同时填写被操作开关设备的名称和编号。拆装接地线要写明具体地点和地线编号。

② 操作票填写字迹要清楚，严禁并项、添相以及用勾画的方法颠倒顺序。

③ 操作票填写不得任意涂改，如有错字、漏字需要修改时，必须保证清晰，在修改的地方要由修改人签章。每页修改字数不宜太多，如果超过三个字以上最好重新填写。

④ 下列检查内容应列入操作项目，单一项填写：

a. 拉合隔离开关前，检查断路器的实际在"开"位置；

b. 操作中拉合断路器或隔离开关后，检查实际开合位置。对于在操作前已拉合的隔离开关，在操作中需要检查实际开合位置者，应列入操作项目；

c. 并列、解列时，检查负荷分配；

d. 设备检修后，合闸送电前，检查送电范围内的接地刀闸是否确已拉开，接地线是否确已拆除。

⑤ 填写操作票时，应使用规定的术语：

a. 断路器、隔离开关和熔断器的切、合，规定用"拉开""合上"；

b. 检查断路器、隔离开关的运行状态，规定用"检查在开位""检查在合位"；

c. 拆装接地线，规定用"拆除接地线""装设接地线"；

d. 检查负荷分配时，规定用"指示正确"；

e. 继电保护回路压板的切换，规定用"启用""停用"；

f. 验电，规定用"验电确无电压"。

⑥ 操作票填写好后，操作人和监护人共同根据模拟图板或接线图核对所填写的操作项目是否正确，并经值班负责人审核签名。

（3）操作监护制度　倒闸操作必须由两个人进行，一人操作，一人监护，操作中监护人唱票，操作人复诵正确后执行。

2. 防止误操作的技术措施

防误装置是防止运行人员和其他人员发生误操作的有效技术措施。采用闭锁的方法，使两个设备的动作相互有一定的制约，达到相互闭锁的目的。防止误操作技术措施有机械闭锁、电气闭锁、电磁闭锁和微机闭锁。

（1）机械闭锁　采用机械机构的方式，使两个设备的动作相互有制约，达到相互闭锁的目的，适用场合为：

① 在带接地刀闸的隔离开关操作时，必须保证隔离开关主刀分闸不带电条件下，合上接地刀闸，否则会发生带电合接地刀闸的严重事故。因此这类隔离开关必须采取机械闭锁措施，保证实现主刀分、地刀合；地刀分、主刀合。

② 在隔离开关与断路器串联的场合，必须采取机械闭锁措施，保证断路器没跳开之前，隔离开关无法拉开或接地刀闸无法合闸。保证隔离开关没有合闸之前或接地刀闸没有断开之前，断路器无法合闸。

③ 在两个隔离开关之间，可以采用机械闭锁措施保证当一台手动隔离开关没断开之前，另一台隔离开关无法合闸。

机械闭锁的优点是闭锁直观，不宜损坏。检修工作量小，操作方便；缺点是两个相制约的设备必须装配在一起。

（2）电气闭锁　两个相互闭锁的电气设备必须是能自动操作，利用自动操作的断路器、隔离开关、接地刀闸的辅助接点，接通或断开操作回路的电源，使两个设备的动作相互有制约，达到相互闭锁的目的。

① 保证一个断路器没有断开之前，另一个断路器无法合闸；

② 保证断路器没跳开之前，自动隔离开关无法拉开。

适用在两个相互闭锁的电气设备相距较远和两者都是自动控制的情况下。

（3）电磁闭锁　与电气闭锁实现原理相同，一般由锁杆、电磁铁、行程开关、指示灯、防误罩组成。安装在需联锁的手动操作机构上，同时在操作机构的操作轴上安装一个相应的附件，当锁杆插入附件槽内，达到卡住操作轴的目的。由电磁锁直接控制锁杆的开关。需要配备解锁钥匙。见图 6-5。在手动操作的隔离开关和接地刀闸上，一般采用电磁锁闭锁。其优点是操作方便，操作过程中没有辅助开锁动作；缺点是易受潮锈蚀。

图 6-5　电磁锁

（4）微机闭锁　微机防误闭锁是指通过计算机软件实现锁具之间的闭锁逻辑关系，从而达到电气设备防误闭锁的目的。由防误主机、电脑钥匙、遥控闭锁控制单元、电气编码锁等功能单元组成。能达到电气操作的"五防"功能：防带负荷拉合隔离开关；防带地线合闸；防带电挂接地线；防误拉合断路器；防误入带电隔离。

六、低压机组安全管理

1. 低压机组的励磁安全管理

低压机组大部分操作是手动进行，并网之前调励磁应从小到大慢慢调，如果调过头，发电机机端过电压。并网以后调励磁，励磁电流调大，无功功率增大，励磁电流调小，无功功率减小，励磁电流调得过小，发电机变成进相运行，此时功率因数为负值，一般的发电机不允许进相运行，低压发电机没有失磁保护，万一发电机失磁，转速立即上升，过速装置立即作用导叶或喷针紧急关闭，同时发电机成为挂在电网上的三相线圈，电网向线圈倒送电，定子过电流，发电机过电流保护动作断路器跳闸。

2. 低压机组的定子安全管理

并网运行时机组转速不需要管，哪怕不小心将导叶或喷针全关，机组转速也不会降下来，这时的电机成为三相同步电动机，电网向电机输入电流，拖着转子转动，这么小的机组对电网几乎没有影响，而大机组一般是不允许发电机作为电动机运行的。

采用自动调速器的机组，当电网频率下降时，自动调速器会自动开大导叶或喷针，增加机组出力，不小心会造成机组过负荷，因此自动调速器中有开度限制机构，由运行人员设定导叶或喷针的最大开度，保证机组在电网中自动调节负荷时不过负荷。

如果 10kV 线路突然停电，10kV 线路上所有负荷压向本电厂机组，发电机出现过电流，此时，发电机过电流保护应及时作用机组跳闸停机。

(1) 电网有功功率变化对低压机组的影响　运行中应经常关注定子电流，如果并入电网带上有功功率后，任其不管，可能会出现当电网有功负荷增大造成电网频率下降时，水轮机原先用来建立机组转速的水流量被转用为带有功功率，机组有功功率输出会自动增大，假如机组原先带的有功功率就比较多的话，则很有可能会出现发电机定子过电流。因此，应密切关注定子电流不要超过额定电流。必要时只得减无功功率。

(2) 电网无功功率变化对低压机组的影响　运行中应经常关注定子电流，如果并入电网带上无功功率后，任其不管，可能会出现两种情况：

① 电网无功负荷减小会造成电网电压上升，发电机本来用来带无功功率的部分励磁电流被转用为建立机端电压，机组无功功率会自动减小，功率因数增大。假如机组原先带的无功功率就比较少的话，则很有可能会出现发电机由发出无功功率变为吸收无功功率，功率因数变为负值，发电机成为进相运行。

② 电网无功负荷增大会造成电网电压下降，发电机本来用来建立机端电压的部分励磁电流被转用为带无功功率，机组无功功率会自动增大，功率因数减小。假如机组原先带的有功功率就比较多的话，则很有可能会出现发电机定子过电流。发电机的功率因数应保证在 0.8～0.95 之间，当发现功率因数过低时，应密切关注定子电流不要超过额定电流，必要时不得不减小励磁电流，降低无功功率。

3. 低压机组增加经济效益的三措施

① 坚决不弃水，在压力钢管上装一只数字式压力表，当上游弃水时立即报警，哪怕是半夜也立即启动机组发电。

② 尽量在高水位运行，用较少的水发较多的电。

③ 尽量发峰电，不发谷电。

4. 机组安全保护的简易举措

①用数字式磁阻发信器构成的数字式转速信号器，只要机组过速，立即关闭导叶或喷针。

②交流厂用电不可靠，经常由于断路器跳闸，厂用电消失，运行人员手忙脚乱，延缓手动关导叶或喷针的时间，造成发电机过速。将导叶或喷针操作电动机改为直流电动机，配置 36V 带蓄电池的直流装置，保证全厂停电以后导叶仍能自动关闭。

第三节　电气设备操作安全用具

电气安全用具是电气工作人员保护人身安全，杜绝或降低人身伤害的有效工具，在工作中不得图一时方便，抱着侥幸心理，在没有安全用具的条件下进行作业。应严格安全用具的保养和使用规范，确保安全用具性能良好，使用得当。

一、安全照明灯具

常用的安全照明灯具有两种：自充电蓄电池手提灯和手提行灯。

① 充电蓄电池手提灯适用于水电厂各种设备维修中使用，特别适用于事故抢修中，由于是蓄电池供电，使用特别方便，绝对安全，是水电厂必不可少的安全用具。

② 在生产场所使用手提行灯（图 6-6）的电源电压规定不得超过 36V，在蜗壳、压力钢管等阴暗潮湿的场地使用手提行灯的电源电压规定不得超过 12V。因此，也是比较安全的照明用具。

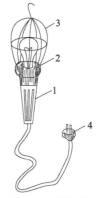

图 6-6　手提行灯
1—绝缘手柄；2—灯座；3—护网；4—插头

二、防毒面具

在水电厂正常运行、事故抢修和灭火抢险过程中，有时会接触到危害人体的有害气体，此时必须佩戴防毒面具，以保证工作人员的人身安全。

三、护目眼镜

护目眼镜（图 6-7）的用途是在维护电气设备和进行设备检修时，保护工作人员眼睛不受电弧灼伤以及防止脏东西落入眼内。眼镜应该是封闭型的，镜片玻璃要耐热及能承受一定的机械撞击力。

图 6-7　护目眼镜

四、绝缘杆

绝缘杆（图 6-8）又称绝缘棒或操作杆，是最基本的安全用具之一。绝缘杆主要由工作部分、绝缘部分和握手部分组成，绝缘部分和握手部分用护环木或玻璃钢制成，工作部分一般用金属制成，也可以用玻璃纤维增强塑料等有较大机械强度的绝缘材料制成。

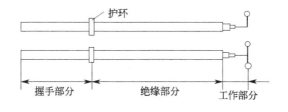

护环

握手部分　　绝缘部分　　工作部分

图 6-8　绝缘杆

绝缘杆在水电厂主要用于闭合或断开高压隔离开关（图 6-9），安装或拆除携带型接地线（图 6-10），以及进行电气测量和试验工作。使用时应注意握手绝对不能超出护环，同时要戴绝缘手套和穿绝缘靴。绝缘杆应每年进行一次定期的耐压试验。

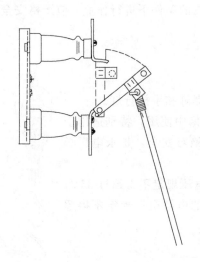

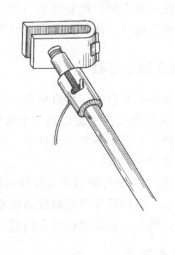

图 6-9 用绝缘杆闭合或断开隔离开关   图 6-10   用绝缘杆安装或拆除接地线

五、绝缘夹钳

绝缘夹钳（图 6-11）主要由工作钳口、绝缘部分和握手部分组成。钳口必须保证能夹紧熔断器。制造绝缘夹的材料与绝缘杆相同。只能用在 35kV 及以下的场合。

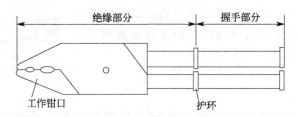

图 6-11   绝缘夹钳

使用绝缘夹钳夹持熔断器时，工作人员的头部不得超过握手部分，并戴上护目眼镜、绝缘手套和穿上绝缘靴，或站在绝缘台、绝缘垫上。绝缘夹钳应每年进行一次定期的耐压试验。

六、绝缘手套

绝缘手套（图 6-12）是用特种橡胶制成的电气安全手套，是高压电气设备操作时常用的辅助安全用具，也是在低压电气设备带电部分上工作时使用的基本安全用具。

使用时应将外衣袖口放入绝缘手套的伸长部分内，使用完毕后必须将绝缘手套擦干净，存放在柜子中并与其它工具分开，绝缘手套应每半年进行一次定期的耐压试验。

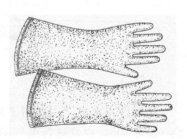

图 6-12   绝缘手套

七、绝缘靴（鞋）

绝缘靴（鞋）（图 6-13）是在任何电压等级的电气设备上工作时用来与地保持绝缘的辅助安全用具，也是防护跨步电压的基本安全用具。

使用后将绝缘靴（鞋）擦干净，存放在柜子中并与其它工具分开。绝缘靴（鞋）的使用期限以制造厂家规定的大底磨光为止，即当大底露出黄色面胶的绝缘层时，就认为该绝缘靴（鞋）不适合在电气作业中使用了。

图 6-13　绝缘靴（鞋）

八、绝缘垫

绝缘垫（图 6-14）是在任何电气设备上带电操作时用来作为与地绝缘的辅助安全用具。水电厂应该放置绝缘垫的地方为高压配电装置前。绝缘垫是用特殊橡胶制成的。

绝缘垫每隔两年应进行耐压试验一次，试验标准是：使用场合在 1000V 以上时，试验电压为 15kV；使用场合在 1000V 以下时，试验电压为 5kV，试验时间为 2min。

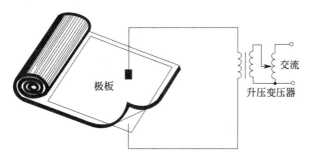

图 6-14　绝缘垫及耐压试验

九、绝缘台

绝缘台（图 6-15）是任何电压等级的电力装置中，作为带电工作时使用的辅助安全用具。绝缘台的台面是用干燥的、喷过绝缘漆的木板或木条做成的，四角用绝缘瓷瓶作台脚。

绝缘台每隔三年定期做耐压试验一次，试验标准是不分使用时的电压等级，一律加交流电压 40kV（图 6-16），持续时间为 2min。

图 6-15　绝缘台

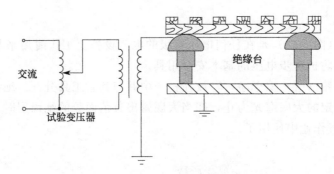

图 6-16　绝缘台耐压试验接线图

十、验电笔

　　验电笔分为高压验电笔和低压验电笔两大类，都是用来检验设备是否带电的工具。当设备断开电源装设携带型接地线以前，必须用验电笔验明设备是否确实无电，否则会造成重大人身事故。

　　10kV 验电笔如图 6-17 所示，主要由电容器 2 来承受高电压的大部分电压，低压验电笔如图 6-18 所示，与民用验电笔完全一样。

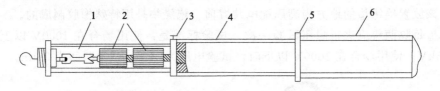

图 6-17　高压验电笔

1—氖光灯；2—电容器；3—接地螺栓；4—绝缘部分；5—护环；6—握柄

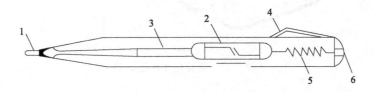

图 6-18　低压验电笔

1—工作触头；2—氖灯；3—电阻；4—金属夹；5—弹簧；6—中心螺栓

　　验电时必须使用额定电压和被验设备电压等级相一致的合格验电笔，在验电前应将验电笔在带电的设备上试验一下，证实验电笔性能良好，然后再在被验设备进出线的两侧逐相进行验电。验明被验设备无电压后，再把验电笔在带电设备上复核验电笔是否性能良好，这种验电操作程序叫作验电"三步骤"。在高压设备上验电时，工作人员必须戴绝缘手套。验电笔必须每隔六个月定期试验一次。安全措施是安全的底线，任何情况下不得突破，安全用具则是安全的防线，护送你的生产安全。

第四节　水电厂调度安全管理

水电厂作为电网中的电源点，对电网的安全稳定运行影响重大。为保证电网安全稳定运行，作为"发电、配电、供电、用电"一体化的电网，以"公平、公正、公开"的原则，依据有关合同或者协议，维护各方的合法权益，以"铁的纪律、铁的面孔、铁的处理"来保证电网运行安全和处理违章操作。

中小型水电厂的高压机组进入电网和退出电网都是在电网调度指令下进行的，遵守调度规程，理解调度指令，服从调度指挥，是电厂和电网安全稳定运行的基本保证。每一位发电运行人员应充分认识到不守调度规程，曲解调度指令，拒缓调度指挥，不但会对个人安全带来威胁，还会对电厂设备造成损害，甚至危及电网安全运行。

一、电网调度术语

电网调度术语是在调度与调度之间、调度与厂站之间进行调度指挥的技术词组，是相关各方事先约定词组定义、在使用中不再需要作任何解释就可以执行操作的专用术语。水电厂作为电网调度的下级厂站，每一位运行人员必须牢记每一条调度术语的名称，正确理解每一条调度术语的意思。避免由于对调度术语的不正确理解，出现误操作、错操作，造成重大设备和人身事故。

1. 调度管理

① 调度管辖范围：调度对电网设备运行和操作指挥权的范围。例如，水电厂的线路断路器、隔离开关、发电机。

② 调度同意：值班调度员对调度管辖厂站运行值班员提出的工作申请及要求给予同意。

③ 调度许可：设备由下级厂站管辖，但在进行该设备有关操作前，厂站运行值班员必须向上级值班调度员申请，征得同意。例如，水电厂主变、主变高压侧母线、断路器、隔离开关等。

④ 直接调度：值班调度员向将要具体执行调度指令的调度管辖厂站运行值班员发布调度指令的调度方式。

⑤ 间接调度：值班调度员通过下级调度机构值班调度员向其他调度管辖厂站运行值班员转达调度指令的方式。

⑥ 委托调度：一方委托他方对其调度管辖的设备进行运行和操作指挥的调度方式。

⑦ 越级调度：紧急情况下值班调度员不通过下级调度机构值班调度员而直接下达调度指令给下级调度机构调度管辖的运行值班单位的运行值班员的方式。

⑧ 调度关系转移：经两调度机构协商一致，决定将一方调度管辖的某些设备的调度职权，由另一方代替或暂时行使。转移期间，设备由接受调度关系转移的一方全权负责，直至转移关系结束。

2. 调度

（1）调度指令　值班调度员对其管辖厂站运行值班员发布有关运行和操作的指令。

①口头令：由值班调度员口头下达的调度指令，值班调度员无须填写操作票。

②操作令：值班调度员其管辖厂站运行值班员发布的有关操作的指令。

a. 单项操作令。值班调度员向其管辖厂站运行值班员发布单一项操作的指令。

b. 逐项操作令。值班调度员向其管辖厂站运行值班员发布的指令是逐项按顺序执行的操作步骤和内容，要求运行值班员按照指令的操作步骤和内容逐项按顺序进行操作。

c. 综合操作令。值班调度员向其管辖厂站运行值班员发布的不涉及其它厂站配合的综合操作任务的调度指令。其具体的逐项操作步骤和内容，以及安全措施，均由运行值班员自行按规程拟定。

（2）发布指令　值班调度员正式向调度所属各运行值班员发布的调度指令。

（3）接受指令　运行值班员正式接受值班调度员所发布的调度指令。

（4）复诵指令　值班调度员发布指令或接受汇报时，受话方必须重复通话内容以确认正确性。

（5）回复指令　运行值班员在执行完值班调度员下达的调度指令后，向值班调度员报告已经执行完调度指令的步骤、内容和时间等。

（6）许可操作　在改变电气设备的状态和方式前，根据有关规定，由有关人员提出操作项目，值班调度员同意其操作。

3. 主要设备状态及变更用语

（1）检修　设备的所有断路器、隔离开关均断开，挂好接地线或合上接地刀闸时，并在可能来电侧挂好工作牌，装好临时遮拦，称为"检修状态"。

① 断路器检修：断路器及两侧隔离开关拉开，断路器失灵保护停用，在断路器两侧装设接地线或合上接地刀闸。

② 线路检修：线路隔离开关及线路高抗（高压侧并联电抗器）高压侧隔离开关拉开，线路电压互感器低压侧断开，并在线路出线端合上接地刀闸或挂设接地线。

③ 变压器检修：变压器各侧隔离开关均拉开，并合上变压器本体侧接地闸刀或装设接地线，断开变压器冷却器电源，非电量保护按现场规程处理。如有电压互感器，则将其低压侧断开。

④ 母线检修：母线侧所有断路器及其两侧隔离开关均在分闸位置，母线电压互感器低压侧断开，合上母线接地刀闸或挂设接地线。

（2）设备备用　指设备处于完好状态，所有安全措施全部拆除，接地闸刀在断开位置，随时可以投入运行。

① 设备热备用：设备的断路器断开，而隔离开关仍在合闸位置，设备保护均应在运行状态。

② 设备冷备用：设备的断路器和隔离开关都断开，设备保护均应在退出状态。

a. 断路器冷备用。断路器两侧隔离开关均在断开位置，相关保护压板退出。

b. 线路冷备用。线路两侧隔离开关均在断开位置，接在断路器或线路上的电压互感器高低压侧熔丝一律取下，高压侧隔离开关拉开。

c. 主变冷备用。主变压器两侧隔离开关均拉开。

d. 母线冷备用。母线侧所用断路器及隔离开关均在分闸位置。

e. 无高压侧隔离开关的电压互感器当低压侧断开后，即处于"冷备用"状态。

③ 紧急备用：设备停止运行，隔离开关断开，但设备具备运行条件，包括有较大缺陷

可短期投入运行的设备。

④ 旋转备用：机组已并网运行且仅带一部分负荷，随时可以增加出力至额定出力。

二、水电厂调度安全

中小型水电厂地处偏远山区，投资主体多样化，利益关系较复杂。技术力量较薄弱，运行管理不规范，在电网对水电厂的调度、管理中经常出现诸多不安全因素。遵守调度规程，严格调度纪律是水电厂调度安全的重要保证。

1. 电网调度规程

① 值班调度员在其值班期间是电网运行、操作和事故处理的指挥人，在调度管辖范围行使指挥权。值班调度员必须按照规定发布调度指令，并对其发布的调度指令的正确性负责。

② 下级厂站运行值班员，受上级调度机构值班调度员的调度指挥，接受上级调度机构值班调度员的调度指令，厂站运行值班员应对其执行调度指令的正确性负责。

③ 进行调度业务联系时，必须使用普通话及调度术语，互报单位、姓名。严格执行下令、复诵、录音、记录和汇报制度，受令单位在接受调度指令时，受令人应主动复诵调度指令并与发令人核对无误，待下达下令时间后才能执行；指令执行完毕后应立即向发令人汇报执行情况，并以汇报完成时间确认指令已执行完毕。

④ 如厂站运行值班员认为所接受的调度指令不正确时，应立即向值班调度员提出意见，如值班调度员重复其调度指令时，厂站运行值班员应按调度指令要求执行。如执行该调度指令确实将威胁人员、设备或电网的安全时，运行值班员可以拒绝执行，同时将拒绝执行的理由及修改建议上报给下达调度指令的值班调度员，并向本单位领导汇报。

⑤ 未经值班调度员许可，任何单位和个人不得擅自改变其调度管辖设备的状态。对危及人身和设备安全的情况按厂站规程改变设备状态，但在改变设备状态后应立即向值班调度员汇报。

⑥ 对于调度管辖设备，厂站运行值班员在操作前应向调度申请，在调度许可后方可操作，操作后向调度汇报。当发生紧急情况时，允许厂站运行值班员不经值班调度员许可进行调度许可设备的操作，但必须及时报告值班调度员。

⑦ 调度管辖的设备，其运行方式变化对有关电网运行影响较大时，在操作前、后或事故后要及时向相关调度通报；在电网中出现了威胁电网安全，不采取紧急措施就可能造成严重后果的情况下，一级值班调度员可跨越二级值班调度员直接或通过二级调度机构的值班调度员向二级调度机构管辖厂站运行值班员下达调度指令，有关厂站值班人员在执行指令后应迅速向设备所辖调度机构的值班调度员汇报。

⑧ 当电网运行设备发生异常或故障情况时，厂站运行值班员，应立即向管辖该设备的值班调度员汇报情况。

⑨ 任何单位和个人不得干预调度系统值班人员下达或者执行调度指令，不得无故不执行或延误执行上级值班调度员的调度指令。调度值班人员有权拒绝各种非法干预。

⑩ 当发生无故拒绝执行调度指令、破坏调度纪律的行为时，有关调度机构应立即组织调查，依据有关法律、法规和规定处理。

2. 小型水电厂多发的安全案例

装机容量较小的水电厂，特别是低压机组水电厂，由于技术力量薄弱，人员配置不足。

组织管理松懈，安全意识淡薄，常引发安全事故和安全隐患。

① 水电厂运行值班员应绝对服从电网值班调度员的调度指挥，接受值班调度员的调度指令，但有的水电站运行值班员受命于业主，受令人以业主不同意减负荷或停机为由，拒不执行调度指令。

② 水电厂运行值班员应对其执行指令的正确性负责。但有的运行值班员在受令时精力不集中，做与工作无关的事，听错调度指令或误解调度指令，执行了错误的操作，引发事故。

③ 未经值班调度员许可，任何单位和个人不得擅自改变其调度管辖设备状态。大多数水电厂在调度要求停役时，能认真执行，但有的水电厂在停役期间自作主张，擅自改变调度管辖设备状态。例如有一个水电厂看见电厂附近的线路检修人员撤离检修现场，认为线路检修已经完成，没得到调度指令自作主张将 10kV 跌落式熔断器合上，后果相当严重。

④ 为抢发电、多发电的经济效益，隐瞒、虚报事实，延缓执行值班调度员停机的指令。例如，有一条 10kV 线路需要检修，电力部门对线路跳闸停电后验电，发现仍有电，原来有一个延缓停机的水电厂继续在带该线路的负荷孤网运行，由于该线路负荷不大，没有引起该电厂发电机过负荷跳闸。

⑤ 在进行倒闸操作与调度进行业务联系时，不使用普通话及调度术语，讲当地土话，调度与受令人无法正常沟通。不报单位、姓名，不复诵调度指令，没有录音、记录。

⑥ 由于现在调度与电厂通信大多采用手机，山区信号较弱，通信不畅。一旦调度指令发布中途通信中断，调度失去对水电厂的调度控制。规定如果调度下令时通信中断的话，继续执行通信中断前的指令，通信中断后的指令不允许自作主张执行。调度下令时通信中断时，其它厂站有责任转达指令。

⑦ 雷雨季节没有避雷器的线路不允许开口运行，线路隔离开关断开时必须挂设接地线，否则遭雷击的线路开口处会出现高电压，但有的水电厂运行人员没有这个安全意识。

⑧ 电气运行规程规定雷雨时不得进行户外倒闸操作，调度发布户外倒闸操作指令时，并不知道受令电厂区域是否遭雷雨。实际中很少有运行值班员向值班调度员反映电厂周围的雷雨情况，受令违章执行操作，没有自我保护意识。

水电厂运行值班员的行为不规范，水电厂的组织管理不严密，给电网调度工作带来诸多困难，给系统运行带来安全隐患。如果发生设备和人身事故，不但个人和业主要承担民事和刑事责任，电厂还将受经济处罚，直至与电网解列，禁止入网。

第五节　水电厂消防安全管理

位于偏僻山区的水电厂发生火灾时，指望城市的消防车赶来灭火，那真是远水救不了近火。因此水电厂发生火灾时基本靠自救。消防安全对偏远山区的水电厂尤为重要，宁可养兵千日不用，不可用兵一时没有。

一、厂房消防安全管理

① 厂房内必须设消火栓，水电厂的消火栓在任何时候都必须保证水源可靠、水压足够，出水畅通，水带完好。应保证发生任何事故情况下都能出水。消火栓的布置数量应保证水枪

射流能射击到厂房任何一个位置。消火栓周围不得堆放货物，消火栓的水带应定期检查和晾晒，防止发霉。由于消防灭火设施长期不用，很容易出现消防水源压力不足，消火栓无法出水，水带霉变破损等情况。

② 厂房墙上应设灭火器箱，以便小范围灭火时使用。灭火器应定期检查和换药。

③ 设备检修时是消防安全的薄弱环节，应有专人负责在现场监督和管理消防安全。易燃易爆物品应放置在专门的房间内进行隔离，现场气焊、电焊时应注意周围是否有易燃易爆物品，是否会引发火灾。

二、发电机消防安全管理

发电机灭火前应确定本发电机的出口断路器和灭磁开关已经跳开，机端电压已经消失，并拉开母线隔离开关后才能进行灭火，否则将造成人员触电伤亡。火焰较小时，可用干式灭火器灭火，只有火焰较大时才考虑用水灭火，不得用沙或泡沫灭火剂，实践证明用水喷射后的发电机干燥后仍能使用。灭火时不要进入发电机机坑，因为发电机绝缘物质燃烧时会释放有毒气体，会危及救火人员的人身安全。在喷水灭火过程中，导叶关到零后应再稍微打开，维持发电机转子以 10% 额定转速低速转动，防止由于转子冷却不均匀产生永久性变形，造成转子报废。

三、油系统消防安全管理

油系统的油桶必须单独放在密闭的油库内，油库的大门用铁制造，油库顶部设灭火喷水淋蓬，油桶底部的事故放油阀设在油库外面。当油库发生火灾时，关闭铁门，打开淋蓬喷水灭火，同时打开事故排油阀将油桶内的油排入事故油池。严禁进入油库灭火。

四、变压器消防安全管理

① 主变压器应位于填满鹅卵石的事故油池中央，主变压器油箱底部应设事故放油阀。当主变压器发生火灾时，应立即跳开高低压侧的断路器，并拉开隔离开关，确认变压器不带电后再进行灭火。若是上盖或套管着火，应打开事故放油阀将箱内油面降至着火点以下，然后用灭火器灭火。若灭火器无法控制火势，应一边通过事故放油阀将箱内绝缘油排入事故油池，通过导油管将绝缘油引入远处的积油坑，一边用消防栓喷水灭火。

② 对室内厂用变压器和励磁变压器，应在室内备有砂箱和灭火器，当变压器发生火灾时应立即拉开室内墙上的变压器高压侧隔离开关，确认变压器不带电后再用砂子或灭火器进行灭火。

第六节　水电厂生产安全管理制度

水电厂的机电设备是一套完整的、有机的系统，相互之间的联系与约束遵循一定的技术原理和技术规律，保证水电厂机电设备正常、安全运行，必须有一套相应的技术规范和制度。我国水电厂多年的运行实践和总结，已成就了一套行之有效的"两票三制"生产安全管理制度。水电厂生产安全管理的"两票三制"为工作票制度、操作票制度、交接班制度、巡回检查制度和设备定期试验与轮换制度。

一、工作票制度

电气设备需要进行检查或维修之前，必须办理工作票，这是保证维修人员安全工作的组织措施，是为避免人身和设备事故而履行的一种设备维修工作手续。值班员要按照工作票的要求，进行有关倒闸操作并布置安全措施。然后由值班员与维修人员共同办理工作票开工手续。当维修工作结束时，值班员与维修工作负责人共同检查、验收设备，并共同办理工作票结束手续。

二、操作票制度

严格执行操作票（附表Ⅲ）制度，对每一次倒闸操作，必须写明需要进行操作的开关编号、名称和位置，操作时间和顺序，由操作人填票，监护人审票。倒闸操作时由监护人唱票，操作人复诵，监护人确认复诵无误后，命令操作人执行。

三、交接班制度

严格的交接班制度为分清事故责任带来方便，促进形成严格的岗位责任制度。交接班制度的内容应包括：

① 接班者必须提前15min到达生产现场接班，交班者必须提前30min清扫场地、检查设备等做好交班的准备工作。

② 接班者应详细查看运行日记，对不清楚的地方应提出疑问，直到弄清为止。对不清楚的地方，不提出疑问的视为已经理解。

③ 交接班过程中发现事故苗子，应由交班者进行处理，如接班者愿意接受处理事故苗子，可由接班者接班后继续处理。如果有一时不能处理好的事故苗子，应在交接班记录本上详细说明，并报告生产责任人。

四、巡回检查制度

巡回检查的目的是使设备在不正常运行时能被及时发现和处理，防止事故扩大，并对设备运行状况做到心中有数。一般每隔2h进行一次巡回检查，并对检查情况进行详细记录。对于带病运行的设备及在高温、高峰季节，应增加巡回检查的次数。

五、设备定期试验与轮换制度

为了减少设备长期运转造成的磨损及长期停运出现的受潮，保证设备的正常安全运行，及时发现设备缺陷和隐患。运行值班人员应按期对所有备用设备进行定期试验、切换。

电气设备停用时间超过一个月，应进行检查或试验后方可重新投运，以便及时发现设备存在的问题，保证安全运行。备用电气设备及自动投切回路等均应执行定期的预防性试验和切换制度。

附 录

附表 1　发电厂（变电所）第一种工作票

第_____号

1. 工作负责人（监护人）：_____

　　班组：_____

2. 工作班人员：_____共_____人

3. 工作内容和工作地点：_____

_____

4. 计划工作时间：　自_____年_____月_____日_____时_____分

　　　　　　　　　　至_____年_____月_____日_____时_____分

5. 安全措施。

（下列由工作票签发人填写）　　　　　　　　　　　　（下列由工作许可人或值班员填写）

（应拉断路器和隔离开关,包括填写前已拉断路器和隔离开关,并注明编号）	（已拉断路器和隔离开关并注明编号）
（应装接的地线并注明确实地点）	（已装接地线并注明接地线编号和装设地点）
（应设遮栏和应挂标识牌）	（已设遮栏和已挂标识牌并注明地点）
工作票签发人签名：_____ 收到工作票时间：____年___月___日___时___分 值班负责人签名：_____	工作许可人签名：_____ 值班负责人签名：_____

值长签名：_____

6. 许可开始工作时间：_____年_____月_____日_____时_____分

　　工作许可人签名：_____　　　　　　　工作负责人签名：_____

7. 工作负责人变动：

　　原工作负责人_____离去，变更_____为工作负责人。

　　变更时间：_____年_____月_____日_____时_____分

　　工作票签发人签名：_____

8. 工作票延期，有效期延长到_____年_____月_____日_____时_____分

　　工作负责人签名：_____

　　值长或值班负责人签名：_____

9. 工作终结：

　　工作班人员已全部撤离，现场已清理完毕。

　　全部工作于_____年_____月_____日_____时_____分结束。

　　接地线共_____组已拆除。

　　工作负责人签名：_____　　　　工作许可人签名：_____

　　　　　　　　　　　　　　　　　　　　　　值班负责人签名：_____

10. 备注：_____

附表 Ⅱ 发电厂（变电所）第二种工作票

第_____号

1. 工作负责人（监护人）：_____

   班组：_____

   工作班人员：_____ 共____人

2. 工作任务：_____

3. 计划工作时间： 自_____年_____月_____日_____时_____分

   至_____年_____月_____日_____时_____分

4. 安全条件（停电或不停电）：

   _____

   _____

5. 注意事项（安全措施）：_____

   _____

   _____

   _____

   _____

   _____

   _____

   _____

工作票签发人签名：_____

6. 许可开始工作时间：_____年_____月_____日_____时_____分

   工作许可人（值班员）签名：_____

   工作负责人签名：_____

7. 工作结束时间：_____年_____月_____日_____时_____分

   工作负责人签名：_____

   工作许可人（值班员）签名：_____

8. 备注：_____

   _____

   _____

   _____

附表Ⅲ　发电厂（变电所）倒闸操作票

编号：_____

操作开始时间：　年　　月　　日　　时　　分　　　　　　　　　　终了时间：　日　　时　　分

操作任务：

√	顺序	操作项目

操作人：_____　　监护人：_____　　值班负责人：_____　　值长：_____

参考文献

[1] 孙翔,何文林,詹江杨,等.电力变压器绕组变形检测与诊断技术的现状与发展[J].高电压技术,2016,42(4):1207-1220.

[2] 刘勇,杨帆,张凡,朱叶叶,等.检测电力变压器绕组变形的扫频阻抗法研究[J].中国电机工程学报,2015,35(17):4505-4516.

[3] 林卫星,文劲宇,程时杰.直流-直流自耦变压器[J].中国电机工程学报,2014,34(36):6515-6522.

[4] 刘凯.三相交流电路探究[A].中国智慧工程研究会智能学习与创新研究工作委员会.2020课程教学与管理学术研讨会论文集[C].中国智慧工程研究会智能学习与创新研究工作委员会,2020:3.

[5] 叶成彬,李捷,陈贤钰.一种基础教学的数字电路实验平台设计[J].电子设计工程,2021,29(5):144-148,153.

[6] 胡兴洋.基于双PWM变流器永磁同步发电机水电并网系统设计[D].长沙:湖南大学,2020.

[7] 刘静.基于改进粒子群算法的水电机组建模及其同步发电机模型参数辨识[D].武汉:华中科技大学,2015.

[8] 王春民.《水电站电气一次部分》工学结合课程特色[J].教育教学论坛,2012(1):234-235.

[9] 王智强.电厂继电保护二次回路改造设计[J].电工技术,2021(10):90-91,94.

[10] 陈佳胜,胡镇良,何其伟,等.大型发电机转子电压二次回路设计[J].高电压技术,2008(11):2506-2509.

[11] 朱晓娟,谈靖,冯汉夫,等.水电厂计算机监控系统网络结构和分析[J].西北水电,2010(6):36-39.

[12] 刘良彬.水电厂计算机监控系统结构模式的研究[J].水利水电技术,1996(5):30-33.